Suliao
Zhushe Chengxing Jishu
Shiyong Jiaocheng

塑料
注射成型技术
实用教程

刘西文 / 编著

印刷工业出版社

内容提要

本书根据注射成型职业岗位的工作过程及要求编写，系统讲述了注射成型的基本知识，并将知识融入到各项工作任务中，做到"学和做"统一。本书共分注射成型过程及理论、注射成型设备结构与使用、注射成型模具结构与使用、注射成型工艺与控制四个知识模块和一个综合实训模块。本书通俗易懂，引入了大量的生产实际案例，便于读者阅读学习。

本书的编写主要是针对本专业高职和中职、技校学生或本行业的广大初学者，培养目标是一线技术应用型人才，也可以作为塑料加工企业人员培训教材以及塑料注射成型加工工程技术人员的参考用书。

图书在版编目（CIP）数据

塑料注射成型技术实用教程/刘西文编著．－北京：印刷工业出版社，2013.9
ISBN 978-7-5142-0926-6

Ⅰ.塑… Ⅱ.刘… Ⅲ.注塑－塑料成型－职业技能－鉴定－教材 Ⅳ.TQ320.66

中国版本图书馆CIP数据核字(2013)第220887号

塑料注射成型技术实用教程

编　著：刘西文

策划编辑：张　琪
责任编辑：张宇华　　　　　　　责任校对：岳智勇
责任印制：张利君　　　　　　　责任设计：张　羽
出版发行：印刷工业出版社（北京市翠微路2号 邮编：100036）
网　　址：www.keyin.cn　　　www.pprint.cn
网　　店：//pprint.taobao.com　　www.yinmart.cn
经　　销：各地新华书店
印　　刷：河北省高碑店鑫宏源包装印刷有限公司

开　本：787mm×1092mm　　　1/16
字　数：490千字
印　张：25.125
印　数：1～2500
印　次：2013年10月第1版　　2013年10月第1次印刷
定　价：55.00元
ＩＳＢＮ：978-7-5142-0926-6

◆ 如发现印装质量问题请与我社发行部联系　直销电话：010-88275811

近些年来，塑料工业的发展十分迅速，塑料制品已广泛应用于汽车、电子电器、机械、包装、医疗卫生及建筑等国民经济的各个领域。随着塑料制品应用领域的不断扩大，对塑料制品要求不断的提高，相应也促进了塑料成型技术、成型设备的迅速发展。塑料注射成型是塑料制品成型的主要方法之一，目前注射成型设备及成型技术日趋向大型化、复杂化、精密化、高性能化方向发展。因此社会对于塑料注射成型的工程技术人员技术水平也提出了更高的要求。

为了适应 21 世纪我国塑料工业迅猛发展的要求，满足本专业及相关专业在校学生、广大塑料注射成型工程技术人员和生产操作人员的需要，使其能更好更快地掌握塑料注射成型技术，我们组编了《塑料注射成型技术实用教程》一书。

本书根据企业对注射成型职业岗位的知识与能力要求，遴选相关内容。编写时，为重点突出知识的应用性，本书以项目为载体，根据项目工作过程设计工作任务，将相应的注射成型的知识内容串入各工作任务中，做到"学和做"的统一，以提高学习效率。

本书根据注射成型职业岗位的工作过程及要求，将内容分成注射成型过程及理论、注射成型设备结构与使用、注射成型模具的结构与使用、注射成型工艺与控制四个知识模块和一个综合实训模块。四个知识模块是以一个企业真实注射制品成型项目为载体，将相关的注射成型知识串接起来。综合实训是知识的具体应用，提高基本操作技巧。

本书的编写主要是针对本专业高职和中职、技校学生或本行业的广大初学者，培养目标是一线技术应用型人才。在内容安排上力求突出实用技能的培养；内容的表述上，尽量做到通俗易懂，语言简练；引入了大量的生产实际案例，图文并茂，形象直观，以便于高中职学生、技校生及其他初学者的理解与掌握。

本书是作为高等职业院校塑料加工技术专业及相关专业学生的学习教材，也可以作为塑料加工企业人员培训教材，以及塑料注射成型加工工程技术人员的参考用书。

本书主要由湖南科技职业学院组织相关企业联合编写，由湖南科技职业学院刘西文主编和统稿，参编人员有：湖南科技职业学院杨中文、王华、李跃文；长沙暮云镇鑫弘森塑料厂李亚辉、冷锦星；湖南怡永丰包装印务有限公司王剑、刘浩等。在本书的编写过程中，还曾得到相关学校及许多塑料注塑生产一线专家、同人的大力支持和帮助，在此谨表示衷心的感谢！由于编著者水平有限，书中难免有不妥之处，恳请同行专家及广大读者批评指正。

编　者

2013. 8

目 录

Contents

模块一　注射成型过程及理论

模块二　　　注射成型设备结构与使用

模块三　　注射成型模具的结构与使用

模块四　注射成型工艺与控制

模块一

注射成型过程及理论

单 元 一

塑料注射成型基本认知

学习目标

1. 能分辨注射成型工艺及注射成型产品。
2. 能分辨注射成型模具、设备。
3. 知道注射成型的特点及产品的应用。
4. 掌握注射成型生产过程，知道注射机、注射模结构组成。
5. 了解职业岗位的工作任务、技能要求。
6. 规范操作演示及岗位安全教育，养成职业意识、安全防范意识。

项目任务

项目名称	项目一　PA 汽车门拉手的注射成型
子项目名称	子项目一　PA 汽车门拉手成型工艺流程的设计
单元项目任务	任务 1. 注射成型基本认知； 任务 2. 注射成型机的基本认知； 任务 3. 注射成型过程的基本认知； 任务 4. 注射成型模具的基本认知
任务实施	1. 课外查询注射成型资料，了解注射成型过程、设备产品等情况； 2. 观看注射成型录像资料； 3. 参观注射成型实训工厂，体验注射机操作； 4. 参观展示注射成型制品； 5. 撰写认识报告

相关知识

一、注射成型的特点

注射成型又称注射模塑，是塑料制品成型的主要方法之一。目前，在塑料制品生产中，注射成型制品产量已接近塑料制品产量的 1/3 以上，已被广泛用于电子、电器、汽车、国防、航空、医疗、农业、交通运输、建筑、包装、日用品等行业。

注射成型是先将塑料在注射成型设备的料筒中加热，使之均匀塑化，再以高压快速将其注入到闭合的模具型腔中，而成型与模具型腔形状一致的塑料制品的一种成型方法。它具有能一次成型各种形状、结构的制件，也可成型带有金属或非金属嵌件、成型孔长的制品的特点；且制品的尺寸精度高，成型周期短，生产效率高，生产设备的自动化程度高，适应性强，更换不同模具就可以成型形状结构不同的制品，是一种较为经济且先进的塑料成型技术。

注射成型几乎适合于所有的热塑性塑料及多种热固性塑料的成型，并且随着塑料注射成型技术迅速发展，目前注射成型已广泛应用于泡沫塑料、多色塑料、复合塑料及增强塑料的成型。

二、注射机的主要结构组成

完成注射成型的设备是塑料注射成型机，简称注射机。它是集机械、电气、液压于一体的成型设备，具有生产效率、自动化程度高，适应性强等特点。在全世界塑料成型加工设备中，注射机几乎占其总产量的一半以上。

注射成型时，注射机要完成对物料的塑化、注射及成型模具的启闭与锁紧。为了能保证产品的质量，满足成型的需要，注射机必须具备以下几方面的条件：①对所加工的物料能均匀塑化、计量，并能将熔融物料注入模具型腔中；②能实现对模具的启闭和锁紧；③对所需的能量能实现转换、传递和控制；④对成型工艺条件及过程可进行设定和调节。

注射机的类型有多种，不同类型的注射机结构有所差别，但根据各组成部分的功能和作用，大体上可分为注射系统、合模系统、液压传动与电气控制系统 4 个组成部分，如图 1 - 1 所示。

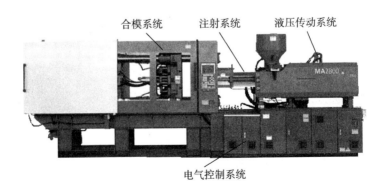

图 1 - 1　注射机的结构组成

1. 注射系统

注射系统的主要作用是完成加料和使之均匀地塑化、熔融，并以一定的压力和速度将定量的熔料注入模具型腔中。它主要由塑化装置（主要包括螺杆、机筒和喷嘴等）、加料装置、计量装置、驱动装置、注射座、注射座整体移动及行程限位装置等组成。

2. 合模系统

合模系统的主要作用是固定模具，实现模具的灵活、准确、迅速、可靠、安全地启闭以及脱出制品。合模系统主要由前模板、后模板、移动模板、拉杆、合模机构、调模机构、制品顶出机构和安全保护机构等组成。

3. 液压传动系统

液压传动系统的作用是保证注射机按工艺过程预定的要求（压力、温度、速度、时间）和动作程序准确有效地工作。液压传动系统主要由各种液压元件、液压管路和其他附属装置所组成。

4. 电气控制系统

电气控制系统与液压传动系统有机地结合在一起，相互协调，对注射机提供动力完成注射机各项预定动作并实现其控制。它主要由各种电器元件、仪表、电控系统（加热、测量）、微机控制系统等组成。

三、注射成型的工艺过程与控制

注射成型是在注射机中进行成型，由于注射机类型有很多，不同类型的注射机的结构不同，注射成型时的工艺过程可能不完全一致。如目前应用最为广泛的螺杆式注射机成型时的工艺过程是：物料从料斗加入到注射机的机筒内，如图1-2所示，物料经过外部的加热作用及机筒内螺杆的剪切、压缩、混合及输送作用，均匀塑化，塑化好的熔料在喷嘴的阻挡作用下，积聚在机筒的前端，然后在螺杆的推力作用下，以一定速度和压力，经喷嘴进入模具低温模腔中，在模腔中受到一定压力的作用，固化成型后，即可开启模具，取出制品。即为一个成型周期。

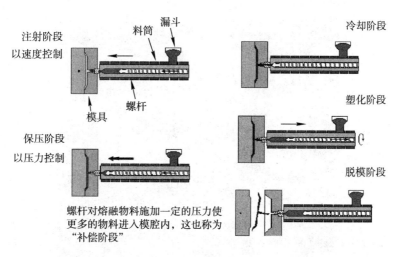

图1-2 注射成型过程

1. 螺杆式注射机工艺过程

（1）合模和锁紧

注射机的成型周期一般以模具闭合时为起点。合模动作由注射机合模机构来完成，为了缩短成型周期，合模机构首先以低压快速推动动模板及模具的动模部分进行闭合。当动模与定模快要接触时，为了保护模具不受损坏，合模机构的动力系统自动切换成低压慢速，在确认模内无异物存在或模内嵌件无松动时，再切换成高压低速将模具锁紧，以保证注射、保压时模具紧密闭合，如图1-3所示。

图1-3　合模和锁模

（2）注射座前移和注射

在确认模具达到所要求的锁紧程度后，注射座整体移入油缸内通入压力油，带动注射系统前移，使喷嘴与模具主浇道口紧密贴合，如图1-4所示。然后向注射油缸内通入高压油，推动与注射油缸活塞杆相连接的螺杆前移，从而将机筒前端的熔料以高压高速注入模具的型腔中，并将模具型腔中的气体从模具的分型面排除出去。

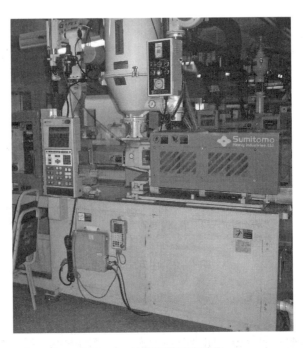

图1-4　注射座前移和注塑

（3）保压

当熔料充满模具型腔后，为防止模具型腔内熔料反流和低温模具冷却作用导致的模具型腔内的熔料产生的体积收缩，螺杆还需对模具型腔内的熔料保持一定的压力补缩，以填补塑料熔体在模腔中收缩的空间，从而保证制品的致密性、尺寸精度、力学性能及机械性能。

此时，螺杆作用于熔料上的压力称为保压压力。在保压时，螺杆因补充模内熔料而有少量的前移。保压应进行到浇口处的熔料凝结为止，此时模具型腔内的熔料失去了从浇口回流的可能性（即浇口处熔料冷凝封口），注射油缸内的油压即可卸去，保压终止。

（4）制品冷却和预塑化

保压完毕，制品在模具型腔内充分冷却定型。为了缩短成型周期，在制品冷却定型的同时，注射螺杆在螺杆传动装置的驱动下转动，从料斗内落入机筒中的物料随着螺杆的转动向前输送。物料在输送过程中被逐渐压实，物料中的空气从加料口排出。进入机筒中的物料，在机筒外部加热器的加热和螺杆摩擦剪切产生的热量共同作用下，被塑化成熔融状态，并建立起一定的压力。

当螺杆头部的熔料压力达到能够克服注射油缸活塞后退时的阻力（即预塑背压）时，螺杆开始后退，计量装置开始计量。螺杆不停地转动，螺杆头部的熔料逐渐增多，当螺杆后退到设定的计量值时，螺杆即停止转动和后退。因制品冷却和螺杆预塑化是同时进行的，所以，在一般情况下要求螺杆预塑计量时间不得超过制品的冷却时间。

（5）注射座后退

螺杆预塑化计量结束后，为了不使喷嘴长时间与冷的模具接触形成冷料，而影响下一次注射和制品的质量，有些塑料制品需要将喷嘴离开模具，即注射座后退。在试模时也经常采用这一动作。此动作进行与否或先后次序，根据所加工物料的工艺条件而定，机器均可进行选择。

（6）开模和顶出制品

模具型腔内的制品经充分冷却定型后，合模系统就开始打开模具。在顶出装置和模具的推出机构共同作用下自动顶落制品，为下一个成型过程做好准备。

2. 螺杆式注射机工作循环

按注射机动作时间先后的工作循环过程如图1-5所示。按照习惯，我们把一台注射机的工作循环称为注射成型周期。

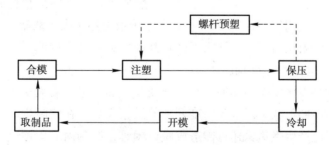

图1-5 注射成型循环周期

3. 注射过程主要参量控制

（1）温度

注射成型过程中，主要控制的温度有料筒温度、喷嘴温度、模具温度以及液压油温度等。

①料筒和喷嘴温度。料筒温度应保证塑料塑化均匀，能顺利进行充模，同时又不出现降解和烧焦等现象，以保证产品质量。

料筒温度一般应控制在塑料的熔融温度至分解温度（即 $T_f \sim T_d$）之间。如果物料黏度较高或成型薄壁长流程、结构复杂、带金属嵌件的制件时，料筒温度宜选较高值；如果物料的热稳定性差或成型制件壁较厚时，温度应选较低值。

料筒温度的设定一般应从料斗向喷嘴方向逐步升高，以保证物料温度的平稳上升。如果物料中水分含量较高时，可使接近料斗的料筒温度略高，使水分得以排除。

喷嘴温度通常略低于料筒温度，以防止直通式喷嘴的流延现象。但不能太低，太低容易因熔料固化而造成喷嘴口堵塞或冷料进入模腔而影响制品质量。

料筒和喷嘴温度的设定是否合适可通过对空注塑法来判断。对空注塑时，若物料均匀、光滑、无气泡且色泽均匀，则温度较为适宜。

②模具温度。模具温度直接影响物料的充模、制件的冷却速度、成型周期以及制品的质量。

对于热塑性塑料成型时的模具温度一般应控制在塑料的热变形温度或玻璃化温度以下，以保证制件脱模时有足够的刚度而不致变形。若成型制件壁较厚时，模具温度通常应选择较高值，以利于均匀冷却。对于无定型塑料成型时，一般可选较低的模具温度，可缩短成型周期，提高生产效率。

③液压油温。液压油的温度直接影响液压油的黏度，从而影响液压系统的工作。

液压油理想的工作温度为 $40 \sim 55\,℃$，温度过高会加速密封元件的老化，造成泄漏；温度过低会加大液压系统能量的损耗，使运转速度降低或使油管堵塞等。

（2）压力

①塑化压力。塑化压力是预塑过程中螺杆旋转后退时，螺杆头部熔料的压力。预塑时只有螺杆头部熔料的压力克服了螺杆后退时的阻力才能后退，故塑化压力大小与背压相等。它可通过注射机背压阀来调节。

塑化压力的大小影响物料的塑化效果及塑化效率。较大的塑化压力有利于物料的塑化及熔料中气体的排出，提高熔体致密程度。

塑化压力的大小选择与物料性质及喷嘴的结构有关，一般热稳定性差或黏度大、或采用直通式喷嘴时，塑化压力应低一些。生产中一般要求在保证物料塑化的前提下应越低越好，通常塑化压力的范围在 $3.4 \sim 27.5\text{MPa}$，其下限值适用于大多数塑料。

②注射压力。注射压力是指注塑时螺杆对其头部熔料所施加的压力。注射压力使熔料克服喷嘴、流道和模腔中的流动阻力，以一定的速度和压力进行充模，并对熔体进行压实。

注射压力的大小直接影响熔体的流动、充模及制品质量。其大小与塑料的性质、喷嘴和模具的结构、制品的形状和对制品精度要求等因素有关。在实际生产中，注射压力不宜过大，否则制品可能产生飞边，还可能造成脱模困难，制品内应力增大，强制顶出时会损伤制品。注射压力过低，则易产生欠料注塑和缩痕，甚至根本不能成型等现象。

通常注射压力的范围在 $40 \sim 200\text{MPa}$。

③保压压力。保压压力是指模腔充满后，对模内熔体进行压实、补缩的过程中，螺杆施给熔料的压力。

在生产过程中，保压压力一般稍低于注塑压力，也可设定为与注塑压力相等。保压压力较大时，制品的收缩率减小，密度、表面光滑程度增加，熔接痕强度提高。但压力过大易产生溢边，制品的残余应力大，脱模困难。

（3）时间

在注塑成型周期中，注射时间（充模时间、保压时间）和冷却时间的确定最为重要，它们对制品的质量起决定性的作用。

①充模时间。充模时间越短，注射速率越大，可以减少模腔内熔体的温差，得到密度较均匀、内应力较小的制品。但过大的注射速率，易导致排气不良而使制品产生银纹、气泡或物料因摩擦热过大而烧焦等现象。

通常情况下，充模时间一般在 3～5s。在采用低模温或成型薄壁、长流程制品、玻璃纤维增强制品以及低发泡制品时，可采用较低的充模时间，较高的注射速率。

②保压时间。保压时间是对型腔内塑料的压实、补缩的时间。

保压时间影响制品的密度、尺寸稳定性、脱模以及成型周期。保压时间过短，制品密度低，尺寸偏小，易出现缩孔。时间过长，则易使制品内应力大、脱模困难。

保压时间的选择与熔料温度、模具温度、主流道及浇口尺寸大小有关。一般在 20～120s。

③冷却时间。一般制品在模内的冷却时间长短应保证制品有足够的刚度，脱模不易变形为原则。时间过长，成型周期长。过短则会因制品温度过高而造成脱模困难及变形等。

一般冷却时间与塑料性质及制品的厚度有关。对于玻璃化温度较高及具有结晶性的塑料冷却时间应较短，厚壁制品的冷却时间应长一些。

（4）速度

①开、合模速度。开、合模速度直接影响到动模板开启和闭合的平稳性、制品顶出的难易以及成型周期的长短。

开模时，在开模开始或终止时为了不致使开模时制品被拉变形或损坏以及对合模系统造成较大冲击，要求动模板慢速运行，动模板移动后为了缩短成型周期，又要求动模板快速运行。合模开始时，为了防止模内有异物或因嵌件松动、脱落而损坏模具，要求动模板慢速运行。

开模时，动模板的运行速度应是慢→快→慢。

合模时，动模板的运行速度是先快→后慢。

②注射速度。注射速度是指注射时螺杆的推进速度。注射速度直接影响制品的质量和生产效率。高速注射时，料流速度快，当高速充模顺利时，熔料很快充满型腔，料温下降得少，黏度下降得也少，可以采用较低的注射压力，是一种热料充模态势。低速注射时，料流在模腔中流动平稳，利于排气，但注射速度太低时，会使熔料冷却快，制品会出现冷料痕，甚至充模困难，出现欠注现象等。

对于形状复杂制品，由于模具浇道系统及各部位几何形状不同，对充模熔体的流动（速度、压力）有不同要求。为了能保证制品质量，在一个注射过程中，螺杆向模具推进熔体时，一般采用多级注射速度，即注射时在不同位置上设定不同的注射速度和注射压力。

四、注射成型模具的基本结构及工作原理

塑料注射成型模具是赋予塑料制件以形状和尺寸的部件。在注射成型过程中，塑化均

匀的物料在螺杆推力的作用下，通过喷嘴、流道进入模具型腔中，在注射压力的作用下，以一定速度充满整个型腔，在保压压力的作用下被压实，经固化冷却，即可得到具有模具型腔形状和尺寸大小的制品。塑料模具的结构及内表面的光洁程度对制品的内在质量和表观质量、生产效率具有决定性的作用。

塑料注射成型模具的类型很多，随产品的结构形状不同而不同，按其结构大体可分为：单分型面模具、多分型面模具、侧向分型或抽芯模具、带活动镶件模具、自动脱螺纹模具、脱模机构设在定模的模具、无流道凝料模具等。

1. 注射成型模具的结构

仅管类型很多，但一般都可分为动模和定模两大部分，动模安装在注射机动模板上，可随动模板移动，实现模具的开启与闭合；定模安装在前固定模板上。

根据模具上各部件所起的作用，又可将注射模分为成型零件、浇注系统、导向机构、侧向分型抽芯机构、脱模机构、温度调节系统、排气系统和其他结构零件等，如图 1-6 所示。

(a) 实物图

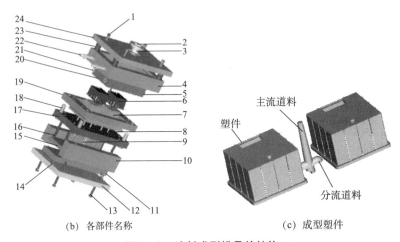

(b) 各部件名称　　　　　　　　(c) 成型塑件

图 1-6　注射成型模具的结构

1、13、14—螺钉；2—定位圈；3—主流道套；4—定模板；5、21—密封圈；
6—塑件；7—凸模镶块；8—推杆；9—拉料杆；10—垫块；11—顶出底板；
12—动模座板；15—推杆固定板；16—复位杆；17—动模底板；18—导柱；
19—动模板；20—定模镶块；22—管接头；23—导套；24—定模座板

（1）成型零件

它是直接成型制品的零件，通常由型芯（凸模、动模仁）、型腔（凹模、定模仁）、镶件等组成。

（2）浇注系统

浇注系统是将熔融物料由注射机喷嘴注入模具型腔的系统。通常由主流道、分流道、浇口和冷料穴等组成。

（3）导向机构

作用是引导动、定模正确闭合，保证动、定模合模后的位置相对准确。通常由导柱和导套组成。

（4）侧向分型抽芯机构

塑件上如有侧孔或侧凹时，一般设有侧向型芯。在塑件被推出之前，需要先抽出侧向型芯，使侧向型芯抽出和复位的机构称为侧向抽芯机构。

（5）脱模机构

脱模机构的作用是将塑件和浇注系统凝料从模具中脱出，通常由顶杆、复位杆、顶出固定板、顶出板等组成。

（6）温度调节系统

为满足注塑成型工艺对模具温度的要求，模具内通常开设有加热和冷却通道，有的还在模具内或模具周围设置电加热元件进行加热。

（7）排气系统

在充模过程中，为排出模腔中的气体，常在分型面上开设排气槽。小型塑件排气量不大，可直接利用分型面上的间隙排气，也可利用模具推杆或其他活动零件之间的间隙排气。

（8）其他结构零部件

其他结构零部件是为了满足模具结构上的要求而设置的，如固定板，动、定模座板，支撑板及连接螺钉等。

2. 注射模工作原理

注射模的类型不同，其工作原理有所不同。单分型面注射模是最简单的一种。模具分为动模和定模两大部分，它的主流道设计在定模上，分流道设计在分型面上。开模时，动模后退，模具从分型面分开，制品包在型芯上随动模部分一起向后移动而脱离型腔板。同时，浇注系统凝料在拉料杆的作用下和制品一起向后移动，移动一定距离后，当注射机的顶杆顶到顶出板时，脱模机构开始动作，顶杆推动制品从型芯上脱下来，浇注凝料同时被拉料杆顶出。合模时，在导柱和导套的导向定位作用下，动定模闭合，在闭合过程中，型腔板推动复位杆使脱模机构复位。

五、注射成型技术的发展

近几年来，由于注射制品应用领域不断扩大，对制品性能要求也越来越高，使注射成型技术得到迅猛的发展，新设备、新模具和新工艺不断涌现，更好地实现了对注射成型过程的控制，特别是对塑料材料的聚集态、相态等方面的控制，从而能最大限度地发挥塑料特性，提高塑料制品的性能，以满足塑料制品向大型化、高精密化、高产量、节能等方面的发展要求。目前注射成型技术向着高速、节能、大型、精密化和高性能化方向发展。如超高速注射成型实现了产品的薄壁化；气体辅助注射成型可防止和避免制品表面产生缩痕和收缩翘曲，提高制品表面光滑性等特性；电磁式聚合物动态塑化注射成型解决了传统注射成型技术中注射温度高、成型制品所需冷却时间长的问题，具有良好的节能效果；微孔泡沫塑料注射成型可减轻制品重量，且提高了注射制品的缓冲、隔热效果；复合注射成型可以降低制品成本，提高制品性能。

注射成型技术的发展主要取决于注射成型设备的发展。由于塑料零部件在各种机械、汽车、医药、航空航天等领域，以及大型家电及办公设备（如冰箱、彩电、洗衣机、空调机、计算机壳体等）等方面的大量使用，使得塑料制品的结构越来越复杂，对性能的要求也越来越高，从而促使注射成型设备向专用化、大型化、精密化及高效节能方向发展。如大型注射机、小型精密注射机、热固性塑料专用注射成型机、反应注射成型机、微发泡注射机和全电动注射机等。而目前我国主要还以传统机型——液压双曲肘式注射机为主，逐步向"两板式"和"全电动式"注射机方向发展。

塑料注射成型技术要发展必然要求塑料模具随之发展，塑料模具在很大程度上决定着产品的质量、效益和新产品的开发能力。目前随着信息化技术的发展，塑料模具的生产正向着无图信息化、精细化、自动化的方向发展，模具产品也向更大型、更精密、更复杂、更经济和更快速方向发展。如成型汽车保险杠、整体仪表板、大屏幕彩色电视机壳、大容量洗衣机壳等塑件的大型模具，单套模具重量可达60t；成型光盘、导光板、小模数齿轮等塑件的精密模具，型腔精度可达 $0.5\mu m$；多层及多色注射模、模内转印、蒸汽注射等复杂模具，模具制造技术的提高，使模具使用寿命有很大的提高，已可以达到100万模次以上。另外热流道模具也称无流道模具可提高生产效率，节省原料和能源，同时还加快了成型周期、降低了注射压力和锁模压力、减少废品率和减轻制品质量。目前，全世界热流道注射成型模具的用量约占注射成型模具总量的30%左右。

随着技术的不断进步，将小型计算机纳入注射机的控制系统，采用计算机来控制注射过程已成为可能。日本制钢所 N-PACS（微型电子计算机控制系统）可以做到4个反馈控制（保压调整、模压调整、自动计量调整、树脂温度调整）和4个过程控制（注射速度控制、保压检验、螺杆转速程序控制、背压程序控制）等。

练习与思考

1. 注射成型机合模系统的主要功能是（　　）。

    A. 保证模具的可靠闭合；   B. 实现模具的开、合模动作；

    C. 顶出制品；   D. 实现模具的安全控制

2. 注射机预塑时螺杆是（　　）。

    A. 前移；   B. 后移；

    C. 不动；   D. 先前移然后后移

3. 不属于浇注系统的是（　　）。

  A. 主流道；   B. 分流道；

  C. 型芯；   D. 冷料穴

4. 注射成型工艺过程是怎样的？

5. 螺杆式注射机由哪几部分组成？各有何功能？

6. 注射成型系统主要组成部分有哪些？作用是什么？

单 元 二

注射成型理论的认知

学习目标

1. 掌握塑料加工性质，能根据产品特点，合理选择加工工艺及物料加工聚集态。
2. 掌握塑料熔体的流变性质，掌握影响塑料熔体的黏度因素；能分析注射成型过程中的物料状态变化。
3. 掌握塑料注射成型过程中的变化及结晶、取向与降解的影响因素；能分析成型过程中温度、压力和剪切速率对结晶、取向与降解的影响。

项目任务

项目名称	项目一　PA 汽车门拉手的注射成型
子项目名称	子项目一　PA 汽车门拉手成型工艺流程的设计
单元项目任务	任务 1. 塑料加工性质的认识； 任务 2. 注射过程中塑料的流变性质的认识； 任务 3. 塑料注射成型过程中的变化的认识
任务实施	分组进行资料查询，分析讨论 PA 料在加工过程中的变化： 1. PA－6 的熔点、结晶温度、分解温度； 2. PA－6 熔体的黏度随温度升高会怎样变化，对温度的敏感性如何，PA－6 熔体的黏度随剪切应力或剪切速率升高会怎样变化，对剪切速率的敏感性如何； 3. PA－6 成型过程中发生的聚集态变化是怎样的； 4. 玻璃纤维增强对 PA－6 的性能有何影响； 5. 玻璃纤维增强 PA－6 在成型过程中的取向性是怎样的； 6. PA－6 成型过程的机理； 7. 避免 PA－6 降解的措施是什么

相关知识

一、塑料树脂的聚集态与成型的关系

由于塑料聚合物的大分子结构和分子热运动特点，使其随温度的变化呈现出三种物态即玻璃态（或结晶态）、高弹态、黏流态，并且可以随温度的变化，从一种状态转变为另一种状态。

在玻璃化温度以下，聚合物呈玻璃态（或结晶态），是坚硬的固体。聚合物的形变小，此时只能对聚合物进行一些车、铣、钻、刨等机械加工。这一聚集态是聚合物使用时的状态，材料使用的下限温度称为脆化温度，低于脆化温度时，材料受力容易发生断裂破坏。

在玻璃化温度（T_g）与黏流温度（T_f）之间，聚合物处于高弹态。此时聚合物可发生较大的可逆形变，可对一些塑料进行加压、弯曲、中空或真空成型，在成型加工中为求得符合形状、尺寸要求的制品，往往将制品迅速冷却到玻璃化温度以下。对结晶型聚合物，可在玻璃化温度至熔点的温度区间内进行薄膜吹塑和纤维拉伸。

温度高于黏流温度（或熔点 T_m）时，呈黏流态的聚合物熔体可流动成型，常用来进行压延挤出、吹塑、注射等成型。

塑料在不同的物态下所适用的成型加工方法如图 1-7 所示。

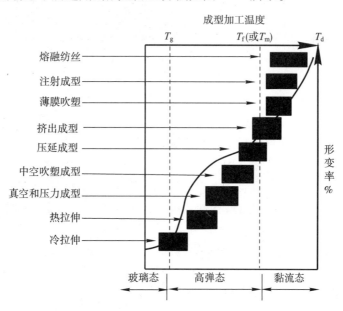

图 1-7 塑料不同物态下所适用的成型加工方法

二、塑料的加工性质

1. 塑料的可挤压性

指塑料在挤压作用下获得变形和流动的能力。注射成型过程中，因螺杆或柱塞的挤压作用，塑料熔体在机筒或模具中都会受到很大的挤压力，从而出现变形和流动。

热塑性塑料的可挤压性一般用熔体流动速率来表征，熔体流动速率越大，可挤压性越强。热固性塑料的可挤压性通常用拉西格流动试验长度来确定。拉西格流动试验长度越大，可挤压性越好，对于注射成型，一般要求热固性塑料的拉西格流动试验长度大于200mm。

2. 塑料的可模塑性

指塑料在温度和压力作用下发生形变、流动及获得模具型腔形状的能力。评价塑料可模塑性的方法有两种：一种是塑料的流变性试验，一种是螺旋流动试验。螺旋流动试验，如图1-8所示，熔体在一定的温度和注射压力作用下，在模具流道内流动的长度来表示塑料可模塑性的大小。一般熔体流动长度越长，塑料的可模塑性越好。

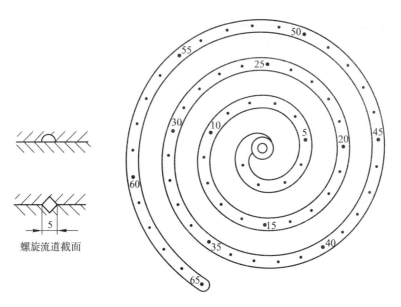

图1-8 螺旋流动试验

值得注意的是：塑料的可模塑性除取决于聚合物本身的属性（如流变性、热性能、物理力学性能以及热固性塑料的化学反应性能等）外，还与工艺因素（温度、压力、成型周期等）以及模具的结构尺寸有关。为求得较好的可模塑性，要注意各影响因素之间的相互匹配和相互制约的关系；在提高可模塑性的同时，要兼顾到诸因素对制品使用性能的影响。

此外，塑料还有可延展性（在受到压延或拉伸时变形的能力）和可纺性（通过成型而形成连续固态纤维的能力），而影响注射成型过程的主要因素是塑料的可挤压性和可模塑性。

3. 塑料的流变性

（1）注射成型过程中塑料熔体的流动性质

引起塑料熔体流动、变形的作用力根据其作用方式不同可分为剪切、拉伸、压缩三种，有时可能是两种或三种作用力的叠加。在注射成型过程中，熔体在流道和模腔中流动的作用力是螺杆或柱塞的注射压力，流动阻力主要是来自熔体与流道和模腔壁之间的摩擦，以及熔体内部分子之间的摩擦（黏滞性）。在这个过程中，注射压力和流动阻力对塑料熔体构成的是剪切作用，所发生的形变主要是剪切形变。在注射过程中塑料熔体的流动基本上是属于层流，熔体的流动性与剪切力的关系为：

$$\tau = \eta \cdot (\mathrm{d}v/\mathrm{d}r) \cdot n = \eta \cdot \gamma \cdot n \tag{1-1}$$

式中　η——塑料熔体的黏度（Pa·s）；

γ——剪切速率（s^{-1}）；

n——非牛顿指数，n = 1，为牛顿性流体。n 离 1 越远，聚合物的加工时多为非牛顿性流体，n 一般在 0.2 ~ 1 之间。

一般塑料熔体的黏度 η 越大，剪切变形和流动越不易发生，一般都需要较大的剪切应力；反之黏度 η 越小，则需要较小的剪切应力。但有的塑料对剪切作用力并不敏感，即剪切作用力增大时熔体的变形和流动增大不明显，如聚碳酸酯、聚酰胺、聚对苯二甲酸乙二醇酯等。

（2）塑料熔体的黏度

塑料熔体的黏度对注射成型过程有较大影响，一般塑料熔体黏度大，流动性差，成型难度大。但塑料熔体的黏度会受成型过程中剪切应力、剪切速率、温度、压力及塑料的组成成分等因素的影响，而发生变化。

对于注射成型除了热固性塑料和少数几种热塑性塑料外，大多数聚合物熔体都属于假塑性流体，在注射成型过程中具有"剪切稀化效应"，即塑料熔体的黏度随剪切应力和剪切速率的增加而降低。但不同塑料品种，随剪切应力和剪切速率的变化程度不同（即敏感程度不同）。如高密度聚乙烯、聚氯乙烯、聚丙烯等就比较敏感（剪敏性），而聚酰胺、聚碳酸酯等则不敏感。对于具有剪敏性的塑料，在注射成型时螺杆转速、注射压力、注射速率的稳定性，对保持熔体流动性质的稳定有很大影响。剪切速率过大时还易造成塑料熔体破裂现象，表 1-1 所示为几种塑料熔体黏度对温度和剪切速率的敏感性。

表 1-1　几种塑料熔体黏度对温度和剪切速率的敏感性

聚合物	熔体流动速率/(g/10min)	熔体温度 t_1/℃	在 t_1 和给定剪切速率下的黏度 $\eta/10^{-2}$ Pa·s		熔体温度 t_2/℃	在 t_2 和给定剪切速率下的黏度 $\eta/10^{-2}$ Pa·s		黏度对剪切速率的敏感性指标 $\dfrac{\eta\,(10^2 s^{-1})}{\eta\,(10^3 s^{-1})}$		黏度对温度的敏感性指标 $\dfrac{\eta\,(t_1)}{\eta\,(t_2)}$	
			$10^2 s^{-1}$	$10^3 s^{-1}$		$10^2 s^{-1}$	$10^3 s^{-1}$	T_1/℃时	T_2/℃时	$10^2 s^{-1}$	$10^3 s^{-1}$
共聚甲醛（注射级）	9	180	8	3	220	5.1	2.4	2.4	2.1	1.55	1.35
聚酰胺 - 6（注射级）	—	240	2.9	1.75	280	1.1	0.8	1.6	1.4	2.5	2.4
聚酰胺 - 66（注射级）	—	270	2.6	1.7	310	0.55	0.47	1.5	1.2	4.7	3.5
聚酰胺 - 610（注射级）	—	240	3.1	1.6	280	1.3	0.8	1.9	1.6	2.4	2.0
聚酰胺 - 11（注射级）	—	210	5.0	2.4	250	1.8	1.0	2.0	1.8	2.8	2.4
高密度聚乙烯 挤出级	0.2	150	38.0	5.0	190	27	4.0	7.6	6.8	1.4	1.25
注射级	4.0	150	11	3.1	190	8.2	2.4	3.5	3.4	1.35	1.3

续表

聚合物	熔体流动速率/ (g/10min)	熔体温度 t_1/℃	在 t_1 和给定剪切速率下的黏度 $\eta/10^{-2}$Pa·s		熔体温度 t_2/℃	在 t_2 和给定剪切速率下的黏度 $\eta/10^{-2}$Pa·s		黏度对剪切速率的敏感性指标 $\dfrac{\eta\,(10^2\mathrm{s}^{-1})}{\eta\,(10^3\mathrm{s}^{-1})}$		黏度对温度的敏感性指标 $\dfrac{\eta\,(t_1)}{\eta\,(t_2)}$	
			$10^2\mathrm{s}^{-1}$	$10^3\mathrm{s}^{-1}$		$10^2\mathrm{s}^{-1}$	$10^3\mathrm{s}^{-1}$	T_1/℃时	T_2/℃时	$10^2\mathrm{s}^{-1}$	$10^3\mathrm{s}^{-1}$
低密度聚乙烯											
挤出级	0.3	150	34	6.6	190	21	5.1	5.1	4.2	1.6	1.3
	2.0	150	18	4.0	190	9.0	2.3	4.5	3.9	2.0	1.7
注射级	2.0	150	5.8	2.0	190	2.0	0.75	2.9	2.6	2.9	2.7
聚丙烯	1	190	21	3.8	230	14	3.0	5.5	4.7	1.5	1.3
	40	190	8	1.8	230	4.3	1.2	4.4	3.6	1.8	1.5
抗冲聚苯乙烯（styr Bn 451）	—	200	9	1.8	230	4.3	1.2	4.4	3.6	1.8	1.5
聚碳酸酯（Makrolsns）	—	230	80	21	270	17	6.2	3.8	2.7	4.7	3.0
聚氯乙烯											
软质	—	150	62	9	190	31	6.2	6.8	5.0	2.0	145
硬质	—	150	170	20	190	60	10	8.5	6.0	2.8	2.0
聚苯醚	—	315	25.5	7.8	344	9.4	3.0	3.2	3.1	—	—

　　塑料熔体大多数对于温度都有依赖性，温度升高，体积发生膨胀，分子之间的自由空间增大，分子之间的作用力减小，有利于大分子的流动，即黏度下降。一般来讲，塑料熔体黏度对温度的敏感性要比对剪切速率敏感性大，如图 1-9 所示。但并不意味着任何情况下都可以提高温度来降低塑料熔体的黏度，来增加其流动性。对于热稳定差的塑料熔体如聚氯乙烯、聚甲醛等，成型过程中必须严格控制温度，否则会产生过热分解烧焦现象。

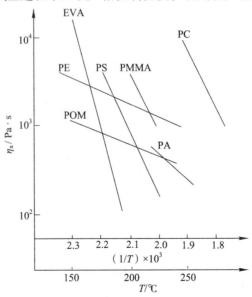

图 1-9　几种聚合物的黏度与温度的关系

在注射成型过程中，塑料熔体的黏度还会受压力的影响，当压力增大时，熔体的体积收缩，熔体的黏度增大。一般来讲熔体的压缩率越大，其黏度对压力的敏感性越大。

另外在注射成型过程中，塑料的组成成分也直接影响熔体的黏度，如加入增塑剂、润滑剂后熔体的黏度会降低，而加入填充剂后黏度会提高。

4. 塑料熔体流动过程中的弹性行为

具有黏弹性的塑料熔体，在外力作用下除表现出不可逆形变和黏性流动外，还产生一定量的可恢复的弹性形变，这种弹性形变具有大分子链特有的高弹形变本质。塑料熔体的弹性，可以通过许多特殊的和"反常"的现象表现出来。塑料熔体流动过程中最常见的弹性行为表现为端末效应和不稳定流动性。这两种现象均属不正常流动，在注射成型过程中不仅影响到成型设备生产能力的发挥和工艺控制的难易，也影响制品外观、尺寸稳定性和内应力的大小，使塑件的成型出现缺陷。

（1）端末效应

当塑料熔体经大口径流道进入小口径流道（或浇口）时，入口端会出现收敛流动，由于剪切速率增大及料流的压缩和拉伸形变，消耗了一定的能量，因此使入口处压力降突然增大，而出现一段不稳定流动的过渡区域，然后才进入稳定流动区，此现象称为入口效应。当塑料熔体由小口径流道（或浇口）流出时，由于脱离了流道的约束，料流的压缩和拉伸形变会产生弹性恢复，料流直径有先收缩后膨胀的现象，称之为离模膨胀，又称为巴拉斯效应。一般把入口效应和离模膨胀统称为端末效应，如图 1 - 10 所示。

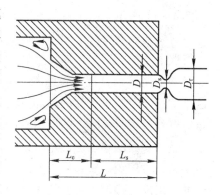

图 1 - 10 端末效应示意图

产生端末效应的原因，与塑料熔体在流动过程中的弹性行为有关。在入口端，塑料流体以收敛流动的方式进入小管时，必须增大剪切速率，以便调整流速保持稳定流量；同时，它必须以变形来适应其在新的有压缩的流道内流动，为此，必须消耗适当的能量来抵偿由于切应力和动能的增加以及弹性势能的贮存所需的能量。这就是入口效应区压力降很大的原因。塑料熔体流出小流道（或浇口）时，因脱离流道（或浇口）的约束，由料流径向流速不等的剪切层流而自行调整为相等的流速，就会发生料流直径的收缩。由于离模膨胀的原因，收缩现象往往不易发现。关于塑料熔体继收缩之后膨胀的原因，塑料熔体在流道进口区的收敛流动使大分子因受拉伸而伸展，沿着拉伸变形，在稳流区的一维剪切流动使大分子因受剪切而取向产生剪切弹性变形。在塑料流体由流道（或浇口）流出时，随着引起速度梯度的应力的消除，伸展和取向的大分子将恢复其蜷曲构象，产生弹性恢复使流体在管口发生垂直于流动方向的膨胀。离模膨胀不仅与塑料的本性有关，也受流道尺寸、入口形状及在导管内的流速等的影响。

（2）不稳定流动

塑料熔体在流动过程中由于受模具结构、温度以及塑料本身性质的影响，很难保持稳定的层流，有时熔体各点的流速相互干扰，出现一种弹性紊乱的状态，通常称为不稳定流动。这种不稳定流动会影响注射成型过程，出现鲨鱼皮、黏滑破裂与整体破裂现象。图1–11所示为线型低密度聚乙烯（LLDPE）在215℃时毛细管流动曲线。

鲨鱼皮现象是发生在注射熔料表面上的一种缺陷，其特点是在表面上形成很多细微的皱纹，类似于鲨鱼皮，随不稳定流动程度的差异，这些皱状呈人字形、鱼鳞状至鲨鱼皮状，如图1–12所示。产生鲨鱼皮的起因是流道或浇口对熔料表面所产生的周期性的张力和熔体在管壁上摩擦的结果。即管壁处的料流在出口处必须加速到与其他部位熔料一样高的速度，这个加速度会产生很高的局部应力，这样在流道口壁对熔料时大时小的周期性的拉应力作用下，熔料表面的移动速度也时快时慢，从而产生了鲨鱼皮现象。鲨鱼皮现象的产生通常与口模的材料和口模的表面粗糙度关系不大，主要与塑料熔料出口时的线速度有关。一般塑料的相对分子质量低、分布宽，且成型温度高和注射速度较低时，不易出现鲨鱼皮现象。

整体破裂：塑料熔体在流道或模腔中流动时，如剪切速率大于某一极限值，往往会产生不稳定流动，熔料表面出现凹凸不平或外形发生竹节状、螺旋状等畸变，以致支离、断裂，统称为整体破裂。产生整体破裂的机理通常认为：一是熔体在壁上的摩擦破坏了料流在流道中的稳定层流状态，由于弹性效应使熔体流速在某一位置上出现瞬间增大。在圆形流道中，这种周期性弹性湍流的不稳定点沿着流道的周围移动，会呈螺旋状；若不稳定点在整个

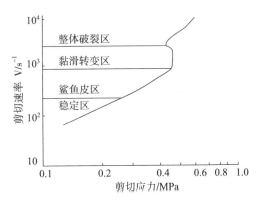

图1–11　线型低密度聚乙烯在
215℃时毛细管流动曲线

图1–12　鲨鱼皮现象

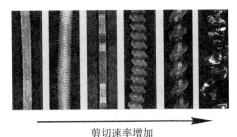

剪切速率增加

图1–13　高密度聚乙烯在180℃时不同
剪切应力下的不稳定流动

圆周上产生时，就得到竹节状的熔料。还可能是由于熔体在流道内流动时，料流各质点所受应力作用的不尽相同，在离开流道后出现的弹性恢复不一致，当弹性恢复的力超过某一临界值，熔体就出现不稳定流动，直至熔体整体破裂。图1–13所示为高密度聚乙烯在

180℃时不同剪切应力下发生的不稳定流动情况。

（3）不稳定流动的影响因素

不稳定流动的影响因素主要有三点，即树脂相对分子量及其分布、温度与流道结构。

树脂相对分子质量及其分布：塑料的相对分子质量及其分布对不稳定流动均有影响。通常，塑料相对分子质量越大，相对分子质量分布越宽，则出现不稳定流动的临界应力越小，亦即聚合物的非牛顿性越强，则弹性行为越突出，临界应力越低，熔体破裂现象越严重。

温度：提高塑料熔体的温度则不稳定流动时的临界应力提高。因此，对塑料进行注射成型时，可用的温度下限不是流动温度，而是产生不稳定流动的温度。

流道结构：在熔体从大流道进入小流道时，减小流道的收敛角，并使过渡的内壁呈流线状时，可以提高出现稳定流动的剪切速率。图1-14所示是流道结构的优化过程，其优化效果依次增强。

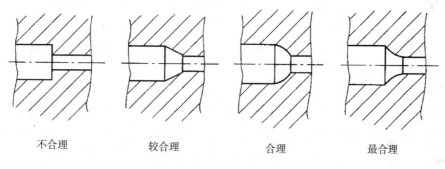

不合理　　　　　　较合理　　　　　　合理　　　　　　最合理

图1-14　流道结构的优化

三、塑料成型过程中的变化

1. 塑料成型过程中的结晶

塑料在成型过程中伴随着加热、冷却及加压等作用，会使塑料的状态发生变化，固体物料受热后先软化，再随温度的上升逐渐熔融为熔体，注射进入模腔后再逐渐冷却，从高温熔体逐渐固化，随着温度的进一步下降又变成坚硬的固体，在熔体逐渐冷却过程中还伴随结晶、取向的物理变化过程，如图1-15所示。塑料聚合物在此过程中的结晶、取向等对制品的性能影响很大。通常需根据制品性能要求来控制取向与结晶的发生及发生的程度。

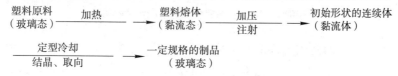

图1-15　注射成型过程中塑料的变化

对于结晶型塑料，如聚乙烯、聚丙烯、聚酰胺、聚甲醛、聚对苯二甲酸乙二醇酯等，其结晶度的大小对制品的性能影响很大。一般，结晶度增大会使制品的密度增大，硬度、刚度增大，熔点上升，热变形温度提高，耐热性、耐化学溶剂性提高，抗液体、气体透过性提高，但韧性、冲击强度、断裂伸长率、耐应力开裂性及透明性会下降，成型收缩率增大。

在注射成型过程中，结晶型塑料熔体在模腔的冷却过程中会重新结晶，成型后制品结晶度的大小通常与物料温度、模具温度有关，当模具温度较低时，会使进入模腔的熔体温度骤然降低到玻璃化温度以下，大分子链在尚未能排成有序阵列就丧失了活动能力，难以形成结晶，所以结晶度会大大降低，甚至可能呈现无定型的结构。若模具温度较高时，进入模腔的熔体冷却慢，分子链则会有充分的时间进行有序排列，因而制品的结晶度大。

由于结晶度不同，制品的性能也有所不同，因此成型过程中应根据制品的不同性能要求，选择合适的工艺，特别是合适的模具温度，以控制不同的结晶度。如生产要求韧性、透明性好的聚乙烯制品时，结晶度应低一些，宜采用较低模温；而生产拉伸强度和刚性高的制品时，结晶度应高些，故需采用较高的模温。

塑料在模腔中结晶是在温度逐渐下降的情况下进行的，由于塑料聚合物大分子链长，在进行有序重排的过程中，大分子链可能不能完全进入晶格，特别是快速冷却时，易导致结晶不均匀或结晶不完全，制品出现内应力。这样制品在使用和贮存过程中，在一定的条件下很容易发生二次结晶或后结晶的现象，从而导致制品产生后收缩，出现翘曲变形的现象。通常为了完善结晶，增大结晶度，减少二次结晶或后结晶的现象，一般需对制品进行退火处理使制品结晶逐渐完善，结晶度增大。

2. 成型过程中塑料的取向

由于聚合物分子是长链结构，在注射成型过程中大分子链或链段受到剪切应力或受拉伸力的作用时不可避免地会沿受力方向平行排列，如图1-16所示，通常把这种现象称为取向。取向与结晶都是大分子链或链段的有序排列，但它们的有序程度不同，取向是一维或二维空间有序，而结晶则是三维空间有序。取向有单轴取向和双轴取向之分。

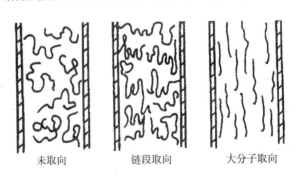

未取向　　　　　　链段取向　　　　　　大分子取向

图1-16　非晶聚合物的取向示意图

取向之前的高聚物的性质是各个方向平均相同；取向后，高聚物的性质会出现各向异性。取向方向制品的力学强度（如拉伸强度、冲击强度、伸长率）有明显提高，特别对于纤维增强的塑料影响最为显著，如图1-17所示。

对于结晶聚合物随着取向程度的增加，结晶聚合物的密度和结晶度提高，力学强度也相应增加，而断裂伸长率则出现下降。非晶聚合物取向后，大分子链沿应力方向取向后可大大提高取向方向的拉伸强度、冲击强度、断裂伸长率等物理力学性能。

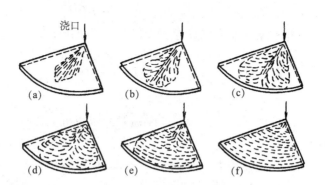

浇口

(a)　　　(b)　　　(c)

(d)　　　(e)　　　(f)

图1-17　成型过程中纤维的取向方向与过程

3. 成型过程中塑料的降解与交联

(1) 塑料的降解

塑料在成型、贮存或使用过程中，由外界因素如物理的（热、力、光、电等）、化学的（氧、水、酸、碱、胺等）及生物的（霉菌、昆虫等）作用下所发生的相对分子质量减小的过程，称为降解。由于成型过程中存在高温、应力和氧等的作用，使塑料的降解比在贮存和使用过程中的降解要强烈得多。通常把贮存和使用过程中所发生的缓慢降解称为老化。老化过程中的降解会使材料丧失弹性、变脆等。而在成型过程中的降解会使塑料材料的熔体黏度明显下降、变色、性能变劣，甚至丧失机械强度；严重的降解会使聚合物炭化变黑，产生大量的分解物质，使成型过程不能顺利进行。因此在塑料成型过程中，应将成型温度控制在适当的范围内，如表1-2所示，不仅可以保证成型的顺利进行，而且会使制品具有优良的质量。

表1-2　常见塑料的成型温度与分解温度

塑料种类	成型温度/℃	分解温度/℃
聚苯乙烯	170～250	310
聚氯乙烯	150～190	170
聚甲基丙烯酸甲酯	180～240	280
聚对苯二甲酸乙二醇酯	260～280	380
高密度聚乙烯	220～280	320
聚丙烯	200～300	300
聚甲醛	195～220	220～240
聚酰胺-6	280～290	360
聚酰胺-66	260～280	/
氯化聚醚	180～270	290

(2) 塑料的交联

线型大分子链之间通过化学键连接，而形成三维网状的体型结构的反应称为交联。热固性树脂在未交联前是属于线型分子链，在分子链中带有反应活性基团或化学键（如羟甲基、羧基、不饱和键等），在一定条件下大分子链活性反应基团或化学键与交联剂发生作用而形成交联网状体形分子结构。

交联反应的程度，通常用交联度来衡量。在塑料加工工业中，常称交联过程为"硬

"化"或"熟化"。所谓"硬化得好"或"熟化得好"是指固化交联使制品的物理力学性能达到了最佳的程度，但并不意味着交联度达到 100%。而硬化不足或欠熟时，塑料中常存有比较多的可溶性低分子物，而且交联作用也不够，使得制品的机械强度、耐热性、电绝缘性、耐化学腐蚀性等下降，制品表面变暗，容易产生裂纹或翘曲等；硬化过度或过熟时，会引起制品变色、起泡、发脆、力学强度不高等。

热塑性塑料在一定的条件下，通过交联剂或辐射的作用也能进行交联反应。适当交联的热塑性塑料其力学性能、耐热性能、电性能、耐老化性能及耐环境应力开裂性等可得到提高。如高密度聚乙烯的长期使用温度在 100℃ 左右，经辐射交联后，使用温度可提高到 135℃。在高能辐照、电离辐射或紫外线照射下，聚乙烯、聚丙烯、聚酯、聚酰胺、聚二甲基硅氧烷等都可以进行辐射交联。

练习与思考

1. 成型时，料筒温度一般应控制在塑料的（   ）。
    A. 玻璃化温度至分解温度之间；　　　　　B. 熔融温度至分解温度之间；
    C. 玻璃化温度至熔融

2. 对于热塑性塑料成型时的模具温度一般应控制在塑料的（   ）。
    A. 熔点以下；　　　　　　　　　　　　　B. 热变形温度以上；
    C. 玻璃化温度以下；　　　　　　　　　　D. 黏流温度以下

3. 注射成型前，原料的干燥温度一般应控制在（   ）。
    A. 软化温度以下；　　　　　　　　　　　B. 熔融温度以下；
    C. 玻璃化温度以上；　　　　　　　　　　D. 分解温度以下

4. 注射成型过程中影响制品性能的因素是（   ）。
    A. 物料结晶性；　　　　　　　　　　　　B. 温度；
    C. 氧化降解；　　　　　　　　　　　　　D. 取向

5. PC 属于（   ）。
    A. 温敏性塑料；　　　　　　　　　　　　B. 剪敏性塑料；
    C. 对温度和剪切速率都敏感；　　　　　　D. 对温度和剪切速率都不敏感

6. 塑料成型过程中的结晶和取向对制品性能有何影响？

单 元 三

注射机基本操作

项 目 任 务

项目名称	项目一 PA 汽车门拉手的注射成型
子项目名称	子项目一 PA 汽车门拉手成型工艺流程的设计
单元项目任务	任务 1. 注射机操作安全条例及操作规程； 任务 2. 注射机基本操作； 任务 3. PA 汽车门拉手注射成型工艺流程的设计
任务实施	1. 注射机操作方案的确定； 2. 分组进行注射机操作训练；叙述注射机操作步骤； 3. PA 汽车门拉手注射成型工艺流程设计；叙述其工艺流程

相 关 知 识

一、生产车间安全注意事项

①进入生产车间的生产工人，要穿工作服，穿戴整齐。工作服应干净。车间内不允许

打闹和大声喧哗。

②生产车间内设备、原料和制品应布置整齐，中间留出通道，方便制品和原料的运输和消防车的出入，不允许阻塞防火及应急设备的通道。

③车间附近要设有消防工具和消防灭火泡沫及沙土等物品，将其摆放整齐，不允许随意移动位置。车间内不允许有明火，不允许吸烟，不允许堆放易燃易爆物品。

④车间附近有变压器或电源控制室的要设置防护栏（网）。栏（网）上有"危险！请勿靠近"标牌。注射机生产车间尽量建筑在离锅炉房和变电所较远些的位置。

⑤车间内通风良好，不允许出现粉尘飞扬现象，更不允许有粉尘与气体混合浓度超标现象发生，若此种情况出现，遇有火花时容易引起爆炸。树脂及增塑剂的挥发物在空气中超过一定浓度时，对人体有害，遇有此种情况时，要立即打开各通风装置，排除污染空气。

⑥车间内各种用电导线不允许随意乱拉，更不允许在导线上搭、挂各种物品。

⑦车间内每一台设备都应有专人负责保管和操作，并制定有设备安全生产操作规程。

⑧外部人员一般不允许进入生产车间，必须进入车间时，应有车间人员带领。

⑨车间内进行设备维修时，要尽量避免在车间内使用水、电焊，不允许在车间用汽油清洗设备上的零件。必要时，应有专人在场监护。需要停电维修时，在电源控制处应挂上"有人检修，不许合闸"标牌。

二、车间用电安全注意事项

①电源开关进行切断或合闸时，操作者要侧身动作，不许面对开关；动作要快，注意防止产生电弧烧伤面部。

②线路中各部位保险丝损坏时，要按要求规格更换，绝对不允许用铜丝代替使用。

③电器设备进行检查维修时要先切断电源，再让电器专业技术人员进行检修。维修时，电源开关处要挂上"有人维修，不许合闸"标牌。

④定期检查各用电导线连接处，保证各线路紧密牢固连接。电路中各种导线出现绝缘层破损、导线裸露时，要及时维修更换。保持各线路中导线的绝缘保护层完好无损。

⑤带电作业维修时（一般情况不允许带电维修），要穿戴好绝缘胶靴、绝缘手套，站在绝缘板上操作。

⑥出现电动机发出烧焦味、外壳高温烫手、轴承润滑油由于温度高外流及冒烟起火时，要立即停机。

⑦电动机工作转速不稳定，发出不规则的异常声响或风扇刮安全罩时，应立即停止电动机工作，查找故障原因，进行维修。

⑧发生触电人身事故时，要立即切断电源。如果电源开关较远，应首先用木棒类非导电体把电线与人身分开，千万不能用手去拉触电者，避免救护人与受害者随同触电。如触电者停止呼吸，要立即进行人工呼吸抢救或向医护人员救助。

⑨设备上各报警器及紧急停车装置要定期检查，加强维护保养，以保证各装置能及时准确、有效地工作。

三、注射机的操作方式

注射机通常都设有可供选择使用的四种操作方式，即：手动、半自动、全自动和调整。在操作注射机之前应根据不同的情况正确选择操作方式，如图 1 - 18 所示。

图 1 - 18　操作按钮

1. 手动操作

手动操作是指按动某一按钮，注射机便进行相应的动作，直到完全完成此动作程序的设定，若不按此按钮动作便不进行。

这种操作方式多用在试模、开始生产阶段或自动生产有困难的制品上，通常注射机的开机即为手动操作方式。

2. 半自动操作

半自动操作是指能自动完成一个工作周期的动作，即将安全门关闭以后，工艺过程中的各个动作按照一定的顺序自动进行，直到制品塑制成型。每一个周期完成后，操作者必须打开安全门取出制件，再次关上安全门，注射机才能继续下一个周期的动作。半自动操作实际上是完成一个注塑过程的自动化，可减轻体力劳动和避免操作错误而造成事故。

主要用在不具备自动化生产条件的一些制品上，如人工取出制品或放入嵌件等，是生产中一种最常用的操作方式。

3. 全自动操作

全自动操作是指注射机在完成一个工作周期的动作后，可自动进入下一个工作周期。注射机全部动作过程都由控制系统控制，使各种动作均按事先编好的程序循环进行，不需要人工具体化操作，注射机动作可自动地往复循环进行，注射机全自动操作模式一般有电眼自动和时间自动两种模式。

采用全自动操作时必须满足两个条件：①模具设计时制品必须能自动从模具中脱落；②注射机要具有模板闭合保护和警示装置。

这种操作方式可以减轻劳动强度，是实现一人多机或全车间机台集中管理，进行自动化生产的必备条件。

4. 调整操作

调整操作是指注射机的动作，都必须在按住相应按钮开关的情况下慢速进行。放开按钮，动作即行停止，故又称之为点动。

这种操作方式适合于为装拆模具、螺杆或检修、调整注射机时采用，一般在正常生产时不能使用。

四、注射机安全操作条例

在生产过程中，安全始终是第一位的。为了保证生产的安全性，除了对操作人员加强安全教育外，更重要的是要建立健全安全生产的制度，遵守注射机安全操作条例，规范操作，才能有效地防患于未然。注射机安全操作应遵守如下条例：

①工作前，必须穿好工作服、工作鞋，戴好手套、工作帽、口罩及安全眼镜等劳动保护用品。不得穿拖鞋、凉鞋及在饮酒后上岗。

②未经过操作和安全培训的人员同意，非当班者不得操作注射机。

③领会所有的危险标志和注射机故障警告符号，熟悉总停机按钮的位置。注射机运转时切勿攀爬机器。

④注射机开机前，应检查所有的安全装置，并肯定都完好有效，才可开机。如果任一安全装置发生缺损或不能动作时，应立即通知管理人员，未处置前不得开机。

⑤操作者必须保持工作台和作业区的清洁，不让油和水流到注射机周围的地面上。出现任何断开的插座、接线箱、裸线或漏油、漏水等现象都应及时报告，以便及时排除。

⑥操作者必须使用安全门，安全门失灵时，严禁开机。操作者应使用设备所提供的安全装置，不要擅自改装或用其他方法使设备安全装置失去作用。

⑦严禁注射机温度未达到设定值时进行射出、熔胶塑化操作；严禁用高速、高压清除机筒余料。注射前应查看注射喷嘴头是否与模具主浇道匹配和贴紧。

⑧在对空注射时，所有人员应远离并避免正对注射方向，操作者不得用手直接清理射出物料。

⑨操作者离开岗位，必须停机，切断电源，关闭冷却水等。

⑩停机前应注尽机筒中的熔料，并取出模腔中的塑件和流道中的残料，不可将物料残留在型腔或浇道中。

⑪检修机器和模具时，必须切断电源。模具中的残料要用铜质等软金属工具进行清理。

⑫任何事故隐患和已发生的事故，不管事故有多小，都应做记载并报告管理人员。

五、注射机操作规程与操作步骤

1. 操作规程

现代注射机有多种结构类型，在实际生产应用中，为了保证人身、设备及模具等的安全，获得合格的制品，必须遵守设备的操作规程。对大多数注射机而言，必须遵守的操作规程有如下几方面。

（1）开车前的准备工作

为了制得合格的产品，开车前必须做好下列检查：

①检查电源电压是否与电器设备额定的电压相符。

②检查各按钮、电气线路、操作手柄、手轮等有无损坏或失灵现象。各开关手柄应在"断开"的位置。

③检查安全门在导轨上滑动是否灵活，开关能否触动限位开关，是否灵敏可靠。

④检查各冷却水管接头是否可靠，试通水，杜绝渗漏现象。

⑤打开润滑开关或将润滑油注入各润滑点。油箱油位应在油标中线以上。

⑥检查料斗有无异物，各电热圈松动与否，热电耦与料筒接触是否良好。对料筒进行预热，达到塑化温度后，恒温半小时，使各点温度均匀一致。冬季应适当延长预热时间。

⑦检查喷嘴是否堵塞，并调整喷嘴、模具的位置。

⑧检查设备运转情况是否正常，有无异声、振动或漏油等。

⑨检查各紧固件松动与否，模具用螺栓固定好后进行试模，注射成型压力应逐渐升高。

（2）开车注意事项

注射机运转应按下列顺序依次进行：

①接通电源，起动电动机，油泵开始工作后，应打开油冷却器冷却水阀门，对回油进行冷却，以防止油温过高。

②油泵进行短时间空车运转，待正常后关闭安全门，先采用手动闭模，并打开压力表，观察压力是否上升。

③空车时，手动操作机器空运转动几次，检查安全门的动作是否正常，指示灯是否及时亮熄，各控制阀、电磁阀动作是否正确，调速阀、节流阀的控制是否灵敏。

④将转换开关转至调整位置，检查各动作反应是否灵敏。

⑤调节时间继电器和限位开关，并检查其动作是否灵敏、正常。

⑥进行半自动操作试车，空车运转几次。

⑦进行自动操作试车，检查运转是否正常。

⑧检查注射制品计数装置及报警装置是否正常、可靠。

（3）停车注意事项

①停机前先停止加料，关闭料斗闸板，注空料筒中的余料，注射成型座退回，关闭冷却水。

②用压力空气冲干模具冷却水道，对模具成型部分进行清洁，喷防锈剂，手动合模。

③关油泵电机，切断所有的电源开关。

④做好机台的清洁和周围的环境卫生工作。

2. 操作步骤

（1）开机操作步骤

开机操作步骤如下：

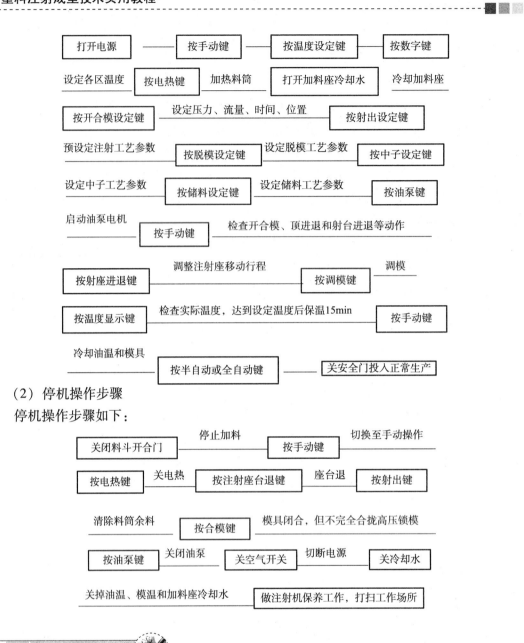

（2）停机操作步骤

停机操作步骤如下：

练习与思考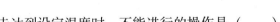

1. 注射机在温度未达到设定温度时，不能进行的操作是（   ）。

　　A. 闭模操作；　　　　　　　　　　B. 顶出操作；

　　C. 调模进操作；　　　　　　　　　D. 储料操作

2. 注射调模操作时，一般应采用（   ）。

　　A. 手动操作；　　　　　　　　　　B. 调整操作；

　　C. 半自动操作；　　　　　　　　　D. 电眼自动操作

3. 停机前，清除机筒余料时应（   ）。

A. 降低螺杆转速，进行对空注射；　　B. 提高螺杆转速，进行对空注射；

C. 直接进行对空注射；　　　　　　　D. 停止螺杆旋转进行对空注射

4. 注射机发生紧急情况，立即按下（　　）。

    A. 开模按钮；　　　　　　　　　　B. 安全门打开按钮；

    C. 紧急制动按钮；　　　　　　　　D. 解除报警按钮

5. 当注射机各工作部件均调整至正常工作状态，能够准确地进行各自的动作，批量生产某一塑件时，多数采用（　　）操作。

    A. 点动；　　　　　　　　　　　　B. 手动；

    C. 半自动；　　　　　　　　　　　D. 全自动

6. 注射机采用全自动操作时必须满足的条件是（　　）。

    A. 模具设计时制品必须能自动从模具中脱落；

    B. 注射机要具有模板闭合保护和警示装置；

    C. 要有自动上料装置；

    D. 必须是三板模

模块二

注射成型设备结构与使用

単 元 一

注射机分类及主要技术参数

学习目标

1. 能根据产品特点和要求合理选择注射机的类型。
2. 能根据注射机参数,判断注射机规格大小及性能好坏。
3. 能根据产品,运用公称注射量、注射压力、锁模力、模板最大开距进行计算,合理选择注射机规格及性能参数。
4. 掌握注射机结构组成及各部件的功能;了解注射机的分类方法。
5. 掌握注射机的主要技术参数;掌握公称注射量、注射压力、锁模力、模板最大开距的计算方法。
6. 知道注射机规格型号的表示方法。

项目任务

项目名称	项目一 PA 汽车门拉手的注射成型
子项目名称	子项目二 PA 汽车门拉手成型设备的选型
单元项目任务	任务 1. PA 汽车门拉手注射机的类型的确定; 任务 2. PA 汽车门拉手注射机规格及性能参数的确定; 任务 3. PA 汽车门拉手注射机型号表征的确定
任务实施	1. 各小组根据 PA 材料性质特点,确定注射机类型; 2. 各小组根据汽车门拉手及浇注系统的重量确定注射机的公称注射量; 3. 各小组根据 PA 材料性质及汽车门拉手要求确定计算过程和注射压力; 4. 各小组根据模腔平均压力确定注射机锁模力大小的计算过程,并确定注射机规格型号

相关知识

一、注射机的分类

注射机的发展十分迅速，新型注射机不断涌现，故注射机的种类繁多，其分类方法较多，常见的分类方法主要有如下几种。

1. 按塑化和注射方式分类

按塑化和注射方式可分为柱塞式注射机、螺杆式注射机和螺杆柱塞式注射机。

柱塞式注射机是通过柱塞依次将落入料筒中的颗粒状物料推向料筒前端的塑化室，依靠料筒外部加热器提供的热量将物料塑化成黏流状态，而后在柱塞的推挤作用下，注入模具的型腔中，如图2-1所示。

螺杆式注射机其物料的熔融塑化和注射全部都由螺杆来完成，如图2-2所示，是目前生产量最大，应用最广泛的注射机。

螺杆柱塞式注射机的塑化装置与注射装置是分开的，起塑化作用的部件为螺杆和料筒，注射部分为柱塞，如图2-3所示。

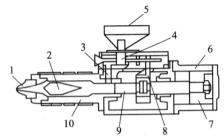

图2-1 柱塞式注射机

1—喷嘴；2—分流梭；3—加料室；4—计量供料；
5—料斗；6—注射油缸；7—油缸活塞；
8—控制活塞；9—柱塞；10—料筒

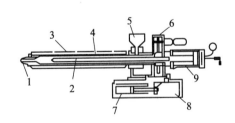

图2-2 螺杆式注射机

1—喷嘴；2—螺杆；3—加热装置；4—料筒；
5—料斗；6—传动装置；7—注射座油缸；
8—注射座；9—注射油缸

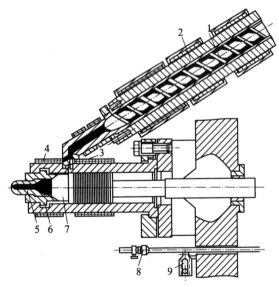

图2-3 螺杆柱塞式注射机

1—预塑螺杆；2—预塑料筒；3—单向阀；
4—加热圈；5—喷嘴；6—连接套；
7—注射柱塞；8—计量装置；9—行程开关

2. 按注射机外形特征分类

主要根据注射和合模装置的排列方式进行分类。

（1）立式注射机

立式注射机如图2-4所示。它的注射系统与合模系统的轴线呈垂直排列。其优点是占地面积小，模具拆装方便，制品嵌件易于安放而且不易倾斜或坠落；缺点是因机身高，注射机稳定性差，加料和维修不方便，制件顶出后不易自动脱落，难于实现全自动操作。所以，立式注射机主要用于注射量在60cm³以下、多嵌件的制品。

（2）卧式注射机

卧式注射机如图2-5所示。它的注射系统与合模系统的轴线呈水平排列。与立式注射机相比具有机身低、稳定性好，便于操作和维修，制件顶出后可自动落下，易于实现全自动操作等优点；但模具装拆较麻烦，安放嵌件不方便，占地面积大。此种形式的注射机目前使用最广、产量最大，对大、中、小型制件都适用，是国内外注射机的最基本的形式。

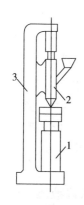

图2-4 立式注射机

1—合模系统；2—注射系统；3—机身

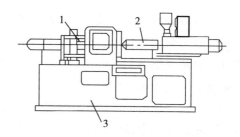

图2-5 卧式注射机

1—合模系统；2—注射系统；3—机身

（3）角式注射机

角式注射机的注射系统和合模系统的轴线呈相互垂直排列，如图2-6所示。其优点是结构简单便于自制，适用于单体生产、中心部位不允许留有浇口痕迹的平面制品；缺点是制件顶出后不能自动落下，有碍于全自动操作，占地面积介于立、卧式之间。目前，国内许多小型机械传动的注射机，多属于这一类。大、中型注射机一般不采用这一类形式。

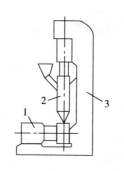 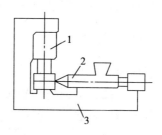

图2-6 角式注射机

1—合模系统；2—注射系统；3—机身

（4）多模注射机

多模注射机是一种多工位操作的特殊注射机。根据注射机注射量和用途，可将注射系统和合模系统进行多种排列，如图2-7所示。

 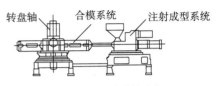

（a）合模系统水平转动式　　　　　　　　（b）合模系统绕垂直轴转动式

图2-7　多模注射机

3. 按合模系统特征分类

按合模系统特征可把注射机分为机械式、液压式和液压－机械式。

机械式合模系统即全机械式，指从机构的动作到合模力的产生和保持全由机械传动来完成。由于其合模力和合模速度的调整比较复杂，惯性冲击及噪声较大，维修困难。

液压式合模系统即全液压式，指从机构的动作到合模力的产生和保持全由液压传动来完成。液压式合模系统工作安全可靠、噪声低，能方便实现合模力的变换与调节，但液压油容易泄漏和产生压力的波动。目前被广泛用于较大型注射机中。

液压－机械式合模系统是液压和机械联合的传动形式，通常以液压力产生初始运动，再通过曲肘连杆机构的运动、力的放大和自锁来达到平稳、快速合模。综合了液压式和机械式合模系统两者的优点，在通用热塑性塑料的注射机中最为常见。

4. 按注射机加工能力分类

根据注射机的加工能力可把注射机分为超小型（合模力在160kN、注射容量在16cm^{3}以下）；小型（合模力在160～2000kN、注射容量在16～630cm^3）；中型（合模力在2500～4000kN、注射容量在800～3150cm^3）；大型（合模力在5000～12500kN、注射容量在4000～10000cm^3）；超大型（合模力在16000kN、注射容量在16000cm^{3}以上）。

5. 按注射机的用途分类

按注射机的用途可分为热塑性塑料的注射机、热固性塑料的注射机、排气式注射机、气体辅助注射机、发泡注射机、多组分注射机、注射吹塑成型机等。

二、注射机主要技术参数

注射机的基本参数能较好地反映出注射机所能成型制品的大小、注射机的生产能力，可对所加工物料的种类、品级范围和制品质量进行评估，也是我们设计、制造、选择和使用注射机的依据。注射机的参数主要包括注射量、注射压力、注射速率、塑化能力、合模力、开合模速度、空循环时间等。

1. 注射量

注射量是注射机的重要性能参数之一，它在一定程度上反映了注射机的加工能力，标志着该注射机能成型制品的最大范围。注射量一般可用注射容积和注射质量两种方法表示。

（1）注射容积

指在对空注射条件下，注射螺杆或柱塞做一次最大注射行程时，注射系统所能注出的最大容积。

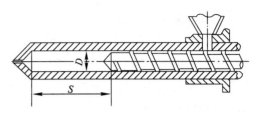

图2-8 注塑量与螺杆几何尺寸的关系

根据定义，由图2-8可知注射螺杆一次所能注出的最大注射容积的理论值为：螺杆头部在其垂直于轴线方向的最大投影面积与注射螺杆行程的乘积。

$$Q_L = \frac{\pi}{4}D^2 S \qquad (2-1)$$

式中，Q_L——理论最大注射容积，cm^3；

　　　　D——螺杆或柱塞的直径，cm；

　　　　S——螺杆或柱塞的最大行程，cm。

注射机在工作过程中一般是很难达到理论值的。因为一方面塑料在成型过程中其密度会随温度、压力的变化而发生相应变化，如非结晶型塑料，密度变化在7%左右；而结晶型塑料，密度变化则在15%左右。另一方面在进行注射时，熔料在压力作用下会沿螺槽发生反向流动。因此，注射机的实际注射量计算时必须对理论注射容积做适当修正，其修正方法为：

$$Q = \alpha Q_L = \frac{\pi}{4}D^2 S\alpha \qquad (2-2)$$

式中，Q——实际注射容积，cm^3；

　　　　α——射出系数，一般为0.7~0.9，对热扩散系数小的物料α取小值，反之取大值，通常取α为0.8。

影响射出系数的因素很多，主要与被加工物料的性能、螺杆结构参数、模具结构、制品形状、注射压力、注射速度、背压的大小等有关。

我国注射机的理论注射容积（cm^3）的系列标准有16、25、40、63、100、160、200、250、320、400、500、630、800、1000、1250、1600、2000、2500、3200、4000、5000、6300、8000、10000、16000、25000、40000等。

（2）注射质量

指在对空注射条件下，注射螺杆或柱塞做一次最大注射行程时，注射系统所能注出的最大质量。它通常是用PS为标准料（密度ρ为1.05g/cm^3）一次所能注出的熔料质量（g）表示。

$$Q_m = \rho Q_L \qquad (2-3)$$

式中，Q_L——理论最大注射质量，g；

　　　　ρ——熔料密度 g/cm^3。

注射成型制品时，一般制品和浇注系统的总用料量以不超过注射机注射量的25%~70%，最低不小于注射量的10%为好。若总用料量大于注射机注射量，则制品成型时易出现缺陷或保压时间长时，引起制品内应力加大等；若总用量太少，则注射机不能充分发挥其效能，而且熔料会因在料筒中停留时间过长而易分解。

2. 注射压力

注射压力是指注射时螺杆或柱塞对物料单位面积上所施加的作用力，单位：MPa。注射压力在注射中起着重要的作用，它能使熔料克服流经喷嘴、流道和模腔时的流动阻力，给予熔料必要的充模速度，并对熔体进行压实。

注射压力的大小与注射机结构、流道阻力、制品的形状、塑料的性能、塑化方式、塑化温度、模具结构、模具温度和对制品精度要求等因素有关。在实际生产中，注射压力应能在注射机允许的范围内调节。

注射成型时，若注射压力过大，制品易产生飞边，制品在模腔内因镶嵌过紧造成脱模困难，制品内应力增大，强制顶出会损伤制品；注射压力过低，易产生亏料注射和缩痕，甚至根本不能成型等现象。

3. 注射速率、注射速度和注射时间

为了得到密实均匀和高精度的制品，必须在短时间内快速将熔料充满模具型腔。它除了必须有足够的注射压力外，还必须有一定的流动速度。用来表示熔料充模速度快慢特性的参数有注射速率、注射速度和注射时间。

注射速率是指在注射时，单位时间内所能达到的体积流率；注射速度是指螺杆或柱塞在注射时移动速度的计算值；注射时间是指螺杆或柱塞在完成一次最大注射行程时所用的最短时间。

4. 塑化能力

塑化能力是指塑化装置在单位时间内所能塑化的物料量。一般螺杆的塑化能力与螺杆转速、驱动功率、螺杆结构、物料的性能有关。

注射机的塑化装置应能在规定的时间内保证能够提供足够量的塑化均匀的熔料。塑化能力应与注射机整个成型周期配合协调，否则不能发挥塑化装置的能力。若塑化能力高而注射机空循环时间长，提高螺杆转速、增大驱动功率、改进螺杆的结构型式等都可以提高塑化能力和改进塑化质量。一般注射机的理论塑化能力大于实际所需量的 20% 左右。

5. 合模力

合模力是指注射机合模机构施于模具上的最大夹紧力。在此力作用下，模具不应被熔料所顶开。它在一定程度上反映出注射机所能加工制品的大小，是一个重要参数。有些国家采用最大合模力作为注射机的规格标称，合模力如图 2 - 9 所示。

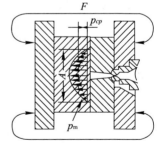

图 2 - 9 注塑时动模板的受力平衡

合模力是保证塑料制品质量的重要条件。若选用注射机的合模力不够，在成型时易使制品产生飞边，不能成型薄壁制品；若合模力选用过大，容易压坏模具，制品内应力增大和造成不必要的浪费。近年来，由于改善了塑化机构的效能，改进了合模机构，提高了注射速度并实现其过程控制，注射机的合模力有明显的下降。

一般成型时，合模力应足够大。即：

$$F \geqslant KP_{cp}A \qquad (\text{kg 或 t}) \qquad\qquad (2-4)$$

式中，A——制品在分型面的投影面积；

$\quad$ K——安全系数，一般为 $1 \sim 2$；

P_{cp}——模腔平均压力的大小。

模腔平均压力与成型制品的关系如表 $2-1$ 所示。

表 $2-1$　模腔平均压力与成型制品的关系

成型条件	模腔平均压力（MPa）	举例
易于成型制品	25	PE、PP、PS 等壁厚均匀的日用品
一般制品	30	在模具温度较高条件下，成型薄壁容器类制品
加工高黏度物料和有较高要求制品	35	ABS、POM 等加工有精度要求的零件
用高黏度物料加工高精度、难充模制品	40 ~ 45	高精度机械零件如塑料齿轮等

6. 开、合模速度

开、合模速度是反映注射机工作效率的参数，它直接影响到成型周期的长短。为了使动模板开启和闭合平稳以及在顶出制品时不将塑料制品顶坏，防止模内有异物或因嵌件松动、脱落而损坏模具，要求动模板慢速运行；而为了提高生产能力，缩短成型周期，又要求动模板快速运行。因此，在整个成型过程中，动模板的运行速度是变化的，即闭模时先快后慢。开模时，先慢后快再慢。同时还要求速度变化的位置能够调节，以适应不同结构制品的生产需要。

目前，国产注射机的开合模速度范围：快速为 $30 \sim 36\text{m/min}$；有的高达 $72 \sim 90\text{m/min}$。慢速为 $0.24 \sim 3\text{m/min}$。

7. 空循环时间

注射机的空循环时间是指在没有塑化、注射、保压与冷却和取出制品等动作的情况下，完成一次动作循环所需要的时间。它是由移模、注射座前移和后退、开模以及动作间的切换时间所组成，有的直接用开合模时间来表示。

空循环时间反映了机械、液压、电气三部分的性能好坏（如灵敏度、重复性、稳定性等），也表示了注射机的工作效率，是表征注射机综合性能的参数。

近年来，由于采用先进的电脑程序控制技术，注射机各方面的性能更为可靠、准确，空循环时间有了较大的缩短。如 Fizsommer 公司 108D 型注射机的空循环时间仅为 0.8s。

8. 合模系统的基本尺寸

合模系统的基本尺寸直接关系到所能加工制品的范围和模具的安装、定位等。主要包括：模板尺寸与拉杆间距，模板间最大开距与动模板行程，模具厚度、调模行程等。

（1）模板尺寸与拉杆间距

如图 $2-10$ 所示，模板尺寸为（$H \times V$），拉杆间距指水平方向两杆之间的距离与垂直方向两拉杆距离的乘积，即拉杆内侧尺寸为 $(H_0 \times V_0)$，模板尺寸和拉杆间距均是表示模具安装面积的主要参数。注射机的模板尺寸决定注射模的长度和宽度，模板面积大约是注射机最大成型面积的 4～10 倍，并能用常规方法将模具安装到模板上。可以说模板尺寸限制了注射机的最大成型面积，拉杆间距限制了模具的尺寸。近年来，由于注射成型技术及设备技术水平的提高，注射机模板尺寸有增大的趋势。

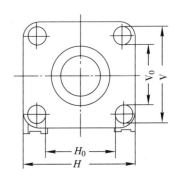

图 2-10　模具与模板尺寸

（2）模板间最大开距

模板间最大开距是用来表示注射机所能加工制品最大高度的特征参数。它是指开模时，固定模板与动模板之间，包括调模行程在内所能达到的最大距离 $L_{\max}$，如图 2-11 所示。

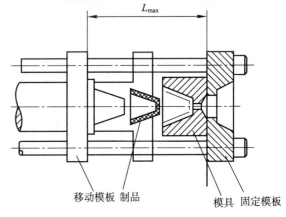

移动模板　制品　　模具　固定模板

图 2-11　模板间的尺寸

（3）动模板行程

动模板行程是指动模板移动距离的最大值。对于肘杆式合模装置，动模板行程是固定的；对于液压式合模装置，动模板行程随安装模具厚度的变化而变化。一般动模板行程要大于制品最大高度 2 倍，便于取出制品。为了减少机械磨损的动力损耗，成型时应尽量使用最短的动模板行程。

（4）模具最大厚度与最小厚度

模具最大厚度 $H_{\max}$ 与最小厚度 $H_{\min}$ 是指动模板闭合后，达到规定合模力时动模板与固定模板间的最大（小）距离。如果所成型制品的模具厚度小于模具最小厚度，应加垫块（板），否则不能形成合模力，使注射机不能正常生产。反之，同样也不能形成合模力，也不能正常生产。

（5）调模行程

即模具最大厚度 $H_{\max}$ 与最小厚度 $H_{\min}$ 之差为调模行程。为了成型不同高度的制品，模板间距应能调节。调节范围是最大模具厚度的 30%～50%。

三、注射机规格型号的表示

注射机的规格型号表示方法各国有所不同。

1. 国家标准型号表示方法

我国注射机型号编制方法是按国家标准 GB/T12783—2000 编制的。其表示方法为：

S	Z	□	–	□
类	组	品		规
别	别	种		格
代	代	代		参
号	号	号		数

其中：第一项 S 为类别代号，表示"塑料机械"；第二项 Z 为组别代号，表示"注射"；第三项为品种代号，用英文字母表示；第四项是规格参数，用阿拉伯数字表示。注射机品种代号、规格参数的表示见表 2-2。

表 2-2 注射机品种代号、规格参数（GB/T12783—2000）

品种名称	代号	规格参数	备注
塑料注射成型机	不标	合模力（kN）	卧式螺杆式预塑为基本型不标品种代号
立式塑料注射成型机	L（立）		
角式塑料注射成型机	J（角）		
柱塞式塑料注射成型机	Z（柱）		
塑料低发泡注射成型机	F（发）		
塑料排气式注射成型机	P（排）		
塑料反应式注射成型机	A（反）		
热固性塑料注射成型机	G（固）		
塑料鞋用注射成型机	E（鞋）	工位数×注射装置数	注射装置数为 1 不标注
聚氨酯鞋用注射成型机	EJ（鞋聚）		
全塑鞋用注射成型机	EQ（鞋全）		
塑料雨鞋、靴注射成型机	EY（鞋雨）		
塑料鞋底注射成型机	ED（鞋底）		
聚氨酯鞋底注射成型机	EDJ（鞋底聚）		
塑料双色注射成型机	S（双）	合模力（kN）	卧式螺杆式预塑为基本型不标品种代号
塑料混色注射成型机	H（混）		

2. 国际统一规格表示方法

为了统一各国自订的表示法而制定出了国际统一规格表示方法。具体表示为：

$$×× - △/□$$

×× 表示厂家专用代号；□ 表示合模力，合模力单位为 t；△ 表示当量注射量，是注射料压力（MPa）和注射容积（cm³）的乘积。

3. 部分厂家的表示方法

国外多数厂家及国内的部分厂家还采用的型号表示方法为：

$$×× - □$$

其中 ×× 表示厂家专用代号；□ 表示合模力。

如 WG-80（无锡格兰）、CWl-120（上海纪威）、E-120（亿利达），采用此法表示的合模力，其单位为 t。

国内生产的注射机基本参数见表 2-3 和表 2-4 所示，供参考。

表2-3　国产SZN（U）系列注射成型机的主要技术参数

项目	型号				
	SZU-650	SZN-1000	SZN-1600	SZN-2000	SZN-4000
螺杆直径/mm	95	120	145	155	170
注射压力/MPa	170	184	170	170	170
注射量/g	3180	6768	11900	14500	19200
螺杆长径比	20	20	20	20	20
注射速率/（cm^3·s^{-1}）	701	1140	1585	1770	1770
塑化能力/（kg·h^{-1}）	347	510	744	850	1020
螺杆转速/（r·min^{-1}）	10~100	10~100	10~100	10~80	10~80
螺杆行程/mm	1450	600	725	775	850
喷嘴行程/mm	480	620	780	880	1180
锁模力/t	650	1000	1600	2000	4000
模板最大开距/mm	1900	2650	3400	3800	5050
锁模行程/mm	1000	1450	1800	2000	4000
容模量/mm	150~900	600~1200	800~1600	900~1800	1200~2350
柱距（H×V）/（mm×mm）	965×900	1240×1120	1550×1400	1800×1750	2250×2000
模板尺寸/（mm×mm）	1456×1380	1800×1680	2270×2120	2500×2350	3570×3320
油压顶杆数	21	29	29	29	29
顶杆行程/mm	200	250	300	350	400
顶出力/t	16	30	40	50	90
电动机功率/kW	45×2	55×3	55×4	55×4	55×5
加热功率/kW	40	70	90	110	130
温度控制区	6	7	8	8	9
机器质量/t	42	69	102	103	149
外形尺寸/（m×m×m）	10×2.4×2.1	13.6×2.8×2.6	16×3.5×3.2	13.7×4.1×3.6	17×5.6×4.9

表2-4　国产FSK系列注射成型机的主要技术参数

项目	型号			
	FSK-100/250	FSK-100/355	FSK-150/500	FSK-180/500
螺杆直径/mm	44	50	55	55
注射容量/cm^3	327	481	654	654
塑化能力/（kg·h^{-1}）	103	131	136	136

项目	型号			
	FSK－100/250	FSK－100/355	FSK－150/500	FSK－180/500
注射压力/MPa	141.7	143.4	150	150
注射速率/（cm³·s⁻¹）	100	121	129	129
螺杆转速/（r·min⁻¹）	0~164	0~142	0~110	0~110
注射力/kN	216	281	356	356
加料斗容量/L	25	45	45	45
合模力/kN	1010	1010	1440	1830
合模冲程/mm	315	315	355	450
使用金属模最小厚度/mm	170~370	170~370	200~455	225~500
最大开模距离/mm	485~685	485~685	555~800	675~975
拉杆间距（长×宽）/（mm×mm）	375×300	375×300	460×370	530×425
模板尺寸（长×宽）/（mm×mm）	567×492	597×492	680×590	770×665
顶杆行程/mm	60	60	70	80
线路最高压力/MPa	14	14	14	14
液压泵电动机功率/kW	15/6	18.5/6	22/6	22/6
加热功率/kW	2.61+6.28	4.2+6.28	5.15+9.24	5.15+12.2
模具加热最大功率/kW	4.5+4.5	4.5+4.5	11+11	11+11
外形尺寸/（mm×mm×mm）	5055×975×1855	5455×975×1985	6190×1235×2065	3710×1485×2130

四、注射机的选用

由于注射机类型及规格型号有很多，在生产过程中通常需要根据产品特点来选择合适种类、规格、型号的注射机，这对于保证产品质量、提高生产效率是相当重要的。

在选择注射机时首先要明确制件成型所需的模具尺寸（宽度、高度、厚度）、重量，是否要特殊设计，所用塑料的种类及数量（单一原料或多种原料），注射成品的外观尺寸（长、宽、高），成型要求，如生产速度等条件。有了这些数据，便可以按照如下的步骤来选择合适的注射机。

1. 根据产品和原料决定机种及系列

先根据产品型式，所用原料、颜色等条件，正确判断此产品应由哪一种注射机，或是哪一个系列来生产。此外，某些产品成型需要高稳定（闭回路）、高精密、超高注射速度、高注射压力或快速生产（多回路）等条件，也必须选择合适系列的注射机来生产。

2. 根据模具尺寸判定注射机的相关尺寸

根据模具尺寸判定机台的拉杆间距、模厚、模具最小尺寸及模板尺寸是否适当，以确认模具是否能够安装。需要注意的是：

①模具的宽度和高度需小于或至少有一边小于拉杆间距。

②模具的宽度和高度最好在模板尺寸范围内。

③模具的厚度需在注射机所能容纳的模具厚度范围内。

④模具的宽度和高度需符合该注射机建议的最小模具尺寸。

3. 根据模具和成品判定开模行程和脱模行程

为了能方便制品的取出，开模行程至少需大于两倍的成品在开关模方向的高度，且需含竖流道的长度；模板间最大距离应是制品最大厚度的三至四倍；脱模行程应足够将成品顶出。

4. 根据产品和原料决定锁模力吨位

当原料以高压注入型腔内时会产生一个胀模的力量，因此注射机的锁模单元必须提供足够的锁模力，使模具不至于被胀开。所需锁模力大小与模腔压力、制品尺寸等有关。一般可根据下式来估算所需锁模力的大小：

$$P = KpFn \tag{2-5}$$

式中　P——所需锁模力，MPa；

　　　p——模腔内平均压力，MPa，一般制品可取 30MPa；

　　　K——安全系数（一般取 1.1 ~ 1.2）；

　　　F——制品在分型面上的投影面积，mm；

　　　n——型腔数。

由此根据所需锁模力大小初步确定注射机的吨位规格。

5. 根据制品重量和型腔数来判定所需注射量

①计算成品重量时需考虑型腔数（一模几腔）。

②注射量的确定。

正常生产时所需注射机的注射量可根据制品重量和浇注系统物料的重量来计算。

$$注射量 = 制品重量 + 浇注系统物料重量 \tag{2-6}$$

要注意的是：通常注射机所标注的注射量都是以聚苯乙烯为标准料来标注，由于各种塑料的密度不同，采用其他塑料来生产时根据产品计算出来的注射量（重量表示）会有较大差异，因此必须要换算成聚苯乙烯为标准料的注射量，才能做出正确的选择。换算方法为：

$$W_{PS} = 1.05 W_X / \rho \tag{2-7}$$

式中　W_{PS}——制件相当于聚苯乙烯的注射重量；

　　　W_X——制件实际所需的注射重量；

　　　ρ——制件所用塑料的密度，g/cm^3。

根据计算结果选择注射机的注射量时，考虑到注射过程中的损失，通常注射机的注射量应大于实际换算后所需注射量的 1.1 ~ 1.2 倍，但一般最大不应超过实际所需的注射量的 75%，否则注射机的生产能力会得不到充分的发挥。

6. 根据原料判定螺杆压缩比和注射压力等条件

有些工程塑料需要较高的注射压力和合适的螺杆压缩比设计，才有较好的成型效果。

因此，为了使制品成型得更好，在选择螺杆时需要考虑注射压力的需求和压缩比的问题。一般而言，直径较小的螺杆可提供较高的注射压力。

一般加工精度低、流动性好的塑料，如低密度聚乙烯、聚酰胺，注射压力可选≤70～80MPa；加工中等黏度的塑料，如改性聚苯乙烯、聚碳酸酯等，形状一般但有一定的精度要求的制品，注射压力选100～140MPa；加工高黏度工程塑料，如聚砜、聚苯醚之类等薄壁长流程、厚度不均和精度要求严格的制品，注射压力大约在140～170MPa；加工优质、精密、微型制品时，注射压力可用到230～250MPa以上。

7. 注射速度的确认

有些成品需要高注射速度才能稳定成型，如超薄类成品。在此情况下，需要确认机器的注射量是否足够，是否需搭配蓄压器、闭回路控制等装置。一般而言，在相同条件下，可提供较高注射压力的螺杆，通常注射速度较低；相反，可提供较低注射压力的螺杆，通常注射速度较高。因此，选择螺杆直径时，注射量、注射压力及注射速度，需进行综合考虑及取舍。

8. 其他参数的确定

在购买注射机时，除主要考虑的注射量与锁模力之外，还要考虑的参数有：

①顶出力及顶出行程。要保证制品能顺利地取出。

②液压系统的压力。当液压系统压力较大时，注射机各部分的工作压力在制品的外形尺寸不变时，将产生更大的力。但系统压力过大，对液压阀、管路及油封的要求都相应提高了，制造、维护都比较困难。

③总功率。主要有电动机功率、各加热圈的总功率及一些辅助设备消耗的功率，功率越大，耗能越多。

④外形尺寸及机重。主要应考虑注射机装运及安装摆放等。

⑤控制系统的确定。控制系统包括电脑及液压系统，其性能要好，操作要求简便。

此外，有一些特殊问题还必须加以考虑：

①"大小配"的问题。在某些特殊情况下，可能模具体积小但所需注射量大，或模具体积大但所需射量小。此时，预先设定的标准规格可能无法符合需求，而必须进行所谓"大小配"，亦即"大壁小射"或"小壁大射"。所谓"大壁小射"指以原先标准的合模系统搭配较小的注射螺杆；反之，"小壁大射"即是以原先标准的合模系统搭配较大的注射螺杆。在搭配上，合模与注射有可能相差好几级。

②"快速机"或"高速机"的观念。在实际运用中，越来越多的客户会要求购买所谓"高速机"或"快速机"。一般而言，其目的除了产品本身的需求外，其他大多是要缩短成型周期、提高单位时间的产量，进而降低生产成本，提高竞争力。选用"快速机"时要注意增加模具冷却水路，提升模具的冷却效率。

练习与思考

1. 注射机规格型号"WG－80"中，"80"表示的是（　　）。

A. 锁模力 80t;　　　　　　　　B. 注射重量 80g;

C. 注射容量 80cm³;　　　　　　D. 注射压力 80MPa

2. 为了使制品能顺利从模具中取出,一般要求注射机模板间的最大开距为制品最大高度的（　　　）。

A. 1 倍;　　　　　　　　　　　B. 2 倍;

C. 3～4 倍;　　　　　　　　　　D. 1～2 倍

3. 在注射过程中,注射量通常是由（　　　）控制的。

A. 注射压力;　　　　　　　　　B. 预塑行程;

C. 注射速度;　　　　　　　　　D. 注射时间

4. 通常表征注射机加工能力的参数是（　　　）。

A. 注射压力;　　　　　　　　　B. 锁模力;

C. 模板尺寸;　　　　　　　　　D. 注射量

5. 注射成型制品时应如何选择注射机的注射压力?

6. 注射成型时应如何选择注射机的锁模力大小?

单 元 二
注射机的注射系统

学习目标

1. 能根据产品特点合理选择注射机注射系统类型。
2. 能根据物料性质及产品大小正确选择注射螺杆形式及螺杆规格大小，能根据物料性质正确选择螺杆头的结构形式。
3. 能根据物料性质正确选择喷嘴的结构形式。
4. 能根据物料性质正确选择料筒的结构形式。
5. 能根据加工物料及设备特点，合理选配加热装置。
6. 能合理选择螺杆驱动装置类型，并进行驱动功率的估算。
7. 能对注射系统结构零件进行创新改进。

项目任务

项目名称	项目一　PA 汽车门拉手的注射成型
子项目名称	子项目二　PA 汽车门拉手成型设备的选型
单元项目任务	任务 1. PA 汽车门拉手注射机注射系统类型的确定； 任务 2. PA 汽车门拉手注射机螺杆及螺杆头结构形式的确定； 任务 3. PA 汽车门拉手注射机喷嘴结构形式的确定； 任务 4. PA 汽车门拉手注射机料筒的结构形式的确定； 任务 5. PA 汽车门拉手注射机加热形式的确定； 任务 6. PA 汽车门拉手注射机螺杆的传动形式及驱动功率的确定
任务实施	1. 各小组根据 PA 料的性质及 PA 汽车门拉手结构确定注射系统的类型； 2. 各小组根据 PA 料的性质确定注射螺杆、螺杆头、喷嘴、料筒的结构形式； 3. 各小组根据产量、效率，确定机筒加热形式和加热功率、加热段数和控制方式；进行加热功率估算； 4. 各小组根据注射机各驱动形式的特点，确定螺杆的驱动形式

相关知识

注射机注射系统的作用是使塑料塑化和均化，并在很高的压力和较快的速度下，通过螺杆或柱塞的推挤将熔料注入模具。

一、柱塞式注射系统

1. 结构组成

柱塞式注射系统主要由塑化部件（包括喷嘴、螺杆、料筒、分流梭）、定量加料装置、注射油缸、注射座整体移动油缸等组成，如前面图 2-1 所示。

2. 工作原理

加入料斗中的颗粒料，经过定量加料装置，使每次注射所需的物料落入料筒加料室。当注射油缸活塞推动柱塞前进时，将加料室中的物料推向料筒前端熔融塑化。熔融物料在柱塞向前移动时，经过喷嘴注入模具型腔。

根据需要，注射座移动油缸可以驱动注射座做往复移动，使喷嘴与模具接触或分离。

3. 该结构的缺点

①物料塑化不均匀。料筒内塑料加热熔融塑化的热量来自料筒的外部加热，由于塑料的导热性差，加上塑料在料筒内的运动呈"层流"状态，因此，靠近料筒外壁的塑料温度高、塑化快，料筒中心的塑料温度低、塑化慢。料筒直径越大，则温差越大，塑化越不均匀，有时甚至会出现内层塑料尚未塑化好，表层塑料已过热降解的现象。通常，热敏性塑料不采用柱塞式注射成型。

②注射压力损失大。由于注射压力不能直接作用于熔料，需经未塑化的塑料传递后，熔融塑料才能经分流梭与料筒内壁的狭缝进入喷嘴，最后注入模腔，因此，该过程会造成很大的压力损失。据统计，采用分流梭的柱塞式注射机，模腔压力仅为注射压力的25% ~ 50%。

③工艺条件不稳定。柱塞在注射时，首先对加入料筒加料区的塑料进行预压缩，然后才将压力传递给塑化好的熔料，并将头部的熔料注入模腔。由此可见，即使柱塞等速移动，但熔料的充模速度却是先慢后快，直接影响熔料在模内的流动状态。另外，每次加料量的不精确性，对工艺条件的稳定性和制品的质量也会有影响。

④注射量提高受限制。由于注射量的大小主要取决于柱塞面积和柱塞行程，因此，提高塑化能力主要依靠增大柱塞直径和柱塞行程。根据传热原理，对于热的长筒体，单位时间内从料筒壁传给物料的热量与料筒温度和物料温度之差及传热面积（即料筒内径和长度的乘积）成正比，而与料层厚度成反比，但加大料筒内径和长度都会加剧物料塑化和温度的不均匀。因此柱塞式注射成型系统的塑化能力低，从而限制了注射量的提高。柱塞式注射系统的注射量一般在 $250cm^3$ 以下。

此外，料筒的清洗也比较困难。所以柱塞式注射机的使用受到一定限制，但由于其结构简单，因此，在注射量较小时，还是有一定使用价值的。

二、螺杆式注射系统

这是目前应用最为广泛的一种形式。它由塑化部件、料斗、螺杆传动装置、注射油缸、注射座以及注射座移动油缸等组成，如前面图 2-2 所示。螺杆式注射机工作时是依靠螺杆的旋转完成对物料的塑化、混合、输送及注射的。螺杆是注射系统的核心部件，是由电动机经液压离合器和齿轮变速箱驱动的。为了使注射油缸的活塞不随螺杆一起转动，在油缸活塞与螺杆连接处设置了止推轴承，而阻止螺杆预塑时后退的背压，则可通过调节背压阀来调整其大小。当所塑化的塑料达到所要求的注射量时，计量柱压合行程开关液压离合器便分离，从而切断了螺杆的动力源（驱动电机），使螺杆停止转动。此时，压力油可通过抽拉管，经注射座的转动支点，进入注射油缸，实现螺杆的注射动作。由于螺杆与活塞杆连接处以及与齿轮箱出轴之间设置了较长的滑键，故注射时，驱动电动机和齿轮箱固定不动（不随螺杆移动）。设在注射座下面的移动油缸，可使注射座沿注射架的导轨做往复运动，使喷嘴和模具离开或紧密地贴合。这种结构的主要特点是：压力油管全部使用钢管连接，寿命长，承压能力大；注射座沿平面导轨运动，故承载量大，精度易保持；螺杆的拆装和清理比较方便；螺杆传动部分的效率比较高，故障少，易于维修等。目前我国生产的注射量由 $125 \sim 4000 \mathrm{cm}^3$ 的 XS-ZY 型注射机，基本上采用了类似的注射系统。

与柱塞式注射系统相比，螺杆式注射系统具有以下特点：

①螺杆式注射系统不仅有外部加热器的加热，而且螺杆还有对物料进行剪切摩擦加热的作用，因而塑化效率和塑化质量较高；而柱塞式注射系统主要依靠外部加热器加热，并以热传导的方式使物料塑化，塑化效率和塑化质量较低。

②由于螺杆式注射系统在注射时，螺杆前端的物料已塑化成熔融状态，而且料筒内也没有分流梭，因此压力损失小。在相同模腔压力下，用螺杆式注射系统可以降低注射压力。

③由于螺杆式注射系统的塑化效果好，从而可以降低料筒温度，这样，不仅可以减小物料因过热和滞流而产生的分解现象，而且还可以缩短制品的冷却时间，提高生产效率。

④由于螺杆有刮料作用，可以减小熔料的滞流和分解，所以，可用于成型热敏性物料。

⑤可以对物料直接进行染色，而且清理料筒方便。

螺杆式注射系统虽然有以上许多优点，但是它的结构比柱塞注射系统复杂，螺杆的设计和制造都比较困难。此外，还需要增设螺杆传动装置和相应的液压传动与电气控制系统。因此，目前一些小型注射机仍采用柱塞式注射系统，用于加工熔料流动性好的物料，而大型注射机则普遍采用螺杆式注射系统。

三、注射机的塑化装置

塑化装置是注射系统的重要组成部分。由于柱塞式塑化装置主要应用于小型注射机，因此本书不做详细介绍。下面主要介绍螺杆式塑化装置。

螺杆式注射机的主要塑化装置包括螺杆、料筒、注射喷嘴等。

1. 螺杆

①螺杆的类型。注射螺杆的类型与挤出螺杆相似，也分为结晶型和非结晶型螺杆两种。

非结晶型螺杆是指螺槽深度由加料段较深螺槽向均化段较浅螺槽过渡的过程是在一个较长的轴向距离内完成的，如图2-12（a）所示。该类螺杆主要用于加工具有较宽的熔融温度范围、高黏度的非结晶型物料，如PVC等。

结晶型螺杆指螺槽深度由深变浅的过程是在一个较短的距离内完成的，如图2-12（b）所示。该类螺杆主要用于加工低黏度、熔点温度范围较窄的结晶型物料，如PE、PP等。

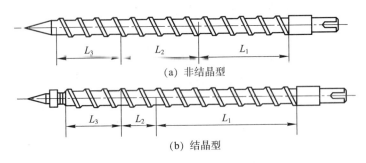

(a) 非结晶型

(b) 结晶型

图2-12　注射成型螺杆类型

②注射螺杆的主要特征。注射螺杆与挤出螺杆很相似，但由于它们在生产中的使用要求不同，所以，相互之间有差异。

作用原理方面：挤出螺杆是在连续推物料的过程中将物料塑化，并在机头处建立起相当高的压力，通过成型机头获得连续挤出的制品。挤出机的生产能力、稳定的挤出量和塑化均匀性是挤出螺杆应该充分考虑的主要问题，这将关系到挤出制品的质量和产量。而注射螺杆按注射工艺过程的要求完成对固体物料的预塑和对熔料的注射这两个任务，并无稳定挤出的特殊要求，注射螺杆的预塑也仅仅是注射成型过程的一个前道工序，与挤出螺杆相比不是主要问题。

物料受热方面：物料在注射机料筒中，除了受到在塑化时类似于挤出螺杆的剪切作用而产生的热量外，预塑后的物料因在料筒内有较长的停留时间，受到较多外部加热器的加热作用。另外，在注射成型时，物料以高速流经喷嘴而受到强烈剪切产生剪切热的作用。

塑化压力调节方面：在生产过程中，挤出螺杆很难对塑化压力进行调节，而注射螺杆对物料的塑化压力可以方便地通过背压来进行调节，从而容易对物料的塑化质量进行控制。

螺杆长度变化方面：注射螺杆在预塑时，螺杆边旋转边后退，使得有效工作长度发生变化。而挤出螺杆要求定温、定压、定量、连续挤出，挤出时必须是定位旋转，螺杆有效工作长度不能发生变化。

塑化能力对生产能力的影响方面：挤出螺杆的塑化能力直接影响生产能力，而注射螺杆的预塑化时间比制品在模腔内的冷却时间短，因此注射螺杆的塑化能力不是影响生产能力的主要因素。

螺杆头结构形式方面：注射螺杆头与挤出螺杆头不同，挤出螺杆头多为圆头或钝头，注射螺杆头多为尖头，且头部具有特殊结构。尖形或头部带有螺纹的螺杆头如图2-13（a）所示。该类螺杆头主要用于加工黏度高、热稳定性差的物料，可以防止在注射时因排料不干净而造成滞料分解现象。

止逆环螺杆头如图2-13（b）所示。对于中、低黏度的物料，为防止在注射时螺杆前端压力过高，使部分熔料在压力下沿螺槽回流，造成生产能力下降、注射压力损失、保压困难及制品质量降低等，通常使用带止逆环的螺杆头。止逆环螺杆头的工作原理是：当螺杆旋转塑化时，沿螺槽前进的熔料具有一定的压力，将止逆环推向前方，熔料通过止逆环与螺杆头间的通道进入螺杆头前面；注射时，在注射压力的反作用下使止逆环向后退，与环座紧密贴合，压力越高贴合越紧密，从而防止了熔料的回流。

注射机配置的螺杆一般只有一根，且必备基本型式的螺杆头。为扩大注射螺杆的使用范围，降低生产成本，可通过更换螺杆头的办法来适应不同物料的加工，如图2-13c、d所示。

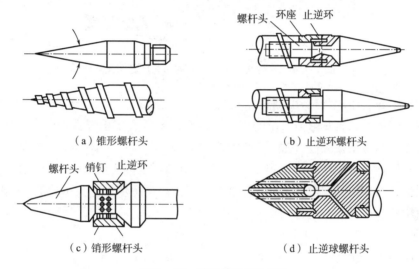

（a）锥形螺杆头　　　　　　　（b）止逆环螺杆头

（c）销形螺杆头　　　　　　　（d）止逆球螺杆头

图2-13　注射用螺杆头结构

综上所述，注射螺杆和挤出螺杆在结构上的差别主要有：注射螺杆长径比和压缩比比挤出螺杆小；注射螺杆均化段螺槽深度比挤出螺杆深；注射螺杆加料段长度比挤出螺杆长，而均化段长度比挤出螺杆短。

③新型注射螺杆。在注射过程中，注射螺杆既要做旋转运动又要做轴向移动，而且是间歇动作的，因而注射螺杆中物料的塑化过程是不稳定的；其次，螺杆在注射时螺槽中产生较大的横流和倒流。这都是造成固体床破碎比挤出机更早的原因。由挤出过程可知，破碎后的固体碎片被熔料包围，不利于熔融。根据注射过程的特点，注射螺杆的均化段不像挤出螺杆那样求得稳定的熔体输送，而是对破碎后的固体碎片进行混炼、剪切，促进其熔融。普通注射螺杆难以完成这一任务。

近年来，由于注射机合模力的下降，普遍要求对原来注射机的加工能力做相应提高，即在不改变合模力的情况下提高螺杆的注射量和塑化能力。为此，在研制新型挤出螺杆的基础上，经过移植，研制出了很多适于加工各种物料的特殊形式注射螺杆，如波状型、销钉型、DIS型、屏障型的混炼螺杆、组合螺杆等。它们是在普通螺杆的均化段上增设一些混炼剪切元件，对物料能提供较大的剪切力，而获得熔料温度均匀的低温熔体，这样不仅可制得表面质量较高的制品，同时节省能耗，得到较大的经济效益。图 2 - 14 中所示的是用于注射螺杆上的几种混炼剪切元件。

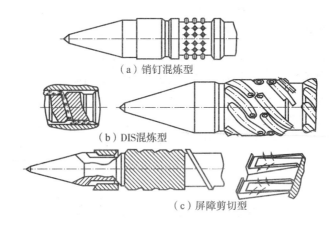

（a）销钉混炼型

（b）DIS混炼型

（c）屏障剪切型

图 2 - 14　注射成型螺杆上常用的混炼剪切元件

　　在注射机中还使用一种通用螺杆，这是因为在注射成型中，由于经常更换塑料品种，拆螺杆也就比较频繁，既花劳力又影响生产。因此，虽备有多根螺杆，但在一般情况下不予更换，而通过调整工艺条件（温度、螺杆转数、背压）来满足不同物料的要求。通用螺杆的特点是其压缩段长度介于结晶型螺杆、非晶型螺杆之间，约 $2 \sim 3D$（螺杆直径），以适应结晶型塑料和非结晶型塑料的加工需要。虽然螺杆的适应性扩大了，但其塑化效率低，单耗大，使用性能比不上专用螺杆。

2. 料筒

　　料筒是注射机塑化装置的另一个重要零件。其结构型式与挤出机的料筒相同，大多采用整体式结构。

　　①料筒加料口的断面形状。由于注射机多数采用重力加料，加料口的断面形状必须保证重力加料时的输送能力。为了加大输送能力，加料口应尽量增加螺杆的吸料面积和螺杆与料筒的接触面积。加料口的断面形状可以是对称型的，也可以是偏置型的，基本形式如图 2 - 15所示。图 2 - 15（a）为对称型加料口，加料口偏小，制造容易、输送能力低。图 2 - 15（b）、（c）为非

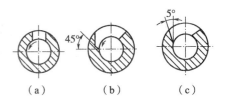

图 2 - 15　加料口的断面形状

对称型加料口，适合于螺杆高速喂料，有较好的输送能力，但制造较困难。采用螺旋强制加料装置时，加料口的俯视形状应采用对称圆形为好。

　　②料筒的壁厚。料筒壁厚要保证在压力下有足够的强度，同时还要具有一定保温性，以维持温度的稳定。薄的料筒壁厚虽然升温快，重量轻，节省材料，但容易受周围环境温度变化的影响，工艺温度稳定性差。过厚的料筒壁不仅结构笨重，升温慢，热惯性大，在温度调节过程中易产生比较严重的滞后现象。一般料筒外径与内径之比为 $2 \sim 2.5$，我国生产的注射机料筒壁厚见表 2 - 5，供参考。

表2-5　注射机料筒壁厚

螺杆直径/mm	35	42	50	65	85	110	130	150
料筒壁厚/mm	25	29	35	47.5	47	75	75	60
外径与内径比	2.46	2.5	2.4	2.46	2.1	2.35	2.15	1.8

③料筒的加热与冷却。注射机料筒的加热方式大多采用的是电阻加热（带状加热器、铸铝加热器、陶瓷加热器），这是由于电阻加热器具有体积小、制造和维修方便等特点。

为了满足加工工艺对温度的要求，需要对料筒的加热分段进行控制。一般，料筒加热分为3~5段，每段长约3~5D（D为螺杆直径）。温控精度一般不超过5℃，对热敏性物料最好不大于2℃。料筒加热功率的确定，除了要满足塑料塑化所需要的功率以外，还要保证有足够快的升温速度。为使料筒升温速度加快，加热器功率的配备可适当大些，但从减少温度波动的角度出发加热功率又不宜过大，因为一般电阻加热器都采用开关式控制线路，其热惯性较大。加热功率的大小可根据升温时间确定，即小型机器升温时间一般不超过0.5h，大、中型机器约为1h，过长的升温时间会影响机器的生产效率。

根据注射螺杆塑化物料时产生的剪切热比挤出螺杆小的特点，一般对注射料筒和注射螺杆不设冷却装置，而是靠自然冷却。为了保持良好的加料和输送作用，防止料筒热量传递到传动部分，在加料口处应设冷却水套。

3. 螺杆与料筒的强度校核

①螺杆与料筒的选材。注射螺杆与料筒所处的工作环境和挤出螺杆与料筒相同，不仅受到高温、高压的作用，同时还受到较严重的腐蚀和磨损（特别是加工玻璃纤维增强塑料）。因此，注射螺杆与料筒的材料选择也类似于挤出螺杆与料筒，必须选择耐高温、耐磨损、耐腐蚀、高强度的材料，以满足其使用要求。因此，注射螺杆与料筒常采用含铬、钼、铝的特殊合金钢制造，经氮化处理（氮化层深约0.5mm），表面硬度较高。常用的氮化钢为38CrMoAl。

注射机料筒也可以不用氮化钢，而用碳钢，内层浇铸Xaloy合金衬里。

②注射螺杆的强度校核。注射螺杆的工作条件比挤出螺杆恶劣，它不仅要承受预塑时的扭矩，还要经受带负载的频繁启动，以及承受注射时的高压，注射螺杆的受力状况如图2-16所示。预塑时，螺杆主要承受螺杆头部的轴向压力和扭矩，危险断面在螺杆加料段最小根径处，其强度校核如下：

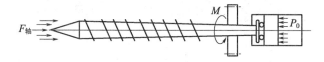

图2-16　注射螺杆的受力

a. 计算由轴向力 $F_{轴}$ 引起的压应力 $\sigma_{压}$：

$$\sigma_{压} = \frac{F_{轴}}{A} = \left(\frac{D_0}{D_s}\right)^2 \cdot P_0 \qquad (2-8)$$

式中　$\sigma_{压}$——螺杆所受的压应力，MPa；

　　　$F_{轴}$——螺杆所受的轴向力，N；

A——螺杆加料段最小根径处的截面积，cm^2；

p_0——预塑时油缸背压，MPa；

D_0——注射成型油缸内径，mm；

D_s——螺杆危险断面处的根径，mm。

b. 计算由扭矩 M 产生的剪切应力 τ：

$$\tau = \frac{M}{G} = 9550 \frac{P_{max}}{n_{max}} \cdot \frac{1}{G} \qquad (2-9)$$

式中　τ——螺杆所受的剪切应力，MPa；

　　　M——螺杆所受的扭矩，N·m；

　　　G——螺杆抗扭断面模量，mm^3；

　　　P_{max}——螺杆所需的最大功率，kW；

　　　n_{max}——螺杆最大工作转速，r/min。

根据材料力学可知，对塑性材料复合应力用第三强度理论计算，其强度条件为：

$$\sigma = \sqrt{\sigma_{压}^2 + 4\tau^2} \leqslant [\sigma] = \frac{\sigma_s}{n_s} \qquad (2-10)$$

式中　σ——螺杆所受的复合应力，MPa；

　　　$[\sigma]$——材料的许用应力，MPa；

　　　σ_s——材料的屈服极限，MPa；

　　　n_s——安全系数，通常取 n = 2.8 ~ 3。

③注射料筒的强度校核。由于注射料筒的壁厚也往往大于按强度条件计算出来的值，因此，正如挤出料筒那样，可省略其强度校核。

④螺杆与料筒的径向间隙。螺杆与料筒的径向间隙，即螺杆外径与料筒内径之差。如果这个值较大，则物料的塑化质量和塑化能力降低，注射成型时熔料的回流量增加，影响注射成型量的准确性。如果径向间隙太小，会给螺杆和料筒的机械加工和装配带来较大的难度。我国部颁标准 JB/T7267—1994 对此做出了规定，如表 2-6 所示。

表 2-6　螺杆与料筒最大径向间隙值（JB/T7267—1994）　　　　mm

螺杆直径	12 ~ 25	25 ~ 50	50 ~ 80	80 ~ 110	110 ~ 150	150 ~ 200	200 ~ 240	> 240
最大径向间隙	≤0.12	≤0.20	≤0.30	≤0.35	≤0.45	≤0.50	≤0.60	≤0.70

4. 喷嘴

喷嘴起连接注射系统和成型模具的桥梁作用。注射时，料筒内的熔料在螺杆或柱塞的作用下以高压、高速通过喷嘴注入模具的型腔。当熔料高速流经喷嘴时有压力损失，产生的压力降转变为热能，同时，熔料还受到较大的剪切，产生的剪切热使熔料温度升高。此外，还有部分压力能转变为速度能，使熔料高速注入模具型腔。在保压时，还需少量的熔料通过喷嘴向模具型腔内补缩。因此，喷嘴的结构形式、喷孔大小和制造精度将直接影响熔料的压力损失，也与熔体温度的高低、补缩作用的大小、射程的远近以及是否会产生"流延"有关。

喷嘴的类型很多，按结构可分为直通式喷嘴、锁闭式喷嘴和特殊用途喷嘴三种。

（1）直通式喷嘴

直通式喷嘴是指熔料从料筒内到喷嘴口的通道始终是敞开的，如图 2-17 所示。根据使用要求的不同有以下几种结构。

①短式直通式喷嘴：其结构如图 2-18 所示。这种喷嘴结构简单，制造容易，压力损失小。但当喷嘴离开模具时，低黏度的物料易从喷嘴口流出，产生"流延"现象（即预塑时熔料自喷嘴口流出）。另外，因喷嘴长度有限，不能安装加热器，熔料容易冷却。因此，这种喷嘴主要用于加工厚壁制品和热稳定性差的高黏度物料。

②延长型直通式喷嘴：其结构如图 2-19 所示。它是短式喷嘴的改型，其结构简单，制造容易。由于加长了喷嘴体的长度，可安装加热器，熔料不易冷却，补缩作用大，射程较远，但"流延"现象仍未克服。主要用于加工厚壁制品和高黏度的物料。

③远射程直通式喷嘴：其结构如图 2-20 所示。它除了设有加热器外，还扩大了喷嘴的储料室以防止熔料冷却。这种喷嘴的口径小，射程远，"流延"现象有所克服。主要用于加工形状复杂的薄壁制品。

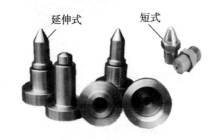

图 2-17 直通式喷嘴

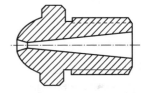

图 2-18 短式直通式喷嘴

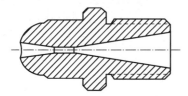

图 2-19 延长型直通式喷嘴

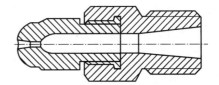

图 2-20 远射程直通式喷嘴

（2）锁闭式喷嘴

锁闭式喷嘴是指在注射、保压动作完成以后，为克服熔料的"流延"现象，对喷嘴通道实行暂时关闭的一种喷嘴，主要有以下几种结构：

①弹簧针阀式喷嘴：图 2-21、图 2-22 为外弹簧针阀式和内弹簧针阀式喷嘴，它们是依靠弹簧力通过挡圈和导杆压合针阀芯实现喷嘴锁闭的，是目前应用较广的一种喷嘴。其工作原理为：在注射前，喷嘴内熔料的压力较低，针阀芯在弹簧张力的作用下将喷嘴口堵死。注射时，螺杆前进，喷嘴内熔料压力增高，作用于针阀芯前端的压力增大，当其作用力大于弹簧的张力时，针阀芯便压缩弹簧而后退，喷嘴口打开，熔料则经过喷嘴而注入模腔。在保压阶段，喷嘴口一直保持打开状态。保压结束，螺杆后退，喷嘴内熔料压力降低，针阀芯在弹簧力作用下前进，又将喷嘴口关闭。这种型式的喷嘴结构比较复杂，注射

压力损失大，补缩作用小，射程较短，对弹簧的要求高。

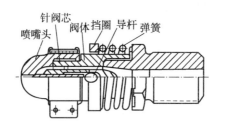

图 2-21　外弹簧针阀式喷嘴

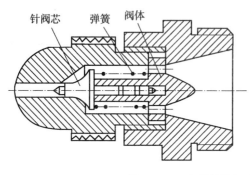

图 2-22　内弹簧针阀式喷嘴

②液控锁闭式喷嘴：它是依靠液压控制的小油缸通过杠杆联动机构来控制阀芯启闭的，如图 2-23 所示。这种喷嘴使用方便，锁闭可靠，压力损失小，计量准确，但增加了液压系统的复杂性。

与直通式喷嘴相比，锁闭式喷嘴结构复杂，制造困难，压力损失大，补缩作用小，有时可能会引起熔料的滞流分解。主要用于加工低黏度的物料。

（3）特殊用途喷嘴

除了上述常用的喷嘴之外，还有适于特殊场合下使用的喷嘴。其结构型式主要有以下几种。

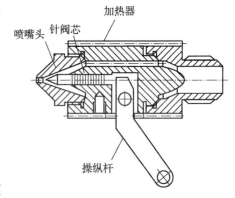

图 2-23　液控锁闭式喷嘴

①混色喷嘴：如图 2-24 所示的是混色喷嘴，这是为提高混色效果而设计的专用喷嘴。该喷嘴的熔料流道较长，而且在流道中还设置了双过滤板，以增加剪切混合作用。主要用于加工热稳定性好的混色物料。

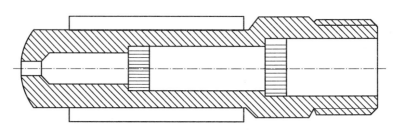

图 2-24　混色喷嘴

②双流道喷嘴：如图 2-25 所示为双流道喷嘴，可用在夹芯发泡注射成型机上，注射两种材料的复合制品。

③热流道喷嘴：如图 2-26（a）所示为热流道喷嘴，由于喷嘴体短，喷嘴直接与成型模腔接触，压力损失小，主要用来加工热稳定性好、熔融温度范围宽的物料。保温式喷嘴如图 2-26（b）所示，它是热流道喷嘴的另一种形式，保温头伸入热流道模具的主浇套中，形成保温室，利用模具内熔料自身的温度进行保温，防止喷嘴流道内熔料过早冷凝，适用于某些高黏度物料的加工。

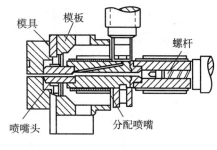

图 2-25　双流道喷嘴

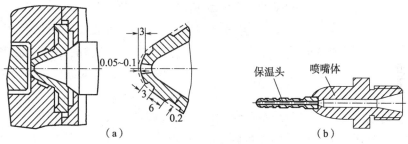

图 2-26　热流道喷嘴

喷嘴型式主要由物料性能、制品特点和用途决定。对于黏度高、热稳定性差的物料，适宜用流道阻力小，剪切作用小，较大口径的直通式喷嘴；对于低黏度结晶型物料宜用带有加热装置的锁闭式喷嘴；对形状复杂的薄壁制品，要用小口径、远射程的喷嘴；对于厚壁制品最好采用较大口径、补缩性能好的喷嘴。

喷嘴口径与螺杆直径有关。对于高黏度物料，喷嘴口径约为螺杆直径的 1/10～1/15；对于中、低黏度的物料，则为 1/15～1/20。喷嘴口径一定要比主浇道口直径略小（约小 0.5～1mm），且两孔应在同一中心线上，避免产生死角和防止漏料现象，同时也便于将两次注射之间积存在喷孔处的冷料连同主浇道赘物一同拉出。

喷嘴头部一般都是球形，很少有平面形的。为使喷嘴头与模具主浇道保持良好的接触，模具主浇道衬套的凹面圆弧直径应比喷嘴头球面圆弧直径稍大。喷嘴头与模具主浇道之间的装配关系如图 2-27 所示。

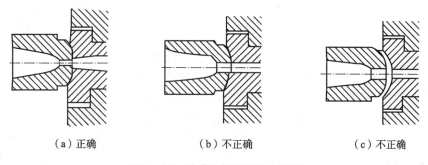

（a）正确　　　　　　　（b）不正确　　　　　　　（c）不正确

图 2-27　喷嘴与模具的配合关系

喷嘴材料常用中碳钢制造，经淬火使其硬度高于模具，以延长喷嘴的使用寿命。喷嘴若需进行加热，其加热功率一般为 100～300W。喷嘴温度应单独控制。

四、注射螺杆传动装置

注射螺杆传动装置是为提供螺杆预塑时所需要的扭矩与速度而设置的。

1. 对传动装置的要求

注射机螺杆传动装置的特点：螺杆的"预塑"是间歇式工作，因此启动频繁并带有负载；螺杆转动时为塑化供料，与制品的成型无直接联系，塑料的塑化状况可以通过背压等进行调节，因而对螺杆转数调整的要求并不十分严格；由于传动装置放在注射座上，工作时随着注射座做往复移动，故传动装置要求结构简单、紧凑。

作为注射机的传动装置应满足：能适应多种物料的加工和带负载频繁启动；转速能够方便地调节，并有较大的调节范围；传动装置的各部件应有足够的强度，结构力求简单、紧凑；传动装置具有过载保护功能；启动、停止要灵敏可靠，并保证计量准确。

2. 螺杆传动的形式

注射螺杆传动的形式一般可分为有级调速和无级调速两大类。为满足注射成型工艺的要求，目前注射螺杆传动主要采用无级调速。

注射螺杆常见的传动形式如图 2-28 所示。在图 2-28（a）中，液压马达通过齿轮油缸来驱动螺杆，由于油缸和螺杆的同轴转动而省去了止推轴承；图 2-28（b）所示为双注射油缸的形式，其螺杆直接与螺杆轴承箱连接，注射油缸设在注射座加料口的两旁，采用液压马达直接驱动，无须齿轮箱，不仅结构简单、紧凑，而且体积小、重量轻，此外对螺杆还有过载保护作用，故常用于中小型注射成型机上；图 2-28（c）所示为小扭矩液压马达经减速箱的传动，由于最后一级与螺杆同轴固定，减速箱必须随螺杆做轴向移动，这种结构的注射座制作比较简单，但螺杆传动部分是随动的，必须考虑螺杆传动部分的重量支撑，故常用在小型注射成型机上。

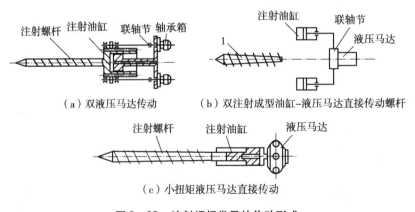

（a）双液压马达传动　　　　（b）双注射成型油缸-液压马达直接传动螺杆

（c）小扭矩液压马达直接传动

图 2-28　注射螺杆常见的传动形式

3. 螺杆的转速

在注射成型过程中，为适应不同物料的塑化要求和平衡成型循环周期中的预塑时间，经常要对螺杆转速进行调整。通常，加工热敏性或高黏度物料，螺杆最高线速度在 15 ~ 20m/min 以下；加工一般物料，螺杆线速度在 30 ~ 45m/min。对于大型注射机，螺杆一般采用较低转速，而小型注射机则常用较高的转速。

随着注射机控制性能的提高，注射螺杆的转速也开始提高，有些注射机的螺杆转速已达到 50 ~ 60m/min。

4. 螺杆的驱动功率

注射螺杆塑化时的功率——转速（N ~ n）特性线与挤出机螺杆类似，基本呈线性关系，可近似看作恒扭矩传动。

目前，注射螺杆的驱动功率是参照挤出螺杆驱动功率并结合实际使用情况而确定，无成熟的计算方法。通常，注射螺杆的驱动功率比同规格的挤出螺杆小些，原因是注射螺杆在预塑时，塑料在料筒内已经过一定时间的加热。另外，两种螺杆的结构参数有区别。

五、注射座及其传动装置

注射座是用来连接和固定塑化装置、注射油缸和移动油缸等的重要部件，是注射系统的安装基准。注射座与其他部件相比，形状较复杂，加工制造精度要求较高。

1. 注射座

注射座是一个受力较大且结构复杂的部件，其结构形式可分为总装式和组装式两种。总装式结构如图 2-29（a）所示，螺杆传动装置（减速箱）、油缸、料筒等均安装在上面，而且在注射时要承受作用力，因此，注射座一般用铸钢材料做成。组装式的结构如图 2-29（b）所示，螺杆传动装置的减速箱作为安装基体，油缸和料筒分别通过支撑座与加料座和减速箱体连接，注射成型时的作用力由连接螺栓承受，减速箱箱体不承受此力，故注射座一般采用铸铁材料。

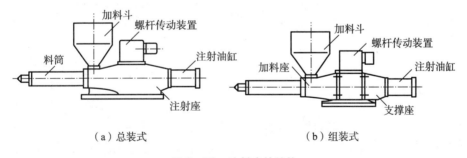

（a）总装式　　　　　　　　　　　　（b）组装式

图 2-29　注射座的结构

2. 注射座的转动

在更换或检修螺杆时，经常需要拆卸螺杆。由于料筒前端装有模板，给装拆带来不便，因此在较多的注射机上将注射系统做成可转动结构或从塑化装置后部可拆卸螺杆，如图 2-30（a）所示。

小型注射机的注射座靠手动扳转，较大和大型注射机则需单独设有传动装置（如液压缸之类）自动翻转，也可用移动油缸兼做注射座转动的动力油缸。注射座回转时，可将滑动销插入滑槽，在注射座退回的过程中，使落下的滑动销沿滑槽运动，从而迫使注射座在轴向后移中同时转动，如图 2-30（b），这样无需另设动力系统。

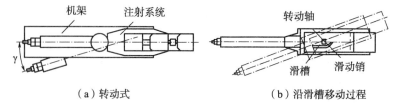

（a）转动式　　　　　　　　（b）沿滑槽移动过程

图 2-30　注射座转动装置

练习与思考

1. 注射机的主要塑化部件有（　　　）。
   A. 料筒；　　　　　　　　　　　　　　B. 螺杆；
   C. 喷嘴；　　　　　　　　　　　　　　D. 注射油缸

2. 对于黏度高、热稳定性差的硬聚氯乙烯塑料宜选用（　　　）。
   A. 短型开式喷嘴；　　　　　　　　　　B. 闭锁式喷嘴；
   C. 混色喷嘴；　　　　　　　　　　　　D. 小孔型开式喷嘴

3. 注射机螺杆的传动形式中，能实现无级变速的是（　　　）。
   A. 定速电机－齿轮变速箱；　　　　　　B. 调速电机－齿轮变速箱；
   C. 高速液压马达－齿轮变速箱；　　　　D. 低速大扭矩液压马达

4. 什么是注射机的空循环时间？空循环时间有何意义？

5. 注射机的注射系统性能好坏应如何评价？

单元三

注射机的合模系统

学习目标

1. 能根据产品特点，选择注射机合模系统的类型及结构形式。
2. 能正确操作注射机合模系统，能根据模具厚度大小进行调模操作。
3. 能对合模系统结构零部件进行创新、改进。

项目任务

项目名称	项目一　PA 汽车门拉手的注射成型
子项目名称	子项目二　PA 汽车门拉手成型设备的选型
单元项目任务	任务1. PA 汽车门拉手注射机合模装置类型及结构形式的确定； 任务2. PA 汽车门拉手调模装置结构形式的确定； 任务3. PA 汽车门拉手顶出装置结构形式的确定
任务实施	1. 各小组根据注射机合模系统的特点，确定注射机合模系统的类型； 2. 各小组根据汽车门拉手结构确定注射机顶出装置的类型； 3. 各小组根据注射机结构特点确定调模机构的形式

相关知识

合模系统是注射成型机的重要组成部分之一。其主要任务是提供足够的合模力，使其在注射时，保证成型模具可靠锁紧；在规定时间内以一定的速度闭合和打开模具；顶出模内制件。它的结构和性能直接影响到注射机的生产能力与制品的质量。

一、对合模系统的要求

为了保证合模系统作用的发挥，注射机合模系统应能达到以下要求：

63

①合模系统必须有足够大的合模力和系统刚度，保证成型模具在注射过程中不至被熔料压力（模腔压力）胀开，以满足制品精度的要求。

②应有足够大的模板面积、模板行程和模板间距，以适应不同形状和尺寸的成型模具的安装要求。

③应有较高的启、闭模速度，并能实现变速，在闭模时应先快后慢，开模时应先慢后快再慢，既能实现制品的平稳顶出，又能使模板安全运行和生产效率高。

④应有制品顶出、调节模板间距和侧面抽芯等附属装置。

⑤合模系统还应设有调模装置、安全保护装置等。其结构应力求简单、紧凑，易于维护和保养。

二、合模系统的种类

合模系统主要由固定模板、活动模板、拉杆、油缸、连杆以及模具调整机构、制品顶出机构等组成。

合模系统的种类较多，若按实现锁模力的方式分类，则有电 – 机式、液压式和液压 – 机械组合式三大类。下面简要介绍这三种合模系统。

1. 电 – 机式合模系统

早期出现的合模系统是机械式合模系统，它是依靠齿轮传动和机械肘杆机构的作用，实现启闭模具运动的。因该合模系统调整复杂，惯性冲击大，已逐渐被其他合模装置取代。但是随着机电工业和现代控制技术的发展，又出现了伺服电动机驱动的螺旋—曲肘式合模装置。如图 2 – 31 所示为 FANUC 公司与 CINCINNATI MILACRON 公司合作开发的伺服电动机驱动的注射成型机传动系统，它具有 CNC 控制，CRT 显示，AC 伺服电动机驱动，自动化程度高的特点。

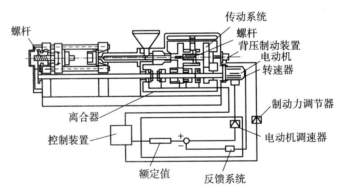

图 2 – 31　伺服电动机驱动的注射成型机

2. 液压式合模系统

这种合模系统是依靠液体的压力实现模具的启闭和锁紧作用的。

（1）直压式合模装置

如图 2 – 32 所示，模具的启闭和锁紧都是在一个油缸的作用下完成的，这是最简单的液压合模装置。

这种合模装置存在一些问题，并不十分符合注射机对合模装置的要求。在合模初期，模具尚未闭合，合模力仅是推动移动模板及半个模具，所需力量很小。为了缩短循环周期，这时的移模速度应快才好，但因油缸直径太大，实现高速有一定困难。在合模后期，从模具闭合到锁紧，为防止碰撞，合模速度应该低些，直至为零。锁紧后的模具需要达到锁模吨位。这种速度快时力

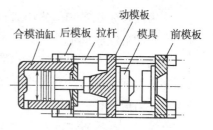

图 2-32 单缸直压式合模装置

量小，速度为零时力量大的要求，是单缸直压式合模装置难以满足的。正是这个原因，促使液压合模装置在单缸直压式的基础上发展为其他形式。

（2）增压式合模装置

如图 2-33 所示。压力油先进入合模油缸，因为油缸直径较小，其推力虽小，但却能增大移模速度。当模具闭合后，压力油换向进入增压油缸。

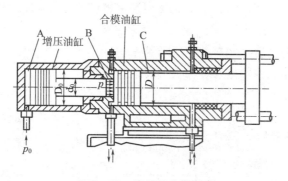

图 2-33 增压式合模装置

由于增压活塞两端的直径不一样（即所谓差动活塞），利用增压活塞面积差的作用，提高合模油缸内的液体压力，以此满足锁模力的要求。采用差动活塞的优点是，在不用高压油泵的情况下提高了锁模力。

由于油压的增高对液压系统和密封有更高的要求，故增压是有限度的。目前一般增压到 20~32MPa，最高可达 50MPa。

增压式合模装置一般用在中小型注射机上，由于合模油缸直径较大，故合模速度不很快。

（3）充液式合模装置

为满足注射机对合模装置提出的速度和力的要求，除了采用增压式的合模装置外，较多地采用不同直径的油缸，实现快速移模和加大锁模力。这样，既缩短生产周期，提高生产率，保护模具，又降低能量消耗。充液式合模装置是由一个大直径活塞式合模油缸和一个小直径柱塞式快速移模油缸组成，如图 2-34 所示。合模

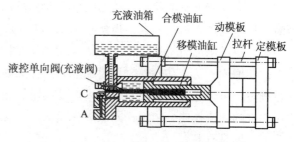

图 2-34 充液式合模装置

时，压力油首先从 C 口进入小直径快速移模油缸内，推动合模油缸活塞快速闭模，与此同时，合模油缸左腔产生真空，将充液油箱内大量的液压油经充液阀填充到合模油缸的左腔内。当模具闭合时，合模油缸左端 A 口通入压力油，充液阀关闭，由于合模油缸面积大，从而能够保证合模力的要求。充液式合模装置的充液油箱可以装在机身的上部或下部，对于大型注射成型机一般都安装在机身上部，有利于进行充液。

充液式合模装置主要有活塞式和柱塞式两种，活塞式主要用于中、小型注射成型机上，柱塞式主要用于中、大型注射成型机上。但这种装置的缸体长，结构笨重，工作时需要油液的流量多，能耗较大。

（4）二次动作稳压式合模装置

上述液压式合模装置，虽然在移模速度和合模力上能满足一定的要求，但对于大吨位的注射机就显得结构笨重。对于合模力很大的注射机，如何减轻注射机的重量、简化装置及方便制造则成了急需解决的问题。目前，在大型注射机上多采用二次动作稳压式合模装置。它是利用小直径快速移模油缸来满足移模速度的要求，利用机械定位方法，采用大直径短行程的锁模（稳压）油缸，来满足大合模力的要求。

①液压－闸板合模装置。图 2－35 所示为液压－闸板式合模装置。它采用了两个不同直径的油缸，分别满足移模速度和合模力的要求。

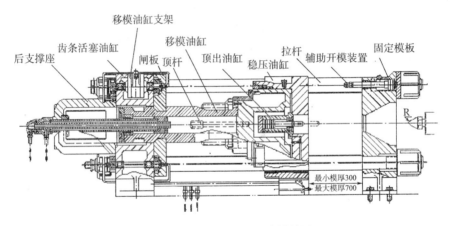

图 2－35　液压－闸板式合模装置

如图 2－36 所示，合模时，压力油从 C 口进入小直径的移模油缸的右端，由于活塞固定在后支撑座上不能移动，压力油便推动移模油缸前移进行合模，当模板运行到一定位置时，压力油进入齿条油缸，齿条按箭头方向移动推动扇形齿轮和齿轮 1，带动闸板右移，同时，通过扇形齿轮和齿轮 2、3、4、5 带动闸板左移将移模油缸抱合定位，卡在移模油缸上的凹槽内，防止在锁模时移模油缸后退，然后压力油进入稳压油缸，由于其油缸直径大，行程短，可迅速达到合模力的要求。开模时，稳压油缸先卸压，合模力随之消失，其次齿条油缸的油流换向，闸板松开脱离移模油缸，压力油由 B 口进入移模油缸左腔，使动模板后退，模具打开。

②液压－抱合螺母式合模装置。图 2－37 所示为国产 SZ－35000 大型注射成型机

采用的合模装置。其结构是由快速移模油缸、螺旋拉杆、抱杆螺母和锁模稳压油缸组成。合模时，压力油进入快速移模油缸内，推动动模板快速移模，当确认两半模具闭合后，抱杆机构的两个对开螺母分别抱住四根拉杆上的螺旋槽，使其定位。然后向位于定模板前端拉杆头上的油缸组（稳压缸）通入压力油，紧拉四根拉杆使模具锁紧。

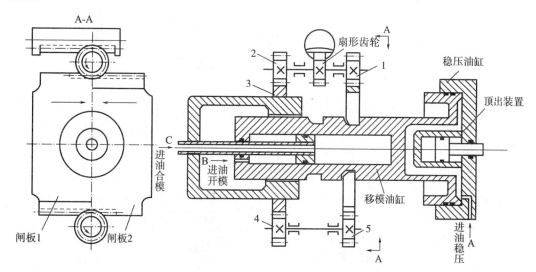

图 2-36　液压-闸板式合模装置工作原理

1~5-齿轮

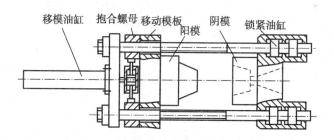

图 2-37　液压-抱合螺母式合模装置

抱合螺母式合模装置制造容易，维修方便，油缸直径不受模板尺寸的限制。但锁模油缸多，液压系统比较复杂，主要用在合模力超过10000kN的大型注射成型机上。

二次动作稳压式合模装置的形式很多，它们均采用了相同的原理实现模具的启闭动作。但在油缸布置、定位机构和调模方式上有所不同。

液压合模装置的优点是：固定模板和移动模板间的开距大，能够加工制品的高度范围较大；移动模板可以在行程范围内任意位置停留，因此，调节模板间的距离十分简便；调节油压就能调节锁模力的大小；锁模力的大小可以直接读出，给操作带来方便；零件能自润滑，磨损小；在液压系统中增设各种调节回路，能方便地实现注射成型压力、注射成型速度、合模速度以及锁模力等的调节，以更好地适应加工工艺的要求。

液压合模装置的不足之处主要有：液压系统管路甚多，保证没有任何渗漏是困难的，所以锁模力的稳定性差，从而影响制品质量；管路、阀件等的维修工作量大。此外，液压合模装置应有防止超行程和只有模具完全合紧的情况下方能进行注射等方面的安全装置。

尽管液压合模装置有不足，但由于其优点突出，因此被广泛使用。

3. 液压－机械式合模装置

液压－机械式合模装置利用连杆机构或曲肘撑板机构，在油压作用下，使合模系统内产生内应力实现对模具的锁紧，其特点是自锁、省能、速度快。

根据常用的肘杆机构类型和组成合模机构的曲肘个数，可将液压－机械式分为单曲肘、双曲肘、曲肘撑板式和特殊型式。

（1）液压－单曲肘合模装置

图2-38所示为国产SZ-900注射成型机使用的一种液压单曲肘合模装置。它主要由模板、移动油缸、单曲肘机构、拉杆、调模装置、顶出装置等组成。其工作过程是当压力油从合模油缸上部进入推动活塞下行，与活塞杆相连的肘杆机构向前伸直推动动模板前移进行闭模。当模具靠拢后，继续供压力油使油压升高，迫使肘杆机构伸展为一条直线，从而将模具锁紧。此时，即使卸去油压力，合模力也不会改变或消失。开模时，压

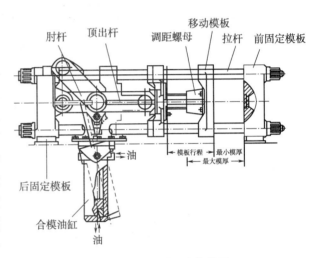

图2-38　单曲肘式合模装置

力油进入移模油缸下部，使肘杆机构回屈。由于油缸用铰链与机架连接，在开闭模过程中油缸可围绕一个支点摆动。

这种合模装置结构简单，外形尺寸小，制造容易，调模较容易。但由于是单臂，模板受力不均匀，增力倍数较小（一般为10多倍），承载能力受到限制。主要用于1000kN以下的小型注射成型机上。

（2）液压－双曲肘式合模装置

为了提高注射机合模力和使注射机受力均匀，以便能成型较大尺寸的制品，在国内生产的多种型号的注射机上普遍采用了双曲肘合模装置。图2-39所示为SZ-450注射成型机合模装置。合模时，压力油进入移模油缸左腔，活塞向右移动，曲肘绕后模板上的铰链旋转，调距螺母做平面运动。将移动模板向前推移，使曲肘伸直将模具合紧。开模时，压力油进入移模油缸右腔，活塞向左运动，带动曲肘向内卷，调距螺母回缩，移动模板后退将模具打开。这种合模装置结构紧凑，合模力大，增力倍数大（一般为20～40倍），机构刚度大，有自锁作用，合模速度分布合理，节省能源。但机构易磨损，构件多，调模较麻烦。这种结构在国内外中小型注射成型机上应用广泛，有些大型注射成型机也用此结构。图2-39中，中心线上部分为合模锁紧状态，下部分为开模状态。

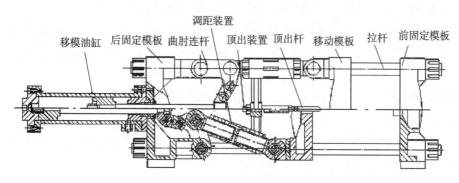

图2-39 双曲肘合模装置

（3）液压曲肘撑板式合模装置

为了扩大模板行程，在国内外注射机上也有采用如图2-40所示的双曲肘撑板式合模装置。它利用了肘杆和楔块的增力与自锁作用，将模具锁紧。闭模时，压力油进入合模油缸左腔，合模油缸活塞推动肘杆座，由十字导向板带动肘杆与撑板沿固定模板滑道向前移动，当撑板行至后固定模板的滑道末端时，肘杆因受向外垂直分力的作用，便沿楔面向外撑开，迫使撑板撑在肘杆座上，将模具锁紧。开模时，压力油进入移模油缸右腔，活塞左行，肘杆带动撑板下行，锁紧状态消除。

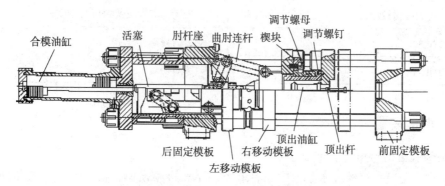

图2-40 液压-双曲肘撑板式合模装置

这种结构模板行程大，肘杆构件少，但对楔块的制造精度和材料要求很高，增力倍数小（一般为10多倍），没有增速作用，移模速度不高。

（4）液压-机械式合模装置的特性

从上述几种液压-机械式合模装置介绍中可知，这种形式的合模装置有以下共同特点。

①有机械增力作用。锁模力的大小与合模油缸作用力无直接关系，锁模力来自于肘杆、模板等产生弹性变形的预应力，因此可以采用较小的合模液压油缸，产生较大的锁模力。增力倍数与肘杆的结构形式和肘杆的长度等有关，增力倍数可达十几至三十几倍。

②有自锁作用。合模机构进入锁模状态以后，合模液压油缸即使卸压合模装置仍处于

锁紧状态，锁模可靠不受油压波动影响。

③模板运动速度和合模力是变化的，其变化规律基本符合工艺要求。移模速度从合模开始，速度从零很快升到最高速度以后又逐渐减速到零；锁模力到模具闭合后才升到最大值。开模过程与上述相反。

④模板间距、锁模力和合模速度必须设置专门调节机构进行调节。

⑤肘杆、销轴等零部件的制造和安装调整要求较高。

液压式与液压－机械式合模装置各具特点，为便于了解两类合模装置的性能特点，对其进行比较，见表2－7。

表2－7　液压式和液压－机械式合模装置的比较

液压式合模装置	液压－机械式合模装置
1. 模板行程大，模具厚度在规定范围内可随意采用，一般无须调整机构	1. 模板行程小，需设置调整模板间距的机构
2. 锁模力易调节，数值直观，但锁模有时不可靠	2. 锁模力调节比较麻烦，数值不能直观，锁模可靠
3. 模具容易安装	3. 模具安装空间小，不方便
4. 有自动润滑作用，无需专门润滑系统	4. 需设置润滑系统
5. 模板运动速度比较慢	5. 模板运动速度较快，可自动变速
6. 动力消耗大	6. 动力消耗小
7. 循环周期长	7. 循环周期短

三、调模装置

1. 调模装置的作用与要求

在注射机合模系统的技术参数中，有最大模厚和最小模厚，模厚薄的调整是用调节模板距离的装置来实现的。此外，该装置还可用来调整合模力的大小。

对调模装置的要求是：调整方便，便于操作；轴向位移准确、灵活，保证同步性；受力均匀；对合模系统有防松、预紧作用；安全可靠；调节行程应有限位及过载保护。

在液压式合模系统中，动模板的行程由工作油缸的行程决定，调模装置是利用合模油缸实现模厚薄的调整，由于调模行程是动模板行程的一部分，因此无须再另设调模装置。对液压－机械式合模装置，必须单独设置调模装置。这是因为肘杆机构的工作位置固定不变，即由固定的尺寸链组成，因此动模板行程不能调节。为了适应安装不同厚度模具的要求，扩大注射机加工制品的范围，必须单独设置调模装置。

2. 常见的调模方式及装置

目前常见的调模装置有以下几种形式。

（1）螺纹肘杆式调模装置

如图2－41所示，此结构是通过调节肘杆的长度，实现模具厚度和合模力的调整。使用时松动两端的锁紧螺母，调节调距螺母（其内螺纹一端为左旋，另一端为右旋），使肘杆的两端发生轴向位移，改变 L 的长度，达到调整的目的。这种形式结构简单、制造容易、调节方便，但螺纹要承受合模力，多用在小型注射机上。

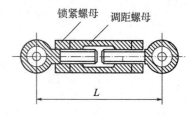

（2）动模板间大螺母式调模装置

图 2-41　螺纹肘杆式调模装置

如图 2-42 所示，它是由左、右两块动模板组成，中间用螺纹形式连接起来。通过调整调节螺母，使动模板厚度发生改变，从而达到模具厚度的调节和合模力的调整。这种形式调节方便，但增加了一块动模板，使注射机移动部分的重量和长度相应增大。多用于中小型注射机上。

（3）油缸螺母式调模装置

如图 2-43 所示，合模油缸外径上设有螺纹，并与后固定模板连接。使用时，转动调节手柄，合模油缸大螺母转动。合模油缸产生轴向位移，使合模机构沿拉杆向前或向后移动。从而使模具厚度和合模力得到了相应的调整，这种形式调整方便，主要适用于中、小型注射机上。

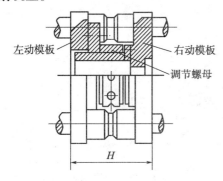

图 2-42　动模板间大螺母式调模装置

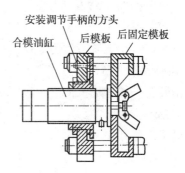

图 2-43　油缸螺母式调模装置

（4）拉杆螺母式调模装置

拉杆螺母式调模装置形式很多，目前使用较多的是如图 2-44（a）所示的大齿轮调模形式。调模装置安装在后模板上，通过改变后模板的固定位置来实现模厚调整。当调模时，后模板与合模机构连同动模板一起移动，通过 4 只带有齿轮的后螺母在主动齿轮驱动下同步移动，推动后模板及整个合模机构沿轴向位置发生位移，调节动模板与前模板间的距离，从而调节整个模具厚度和合模力。这种调模装置结构紧凑，减少了轴向尺寸链长度，提高了系统刚性，安装、调整比较方便。但结构比较复杂，要求同步精度较高，在调整过程中，4 个螺母的调节量必须一致，否则模板会发生歪斜。小型注射机可用手轮驱动，中、大型注射机上用普通电动或液压马达或伺服电机驱动。图 2-44（b）为链轮式调模形式，调模时，4 只带有链轮的后螺母在链条的驱动下同步转动，推动后模板及整个合模机构沿轴向位置发生位移，完成调模动作，由于链条传动刚性差，多用于中、小型注射机上，其他与大齿轮式调模相似。

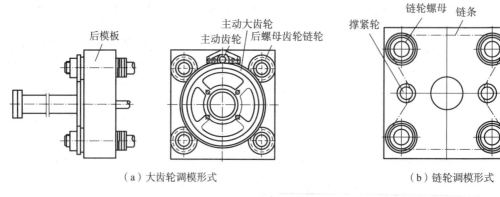

（a）大齿轮调模形式　　　　　　　　（b）链轮调模形式

图2-44　拉杆螺母式调模装置

四、顶出装置

顶出装置是为顶出模内制品而设置的，它是注射机不可缺少的组成部分。

1. 顶出装置的作用与要求

顶出装置的作用是准确而可靠地顶出制品。为保证制品能顺利脱模，要求注射机的顶出装置具有以下特点：运动平稳可靠；提供足够的顶出距离及顶出力；顶出装置应能准确、及时复位。

对顶出装置的要求是：具有较大的顶出力和可控的顶出次数及顶出速度；具有较大的顶出行程和行程限位调节机构；顶出力应均匀而且便于调节，工作应安全可靠，操作方便。

2. 顶出装置的形式

顶出装置一般有机械顶出、液压顶出、气动顶出三种。

（1）机械顶出装置

机械顶出是利用固定在后模板或其他非移动件上的顶出杆，在开模时，动模板后退，顶出杆穿过动模板上的孔，与其形成相对运动，从而推动模具中设置的脱模机构而顶出制品，如图2-45所示。此种形式的顶出力和顶出速度都取决于合模装置的开模力和移模速度，顶出杆长度可根据模具厚度，通过调整螺栓进行调节，顶出位置随合模装置的特点与制品的大小而定。机械顶出装置的特点是结构简单，使用较

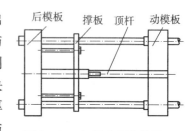

图2-45　机械式顶出装置

广。但由于顶出制品的动作必须在快速开模转为慢速时才能进行，从而影响到注射成型机的循环周期。另外，模具中脱模机构的复位需在模具闭合后才能实现，对加工要求复位后才能安放嵌件的模具不方便。顶出杆通常安放在模板的中心或两侧。

（2）液压顶出装置

液压顶出是利用专门设置在动模板上的顶出油缸进行制品的顶出，如图2-46所示。由于顶出力、顶出速度、顶出位置、顶出行程和顶出次数都可根据需要进行调节，使用方便，但结构比较复杂。

一般小型注射机若无特殊要求，使用机械顶出简便、可靠。大中型注射成型机，一般同时设有机械和液压两

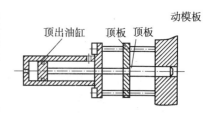

图2-46　液压式顶出装置

种装置，使用时可根据制品的特点和要求进行选择。

（3）气动顶出装置

气动顶出是利用压缩空气，通过模具上设置的气道和微小的顶出气孔，直接从模具型腔中吹出制品。此装置结构简单，顶出方便，特别适合不留顶出痕迹的盆形、薄壁制品的快速脱模，但需增设气源和气路，使用范围有限，用得较少。

练习与思考

1. 一台 SZ – 900 注射机，模板间最大开距为 600mm，动模板行程为 300mm，模厚最大调整量为 100mm，现有一模具厚度为 320mm，在该注射机上（　　）。

    A. 能直接生产；　　　　　　　　　　B. 不能生产；

    C. 需加垫块，增加模具厚度后能生产；　D. 需调小模板间距离后能生产

2. 注射成型薄壁制件时，通常宜采用（　　）。

    A. 液压顶出；　　　　　　　　　　　B. 机械顶出；

    C. 机械 – 液压顶出；　　　　　　　　D. 气动顶出

3. 目前常见的液压 – 机械式合模装置都具有（　　）。

    A. 增力作用；　　　　　　　　　　　B. 增大油压；

    C. 自锁作用；　　　　　　　　　　　D. 锁模不需油压

4. 双曲肘式合模机构处于锁模状态时（　　）。

    A. 四根拉杆被拉长；　　　　　　　　B. 模具被压缩；

    C. 肘杆被拉长；　　　　　　　　　　D. 模板被压缩

5. 全液压式的合模装置通常不需调模。（　　）（×、√）

6. 拉杆螺母的调距通常链轮式比齿轮式的同步精度要求高。（　　）（×、√）

7. 双曲肘式合模装置是依靠锁模机构的弹性变形实现对模具锁紧的。（　　）（×、√）

8. 液压 – 双曲肘式合模装置有何特点？

9. 液压式合模装置有何特点？

单 元 四

注射机液压电气控制系统

学习目标

1. 能根据产品合理选择注射机液压电气控制系统。
2. 知道注射机液压电气控制系统的组成及工作原理。
3. 在注射机控制系统的认识中培养用电安全意识和人员、设备管理意识。
4. 在比较注射机液压电气控制系统的结构方案设计中，培养设备结构创新意识。

项目任务

项目名称	项目一　PA 汽车门拉手的注射成型
子项目名称	子项目二　PA 汽车门拉手成型设备的选型
单元项目任务	PA 汽车门拉手注射机液压控制系统的确定
任务实施	1. 各小组根据 PA 汽车门拉手生产及注射机工作特点确定液压控制系统的结构类型； 2. 各小组根据 PA 汽车门拉手生产要求确定注射机电气控制装置的形式

相关知识

　　为了保证注射成型机按工艺过程预定的要求（压力、速度、温度、时间）和动作程序准确有效地工作，现代注射机多是机、电、液一体的机械化、自动化程度较高的综合系统。液压与电气控制系统的工作质量将直接影响注射制品的质量、尺寸精度、注射成型周期、生产成本和维护检修工作等。本节主要介绍注射机的液压与电气控制系统。

74

一、注射机液压控制系统

1. 液压控制系统的特点与组成

（1）液压控制系统的特点

注射机的液压控制系统严格地按液压程序进行工作，在每一个注射周期中，系统的压力和流量是按工艺要求进行变化的，注射功率可在超载下使用，而螺杆的塑化功率、启闭模功率都应在接近或等于额定功率条件下使用。

（2）液压控制系统的组成

一个完整的液压系统主要由动力元件、执行元件、控制元件、辅助元件和工作介质五部分组成。动力元件包括油泵，其作用是将机械能转化为液压能；执行元件包括油缸、油马达，其作用是将液压能转化为机械能，推动执行机构对外做功；控制元件有溢流阀、节流阀、换向阀、单向阀等，主要控制系统的压力、流量与流向；辅助元件有油箱、滤油器、蓄能器、管道、管接头和压力表等；工作介质多用液压用油，其作用是传递液压能。

2. 常用液压元件

（1）油泵

油泵是为液压传动提供动力的零件，也称动力元件。它是通过自身的机械运动，实现将机械能转变为液压能的装置。塑料机械中常用的油泵有三种：叶片泵、轴向柱塞泵和齿轮泵。在注射机中，液压传动作为主传动，压力较高，流量也很大，但对执行机构的速度稳定性要求不高，是一种以压力变换为主的中高压系统。因此，注射机常用叶片泵和柱塞泵。

（2）油马达

油马达的功能正好与油泵相反，是将液压能转换为机械能输出的装置。油马达也有定量、变量和单、双向之分。常用的油马达有叶片式、柱塞式、齿轮式三种，其结构与油泵相似。

（3）油缸

油缸与油马达一样，也是液压传动中的执行元件。油缸是将液压能转换为驱动负载做直线运动或摆动的装置。按运动形式油缸可分为移动油缸和摆动油缸两类。

（4）液压控制阀

液压控制阀用于控制液压系统中液压油的压力、流量和流向三个参数，从而实现对液压系统执行元件的驱动力、运动速度和移动方向的控制。根据上述三个参数的控制需要，液压控制阀可分为压力控制阀、流量控制阀和方向控制阀三类。

①压力控制阀。压力控制阀是控制液压系统中液体的压力，以及当压力达到某一定值时，对其他液压元件进行控制。这类阀中主要有溢流阀、减压阀和顺序阀。

②流量控制阀。流量控制阀主要是通过对液压油流量的控制，达到控制执行元件速度的目的。流量控制阀一般用于中小型液压传动系统中，而大功率液压传动系统常用变量泵或改变供油泵的数量来调节执行元件的运动速度。流量控制阀有节流阀、单向节流阀、调速阀等。

③方向控制阀。方向控制阀在液压系统中用于控制工作油的流向和液流的导通与断开，

以实现对注射机执行机构的启动、停止、运动方向、动作顺序等的控制。方向控制阀有单向阀、换向阀等。

（5）辅助元件

液压系统的辅助元件包括滤油器、油箱、油冷却器、蓄能器以及压力继电器等。

①滤油器。在液压系统中安装滤油器的目的是保证油液清洁，防止油液中的污染粒子对液压元件的磨损、堵塞和卡死。一般，在泵吸油口安装的滤油器的过滤精度为100～200目，叶片泵吸油口常用150目的滤油器，柱塞泵吸油口用200目的滤油器。

②油箱。油箱的作用是储油、散热和分离油中所含空气与杂质。注射机常用开式油箱，油箱上虽设有盖，但不密封。

③油冷却器。油冷却器是装在系统的回油路上，用于冷却油液，使工作油温不超过允许值（55℃），使液压油区保持在30～50℃之间。按油冷却介质不同可分为风冷和水冷两种，注射机的液压油路常用水冷却。

④蓄能器。蓄能器是储存和释放液体压力能的装置，可以作为辅助动力源及消除泵的脉动或回路冲击压力的缓冲器用。

3. 液压基本回路

注射机的液压系统是由若干个液压基本回路组合而成的。这些基本回路主要是用于控制压力、速度和方向。

（1）压力控制回路

压力控制回路主要由应用元件和执行元件组成，对系统液压压力进行控制与调节。具体有调压回路、卸荷回路、减压与增压回路、背压回路、保压回路等。

（2）速度控制回路

在液压系统中，通常根据负载运动速度的要求，设置液压油流量的调节回路，称为速度控制回路。典型的速度控制回路有两种：定量泵节流调节回路及容积式调速回路。注射机中常用容积式调速回路。

（3）方向控制回路

方向控制回路是控制油缸、油马达等执行元件的动作方向及停止在任意位置的回路。

4. 典型液压系统举例

下面以SZ-2500注射机为例，介绍注射机液压系统。

（1）系统特点

①能满足合模系统的要求。在注射成型时，熔融物料常以40～130MPa的高压注入模具的型腔。因此，合模系统必须有足够的合模力，以避免导致模具开缝而产生溢边现象，为此合模油缸的油压必须满足合模力的要求。

另外，液压系统还必须满足模具开、闭时的速度要求，在空载行程时要快速运行，以提高注射成型机的生产效率，同时，为防止损坏模具和制品，避免注射成型机受到强烈振动和产生撞击噪声要慢速运行。一般合模系统在开、闭模过程中速度变化过程是先慢后快再慢，快、慢速的比值较大。一般采用双泵并联、多泵分级控制以及节流调速等方法来实现开、闭模速度的调节。

②能满足注射座整体移动机构的要求。为了适应加工各种物料的需要，注射座整体移动油缸除了在注射时有足够的推力，保证喷嘴与模具主浇口紧密接触外，还应满足三种预塑形式（固定加料、前加料、后加料）的要求，以使注射座整体移动油缸能及时动作。

③能满足注射机构的要求。在注射过程中，通常根据物料的品种、制品的几何形状及模具的浇注系统不同，灵活地调整注射压力和注射速度。

注射速度的大小，对制品质量有很大的影响。为了得到优质的制品，注射速度可按熔料充模行程、工艺条件、模具结构和制品要求分三段控制，即：

慢 – 快 – 慢：有利于充模过程中模腔内气体的排出，细长型芯的定位，减小制品内应力。

慢 – 快：用于成型厚壁制品，可避免产生气泡和提高制品外型表面的完整。

快 – 慢：用于成型薄壁制品，可减小制品的内应力，提高制品尺寸和几何形状的精度。

注射完毕，要能进行保压，防止制品冷却收缩、充料不足、空洞等，保压压力可根据需要进行调节。在用螺杆式注射机加工时，螺杆转速及背压，应能根据物料的性能适当进行调整。

④能满足顶出机构的要求。为顶出机构提供足够的顶出力和平稳的顶出速度，并能方便地进行调整。

（2）动作过程

SZ – 2500 注射机的液压控制系统如图2 – 47 所示，它由各种液压控制元件、液压基本回路、专用液压回路等组成。

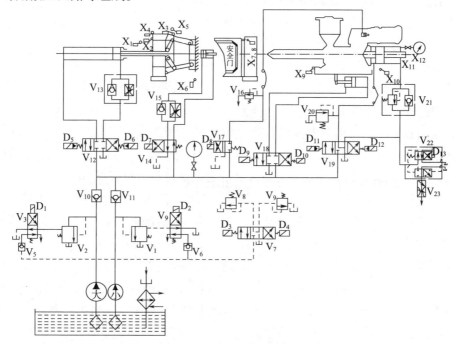

图2 –47 SZ –2500 注射成型机液压系统原理图

①闭模过程。根据各种塑料制品的要求，注射机的合模动作有慢速和快速。

慢速闭模：电磁铁 D_2、D_5 通电，大泵卸荷。小泵压力油经阀 V_{11}→阀 V_{12}→进入移模油缸左腔，推动活塞实现慢速合模，与此同时，移模油缸右腔的油液经阀 V_{13}→阀 V_{12}→油冷却器→油箱，使曲肘伸展，闭模开始。

快速闭模：电磁铁 D_1、D_2、D_5 通电，大、小泵同时向移模油缸供油。大、小泵的压力油经上列通道，实现快速合模使曲肘达到自锁位置，曲肘伸展，使模具紧密贴合。

②注座前移。电磁铁 D_2、D_5、D_9 通电，大泵卸荷。小泵压力油经阀 V_{11}→阀 V_{18}→注座移动油缸的右腔，推动向左移动，实现注座整体移动，与此同时，注座油缸左腔的压力油经阀 V_{18}→油冷却器→油箱。

③注射成型过程。根据不同塑料制品的精度要求，可将注射速度进行分级控制。

一级注射：电磁铁 D_1、D_2、D_3、D_5、D_9、D_{12} 通电，大、小泵同时向注射油缸供油。大、小泵压力油经阀 V_{10}、V_{11}→阀 V_{19}→阀 V_{21}→注射油缸右腔，推动活塞向左移动，实现注射动作，注射压力由阀 V_9 进行调节。

二级注射（快→慢）：快速时，限位开关 X_{11} 被压下时，电磁铁 D_1、D_2、D_3、D_5、D_9、D_{12} 通电。大、小泵压力油经阀 V_{10}、V_{11}→阀 V_{19}→阀 V_{21}→注射油缸右腔，推动活塞向左移动，实现快速注射。慢速时，在注射过程中限位开关 X_{11} 升起后，电磁铁 D_1、D_2、D_4、D_5、D_9、D_{12}、D_{13} 通电，大小泵压力油经阀 V_{10}、V_{11}→阀 V_{19}→阀 V_{21}→注射油缸右腔，推动活塞向左移动；实现慢速注射，另一部分压力油则经阀 V_{22}→阀 V_{23}→回油箱。快速时，注射压力由阀 V_9 调节，慢速时，注射压力由阀 V_8 调节。

二级注射（慢→快）：在转动主开关后，注射动作与上述相反。

④保压过程。电磁铁 D_2、D_4、D_5、D_9、D_{12} 通电。小泵压力油经阀 V_{11}→阀 V_{19}→阀 V_{21}→注射油缸，进行保压，保压压力由阀 V_8 调节。

⑤注座退回。电磁铁 D_2、D_{10} 通电。小泵压力油经阀 V→阀 V_{18}→注座油缸左腔，推动活塞右移使注射座后退。与此同时，注座油缸右腔的油液经阀 V_{18}→回油箱。

⑥预塑过程。电磁铁 D_2、D_8 通电。小泵压力油经阀 V_{11}→阀 V_{17}→阀 V_{16}→液压离合器小油缸，推动三个活塞使离合器连接，将电机与齿轮箱连接，带动螺杆转动，进行预塑，此时，注射油缸右腔的油液，在熔料的反压作用下，经阀 V_{21}→阀 V_{19}→油冷却器→回油箱。预塑时的背压由阀 V_{21} 调节，通往液压离合器的油液压力由阀 V_{16} 调节。

⑦开模过程。与闭模动作相适应，注射成型机的开模动作也分为快、慢速进行。

快速开模：电磁铁 D_1、D_2、D_6 通电，大小泵压力油经阀 V_{10}、V_{11}→阀 V_{12}→合模油缸右腔，油缸左腔的油液经阀 V_{12}→油冷却器→回油箱，实现快速开模。

慢速开模：快速开模过程中限位开关 X_3 脱开，电磁铁 D_2、D_6 通电，大泵卸荷，实现慢速开模。在慢速开模过程中触动限位开关 X_1 时小油泵卸荷，此时大小泵都处于卸荷状态，使开模停止。在所有开模过程中，开模速度由阀 V_{13} 调节。开模时合模油缸左腔的油液经阀 V_{13}→阀 V_{12}→油冷却器→回油箱。

⑧制品顶出。在开模过程中，当触及限位开关 X_2 时，电磁铁 D_7 通电。小泵压力油经阀 V_{14}→阀 V_{15}→顶出油缸左腔，使顶杆伸出顶出制品。油缸右腔的油液，经阀 V_{14}→油冷

却器→回油箱。

⑨顶杆退回。在开模后，电磁铁 D_7 断电。小泵压力油经阀 V_{14}→顶出油缸右腔，使顶出杆退回原位，同时顶出油缸左腔的油液，经阀 V_{15} 的单向阀→阀 V_{14}→油冷却器→回油箱。

⑩螺杆退回。电磁铁 D_2、D_{11} 通电。小泵压力油经阀 V_{11}→阀 V_{19}→阀 V_{20}→注射成型油缸左腔，推动油缸活塞向右移动使螺杆退回，退回时的油压力由阀 V_{20} 调节。

此动作只有将转换开关转向调整位置时才能实现。

二、注射机电气控制系统

1. 继电控制系统

继电器是一种根据电气量（电压、电流等）或非电气量（热、时间、转速、压力等）的变化接通或断开控制电路，以完成控制和保护任务的电器。继电器一般由感测机构、中间机构和执行机构三个基本部分组成。感测机构把感测到的电气量或非电气量传递给中间机构，将它与预定值（整定值）进行比较，当达到整定值（过量或欠量）时，中间机构便使执行机构动作，从而接通或断开电路。

继电器的种类和形式很多，主要按以下方式分类：

①按用途可分为：控制继电器、保护继电器。

②按动作原理分为：电磁式继电器、感应式继电器、热继电器、机械式继电器、电动式继电器和电子式继电器等。

③按感测的参数可分为：电流继电器、电压继电器、时间继电器、速度继电器、压力继电器等。

④按动作时间可分为：瞬时继电器、延时继电器等。

以 SZ－2500 型注射成型机为例加以说明继电器控制的注射成型机电气系统。SZ－2500 注射成型机的电器控制系统如图 2－48－1、图 2－48－2 所示，它是由电机启动回路、料筒加热回路、动作控制回路及信号显示回路等组成。

（1）特点

①油泵和预塑电机启动回路采用有失压保护的按钮控制启动回路。

②料筒加热回路采用电阻加热、自动控温回路，利用热电耦、调节式测温毫伏计进行自动控温。喷嘴加热器单独用调压器控制其电压大小进行控温。

③信号显示回路表示动作进行状况。

④动作控制回路中其动作的转换主要由行程控制和时间控制来实现，即用限位开关和时间继电器来执行动作的自动转换，并有互锁保护措施。

⑤通过操作选择开关，可实现调整（点动、手动、半自动及全自动 4 种操作方式）。

⑥根据工艺要求，可选择前加料、后加料或固定加料，并由加料选择控制开关控制。

（2）动作过程

现以半自动操作为例来说明该电气控制系统动作：当料筒加热到工艺所要求的温度后，启动油泵电机和预塑电机。将操作选择开关拨向"半自动"位置，即 L_W 与 W_2 接通，接触器 8C 线圈带电，触点 $8C_1$ 断开，$8C_2$、$8C_3$ 和 $8C_4$ 闭合。

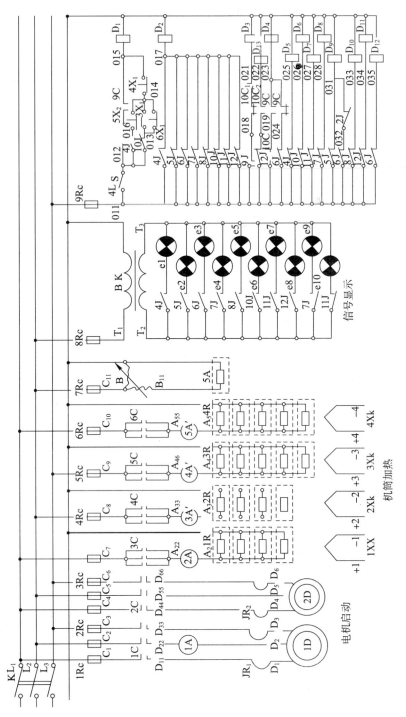

图 2 - 48 - 1　SZ - 2500 注射成型机电器
控制系统原理图（一）

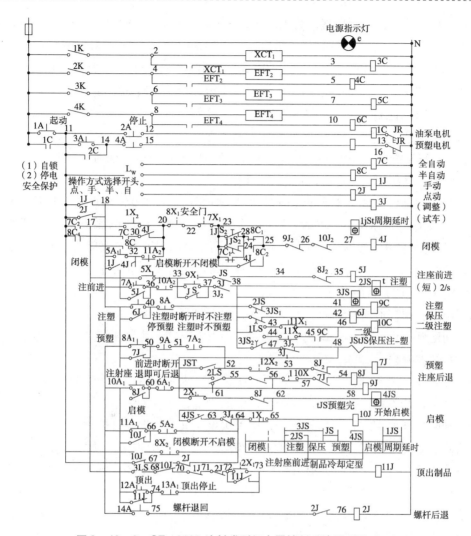

图2-48-2 SZ-2500注射成型机电器控制系统原理图（二）

关上安全门，压合限位开关7X、8X，使中间继电器4J通电（时间继电器1JS线圈虽然同时带电，开始计时，但时间未到），使电磁铁D₂、D₅带电，通过液压系统慢速闭模。闭模过程中限位开关4X脱开，4X₁复原闭合，使D₁带电，实现快速闭模。

模具闭紧后，碰到限位开关5X，常闭触点5X₂断开，D₁失电，大泵卸荷。同时，常开触点5X₁闭合，使中间继电器5J线圈带电，其常开触点闭合，D₉带电（D₂、D₅仍带电），注射成型座整体前进。

注射座前进碰到限位开关9X，常开触点9X₁压合，使时间继电器2JS、3JX带电，开始计时。同时，接触器9C和中间继电器6J带电，其常开触点闭合，使D₁、D₂、D₃、D₉、D₁₂带电（D₅仍带电），实现高压快速注射，其注射压力由远程调压阀9调定。

当注射时间到（预先由2JS调定），触点2LS₁断开，9C失电，D₁失电，大泵卸荷，D₃同时失电，而D₄带电，小泵保压。保压压力由远程调压阀8调定。上述情况是指主令开关1LS在"快速"位置。

81

二级注射成型：①先快后慢。将1JS旋到"快-慢"位置。开始，限位开关11X被压住，触点$11X_2$断开，接触器10C仍不带电，与上述情况相同，即为高压快速注射。注射一段时间后，放开11X，触点$11X_2$闭合，10C带电，其常闭触点打开，常开触点闭合，使D_3失电。D_4、D_{13}带电，变为慢速注射，其注射压力由远程调压阀8调定。

②先慢后快。将1LS旋到"慢-快"位置。开始，11X被压住，$11X_1$被接通，10C带电，其常开触点闭合，D_4、D_{13}带电，进行慢速注射，其注射压力由远程调压阀8调定。待11X放开后，$11X_1$断开，10C失电，$10C_2$断开，使D_4、D_{13}失电，同时$10C_1$闭合，D_3带电，转为快速注射。注射压力由远程调压阀9调定。

保压时间到（预先调节3LS的延时时间比2JS延时时间长），触点$3JS_1$断开，使6J失电，D_4、D_{12}失电，保压结束。同时，$3JS_2$闭合，使空气或时间继电器JS带电，开始计时，并且触点JS瞬时打开，5J失电，使D_9失电，JS调定时间到了，JS又闭合，使7J带电，其常开触点闭合，D_2、D_8带电，通过液压离合器，将齿轮与预塑电机相连，进行预塑（这是固定加料情况，即2JS不接通）。

预塑结束，螺杆退回碰到限位开关12X，$12X_2$被压合，4JS带电，开始计时。制品冷却定型时间已到（由4LS预先调定）。4JS闭合，10J带电，其常开触点闭合，D_1、D_2、D_6带电，进行快速开模。

待放开限位开关3X时，$3X_1$复原断开，D_1失电，大泵卸荷，变为慢速开模。

待放开限位开关6X时，$6X_1$复原闭合，D_1又带电，又变为快速开模。

待碰到限位开关4X时，$4X_1$被压开，D_1又失电，又变为慢速开模。

最后碰到限位开关1X时，$1X_1$被压开，10J失电，D_2、D_6失电，开模停止。

开模停止后，打开安全门，取出制品，完成第一个工作循环，再关上安全门。按上述步骤，进行第二个工作循环。

如需自动顶出制品，就不打开安全门，将主令开关3JS预先拨向"通"的位置。开模碰到限位开关2X，$2X_1$被压合使11J带电，常开触点11J闭合，D_7带电，由顶出油缸顶出制品。此时，如果是半自动，仍需打开安全门，才能进行第二个工作循环（打开安全门时，1JS复原闭合，不打开安全门，1JS带电，1JS1断开，故不能闭模），只有在全自动时，不打开安全门，在延时一段时间后又能自动闭模。无论哪种操作方式，只要打开安全门，$8X_2$复原闭合，10J带电，立即开模。各种动作进行时，均有指示灯显示。

2. 自动控制与调节系统

自动控制与调节系统包括PC控制的注射机电气系统和微机控制的注射机的控制系统。其中PC控制的注射机的电气系统采用了可编程控制器（PC）控制来代替常规的继电器控制。如SZ-400型塑料注射机为PC控制注射机的电气控制系统的注射机，注射机的各个动作由程序集中进行控制，动作更加准确可靠，并可根据生产和工艺的需要，方便地修改程序和各个参数。系统中还设有报警系统和故障显示指示灯，大大方便了设备的使用和维护。系统主要由主电路（电动机驱动和加热）和PC控制电路（机器的动作和状态控制）两部分组成，手动操作开关和行程开关分别接到PC的输入端，电磁换向阀的信号接到PC

的输出端上,可实现手动、半自动和全自动操作。

微机控制注射机的控制系统主要由 CPU 板、I/O 板、射移及锁模编码板、按键板、D/A 转换板、显示控制板以及电源板等部分组成。其控制原理是整个注射成型周期的各个参数(温度、时间、压力及速度等)的设定值由控制面板上的按键输入,经数据处理后送给计算机(CPU),计算机按注射成型周期的顺序将各个参数转换为指令,经 D/A 转换及 I/O 输入板传给各执行元件,实现注射参数的数字化控制。各动作的位移信号经 I/O 板反馈给计算机,用于动作顺序的控制。

3. 温度控制与调节

加热和冷却是塑料注射过程得以顺利进行的必要条件。随着螺杆的转速、注射压力、外加热功率以及注射机周围介质的温度的变化,料筒中物料的温度也会相应地发生变化。温度控制与调节系统是保证注射过程顺利进行的必要条件之一,它通过加热和冷却的方式不断调节料筒中物料的温度,以保证塑料始终在其工艺要求的温度范围内注射成型。

(1)注射机的加热方法

注射机的加热方法通常有三种:载体加热、电阻加热和电感加热。

①载体加热。利用载体(如蒸汽、油等)作为加热介质的方法,称为载体加热。

②电阻加热。电阻加热是应用最广泛的加热方式,其装置具有外形尺寸小,重量轻,装设方便等优点。

③电感应加热。电感应加热是利用电磁感应在料筒内产生电的涡流而使料筒发热,从而达到加热料筒中塑料的目的。

(2)注射机的冷却方法

在注射机中常用水冷的方式来对注射模、液压油等部位进行冷却。

(3)注射机的温度控制与调节

目前温度的控制方法,一般是按照测量、调节操作、目标控制等顺序编成闭合电路进行控制。即要求准确地测量出控制对象的温度,找出它与规定温度的误差,修改操作量,使被控制对象的温度维持在一定范围。

温度一般是采用热电耦、测温电阻和热敏电阻等来进行测量。

控制温度的方法有:手动控制(调压变压器控制)、位式调节(又称开关控制)、时间比例控制和比例(P)积分(I)微分(D)控制(也称 PID 控制)。手动调压变压器控温是通过改变电压来改变加热功率的一种控温方法。由于它不能适应物料对温度变化的要求,控制精度也很差,故已很少采用。

位式调节:目前使用得较为普遍的 XCT – 101、XCT – 111、XCT – 121 型动圈式温度指示调节仪就属于位式调节仪表。位式调节的特点是,当热电耦测得的温度 T 等于 T_0 时(T_0 为设定温度,这时仪表的指示指针与设定温度指针上下对齐),继电器能立即切断加热器的电路,加热停止。但由于控温对象(如料筒)有较大的热惯性,虽然切断了加热电路,但料筒的温度仍会继续上升;当测得的温度低于设定温度 T_0 时,虽然通过控制仪表接通了加热电路进行加热,但由于料筒的热惯性的存在,温度在一个短暂的时间内还会有所下降，然后才能回升。因此料筒温度会在设定温度 T_0 值左右波动。

时间比例控制：按时间比例原理设计的 XCT – 131 型动圈式温度指示调节仪的特点是：当指示温度接近设定温度（即进入给定的比例带时），仪表便使继电器出现周期性的接通、断开、再接通、再断开的间歇动作。同时，指针愈接近定温指针时，则接通的时间愈缩短，而断开的时间愈增长。受该仪表控制的加热能量与温度的偏差是成比例的。

比例积分微分调节：PID 温度控制系统的原理是，由测温元件（热电耦）测得的温度与设定的温度 T_0 进行比较，将比较后的偏差 $\triangle T$ 经过增幅器增幅，然后输进具有 PID 调节规律的自动控制调节器，并经由它来控制可控硅 SCR 的导通角（开放角），以达到控制加热线路中的电流（加热功率）的目的。目前，国产的 XCT – 191 或 XCT – 192 型动圈式仪表与 ZK 型可控硅电压调整器及可控硅元件等组成的温度控制系统可以实现 PID 调节。

 练习与思考

1. 液压系统的控制元件主要包括（   ）。
   A. 溢流阀；   B. 单向阀；
   C. 液压马达；   D. 压力表
2. 注射安全门的保护措施主要有（   ）。
   A. 挡块机械保护；   B. 液压保护；
   C. 光电保护；   D. 电器保护
3. 全电动注射机注射装置的传动部件主要有（   ）。
   A. 电动机；   B. 传动齿轮；
   C. 丝杆；   D. 离合器
4. 电动注射成型机一般采用的驱动电动机为（   ）。
   A. 伺服电动机；   B. 三相电机；
   C. 整流子电动机；   D. 都可以
5. 热固性塑料注射机的机筒加热与冷却方式一般为（   ）。
   A. 恒温控制的水加热系统；   B. 电阻加热；
   C. 红外加热；   D. 感应加热
6. 注射机液压传动系统由哪几部分组成？其作用是什么？
7. 注射成型过程中，注射机动作反应慢可能会是哪些原因引起的？

单元五

注射机安全保护装置

学习目标

1. 知道注射机安全保护装置的类型和原理，树立用电安全意识和人员、设备管理意识，能正确应对生产过程中出现的突发状况。
2. 在比较注射机安全保护装置的结构方案设计中，树立设备结构创新意识。

项目任务

项目名称	项目一　PA 汽车门拉手的注射成型
子项目名称	子项目二　PA 汽车门拉手成型设备的选型
单元项目任务	PA 汽车门拉手注射机安全保护装置的确定
任务实施	各小组根据 PA 汽车门拉手生产及注射机工作特点确定注射机安全保护装置的结构形式

相关知识

　　注射机是在高压高速下工作的，自动化水平高，为了保证注射成型机安全可靠地运转，保护电器、模具和人身安全，在注射成型机上设置了一些安全保护装置和措施。

一、人身安全保护装置

　　在注射机的操作过程中，保证操作人员的人身安全是十分重要的。造成人身不安全的主要因素有：安装模具、取出制品及放置嵌件时的压伤；加热料筒的灼伤；对空注射时被熔料烫伤；合模机构运动中的挤伤等。为了保障操作人员的安全，设置了安全门。安全门有机械、液压、电器三种形式，电液双重保护安全门如图 2 - 49 所示。除了电器保护外，在合模的换向回路中增加一个二位二通凸轮换向阀,当安全门打开压下凸轮时,控制油路与回油路接通,合模用的电液换向阀仍处于中间停止位置。这样即使电器保护失灵,若安全门未关上,合模机构也不能实现合模动作。

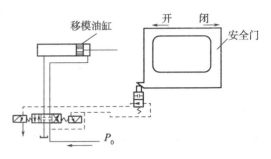

图 2-49　电液双重保护装置原理图

另外,在合模系统的曲肘运动部分,还设有防护罩,在靠近操作人员的显著部位设有红色紧急停机按钮,以备紧急事故发生时能迅速停机。

二、模具安全保护装置

模具是注射制品的主要部件,其结构形状和制造工艺都很复杂,精度高,价格也相当昂贵。随着自动化和精密注射机的发展,模具的安全保护也引起了很大的重视。

现代注射机通常都可进行全自动生产,模具在开、闭过程中,不仅速度要有变化,而且当模内留有制品或残留物以及嵌件的安放位置不正确时,模具是不允许在闭合中升压锁紧的,以免损伤模具。目前对模具的安全保护措施是采用低压试合模,即采用将合模压力分为二级控制,在移模时为低压,其推力仅能推动动模板运动。当模具完全贴合后,才能升压锁紧达到所需的合模力。如图 2-50 所示为低压试合模原理,当快速闭模时压合行程开关 L_A 后,电磁铁 D_3 断电,即系统压力由压力控制阀 V_2 控制,进入低速低压试合模阶段,时间继电器开始计时,若无异物时,模具将完全合上,行程开关 L_B 被压合使 D_3 通电,系统压力由 V_1 控制,由低压升为高压,对模具实行锁紧。若模内存有异物,模具不能完全贴合,L_B 不能压合,

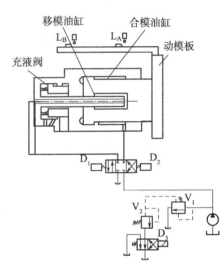

图 2-50　低压试合模原理图

系统一直处于低压状态。当时间继电器计时到设定时间时,便自动接通 D_1,模具将自行打开,同时鸣笛报警。

三、设备安全保护装置

注射机在成型过程中往往会出现一些非正常的情况,而造成故障,甚至损坏注射机,因此必须设置一些相应的防护装置。如液压式合模系统的超行程保护;螺杆式注射系统对螺杆的过载保护;液压系统的和润滑系统的故障指示和报警;注射机动作程序的联锁和保护等。

在生产过程中,注射机常发生的事故主要是电气或液压方面的,或者由电气与液压故障导致的其他事故。因此现代注射机一般在控制屏上加有电气和液压故障指示和报警装置。

　　液压、电气部分是给注射机进行控制和提供动力的。注射机在工作时，它们发生故障就会使操作失灵或产生误动作。因此，在注射机上设有故障指示和报警装置，如过载继电器，联锁式电路，电路中的过流继电器，过热继电器，液压油温上、下限报警装置，液压安全阀等。

练习与思考

1. 注射机对操作人员的安全有哪些保护措施？
2. 什么是低压试模保护？有何意义？

单 元 六

专用注射机简介

学习目标

1. 知道全电动注射机的结构、工作原理。
2. 知道热固性注射机的结构及特点。
3. 了解多色注射机、注－拉－吹成型机的结构特点。

项目任务

项目名称	项目一　PA 汽车门拉手的注射成型
子项目名称	子项目二　PA 汽车门拉手成型设备的选型
单元项目任务	任务 1. 全电动注射机的结构、工作原理的认识； 任务 2. 热固性注射机的结构及特点、工作原理的认识； 任务 3. 多色注射机、注－拉－吹成型机的结构、工作原理的认识
任务实施	了解全电动注射机、热固性注射机、多色注射机、注－拉－吹成型机、气辅注射成型机的结构、工作原理

相关知识

在注射成型机设计过程中，经常会碰到如何处理一般与特殊间的关系问题。随着生产的发展，这个问题就表现得更为突出。如制品性能、形状、材料和花色等不同，普通注射成型机就很难满足所有塑料制品的生产要求。因此注射成型机发展的一个重要标志，就是在发展通用型注射成型机的同时，发展专门用途的注射成型机，使其发挥更大的效能。

一、热固性塑料注射机

热固性塑料具有耐热性、耐化学性、突出的电性能、抗热变形和物理性能，具有较高的硬度。在成型过程中，既有物理变化，也有化学变化。

长期以来热固性塑料常用压制成型法，这种成型法劳动强度大，生产效率低，产品质量不稳定，远不能满足生产发展的要求。而采用注射成型法生产，可实现生产自动化，没有预热和预压工序，成型周期短，因而热固性塑料注射机发展很快，应用也较为广泛。

1. 热固性塑料注射成型机的工作原理

热固性塑料注射成型机是将粉状树脂在料筒中首先进行预热塑化，使之发生物理变化和缓慢的化学变化，而呈稠胶状。然后用螺杆在预定的注射压力下，将此料注入到高温模腔内，保证完成化学反应，经过一定时间的固化定型，即可开模取出制品。

2. 热固性塑料注射成型机的结构特点

热固性塑料注射成型机与热塑性塑料注射成型机在结构上大致相同，也有立式和卧式之分，如图 2-51 所示。不同的方面主要有下述几点。

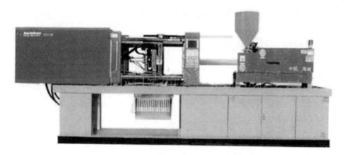

（a）卧式热固性塑料注射成型机　　　　（b）立式热固性塑料注射成型机

图 2-51　热固性塑料注射成型机

（1）注射成型系统

注射成型系统主要由螺杆、料筒等组成，如图 2-52 所示。

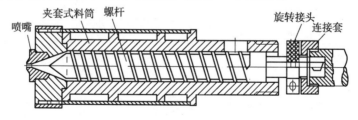

图 2-52　热固性注射成型机塑化部件

①螺杆。热固性注射成型机螺杆长径比和压缩比较小（$L/D = 14 \sim 18$，$\varepsilon = 0.8 \sim 1.2$），全长渐变的锥头螺杆结构，是为了避免物料在料筒内停留时间过长而固化；螺杆传动采用液压马达，可进行无级调速和防止螺杆过载而扭断；螺杆头采用锥形头而不设止逆环；喷嘴型式为直通式。在保压阶段，由于模具温度高，喷嘴必须撤离模具，以避免物料固化。

②料筒加热与冷却。要使料筒内的物料保持在某一恒定的可塑温度范围，防止物料在料筒内发生过量的化学变化，使熔料呈现出最好的流动特性，接近于固化的临界状态，不仅温度控制要严格，而且冷却也很重要。一般采用恒温控制的水加热系统，使水温控制在工艺所需的温度范围内。

（2）合模系统

热固性塑料注射机的合模系统有液压式和液压－机械式两种，应用较多的是液压式。它采用增压式结构，由闭模油缸和增压油缸组成，增压倍数为4，定模板是可动的。为了适应放气动作和避免定模板与喷嘴接触时间过长引起喷嘴口处物料固化，放气时，动模板稍有后退，定模板在弹簧力的作用下紧跟动模板后退，以保证模具不会张开，而气体却能从模具分型面处排出。

（3）控制系统

控制系统除了与普通注射成型机的要求相同外，在注射成型结束后有一个排气动作，模具卸压，使物料在固化过程中产生的气体从模具分型面处排出。由于此动作过程的时间相当短，一般是不易观察到的。

目前，热固性塑料注射成型机正向着提高质量、增加品种、改进配方、高速、自动化方向发展。表2－8列出了某种热固性塑料注射成型机部分性能参数。

表2－8　热固性塑料注射成型机部分性能参数

项目	数值
螺杆直径/mm	32
注射成型量/cm³	125
注射成型压力/MPa	186
注射成型速率/（cm³/s）	60
塑化能力/（g/s）	6.9
螺杆转速/（r/min）	45
合模力/kN	441
拉杆间距/mm	300×280
最小模厚/mm	90
合模速度/（m/s）	（高）0.05；（低）0.057
开模速度/（m/s）	（高）0.43；（低）0.048
外形尺寸（长×宽×高）/（m×m×m）	3.1×1.1×1.9
机器重量/t	3

二、精密注射机

随着塑料加工采用工程塑料生产精度高的塑料零件（如塑料齿轮、仪表零件等），用在精密仪表、家用电器、汽车、钟表等行业，为满足降低成本的需要，发展了精密注射成型机。主要用于成型对尺寸精度、外观质量要求较高的制品。

精密注射成型机的结构、工作原理与普通注射成型机相同，如图2-53所示为立式精密注射机。精密注射成型机通过螺杆的转动、料筒的加热完成对物料的熔融塑化，并以相当高的注射压力将熔料注入密闭的型腔中，经固化定型后顶出制品。注射机的结构特点表现在如下几个方面。

图2-53 立式精密注射机

1. 注射成型装置

注射成型装置具有相当高的注射压力和注射速度，注射压力一般在216～243MPa，甚至高达400MPa。使用高压高速成型，塑料的收缩率几乎为零（有利于控制制品的精度，提高制品的机械性能、抗冲击性能等），保证熔料快速充模，增加熔料的流动长度，但制品易产生内应力。因此在结构上为确保上述要求，多选择塑化效率、质量、均化程度好的螺杆。螺杆的转速可无级调速；螺杆头部设有止逆机构，可防止高压下熔料回泄，计量精确。

2. 合模装置

精密注射成型机合模装置有液压、电动和电-液组合式等多种形式。全液压式合模装置，易于安放模具，保证在高的注射压力作用下不会产生溢料。动模板、定模板、4根拉杆需耐高压、耐冲击，并具有较高的精度和刚性。并且安装低压模具保护装置，保护高精度的模具。

3. 液压部分

在精密注射成型机上通常是由一个电机带动两个油泵，分别控制注射和合模油路，目的在于减少油路间的干扰，油流的速度与压力稳定，提高液压系统的刚性，保证产品质量。其液压系统普遍使用了带有比例压力阀、比例流量阀、伺服变量泵的比例系统，节省能源，提高控制精度与灵敏度。选用高质量的滤油器，保证油的清洁程度。

4. 控制部分

目前精密注射机主要有全电动式、液压式和电-液式三种。全电动式精密注射机动作精度高且节能，但由于目前全电动式注射机采用肘杆式锁模机构，一方面限于机械加工精度；另一方面是肘杆易机械磨损，使全电动式注射机在开合模精度及使用寿命上都不如全液压式注射机。另外一些保压时间很长的产品，或者注射速度要求很高的产品，用全电动注射机不很合适。而全液压式注射机要保证精度要求必须采用伺服控制，这就使其成本高，价格昂贵。电动-液压式精密注射机是一种集液压和伺服电动于一体的新型注射机，它具备全液压高性能和全电动注射机节能的优点，目前已成为了精密注射机的发展趋势。

电液式精密注射机目前主要有三种形式：①计量和塑化采用伺服电机驱动，螺杆的往复运动和注射由液压系统完成。事实上将液压机中耗能多的塑化加工由电动机驱动，其效率高、节能；②计量和塑化均采用伺服电机驱动，锁模采用伺服电机驱动和液压肘杆机构，液压系统采用带储能器和变量泵的增压装置，可达到高速、较高精度和节能的效果，在加工薄壁制品时有利；③电动和液压复合锁模机构，采用两组伺服电机加滚珠丝杠的动模驱动装置，取代原来的一对液压油缸进行开合模动作。在后模板上装有一个大的锁模油缸，锁模油缸活塞杆的一端固定在动模板上，另一端的外表面有螺纹，并套穿在锁模油缸的中心孔内。这种直压式锁模机构以少量的油为媒介，利用伺服电动机与螺纹所产生的油压力进行中心锁模，位置对准精度高、启动停止性能好，但结构复杂，成本高。

采用计算机系统或微机处理器闭环控制系统，保证工艺参数稳定的再现性，实现对工艺参数多级反馈控制与调节。

设置油温控制器，对料筒、喷嘴的温度采用 PID 控制，使温控精度保持在 ±0.5℃。

目前日本东芝机械在其精密注射机三板式合模系统设计中将前后板与机架的连接由通常的底部固定连接改进为腰部铰链连接，使锁模力施加时的拉杆变形自由伸展而始终保持平行，采取变形疏导的方式保障锁模精度。通过对传统油压机的全面优化，使其在与全电动注射机对比中处于劣势的状况得到大幅度改观。它们采用新的控制系统 TACT（提高响应速度、操作稳定性、液晶屏显示的多语言控制界面），新的注射机构（大螺杆长径比增强塑化效果，5 段温区优化塑化温度控制），并对油压回路进行了优化，开发出新的液压式主力机型 FN 系列精密注射成型机。以 110t 锁模力机型为例，优化设计后的精密注射成型机控制响应速度提高 30%，质量稳定性提高 50%，油温变动影响减轻 50%，节能 30%。最近该公司又开发出适于极小精密零部件成型，锁模力为 15t 的精密小型电气式成型机"ELJECTNEX150"。该精密注射成型机主要用于成型液晶聚合物（LCP）、聚酰胺（PA）、聚苯硫醚（PPS）等。其典型注射成型产品为数码照相机的快门等数码产品的关键零部件。这类微小精密的零部件在注射成型加工中，一次注射量仅为 0.1～5g。

日本制钢所通过采用先进的保压控制技术，使注射成型制品质量稳定性得到大幅度提高。标准保压条件下制品重量变动幅度为 0.022g，采用新的保压控制后制品重量变动幅度减小到 0.006g。日本制钢所还研究开发出 J - ELII - UPS 超高速精密注射成型机。

精密注射成型机也是国内各生产厂商竞相摘取的皇冠上的明珠。近年，广东泓利已生产出国内第一台光盘注射机而在精密注射成型工程技术领域产生了较大影响。但是，中国精密注射成型工程技术的研究仍然处于攻坚战役的关键阶段，学术界也对此抱有强烈的研究兴趣。青岛化工学院对影响精密注射成型的主要因素诸如成型收缩、模具设计、注塑设备以及注塑材料等进行了探讨，总结了精密注射成型中容易出现的问题及其防止措施；北京化工大学从注射机合模系统锁模精度和刚度、精密充填与模具优化设计、塑化系统优化设计等方面开展了大量的理论分析和实验研究工作。

三、多色注射机

多色注射成型机主要是用于生产具有多种色彩或采用多种塑料材料的复合制品，

如录像机磁带盒、电器按钮、塑料花、汽车尾灯、棋子、键码、水杯等，如图2-54所示为三色注射成型机。多色注射机根据制品的情况又可分为清色和混色两种形式。

图2-54 三色注射成型机

双色混色注射成型机的注射成型装置有一个公用的合模系统和一个公用的喷嘴，两个料筒和一副模具，如图2-55和图2-56所示。注射成型时，依靠液压系统和电气控制系统来控制两个柱塞，使两种颜色的熔料依先后次序分别通过喷嘴注入模腔，即可得到不同的混色制品。通过调整液压油的进油量，就可调整注射速率，得到不同的花色，具有自然过渡色彩的双色制品。

图2-55 双色混色注射成型机

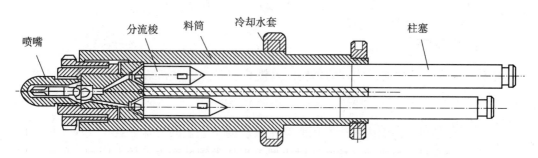

图2-56 双色混色注射成型装置

双色清色注射成型机的注射成型装置有两个独立的塑化部件，一个公用的合模系统，两副模具，其中两副模具的型芯相同，型腔不同（B的型腔大于A），型芯固定在与动模板相连的回转板上，回转板由单独的驱动机构驱动，可绕中心轴线旋转180°，如图2-57和图2-58所示。

注射时，首先型芯与A型腔合模，在注射成型装置（1）的作用下先行充模保压、冷却定型。打开模具，半成品留在型芯上，料把自动脱落。然后回转板带动型芯及半成品转

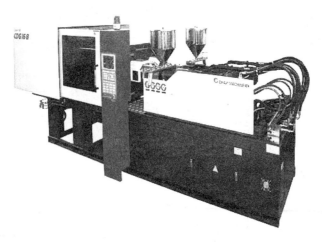

图 2-57　双色清色注射成型机

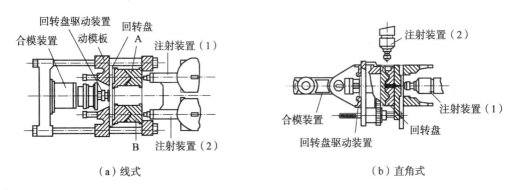

（a）线式　　　　　　　　　　　　（b）直角式

图 2-58　双色清色注射成型装置

至 B 型腔位置，与型腔 B 合模，在注射成型装置（2）的作用下，完成第二种颜色熔料的注射成型、保压、冷却定型，开模取出制品。这样就能得到具有明显分色的双色制品。

四、发泡注射机

发泡注射成型是将含有发泡剂的物料注入模具型腔内，得到结构泡沫制品。结构发泡从发泡原理分有化学发泡法和物理发泡法；从发泡制品结构组成分有单组分和多组分发泡法；从发泡成型方法分有低压法、中压法、高压法和夹芯结构发泡法。不过目前常用的是化学发泡低压成型法。

1. 低发泡注射成型机

含有发泡剂的物料在低发泡注射成型机中塑化、计量，并以一定的速度和压力将含有发泡剂的熔料注入模腔，注入的过程与通用注射成型机基本相同。一次注射成型量多少，根据制品的密度确定出熔料体积与模腔容积的比例，一般占模腔容积的 75% ~ 85%，为欠料注射成型。由于模腔压力低（约为 2 ~ 7MPa），发泡剂立即发泡，熔料体积增大充满模腔。由于模腔温度低，与模腔表面接触的熔料黏度迅速增大，从而抑制了气泡在模腔表面的形成和增长，加之芯部气体压力的作用，形成了一层致密度高的表层。此时芯部并未完全冷却可充分发泡，获得结构泡沫制品。当制品表面冷却到能承受发泡芯部处的压力时，即可开模取出制品，再将取出的制品浸水冷却，使制品在模内冷却时间缩短。

为使制品各处密度均匀，要求注射成型系统具有高的注射速度。因此，在低发泡注射成型机上采用了带有储能器的高速注射成型系统。如图2-59所示，注射成型前储油缸上部的氮气压力为20MPa。注射成型时由于氮气的膨胀压力把液压油从储油缸内压入注射油缸，使注射油缸在很短时间内充入大量的液压油，使注射速度有相当大的提高。注射成型结束后，氮气压力下降，在保压期间，泵将液压油压入储油缸内，使氮气压力恢复原位，循环工作。

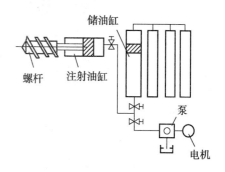

图2-59 用储油缸进行高速注射成型原理

含有发泡剂的物料在塑化时，总有少量的发泡剂分解，产生的气体将会使螺杆头部的熔料从喷嘴口流出，为防止熔料流延，低发泡注射成型机选用锁闭式喷嘴，并通过控制背压抑制发泡剂分解，螺杆头采用止逆型的，使计量和发泡倍率稳定。

2. 结构发泡注射成型机

结构发泡注射成型是将不同配方的物料，通过两个注射成型系统按一定程序注入同一模腔中，使表层和芯层形成不同材料的复合制品。典型的制品有车壳、车箱盖、反复使用的外壳套、各种建筑物件等。根据使用要求及经济原则，结构发泡注射成型是最经济的。最典型的结构发泡注射成型方法有两种：相继注射成型法和同心流道注射成型法。

（1）相继注射成型法

相继注射成型法工艺过程如图2-60所示。注射成型机带有两个注射成型装置，一个锁闭式分配喷嘴。工艺过程为：

第一阶段［图2-60（a）］：分配喷嘴关闭，两个注射成型系统进行预塑计量，模具闭合，准备注射成型。

第二阶段［图2-60（b）］：分配喷嘴2接通注射料筒1，并注入表层料A。

第三阶［图2-60（c）、（d）］：分配喷嘴2关闭注射料筒1并接通注射料筒3，注入含有发泡剂的芯层熔料B，控制好温度、注射成型速度，将表层料A推向模腔的边缘，形成均匀较薄的表层。

第四阶段［图2-60（e）］：模具在保压压力下，再注入一定数量的表层料A，挤净浇口处的芯层料B。

第五阶段［图2-60（f）］：模腔完全充满后，关闭分配喷嘴2，保压一段时间后进行移模发泡，使芯层料B成为泡沫结构。

（2）同心流道注射成型法

采用此法的注射成型机具有一个同心流道喷嘴，这种喷嘴在注射成型时，可连续地从一种物料转换为另一种物料，消除了相继注射成型过程中因注射成型速度较慢和两种物料在交替时出现瞬间停滞，造成制品表面缺陷的现象。

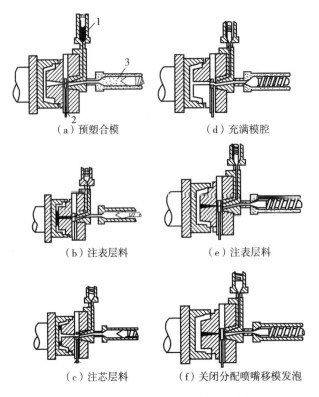

(a) 预塑合模   (d) 充满模腔

(b) 注表层料   (e) 注表层料

(c) 注芯层料   (f) 关闭分配喷嘴移模发泡

图2-60   相继注射成型法注射成型过程

1—表层料A的注射料筒；2—分配喷嘴；3—芯层料B的注射料筒

五、注射吹塑成型机

1. 成型机结构

注射-吹塑成型机主要由注射成型系统、液压系统、电气控制系统和其他机械部分组成，如图2-61所示。

注射-吹塑成型机一般具有多工位，如图2-62所示是相距120°的三个工位的注射-吹塑成型机构，回转系统可自由运转，包括注射成型型坯、吹塑成型和脱模工位。

图2-61   注射-吹塑成型机

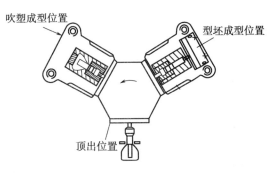

图2-62   注射-吹塑成型机构

2. 工作原理

在注射成型时，注射系统将熔料注入模具内，型坯在芯棒上注射成型，打开模具，回转装置转位，将型坯送至吹塑模具内。吹塑模在芯棒外闭合后，通过芯棒导入空气，型坯即离开芯棒而向吹塑模壁膨胀。然后打开吹塑模具，把带有成型制件的芯棒转至脱模工位脱模。脱模后的芯棒被转回注射成型型坯成型位置，为下一个制品成型做准备。

六、注射拉伸吹塑成型机

1. 注射拉伸吹塑成型过程

注射拉伸吹塑成型是指通过注射成型加工成有底型坯后，将型坯处理至所用塑料的理想拉伸温度，经拉伸棒或拉伸夹具的机械力作用进行纵向拉伸。同时或稍后经压缩空气吹胀，进行横向拉伸。最后脱模取出制件。其工艺过程如图 2-63 所示。

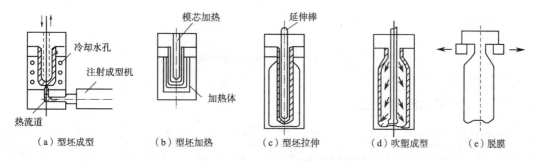

图 2-63　注射拉伸吹塑示意图

2. 成型机构

根据注射成型拉伸吹塑工艺，其成型机可设计成直线排列或圆周排列，如图 2-64 所示为圆周排列形式。从机器整体结构看，与一般的注射机相似，主要由注射系统、合模系统、液压和电气控制系统等组成。但是，由于注拉吹工序多，工艺条件控制严格，因此成型机结构复杂。如图 2-65 所示为 4 工位圆周排列的注射拉伸吹塑成型机。其特点是上部基底内有一块旋转板，旋转板下安装的螺纹部分模具设计成每个工位按 90°旋转。有底型坯的注射成型是以旋转板作为水平基准面，在下部锁模板上安装芯棒，在上部锁模板上安装模腔。旋转板旋转 90°（图中未画

图 2-64　圆周排列注射成型拉伸吹塑机

出），加热芯棒和加热体分别上下动作，对型坯进行加热，螺纹部分用各自的模具保持。旋转板再转 90°，利用安装在上部基板上的拉伸装置，拉伸有底型坯，并进行吹塑，旋转板再转 90°，制品脱模。

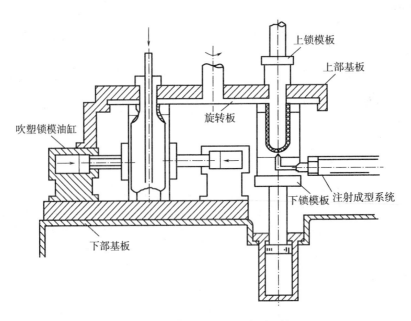

图 2 - 65　注射拉伸吹塑成型机构

七、气体辅助注射成型机

气体辅助注射成型机简称气辅注射成型（GAM）机，气辅注射成型是一种新的注射成型工艺，20 世纪 80 年代末期应用于实际生产。GAM 结合了结构发泡成型和注射成型的优点，既降低模具型腔内熔体的压力，避免了结构发泡成型产生的粗糙表面，预测用于生产汽车工业上的大、中型配件具有很广阔的市场。

1. 成型机构

气辅注射成型机由气体压力生成装置、气体控制单元、注气装置及气体回收装置等组成。

①气体压力生成装置：提供氮气，并保证充气时所需的气体压力及保压时所需的气体压力。

②气体控制单元：该单元包括气体压力控制阀及电子控制系统。

③注气装置：注气装置有二类，一类是主流道式喷嘴，即熔料与气体共用一个喷嘴，在熔料注射成型结束后，喷嘴切换到气体通路上，进行注气；另一类是安装在模具上的气体专用喷嘴或气针。

④气体回收装置：该装置用于回收气体注射成型通路中的氮气。必须注意的是，对于制品气道中的氮气，一般不能回收，因为其中会混入其他气体，如空气、挥发的添加剂、物料分解产生的气体等，以免影响以后成型制品的质量。

2. 工作原理

气辅注射成型过程如图 2 - 66 所示。其过程一般分为 5 个阶段。

①注射成型阶段：注射成型机将定量的熔融物料注入模腔内，静止几秒钟。熔料的注

入量一般为充填量的 50%～80%，不能太少，否则气体易把熔料吹破。

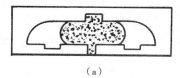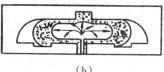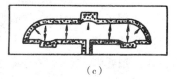

（a）　　　　　　　　　（b）　　　　　　　　　（c）

图 2-66　气辅注射成型的过程

（a）—注入模内一定体积的熔体塑料；

（b）—模塑全过程中，在互相贯通的通道内保持低而不变的气体压力；

（c）—气体在熔体内膨胀，使模腔内各处承受相同的压力

②充气阶段：熔料注入模腔后，将一定量的惰性气体（通常是氮气）注入模内，进入熔料中间。由于靠近模具表面部分的熔料温度低、表面张力高，而制品较厚部分的中心处的熔料温度高、黏度低，气体易在制品较厚的部位（如加强筋等）形成空腔，而被气体所取代的熔料则被推向模具的末端，形成所要成型的制品。

③气体保压阶段：当制品内部被气体充填后，气体压力就成为保压压力，该压力使物料始终紧贴模具表面，大大降低制品的收缩和变形；同时，冷却也开始进行。

④气体回收及降压阶段：随着制品冷却的完成，回收气体，模腔内气体降至大气压力。

⑤脱模阶段：制品从模腔中顶出。

3. 气辅注射成型的特点

与常规注射成型相比，GAM 的特点如下。

①注射成型压力和合模力较低。气体辅助注射成型可大大降低对注射成型机的合模力和模具的刚性要求，有利于降低制品内应力，减少制品的收缩及翘曲变形；同时还减轻了模具溢料和磨损。

②提高了制品表面质量。由于气辅注射成型模腔压力低，在制品厚壁处形成中空通道，减少了制品壁厚不均匀；在冷却阶段保压压力不变，从而消除了在制品厚壁处引起的表面凹凸不平的现象。

③取消了模具流道。气辅注射成型因模腔内部有气体通道，只需设一个浇口，不需再设流道。这样可减少回料，稳定熔料的温度，消除因多浇口引起的熔接痕。

④可以加工不同壁厚的制品。在注射成型机生产制品的壁厚，要求均匀一致，而气辅注射成型可生产不同壁厚的制品。只要在制品壁厚发生变化的过渡处设计气体通道，便可得到外观与质量均优的制品。

⑤气体通道设在制品边缘，可以提高制品的刚性和强度。由于气体通道的存在，可减轻制品的重量和缩短成型周期；还可以在较小的注射成型机上生产较大的或形状复杂的制品。

除了以上的优点外，不足之处主要有：对制品的设计要求高，以免气孔的存在而影响外观质量，对于外观要求严格的制品，需进行后处理；在注入气体和不注入气体部分的制品表面会产生不同光泽；不能对一模多腔的模具进行缺料注射成型；对壁厚精度要求高的制品，需严格控制模具温度和模具设计；由于增加了供气装置，增加了设备的投资。

4. 适用原料及加工应用

绝大多数用于普通注射的热塑性塑料（如 PE、PP、PS、ABS、PA、PC、POM、PBT 等）都适用于气体辅助注射成型。一般，熔体黏度低的，所需的气体压力低，易控制；对于玻璃纤维增强材料，在采用气体辅助注射成型时，要考虑到材料对设备的磨损；对于阻燃材料，则要考虑到产生的腐蚀性气体对气体回收的影响等。

板形及柜形制品，如塑料家具、电器壳体等，采用气体辅助注射成型，可在保证制品强度的情况下，减小制品重量，防止收缩变形，提高制品表面质量；大型结构部件，如汽车仪表盘、底座等，在保证刚性、强度及表面质量前提下，减少了制品翘曲变形，并可降低对注射成型机的注射成型量和合模力的要求；棒形、管形制品，如手柄、把手、方向盘、操纵杆、球拍等，可在保证强度的前提下，减少制品重量，缩短成型周期。

练习与思考

1. 精密注射机有何特点及用途？
2. 热固性注射机与普通注射机有何区别？为什么？
3. 注射吹塑制品与挤出吹塑有何不同？
4. 何谓结构发泡？对设备有何要求？
5. 何谓气体辅助注射成型？有何适用性？

单 元 七

注射机辅助系统

学习目标

1. 掌握供料装置的类型、结构、工作原理及适用性；能根据物料性质、设备情况合理选用上料装置。
2. 掌握干燥装置的类型、工作原理及适用性；能根据物料性质及加工情况合理选用干燥装置。
3. 能安全操作注射机辅助装置；了解注射机械手的结构类型及工作原理；能安全使用较先进的辅助设备。

项目任务

项目名称	项目一 PA汽车门拉手的注射成型
子项目名称	子项目二 PA汽车门拉手成型设备的选型
单元项目任务	任务1. PA门拉手注射成型供料装置选用方案的确定； 任务2. PA门拉手注射成型干燥装置选用方案的确定； 任务3. 了解注射机机械手的结构类型及动作程序
任务实施	1. PA汽车门拉手注射机上料装置的确定； 2. PA汽车门拉手注射机干燥装置的确定

相关知识

一、供料系统

由于注射机螺杆的塑化能力有限，因此在加工中，一般采用粒料。若是回收料，须先破碎造粒，经筛选后再供注射机使用；若是粉料，也须先经造粒后再使用。

中小型注射机一般采用人工上料，而大型注射机由于机身较高且注射量大，用人工上料的劳动强度大，因此需备有自动上料系统。常见的自动上料系统有以下几种。

1. 弹簧自动上料

它是用钢丝制成螺旋管置于橡胶管中，用电机驱动钢丝高速旋转产生轴向力和离心力，物料在这些力的作用下被提升，当物料到达送料口时，由于离心力的作用而进入料斗，如图 2 – 67 所示。其组成主要包括弹簧、软管、电机、联轴器、料箱等，如图 2 – 68 所示。几种国产弹簧自动上料装置的性能参数如表 2 – 9 所示。

图 2 – 67　弹簧自动上料装置

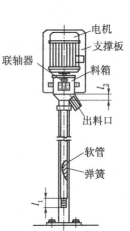

图 2 – 68　弹簧自动
上料装置组成

表 2 – 9　几种国产弹簧自动上料装置的性能参数

项目参数 \ 型号	ZJF300	ZJF450	ZJF700
额定输送能力/（kg/h）	300	450	700
额定转速/（r/min）	960	960	960
输送弹簧直径/（mm）	φ36	φ45	φ59
输送距离/m	5	5	5
电动机功率/kW	1.1	1.5	2.2
电源	380V、3 相、50Hz		

2. 鼓风上料

它是利用风力将物料吹入输送管道，再经设在料斗上的旋风分离器后进入料斗内。主要由鼓风机、旋风分离器、料斗、储料斗等组成，如图 2 – 69 所示。几种国产鼓风自动上料装置的性能参数如表 2 – 10 所示。

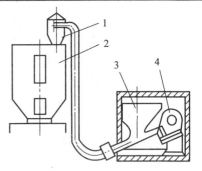

图 2 – 69　鼓风上料装置

1—旋风分离器；2—料斗；3—储料斗；4—鼓风机

表2-10　几种国产鼓风自动上料装置的性能参数

型号		WSAL-5HP	WSAL-7.5HP
电机/kW		5	7.5
输送能力/（kg/h）		820	1000
吸料扬程/m		6	6
静风压/（mm H₂O）		3000	3000
储料桶容量/L		25	40
送料管内径/mm		φ51	φ63
外形尺/（cm×cm×cm）	主机	50×45×123	58×60×170
	储料桶	40×30×58	40×30×102
净重/kg	主机	90	135
	储料桶	10	12

3. 真空上料

这是使用最多的一种上料装置，目前有半自动和全自动两种。半自动真空上料装置上料时需人工控制上料与停止，如图2-70所示。而全自动真空上料装置可以根据料斗中物料量来自动控制上料与停止，其结构组成如图2-71所示。工作时，真空泵接通过滤器而使小料斗形成真空，这时物料会通过进料管而进入小料斗中，当小料斗中的物料储存至一定数量时，真空泵即停止进料，这时密封锥体打开，物料进到大料斗中，当进完料后，由于重锤的作用，使密封锥体向上抬而将小料斗封闭，同时触动微动开关，使真空泵又开始工作，如此循环。全自动真空上料装置的机型有很多，如 FL-300G、FL700G、FL800G等，输送能力主要有300kg/h、400kg/h 等。

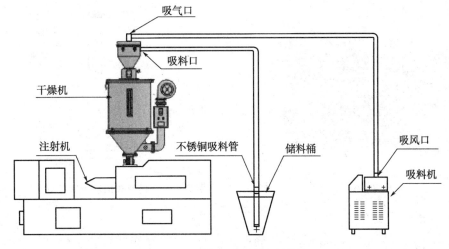

图2-70　半自动真空上料装置

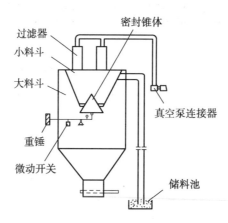

图2-71　全自动真空上料装置

二、干燥系统

对于易吸湿的物料如 ABS、PC、PA 等，以及制品性能要求较高时，须于注射前对物料进行干燥处理。常用的干燥方式有：热风干燥、远红外线加热干燥、真空干燥和沸腾床干燥等。

1. 热风干燥

（1）箱形热风循环式干燥机

箱形热风循环式干燥机是应用较广的一种干燥机。这种干燥设备箱体内装有电热器，由电风扇吹动箱内空气形成热风循环，如图2-72所示。物料一般平铺在箱里，料层厚度一般不超过2.5cm；干燥烘箱的温度可在40～230℃内任意调节。干燥热塑性物料，烘箱温度控制在95～110℃，时间为1～3h；对于热固性物料，温度在50～120℃或更高（根据物料而定）。这种干燥设备多用于小批量需表面除湿粒料的处理，也可用于物料预热。

图2-72　预热干燥箱

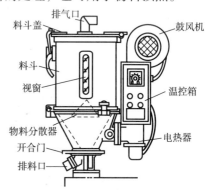

图2-73　料斗式预热干燥装置的结构图

（2）料斗式干燥器

料斗式干燥器是热风干燥的另一种形式，其工作原理是将物料装于料斗，鼓风机将加热风管中热空气吹入料斗，经过物料存积区域后从排气口排出。由于流动空气的温度高出物料温度几十摄氏度，借温差的作用促使物料除湿。除湿后物料可进入注射机或挤出机的料筒中，结构如图2-73所示。

2. 远红外线干燥

远红外线干燥是利用物料对一定波长的红外线吸收率高的特点，以特定波长的红外线作用于被干燥物料，实现连续干燥。据资料介绍，远红外线加热的最高温度可达130℃。

3. 真空干燥

真空干燥是将待干燥的物料置于减压的环境中进行干燥处理，这种方法有利于附着在物料表面水分的挥发。

4. 沸腾床干燥

对大批量吸湿性物料的干燥，可采用沸腾床干燥。其工作原理是利用热空气气流与物料剧烈地混合接触、循环搅动，使物料颗粒中的水蒸气不断扩散实现干燥。

除上述干燥方式外，还有带式、搅拌式、振动式、喷雾式等多种形式，分别用于大批量粒料、粉料甚至液体料的干燥处理。

一般要求干燥后的物料水分含量在0.05%~0.2%，对吸湿后在加工温度下易降解的物料如PC等，则要求其含水量在0.03%以下。

常用物料的干燥条件及吸湿率见表2-11。

表2-11 常用物料干燥条件及吸湿率

树脂名称	吸水率（ASTM方法）/%	干燥温度/℃	干燥时间/h
聚苯乙烯（通用）	0.10~0.30	75~85	2以上
AS树脂	0.20~0.30	75~85	2~4
ABS树脂	0.10~0.30	80~100	2~4
丙烯酸酯树脂	0.20~0.40	80~100	2~6
聚乙烯	0.01以下	70~80	1以上
聚丙烯	0.01以下	70~80	1以上
改性PPO（Noryl）	0.14	105~120	2~4
改性PPO（NorylSE-100）	0.37	85~95	2~4
聚酰胺	1.5~3.5	80	2~10
聚甲醛	0.12~0.25	80~90	2~4
聚碳酸酯	0.10~0.30	100~120	2~10
硬质聚氯乙烯树脂	0.10~0.40	60~80	1以上
PBT树脂	0.30	130~140	4~5
FR-PET	0.10	130~140	4~5

三、机械手

机械手是在机械化、自动化生产过程中发展起来的一种新型装置，如图2-74所示。它可在空间抓、放、搬运物体等，动作灵活多样，广泛应用在工业生产和其他领域内。应用PLC控制机械手能实现各种规定的工序动作。在注射成型机中有时应用机械手来辅助上料、装卸模具、取出制品等，不仅可以提高产品的质量与产量，而且对保障人身安全，改善劳动环境，减轻劳动强度，提高劳动生产率，节约原材料消耗以及降低生产成本，有着十分重要的意义。

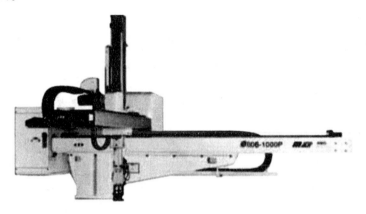

图 2-74　全伺服机械手

 练习与思考

1. 鼓风上料的特点是什么？有何适用性？
2. 真空上料有何特点与适用性？
3. 注射成型过程中的上料装置应如何选择？
4. 注射成型过程中的干燥装置应如何选择？

单 元 八

注射机的安全操作

学习目标

1. 掌握注射机开、停机操作步骤，能熟练操作注射机。
2. 掌握注射成型前的准备工作，能安全有序进行注射生产。
3. 掌握注射机的换料清洗方法与步骤，能熟练进行注射机的换料操作。
4. 了解注射机的安装与调试方法与步骤，能协助厂家进行注射机的安装与调试。

项目任务

项目名称	项目一　PA 汽车门拉手的注射成型
子项目名称	子项目三　注射机操作与维护保养
单元项目任务	任务 1. PA 汽车车门拉手注射成型操作； 任务 2. 注射机安全操作
任务实施	1. 查询资料，分组进行注射机操作方案的制定，并用 PA – 6 料进行开机、停机操作及料筒清洗操作训练； 2. 撰写操作实训报告

相关知识

一、注射机的安全操作步骤

（一）开机前的准备工作

1. 熟悉注射机的特性及各开关、按钮的位置

操作前必须详细阅读所用注射机的操作说明书，了解各部分结构与动作过程，了解各有关控制元、部件的作用，熟悉液压油路图与电气原理图。并熟悉电源开关、冷却水阀及

各控制按钮的功能及操作。

2. 注射机操作前检查

（1）检查各按钮电器开关、操作手柄、手轮等有无损坏或失灵现象。开机前，各开关手柄或按钮均应处于"断开"的位置。

（2）检查安全门在轨道上滑动是否灵活，在设定位置是否能触及行程限位开关，如图2-75所示为注射机各限位开关位置示意图。检查各紧固部位的紧固情况，若有松动，必须立即扳紧。

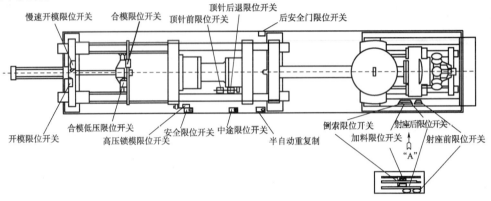

图2-75　注射机限位开关位置示意图

（3）检查各冷却水管接头是否可靠，试通水，是否有渗漏现象，若有渗漏水应立即修理，杜绝渗漏现象。

（4）检查电源电压是否与电器设备额定电压相符，否则应调整，使两者相同。

（5）检查注射机工作台面清洁状况，清除设备调试所用的各种工具杂物，尤其对传动部分及滑动部分应必须保持整洁。

（6）检查油箱是否充满液压油，若未注油应先将油箱清理整洁，再将规定型号的液压油从滤油器注入箱内，并使油位达到油标上下线之间。使其注射机的自动润滑系统能自动润滑各部位，图2-76所示为注射机的油箱油标和自动润滑系统。

（a）油箱油标　　　　　（b）自动润滑系统

图2-76　油箱油标和自动润滑系统

（7）检查料斗有无异物，清洁料斗。

3. 成型物料的准备

（1）根据生产任务单确认生产原料的种类，并熟悉该原料的特点及生产工艺情况。

（2）检查原料的外观（色泽、颗粒形状、粒子大小、有无杂质等），如发现异常，应及时上报生产管理人员。

（3）物料的预热干燥。对于需要预热干燥的物料，成型前一定要预热干燥好。若采用料斗式预热干燥的方法，在机筒清洗完毕，关闭料斗开合门，将料斗加足物料。打开料斗加热的电源开关，根据物料设定预热的时间，对物料进行预热，常见塑料原料干燥条件如表2-12所示。

表2-12 常见塑料原料干燥条件

塑料名称	干燥干燥温度/℃	含水量/%
ABS	80~85	<0.1
PA	90~100（真空干燥）	<0.1
PC	120~130	<0.015
PMMA	70~80	<0.1
PET	130	<0.02
PSF	110~120	<0.05

（4）检查确认注射机上次成型物料的种类，并确定合适的机筒清洗方法，为机筒的清洗做好准备。

4. 模具的准备

（1）根据生产任务单选择生产模具。

（2）清洁注射机模板，为模具安装做好准备。

（3）准备好模具安装、清理所必须的工具（吊车、推车、吊环、扳手等各种工具），如图2-77所示。

5. 其他准备工作

（1）对于所生产的制品含有嵌件的，必须熟悉嵌件的性质及安放情况，嵌件安放前要求预热的，应根据要求先进行预热。

图2-77 模具安装工具准备

（2）要准备好生产记录本，以备定时对生产情况进行记录。

（二）开机操作

1. 开机与机筒的预热升温

（1）接通电源，打开电热开关，对机筒进行预热。

（2）设定喷嘴及机筒各段的加热温度及各成型工艺参数的设定。如果先要进行机筒清洗，首先应根据清洗料的工艺要求设定。

（3）各段温度都达到所设定的温度后，再恒温30min，使机筒、螺杆内外温度均匀一致。

2. 机筒清洗

（1）机筒清洗操作步骤

①将机筒加入机筒清洗料，打开料斗开合门。

②选择注射机手动操作方式，启动油泵，按下手动操作功能区中的座退键，使注射座后退。

③按下手动操作功能区中的"熔胶"键，使螺杆后退并塑化物料。

④再按下手动操作功能区中的"射出"键，进行对空注射。

⑤重复步骤③和④，直至喷嘴口所射出的物料不含上次的残存物料为止。

（2）机筒清洗方法

机筒应根据机筒内物料的情况及要生产物料的情况，采用不同的方法进行清洗，以方便、快捷地清洗干净机筒。清洗机筒常用的方法有：直接换料、间接换料和采用清洗剂进行清洗等。若机筒内的存留料是热稳定性差的物料如聚氯乙烯、聚甲醛等，应采用间接换料或料筒清洗剂清洗。间接换料时一般采用热稳定性好的聚苯乙烯、低密度聚乙烯或它们的回料作为过渡料。采用料筒清洗剂清洗的效果一般比较好，但价格比较高。

清洗料筒时，先设定料筒加热温度，待温度升至可开机状态后，加入清洗料，再连续进行对空注射，直至机筒内的存留料清洗完毕，再调整温度进行正常生产。若一次清洗不理想，应重复清洗。

对机筒进行清洗时应注意在向空机筒加料时，螺杆应慢速旋转，一般不超过 30r/min。当确认物料已从注射喷嘴中被挤出时，再把转数调到正常；另一方面当机筒中物料处于冷态时绝不可预塑物料，否则螺杆会被损坏。

（三）生产操作与调试

1. 加料

机筒清洗完毕，清除料斗和机筒中的清洗余料，向料斗中加足已预热干燥好的生产物料。

2. 参数设定与调整

根据生产要求设定、调整好各生产工艺参数。

3. 料斗座冷却

打开料斗座冷却循环水阀，观察出水量并调节适中；冷却水过小，易造成加料口物料黏结，即"架桥"；反之则带走太多机筒热能。

4. 对空注射

采用手动熔胶塑化物料和手动注射动作进行对空注射，观察预塑化物料的质量。若塑化质量欠佳时，应调整塑化工艺参数（塑化温度、背压、螺杆转速等），以改善塑化质量，直至达到工艺的塑化要求。

对空注射时，所注射出的物料如果表面光滑、有光泽，断面物料细腻、均匀，无气孔，物料的塑化质量为佳。如果表面无光泽、粗糙，有气孔等可能是塑化不良；若对空注射的物料像"粥样化"则是塑化温度过高。

5. 试模

（1）检查对空注射的物料达到塑化要求后，检查模具内是否有异物，如无异常情况，则关闭安全门，再按下手动操作功能区中的"合模"键，使合模系统合模并高压锁紧模具。

（2）按下手动操作功能区中的"座进"键，使注射座前移，并使喷嘴与模具主流道衬套保持良好接触。

（3）按下"半自动"操作键，或者"手动"操作下，进行注射动作循环。

（4）检查制品的质量，并适当调整各成型工艺参数，直至制品符合生产要求。

6. 正常生产操作

制品质量基本稳定后，将操作方式转为"半行动"或"全自动"操作，即可正常生产。

7. 生产操作中的注意事项

①液压油一般用 20 或 30 号机械或液压油，在操作过程中，应保持油液的清洁。要注意观察油箱中的液压油温度，控制在 50℃ 以下，若油温太低或太高，应立即启动其加热或冷却装置。

②要定时检查注油器的油面及润滑部位的润滑情况，保证供给足量的润滑油，尤其对曲肘式合模装置的肘杆铰接部位，缺润滑油可能会导致卡死。

③注射机系统的工作压力出厂时已调好，在使用中无特殊需要一般不必更改。在操作过程中不能随意敲打或脚踏液压元件。

④在注射机运转中若出现机械运动、液压传动和电气系统异常时，应立即按下急停按钮停机检查，保证设备始终处于良好的工作状态。

⑤在操作过程中要定时对注射机各参数做好记录，发现异常情况，要及时上报相关技术管理人员。

⑥螺杆空转要低速起动，空转时间一般不超过 30min，待物料熔料从喷嘴口挤出时，再将转速调至规定值，以免过度空转损坏机筒和螺杆。

⑦采用全自动操作生产时要注意，操作过程中不要打开安全门，否则全自动操作中断。

⑧要及时加料，料斗中要保持一定的料位。

⑨若选用电眼感应，应注意不要遮蔽电眼。

⑩采用点动操作时，注射机上各种保护装置都会有暂时停止工作的现象，如在不关安全门的情况下，合模装置仍能进行开、合模动作，故在点动操作时必须小心谨慎，防止意外事故的发生。

（四）停机操作

1. 关闭料斗开合门，停止向机筒供料。

2. 把操作方式选择开关转到手动位置，转为手动操作，以防止整个循环周期的误动作，确保人身、设备安全。

3. 机筒停止加热，按电热键，关电热，停止给机筒加热。

4. 注射座后退。按座退键，使注射座退回，使喷嘴脱离模具。

5. 降低螺杆转速，按储料设定键，使显示屏画面切换至储料射退资料设定画面，按游标键将游标移至储料速度参数设定项，将速度值减小。

6. 清除机筒中的余料。按熔胶键，塑化物料，再按射出键，进行对空注射。反复多次此动作，直到物料不再出现从喷嘴流出为止。

7. 将模具清理干净后，如较长时间不用，则需喷上防锈油，然后关上安全门，合拢模具，让模具分型面保留有适当缝隙，而不处于锁紧状态，如图 2-78 所示。

图 2-78　模具半合状态

8. 把所有操作开关和按钮置于断开位置，关闭油泵、电源开关及冷却水阀。

9. 擦净注射机各部位，对注射机进行保养，并搞好注射机周围的环境卫生。

二、注射机的安装

注射机的安装是一个重要环节，从布局、基础到安装、定位、调试，从水路、电路到油路和润滑均要精心设计、精心施工。安装调试的效果涉及注射机本身的加工精度、产品产量和质量、本身零配件的消耗和使用寿命。

（一）安装前的准备

1. 注射机的位置与布局

安装注射机之前，应充分了解机器的外形尺寸，为了能具有良好的工作条件，有效地操作机器和改善生产能力，应当提供宽敞、通风、清洁、干燥、相对封闭的无尘厂房和车间，以保持注射机和注射产品的干净、整洁。

注射机的布置应满足操作、更换模具和维护修理的要求。一般，机器的四周应留有 1~1.5m 的空间，两台注射机之间应留有 2.5m 的间距，并且在机器的安装地点留足够的容纳物品的空间。

2. 注射机安装的地基基础

注射机安装地基基础的好坏会直接影响机器的安装精度和机器的正常运行，同时影响到机器的使用寿命。地基基础应当坚固结实、平稳，使机器工作时不产生振动，避免因振动引起机器部件的松脱。地基承重太弱会影响机器正常生产，而且会造成机器的损坏。

一般设计注射机放置在水泥基础地基上或坚固的水泥地坪上，并在注射机上安装相应规格及数量的防振橡胶脚。当机器重量较大时，水泥地基要求加厚处理。地基可采用地脚螺栓、木垫地脚、防振橡胶脚等方式支撑和连接注射机，如图 2-79 所示为注射机地脚螺栓示意图，基础螺栓下方的螺帽可以焊接一块 10mm 厚、100mm × 100mm 的钢板，或用加长螺栓在螺帽处弯折，并用水泥砂浆预埋捣实，待水泥干固后即可。

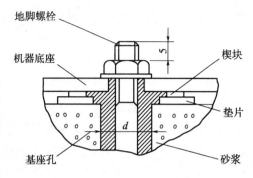

图2-79 注射机地脚螺栓示意图

大中型注射机可安装在柔性的可调垫铁上，使用可调垫铁可以省去在车间地面上准备地基的工作。使用可调垫铁后，注射机与地面的接触面积减少而增加了对地面的压强。因此，地面必须要保证有足够的承载能力。

注射机的地基必须按照安装平面图的要求进行施工，如图2-80所示为海天 HTFl60×2 型注射机外形图及安装平面图。

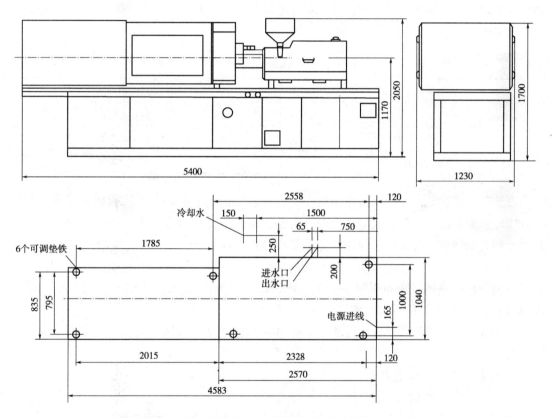

图2-80 海天 HTFl60×2 型注射机外形及安装平面示意图

（二）注射机的安装

1. 电源线的布置

在地基施工过程中要考虑将电源线铺设在地下，并根据地基图按尺寸位置留好电源出口位置，并选用合适的线径。

注射机的电气设备使用三相交流电源。对于三相交流电源，每相配置一个符合额定值的熔断丝。连接电力电缆到电气箱中的电源进线，为三相四线，电压为380V，频率为50Hz，地线一般系统采用重复接地。要求地线连接牢固，接地电阻低于10Ω，电器的元

113

器件及过载保护开关根据机器负载选定，一般注射机内部的主电路、控制电路在出厂时均已安装好，只需安装电路的进线、开关，连接到注射机的总电源箱即可，常称作电源接驳。

为了防止电网、电路故障，保障操作人员的生命安全，在安装机器时，应做好接地和安装漏电保护器。接地时，所有固定在注射机周围并与主机连在一起的金属部件均需接地，使得机器上的每个金属元件都保持相同的电位，提高其安全水平。常用的三相四线制电网供电系统，采用交流中性点接地和工作接地方式。接地电阻的最大允许值规定：保护接地（低压电力设备）4Ω；交流中性点接地（低压电力设备）4Ω；常用的共同接地（低压电力设备）4Ω；防静电接地100Ω。

接地应使用符合要求的连接导线，连接导线的截面积要求如表2-13所示。导线的一端接到机器的接地柱上，另一端接到接地杆或焊到一块铜板上，然后将接地杆或铜板深埋在不容易干燥的土地中。

表2-13　接地导线截面积

电机功率/kW	接地导线截面积/mm^2
<15	14
15～37	22
>37	38

安装漏电保护器，是为了防止电路中某一电线与机器上的某一金属相碰，或者电气设备处于较差的绝缘状态时，电流便会对地短路，整个机器会带上一定的电压，漏电保护器就会立刻自动断电，从而保护操作人员的安全。

特别要注意的是：①电源部分的连接应由有经验的电工操作；②所使用的熔断丝安培数和正确的相位序列；③必须测量电源电压，输入电源电压的范围为额定电压的±10%，频率为额定频率的±1Hz；④电源接通后，必须检查液压泵电动机的运转方向，开动液压泵前，要确保油箱中液压油已完全注满。如果液压泵的电动机旋转方向相反，只要将电源进线接线板上的其中两相火线调换一下连接即可。

2. 注射机冷却水路的安装

（1）冷却水管布置

冷却水系统的水压为0.2～0.6MPa，选用的冷却水管应有足够的承压能力。冷却水系统一般可分3条回路，即液压系统冷却回路，螺杆料筒、模具冷却回路和其他冷却系统回路。螺杆料筒、模具冷却回路可采用冷却分水块供水，经分流后再分别向模具和螺杆机筒冷却装置供水，以实现有效的温度控制，冷却水管布置如图2-81所示。

（2）冷却水

冷却机器所用的水必须干净，如果冷却水是地下水或地表水，杂质会堵塞过滤部件和管路，并影响到冷却器的冷却效率，因此应预先对冷却水进行过滤。如果冷却水是通过饮用水系统供给，操作者必须确保冷却水不再回到饮水系统。

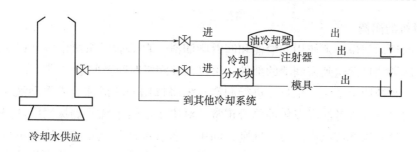

图2-81 冷却水管布置示意图

注射工作结束以后停止供冷却水，并将冷却水排出油冷却器。在冬季，冷却水的排放取决于气候条件，冷却水在停机时应在较低的压力下继续循环。在晚间，如果冷却水有可能结冰，油冷却器中的冷却水应该排出，残留的冷却水也应使用压缩空气吹干，以防止油冷却器和其他设备的损坏。

（3）冷却水流率

冷却水流率是指单位时间通过冷却管的冷却水体积。冷却水流率的变化取决于注射条件、水温、大气温度以及其他因素，油冷却器内的污垢会使传热效率下降。控制冷却水流率有助于节能，保证温度的控制精度。

3. 注射机的起吊

起吊前，移动模板应处在最小模具厚度的锁模位置。起吊如图2-82所示。注射机的机身为组合式时，一般不可整体起吊，起吊前必须将合模部分与注射装置部分分离。起吊时应确保起重设备能力足够。为保护机器，起吊用的钢丝绳不能挂接在机器的薄弱部位。如果吊挂钢丝绳与机器接触，需要在可能接触部位放置布层或木块，以避免损伤注射机的拉杆等机器零件，同时还要注意提升机器时的稳定性和水平状态。移至安放位置，放下吊钩时，要注意安放位置要对准，以便于地脚螺丝的紧固。

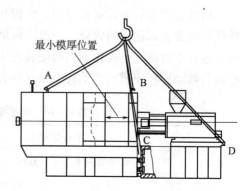

图2-82 注射机起吊示意图

A、B、C、D—起吊支撑点

4. 注射机的固定

注射机吊放至安装位置以后，在机器底部放置平衡调节块，并调节好机器水平。安装地脚螺栓，并进行紧固；将注射机在运输时卸下的部分和零件重新组装在注射机上，再按要求接好水路、电路等。

5. 注射机液压油的加装

加装液压油前应检查液压油箱是否干净。加油时，应从带有通气及油过滤器的注油口注入，第一次注入到油标的最高位置，开机运转片刻，根据油量减少的情况，再注入液压油到油标正中水平位置。不宜选用容易起泡的液压油，禁止混用不同种类、不同牌号的液压油。应选用含有耐用剂和防氧化、防腐蚀添加剂的液压油。

6. 注射机的润滑

注射机的活动部位必须使用润滑油和润滑脂润滑。自动润滑系统由电动机驱动中央润滑系统，将润滑油自动送到需润滑的部件，可以调节润滑时间及间歇时间。

手动润滑系统用手动液压泵打油进行润滑，先将选用的润滑油装入手动液压泵，然后手动打油数次，再检查各润滑点供油是否正常。对集中润滑系统要确保润滑油路没有堵塞和漏油。润滑油的选择应以高品质为准则，油中应含有钾及防氧化与防腐蚀的添加剂，如防腐精炼矿物油。润滑油的黏度要合适，黏度过低，润滑油在润滑部位容易流失；黏度过高，润滑油会在部件上难于流动。在使用润滑系统装置时，还要注意系统油位情况，否则会因油位过低而缺油或油位过高溢出而漏油。

对于润滑脂润滑点，可利用润滑脂枪将润滑脂加到常用油嘴、油杯及要润滑的地方。对于机器的动板衬套的滑动表面、调模部件和注射部件的螺纹、滑脚、注射座导杆等均应保持清洁，并涂润滑脂。

三、注射机的调试

（一）注射机调校项目

1. 平行度

机器在安装后通常需要对固定模板与移动模板基准面的平行度进行调校，以便于注射机模具的安装和制品的成型。一般注射机出厂时，其平行度已调配校好，但由于在运输和安装过程中可能发生操作不当而使其发生变化，因此注射机安装后要对其进行复检。固定模板与移动模板安装面的平行度要求如表 2 – 14 所示。

表 2 – 14　固定模板与移动模板的平行度要求　　　　　　　　　　mm

拉杆有效间距	平行度要求		拉杆有效间距	平行度要求	
	锁模力为零	锁模力最大		锁模力为零	锁模力最大
>200 ~ 250	0.20	0.10	>630 ~ 1000	0.40	0.20
>250 ~ 400	0.24	0.12	>1000 ~ 1600	0.48	0.24
>400 ~ 630	0.32	0.16	>1600 ~ 2500	0.64	0.32

2. 同轴度

同轴度的调校主要包括喷嘴与模具定位孔同轴度的调校和螺杆与机筒最大间隙的调校，喷嘴与模具定位孔的同轴度直接影响物料的注射和充模，螺杆与机筒的同轴度则会影响物料的塑化等。对于喷嘴与模具定位同轴度和螺杆与机筒的最大间隙的调校要求如表 2 – 15 和 2 – 16 所示。

表 2 – 15　喷嘴与模具定位孔同轴度的调校要求　　　　　　　　　　mm

模具定位孔直径	80 ~ 100	125 ~ 250	<315
喷嘴与模具定位孔的同轴度	≤0.25	≤0.30	≤0.40

表2-16　螺杆与机筒最大间隙的调校要求　　mm

螺杆直径	≥15	>25	>50	>80	>110	>150	>200	>240
最大径向间隙	0.12	0.20	0.30	0.35	0.45	0.50	0.60	0.70

（二）注射机调校步骤

1. 同轴度调整应该在模板、机身的横向和纵向水平调整完成之后进行。

2. 松开连接注射座前、后导杆支架与机身的紧固螺钉；松开导杆前支架两侧水平调整螺栓上的锁紧螺母。

3. 用0.05mm以上精度的游标卡尺，按周向测量4点，h_1、h_2、h_3、h_4。用水平调整螺栓使$h_1 = h_3$，用导杆支架的上下调整螺钉使$h_2 = h_4$，如图2-83所示。

4. 用塞尺测量机筒尾部内孔与螺杆的间隙使$\delta_1 = \delta_3$，$\delta_2 = \delta_4$，如图2-84所示。

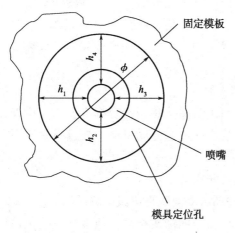

图2-83　机筒周向测量示意图

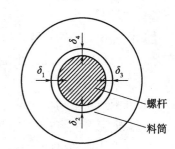

图2-84　螺杆间隙示意图

5. 调节误差至公差控制范围内。用水平仪检测注射座导杆的水平度，应保证≤0.05mm/m，如图2-85所示。

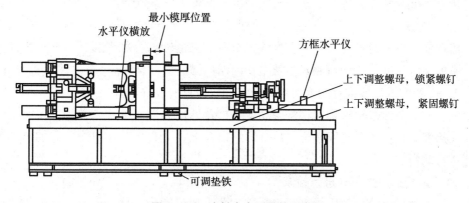

图2-85　注射座水平调整示意图

6. 调整完毕，分别拧紧前、后导杆支架上的紧固螺钉和前支架两侧的锁紧螺母。

（三）注射机系统的调试

1. 调试新机前的准备

（1）确定机器是否已安装好，包括机器的水平度合格，运输时拆下的部件已正确安装，运输时拆开的电线或油管已正确连接，为运输和起吊而附加的部件已拆下等内容。

（2）检查机器的供电线路、接地线是否已正确连接，冷却水是否正确连接并已开通。

（3）检查机器的液压油是否达到油位计的中线以上，并且排气已超过3h以上。

（4）检查机器的各运动表面是否清洁并已进行润滑。

（5）核对供电线路的电压和频率与主电动机要求一致后，接通供电线路电源，打开机器的电源开关，接通注射机电源。

2. 新机调试步骤

（1）水路检查

检查连接的冷却水是否合适，水路及阀门安装完好后，可以供冷却水给机器的热能交换器或分水块，用卡环锁紧管口以防漏水。在操作前，应先开启冷却水阀，对压力油、模具和机筒进行冷却，然后才能加热机筒，以防加热温度过高再冷却，导致物料在下料口结块堆积，造成下料不利。

（2）电路检查

检查供电电源是否正常，检查电源总开关及保险是否符合标准要求，检查三相电源是否正常。注射机安装到位，并在水平校正后，才可以开动机器。先进行液压泵电动机转向检查，其步骤如下：

①打开液压泵电动机的机门，以便观察转向。

②把总电源开关打在"ON"位置，按动启动液压泵按钮，然后马上停止。

③迅速检查电动机的转向是否符合法兰盘上的箭头标志，或者从电动机风扇的方向看去，顺时针方向旋转是正确的旋转方向。

④若转动方向不对，可断掉电源，将接进液压泵电动机的三相线路中任意两相对换一下位置，其他电路的相序不要改动。

⑤用上述②的同样方法，重新开启电动机，检查液压泵电动机的转向。

3. 油路检查

机器在安装校平后，要进行彻底清洁，对所有的活动部分如滑板、拉杆、机铰要进行润滑，锁模系统采用集中润滑系统的要拉动手动泵数次，以确保每个供油点都有油供应。一般可用N2稀润滑油或推荐的润滑油，以保持机器具有良好状况。

对油箱的压力油进行检查，将符合规定或推荐选用的液压油注入油箱，要有足够的压力油供应给液压系统。对调模螺母、拉杆螺纹以及上、下夹板和注射座部分的黄油嘴处用润滑脂进行润滑。

4. 对注射机的加热部分进行检查

加热器上的加热圈，常用的有四个区域。两个加热圈为一区，模头、喷嘴加热区单独调节，机筒上的三个区域靠温度控制表来自动控制。每个区域的两组加热圈并联连接，加热圈要紧贴机筒，以减少热量损耗，连接螺钉要牢固，尤其是紧固螺钉和电源接线螺钉，要针对热胀冷缩的特性，加热后再进行一次预紧，以防松脱。每个区域用一块温度控制表来控制，温度信号靠热电耦来传输。

在安装热电耦之前，可以通过简单的方法对电路、温度控制表和热电耦进行检查和调试。具体方法是给温度控制表通上电压，温度设置在80℃，用打火机或其他加热源与热电耦的探头接触，观察温度表的指示和信号动作情况。如果温度控制表没有指示或动作，则检查控制部分是否接错或热电耦是否接错等；如果温度控制表有动作并且指示灯指示，说明电路连接正确。对于温度控制较严格的塑料，还要对温度控制表进行校核，用温度计对热电耦处的温度和温度控制表的温度进行对比和调节，可记录下温差范围，在预置温度时将温差记入范围，以尽量准确地控制温度范围。

5. **手动试车**

进入各动作的参数设定画面，为各动作设定一组压力较低、速度较慢的参数。

在手动状态下，按下动作键，观察各动作能否平稳工作，确认各部分功能正常，如未发现问题，则表示手动工作正常。然后按正常动作的要求，重新设置各动作画面的参数。

在完成开关模动作和注射、螺杆后退动作之后，应观察油箱油位，如油位低于油位计中线以下，应停电动机并加注液压油到油位计中线以上。

6. **半自动和全自动试车**

在手动状态全部动作正常后，在模具开启状态下按半自动键，并开、关一次安全门，则机器自动启动半自动工作循环。观察机器半自动工作是否正常进行。一个循环结束后，如未发生故障，再开、关安全门一次，使机器进行下一循环。在半自动正常工作3~5个循环后，在合模结束时按全自动键，机器进入全自动工作状态。观察机器是否正常工作。

若以上所有功能都正常，表示本台机器调试完毕，可以进行注射成型工作。

如果注射机配置的是西门子电脑，在手动状态下的全部动作正常后，应按各项动作的功能键，使各运动部件回到设定的起始位置。屏幕提示确认后，按半自动功能键后再按半自动启动键，则机器进入半自动工作循环。观察机器半自动工作是否正常，一个循环结束，如正常再工作3~5个循环，即可停止半自动循环。

根据屏幕提示，确认各运动部件是否回到设定的起始位置，如未达到，按各相关动作的功能键，使其回到起始位置。然后按全自动功能键，再按全自动启动键，则机器进入全自动工作状态。观察机器是否正常工作。如以上所有功能都正常，表示本台机器调试完毕，可以进行注射成型工作。

练习与思考

1. 注射机在安装前应做好哪些准备工作？
2. 注射机安装的操作步骤如何？
3. 注射机安装后的调校包括哪些方面？操作步骤如何？
4. 注射机操作步骤如何？开机和停机前分别应注意哪些问题？

注射机的维护与保养

学习目标

1. 掌握注射机定期、日常维护保养的内容与方法；能对注射成型设备进行管理与日常维护保养。
2. 掌握注射机有关部件的拆卸、安装操作方法与操作步骤；能对螺杆、螺杆头进行日常维护保养。
3. 能协助对注射机螺杆、螺杆头进行拆卸、安装。

项目任务

项目名称	项目一　PA 汽车门拉手的注射成型
子项目名称	子项目二　注射成型设备的维护与保养
单元项目任务	任务 1. 注射机设备维护保养； 任务 2. 注射螺杆的维护与保养
任务实施	1. 进行注射机日常保养操作； 2. 进行注射螺杆、螺杆头、喷嘴清理、保养操作

相关知识

一、注射机的日常维护与保养

为了保证注射机正常运转，提高生产效率，必须要对注射机进行一系列预防性的防护工作和检查，及时发现或更换损坏的零件，将在生产过程中可能突然出现的故障转为可预见的及可以计划的停机修理或大修，防止设备出现连锁性的损坏。注射机的维护与保养是注射机操作人员、注射机维修人员的职责范围，主要包括塑化部件、液压部分、电气控制部分、机械传动等部分的维护与保养，维护与保养的方式有日常的维护与保养和定期检查维护与保养。

1. 机械部分的维护与保养

（1）各润滑部位的润滑

为保障注射机各运动部件的正常运行，降低磨损延长设备的使用寿命，在操作前，应按照注射机各需润滑部位的分布图对所规定的润滑点进行润滑，如图 2-86 所示。各润滑点润滑的形式主要有油杯加油润滑、黄油嘴加油润滑、球杯加油润滑、润滑面加油润滑 4 种形式，如图 2-87 所示。现代注射机的合模装置大都有集中的自动润滑系统，如曲肘、调模装置的润滑等，集中自动润滑系统的结构如图 2-88 所示。应合理设置自动润滑的周期，在每次生产操作前应检查自动系统油箱的油位，并在油耗用到规定下限前及时给予补充。

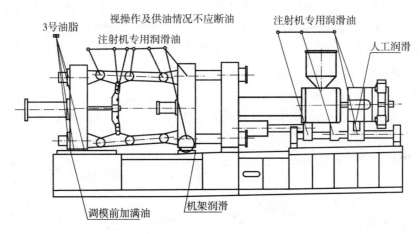

图 2-86 注射机润滑点

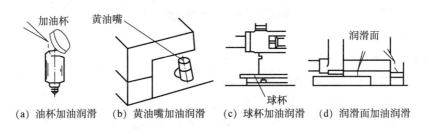

（a）油杯加油润滑 （b）黄油嘴加油润滑 （c）球杯加油润滑 （d）润滑面加油润滑

图 2-87 注射机润滑点的润滑形式

（2）各部的检查

检查各运动部件是否灵活，是否磨损严重，螺丝是否有松动，并对各螺丝进行紧固，如有磨损严重的部件要及时上报，以便及时更换。

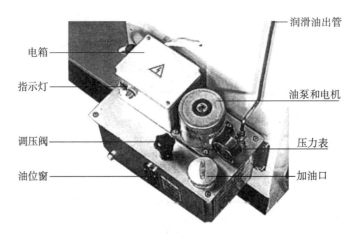

图 2 - 88　合模系统集中自动润滑系统

2. 液压系统的维护与保养

生产操作前应检查油箱油位是否在油标尺中线，如果油箱油位不到油标中线，应及时补充油量，一般要求油量达到油箱容积的 3/4 ~ 4/5。要注意保持工作油的清洁，严禁水、铁屑、棉纱等杂物混入工作油液，以免造成阀件阻塞或油质劣化。注意油箱在加油后，最好在 3h 内不要启动油泵电机，以利于油液中气体的排出。

3. 加热装置的维护与保养

加热圈在使用过程中因加热膨胀，可能会发生松动，而影响加热效果，因此生产操作前，首先应检查加热器是否工作正常，加热圈有无松动，连接导线有无脱落，加热圈与机筒外壁是否接触良好。且在关闭电源的情况下，检查加热器外观及配线，紧固螺钉及接线柱。热电耦是否有折断、弯曲等现象，热电耦接触是否良好，是否插到位和拧到位，热电耦正确安装形式如图 2 - 89 所示。检查注射机操作面板上的温度显示是否正常。

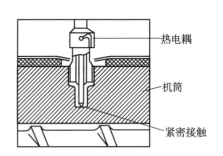

图 2 - 89　热电耦的安装方式

4. 安全装置的维护与保养

每班应检查机械安全装置的保险杆、保险挡块是否良好、可靠，机械安全装置如图 2 - 90 所示。还应检查电气安全装置的各电器开关，尤其是安全门及其限位开关是否固定好，位置是否正确，检查限位开关安全门是否工作正常，能否平稳地开、关。检查液压安全装置的安全锁油阀的触轮或把手是否灵活、可靠。

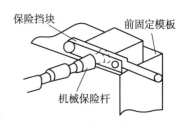

图 2 - 90　机械安全装置结构示意图

（1）电气安全装置检查的具体操作方法

生产前，关好前后安全门，在手动操作方式下，按下手动操作区合模键，在注射机的合模过程中，打开安全门 15 ~ 20mm，合模动作应立即停止，再用手按住前固定模板上的限位开关，同时按下合模键，合模装置即有合模动作，则说明保护装置的保护动作可靠。再用同样的方式检查后安全门和限位开关，若无异常方可将操作方式换为半自动或全自动操作，以确保人身安全。

通常，每日每班应至少检查一次紧急停机按钮，按下此按钮，油泵电机必须立即停止转动，注射机所有动作将中止。

（2）液压安全装置检查的具体操作方法

关好前后安全门，在手动操作方式下，按下手动操作区合模键，在注射机的合模过程中，按下如图 2-91 所示的注射机液压安全锁的触轮，合模动作应立即停止，再按住液压安全锁油阀的触轮或把手，再次操作手动合模，合模动作应不进行，则说明保护装置的保护动作可靠。

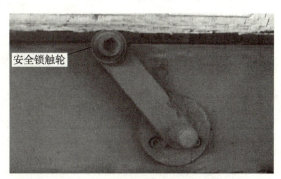
安全锁触轮

图 2-91　注射机的液压安全锁的触轮

二、注射机的定期维护与保养

1. 每周例行的检查与保养

（1）模具及运动部件的螺纹紧固

因模具及运动部件在工作过程中反复受力，且是在高速的运动状态下，因此螺纹连接在注射机振动或受到外部环境的影响时，易发生松动、错位或脱落。故需要经常检查，对于重要的螺纹连接每周应该至少重新拧紧一次，对于一般的螺纹连接，发现松动时应该随时将其紧固。

（2）限位开关螺栓的紧固

在生产过程中，注射机的限位开关可能会因受到频繁反复的碰撞而发生松动或移位，为了确保注射机动作的可靠性，限位开关的螺栓或螺钉应至少每周紧固一次。

（3）冷却器的检查

液压系统油冷却器对液压油的冷却效果会直接影响液压油的工作温度，从而影响系统中的工作元件（液压缸、液压阀等），使控制精度和响应灵敏度降低，因此要经常检查油冷却器水流的流量和冷却的效果，每周应对冷却器控制阀及管件连接件的泄漏情况做一次检查。

2. 每月进行的检查与保养

（1）加热圈的工作状态

每月应该对加热圈进行一次仔细的检查，保证加热圈的正常工作。检查的内容有加热圈表皮上是否有树脂，加热圈是否松动，接线柱是否松动以及加热圈表皮是否破损。若有上述情况发生必需采取措施，防止故障发生。

（2）对整机进行清洁擦洗

①检查液压件、管件接头处和润滑处的渗油情况，用棉纱擦洗液压件外表面及各润滑面，注意不得使棉纱留在润滑面上。

②检查电控柜中的通风过滤器，若有污物应及时拆下清洗。

③擦去各运动部件轨道上已脏污的润滑油，并重新加注干净润滑油。

④用海绵蘸水擦洗控制屏或微机，除去灰尘和杂物。

（3）检查注射机上的所有螺栓

重点检查料筒与喷嘴连接处的螺栓、电控柜内控制线连接螺栓及合模螺母螺栓。

3. 每年例行检查保养的项目

（1）液压油检查

一般新机器在使用三个月后要将油箱与过滤器清理一次，再将工作油液通过过滤器重新注入油箱。以后每半年检查一次液压油是否清洁，有无气泡。如果液压油已经被污染或者变质，则应该考虑换油。

（2）拉杆表面检查

对于带有陶瓷套筒的拉杆，应该用浸油的布擦拭拉杆表面，使表面形成一层薄油膜，应该每六个月进行一次。若在生产过程中发现拉杆表面发白，应及时油浸润滑。

（3）电控系统的维护保养

检查配电柜中的熔断器是否松动，发现松动则应进行紧固。工作时若电动机发出的噪声太大，则应及时诊断并排除故障。每年至少要对主电路的导线进行一次绝缘试验，以检查其绝缘性能。绝缘试验时要采用交流电，注意不能用直流电源进行试验，否则可能导致设备损坏。

三、注射机塑化部件的装拆及维护保养

塑化装置是注射机的关键装置之一，塑化装置性能的好坏会直接影响物料的塑化、混合、输送及注射，从而影响注射产品的质量。而在工作过程中，注射机塑化装置是在高温、高压、高速、强摩擦及有较强腐蚀的环境下工作，很容易被磨损、腐蚀等，不仅会使产品质量下降，而且还会使其丧失使用寿命。因此需要经常对其部件进行维护与保养，如果塑化装置保养得当，不仅有利于塑化质量的保证而且还可延长注射机的使用寿命。

注射机塑化装置的维护与保养，首先对其塑化部件必须要有合理的装拆。由于塑化部件螺杆、喷嘴、机筒在工作过程中都是尺寸精度要求很高、装配要求也很高的部件，因此在拆装时必须严格按照操作步骤进行。

1. 喷嘴的拆卸、清理与保养

注射机工作过程中，由于机筒及喷嘴体内的残余料总是不可能全部排出，故在进行拆卸工作前，首先应加热喷嘴或机筒头部到机筒内残存物料塑化温度，然后采用热稳定性高的聚烯烃树脂或机筒专用清洗料，充分清洗机筒和喷嘴后，才可进行拆卸工作。

机筒清洗完毕，要将螺杆及注射座都退回到最后的位置上，然后关闭电热开关，擦净转动底座活动板的表面并抹上润滑脂。

注射机塑化装置一般设有整体转动机构，装拆喷嘴、螺杆和机筒前，首先应将注射座定位螺杆拧松，使其与原来位置偏转一定角度，如图2-92所示，使注射座机筒轴线避开合模装置的轴线，以利于螺杆、机筒的拆装和维修。

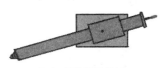

（a）正常位塑化装置　　　　　　　　（b）塑化装置偏转

图2-92　塑化装置

（1）喷嘴的拆卸

喷嘴的拆卸要在较高温度下进行，机筒、喷嘴内壁清洗后，拆下机筒外部的防护罩、喷嘴外部的加热器及热电耦，清除外表面的物料和灰尘等污物，再用专用锤敲击使之松动，然后用扳手松动连接螺栓，喷嘴、机筒的连接结构如图2-93所示。在连接螺栓松至2/3时，再用专用锤轻轻敲击，待内部气体放出后（注意此时不宜全部松脱，以免机筒内气体喷出而伤人），继续松动螺栓，再将喷嘴卸下。

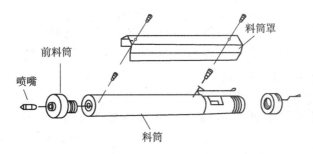

图2-93　喷嘴、机筒连接结构

（2）喷嘴的清理

喷嘴内部的清理在拆卸后应在较高温度下趁热进行，以便流道中残存物料能在熔融状态从喷嘴孔取出。为了能清理干净喷嘴，一般可以从喷嘴孔向内部注入脱模剂，即从喷嘴螺纹一侧向物料和内壁壁面间滴渗脱模剂，从而使物料与内壁脱离，由此从喷嘴中取出物料。

（3）喷嘴的保养维护

①在生产过程中，若在喷嘴与模具定位圈之间出现溢料情况，则可以断定故障原因是喷嘴和模具定位圈接触不良。此时应该根据溢料的具体情况，检查喷嘴前端的半球形部分或口径部分是否出现不良变形，若有变形情况，应采取有效措施进行维修。

②应定时检查喷嘴螺纹部分的完好情况以及料筒连接头部端面的密封情况，若发现磨损或严重腐蚀，应及时维修。

③检查喷嘴流道，可通过观察从喷嘴内卸出的剩余树脂，判断喷嘴流道的完好情况。在生产过程中，也可通过对空注射时射出熔体条的表面质量来检查喷嘴的流道情况。

2. 前机筒的拆卸与维护保养

（1）拆卸

喷嘴拆卸后即可进行前机筒的拆卸。前机筒与机筒一般采用螺纹旋入式连接或螺栓紧固式连接，如图 2-94 所示。螺栓紧固式连接时需要每个螺栓的受力大致相等，以防受力不均导致泄漏。在拆卸这种连接方式的前机筒时，需要逐个拧松螺栓，预防前机筒因熔融物料内压而损坏。拆卸时先松动旋入式螺纹或螺栓，并适当用木锤敲击料筒，以释放出内部气体，减少密封面的表面压力，然后才能完全旋下螺栓、拆下前机筒。

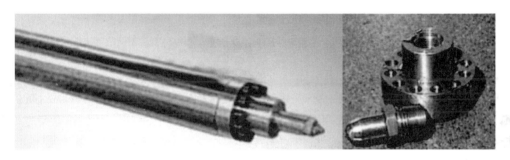

图 2-94　前机筒与机筒的连接

（2）前机筒的维护与保养

拆下的前机筒应趁热立即清除残留树脂，清理时要采用铜刷，也可滴入适量的脱模剂。注意观察清理出来的残余物料表面以及前机筒内表面的状况，如果发现镀层有剥离、磨损、划痕等损伤，需用细砂布修磨平滑。检查料筒头部与料筒、料筒头部与喷嘴密封面，根据检查的结果，可以判断是否需要对料筒头部连接体内表面进行二次电镀或机械修理。若有细小的划痕或表面粗糙，可用细砂布进行打磨。另外，还需检查螺纹及螺栓是否完好，是否有滑丝现象或弯曲变形现象等，若出现滑丝现象或弯曲变形等现象应及时进行更换。

3. 螺杆的拆卸与维护保养

（1）螺杆及螺杆头的拆卸

①螺杆的拆卸。在机筒清洗结束，趁热拧下喷嘴和前机筒后，再着手进行螺杆的拆卸，螺杆与各部的连接结构如图 2-95 所示。

拆卸螺杆顺序是先拆下螺杆与驱动油缸之间的联轴器，将螺杆尾部与驱动轴相分离。卸下对开法兰，拨动螺杆前移，然后在驱动轴前面垫加木片，将螺杆向前顶，如图 2-96 所示。

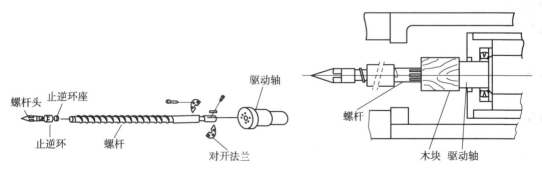

图 2-95　螺杆的连接结构　　　　　图 2-96　顶出螺杆示意图

②螺杆头的拆卸与清理。当螺杆头完全暴露在机筒之外后，趁热松开螺杆头连接螺栓，如图 2-97 所示，要注意通常此处螺纹旋向为左旋。在发生咬紧时，不可硬扳，应施加对称力矩使之转动，或采用专用扳手敲击使之松动后卸除。

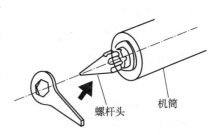

图 2-97 拆螺杆头示意图

当螺杆头拆下后，应趁热用铜刷迅速清除残留的物料，还应卸下止逆环及密封环。如果残余料冷却前来不及清理干净，不可用火烧烤零件，以免破裂损坏，而应采用烘箱使其加热到物料软化后，取出清理。

③螺杆的取出。螺杆头卸除后，顶出螺杆或采用专用拆卸螺杆工具拔出螺杆，如图 2-98 所示为拆卸螺杆的专用工具。

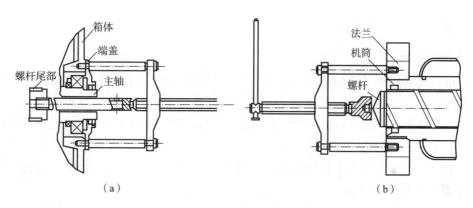

（a）   （b）

图 2-98 拆卸螺杆的专用工具

当螺杆被顶出到机筒前端时，用石棉布等垫片垫在螺杆上，再用钢丝绳套在螺杆垫片处，如图 2-99 所示，然后按箭头方向将螺杆拖出。当螺杆拖出至根部时，用另上钢环套住螺杆的方法将螺杆全部拖出，如图 2-100 所示。

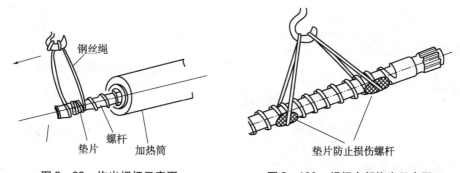

图 2-99 拖出螺杆示意图   图 2-100 螺杆全部拖出示意图

（2）螺杆的维护保养

①维护保养的方法。取出螺杆后，先把螺杆放在平面上，然后用铜刷清除螺杆上的残

余树脂。在清理时可使用脱模剂或矿物油，会使清理工作更加快捷和彻底。当螺杆降至常温后，用非易燃溶剂擦去螺杆上的油迹。

清理完毕，观察螺杆螺棱表面的磨损情况，可用千分尺测量外径，分析磨损情况。若螺杆局部磨损严重，可采用堆焊的方法进行修补，对于小伤痕可用细砂布或油石等打磨光滑。

螺杆头卸下后，要仔细检查止逆环和密封环有无划伤，必要时应重新研磨或更换，以保证密封良好。

②保养螺杆时的注意事项：当物料已经冷却在螺杆上时，切不可强制剥离，否则可能损伤螺杆表面；只能用木锤或铜棒敲打螺杆，而螺槽及止逆环等元件只能用铜刷进行清理；安装螺杆头时，螺纹部分涂抹耐热脂的量应该适中，切不可涂抹太多而污染熔融的物料；使用溶剂清洗螺杆时，操作人员应该采取必要的防护措施，防止溶剂与皮肤直接接触造成损伤。

四、注射机机筒的维护与保养

1. 机筒的清洗

注射机机筒的内腔一般都经过氮化处理或用其他金属作为衬里来提高耐磨性。注射机在加工聚氯乙烯、聚碳酸酯和丁酸酯类等具有腐蚀性的塑料时，如果需要较长时间停机，则必需仔细清理机筒、螺杆和螺杆头等零部件，以减少塑料对零部件的腐蚀。机筒的清洗步骤为：

（1）拆下料斗，用盖板盖住螺杆机筒的加料口，从机筒端头插入毛刷清理机筒，按图2-101中箭头方向来回刷动。

（2）用清洁布条绑在长棒的钢丝刷上，伸入机筒，用布条擦去存留在机筒内表面的树脂。

（3）最后从加料口吹入压缩空气清理，入气嘴朝向射嘴，吹洗料筒内的残留污渣，如图2-102所示。

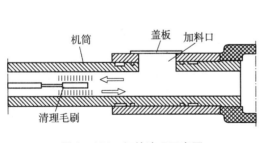
图2-101 机筒清理示意图

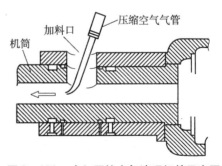
图2-102 吹入压缩空气清理机筒示意图

2. 机筒的维护保养

机筒清理完，用光照法检查机筒内壁有无刮伤及损坏情况。检查方法是机筒降至室温后，采用机筒测定仪表，从机筒前端到加料口周围进行多点测量，距离可取为内径的3~5倍。当磨损严重时，可考虑更换机筒内衬。

一般在机筒的加料段都设有冷却回路，采用自来水冷却时，可能会有水垢而堵塞通道，故要检查冷却通道通畅与否，并清理冷却通道内壁的水垢。

五、注射机机筒和螺杆的安装

1. 螺杆头的安装

螺杆头的安装步骤为：①将螺杆平放在等高的两块木块上，在键槽部套上操作手柄；②在螺杆头的螺纹处均匀地涂上一层二硫化钼润滑脂或硅油；③将擦干净的止逆环、止逆环座及混炼环（有的螺杆没有），依次套入螺杆头，如图 2-103 所示；④将螺杆头旋入螺杆上，再用螺杆头专用扳手套住螺杆头反方向旋紧，如图 2-104 所示。然后用木锤轻轻敲击几下扳手的手柄部，进一步紧固，如图 2-105 所示。

图 2-103 螺杆头止逆环的安装

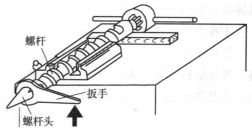

图 2-104 螺杆头的安装

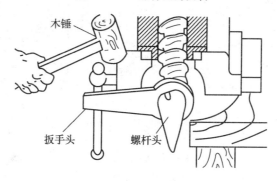

图 2-105 螺杆头的紧固

2. 前机筒与喷嘴的安装

①仔细擦净螺杆，将螺杆缓慢地推入机筒中，螺杆头朝外。

②将前机筒上的螺钉孔与机筒端面上的螺孔对齐，止口对正，用铜棒轻敲使配合平面贴紧。

③装上前机筒，用手固定螺栓，套上加力杆（长 40cm）锁紧螺栓，要避免锁紧过头，否则对螺栓有损坏。螺栓锁紧加力杆的使用长度如图 2-106 所示，需要使用扭力扳手锁紧

时，锁紧的顺序应按图 2 – 107 所示路径进行。在第一圈锁紧时，应轻轻锁上螺丝，在第二、第三圈时逐渐加力，这样操作前机筒才会锁得平整。

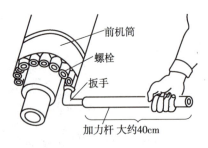

图 2 – 106　螺栓锁紧加力杆的使用长度

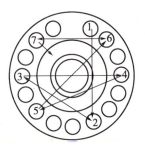

图 2 – 107　前机筒锁紧顺序

④将喷嘴螺纹处均匀地涂上一层二硫化钼润滑脂或硅油。

⑤将喷嘴均匀地拧入料筒头的螺孔中，使接触表面贴紧。

3. 螺杆与机筒的安装

螺杆机筒安装前，要彻底地清理螺杆螺纹部分并加入耐热润滑脂（红丹或二硫化钼）。具体的安装步骤为：

①在手动制式操作下启动油泵，将射台退到最后极限位置。

②停止油泵运行，吊起螺杆机筒，使其与注射座台面成一直线，分开驱动轴上的联轴器，并将螺杆键槽插入注射座的驱动轴内，如图 2 – 108 所示。如果螺杆较难放入驱动轴内，不要强行压入，应转动螺杆或旋转驱动轴，修配键槽，一点点地装进去。

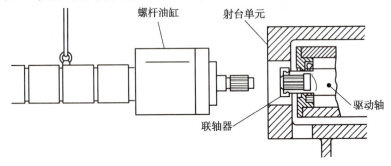

图 2 – 108　螺杆与机筒安装示意图

③将法兰盘连接在注射座的安装表面上，调节成直线状，然后先用手紧固螺栓，再用扳手锁紧，可在扳手把上套上加力杆。

④验证螺杆键槽轴是否完全进入驱动轴内，将联轴器安装到位，并用螺栓锁紧。

⑤将加热电线连接到相对应的加热器终端，按照顺序插入加热圈，并放置到位，固定螺栓直到加热圈紧套在机筒外表面，如图 2 – 109 所示。

⑥将热电偶旋入温度探测孔，此时要将探测孔

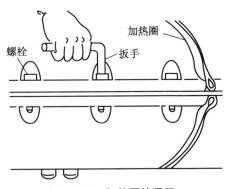

图 2 – 109　加热圈的紧固

彻底吹干净。热电耦的头部要与加热机筒孔的底部相接触，注意如果热电耦不能接触机筒外壁，那么所控制的温度精度将不能满足加工要求。

⑦固定加热圈后，用支撑螺栓支撑螺杆料筒，以免增加加热圈的额外载荷。

⑧将喷嘴旋入机筒头部的顶端，最后利用辅助带孔扳手，轻轻将扳手套在开孔夹爪上，紧住喷嘴，再固定弹簧、弹簧垫片和中间连接件，这时注意不要将中间连接件方向搞错，应按照图2-110所示进行安装，再将针阀旋入阀体内固定，最后可用手旋入喷嘴，当用手旋不动后再用扳手旋紧。

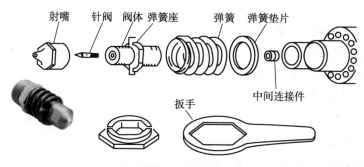

图2-110 喷嘴安装顺序图

⑨将喷嘴加热器固定到喷嘴上，并将导线与相应的终端线相连接。并将热电耦旋入温度探测孔，并使其与机筒壁接触良好。

⑩将料斗固定到机筒的法兰上。

⑪连接料斗供料口的冷却水管，连接方法如图2-111所示。

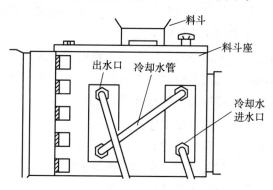

图2-111 料斗供料口冷却水管的连接

六、注射机液压系统的维护与保养

液压系统为注射机提供动力支持，保证各个部分顺利完成规定的动作和功能。液压系统的稳定性、可靠性、灵敏性等性能直接决定着注射产品的质量。因此液压系统的维护保养是重要的，必需加以重视。

1. 液压油的维护保养

液压油是液压系统的"血液"，利用它来进行能量传递、转换及控制。液压系统维护的一个最重要的方面，就是保持油液的清洁，从而延长油液及液压元器件的使用寿命。实践表明：液压油若能被细心维护保养，则液压系统就很少发生故障。而液压系统一旦出现故障，必然需停机检修，其耗费是较大的。据估计，液压系统有70%以上的故障源于液压油状况不佳所致。

注射机液压系统的工作介质通常用 L – AN32 或 L – AN46 全损耗系统油或液压系统油。夏季一般采用黏度稍高的油液，冬季则可用黏度稍低的油液。

正常的液压油色泽均匀、透明、无气泡，水分及杂质含量少（≤0.1%）。通常检查液压油内有无水分，可以在250℃左右的热铁板上滴上一滴油，若有爆炸声，则表明油内含有水分；若完全燃烧，表明没有水分。在工作状况良好的情况下，中级液压油的工作寿命约为5000h。

（1）液压油的污染与危害

液压油污染主要是由于固体颗粒、水、空气、化学物质、微生物和能量污染物等方面的污染。其污染的途径主要有：①液压油本身解降变质形成污垢；②其他外来侵入，如尘埃、塑料、水、空气、填料及金属微粒等；③机械零部件在工作过程中产生的磨屑、铁锈等。

污染物的存在会加速液压元件的磨损，腐蚀金属表面，降低其性能，缩短寿命。同时还会堵塞阀内阻尼孔，卡住运动件引起失效，划伤表面引起泄漏甚至使系统压力大幅下降。污染物的存在还会加速油液氧化变质，降低油液润滑性，与添加剂作用形成胶质状的沉积膜，引起阀芯粘滞和过滤器堵塞，使液压元件的动作不灵活，使系统响应缓慢甚至于不能动作。

液压油的维护保养就在于：杜绝污染源，保持油液清洁，控制油箱的油量符合要求，同时注意控制油液在工作过程中的温度变化。

（2）液压油维护保养的方法

①液压油从油桶传输到注射机油箱时，应该严格保持桶盖、桶塞、注射机油箱注油口及连接系统的清洁，并最好采用压送传输方式。

②油箱未充满油的部分会充满空气，而空气中含有一定的水分。由于温度高则空气能容纳的水分也相对多，因此注射机工作时，当油温上升，油箱未充满部分中的空气温度升高，则其中水分也相对多，待停机液压油冷却到室温后，空气中水分析出凝聚。这种过程连续反复，就会不断有水分加入到液压油中。

减少水分对液压油的污染措施有：油箱中保持足够的油量，以减少油箱未充满部分的容积；液压油传输完毕及时盖好注油口；保持工作场地空气干燥。

③工作环境中的粉尘等污染物也会造成液压油的污染。空气中的微小颗粒或环境的粉尘，通常会附着在液压元件的外露部分，并且会通过衬垫的间隙进入液压油中导致液压油污染。因此，要经常擦拭液压元件以保持它们的洁净。保持工作环境的洁净对于减少液压油的污染也是有效的措施。

④注射机维修过程中防止污染液压元件。检修液压系统并进行拆卸前，应该认真清理液压元件以及维修工具的表面，并保持维修环境的洁净。拆卸下来的液压元件应该放置在干净的容器中，不得随意放置，以免造成污染。检修液压系统的工作若不能及时完成，应该遮蔽油管口等拆卸部分。在安装调试过程中也应该注意液压元件的洁净，避免造成油质污染，降低液压油的使用寿命。

⑤保持液压油在合理的温度范围内工作。液压油一般的工作温度在 40～55℃ 的范围内，如果温度大大超出工作温度将会造成液压油的局部降解，而生成的分解物对液压油的降解起到加速催化作用，最终将导致液压油的劣化和变质。

⑥定期清洁、过滤油液或更换油液。虽然采取一定的措施能减少液压油污染，延长液压油的使用寿命，但是外界环境或液压油本身仍旧会导致或多或少的污染。因此，必须定期把液压油输出油箱，经过过滤、静置、去除杂质后再输入油箱。若发现油质已经严重劣化或变质，则应该更换液压油。

⑦换油可用油桶手摇泵或虹吸装置，注油口抽真空从油箱中吸油。剩余的残油通过油箱上的排油口排出，为此，位于油箱底部的排油螺栓必须拧开，以利于清空油箱中的异物，同时也要清理油冷却装置和油路。打开油箱侧盖板和顶盖板，清空油箱中的所有异物，如果过滤器安装在油箱内，应同时拆下吸油过滤器，清洗油箱。换上新吸油过滤器，旋好排油螺栓，封好盖板，注液压油达到标准位置。

⑧另外，还可以在系统的进油口或支路上安装过滤器，以便强制性清除系统液压油中的污染物。

2. 油过滤器和空气过滤器的使用与维护

注射机的油过滤器一般安装在油箱侧面泵进油口处，有的过滤器则放在油箱内，对液压油清洁度要求较高的注射机，有的还安装了旁路过滤器，以减少设备的机械磨损及故障。

过滤器是通过其内部的滤芯起到滤油作用的，在注射机运行一段时间后，会吸附杂质，因此注射机运行一段时间后必须更换滤芯，以利于过滤器的正常工作。

在旁路过滤器的下端设有压力表，如图 2－112 所示。过滤器的额定允许压力为 0.5MPa，在机器的运行过程中，当表的指针在小于 0.5MPa 的范围内时，表示过滤情况正常；当表的指针在大于 0.5MPa 的范围内时，表示滤芯堵塞，此时应更换滤芯，以免因影响过滤器的正常工作，而最终影响机器的正常运行。

更换滤芯时，机器应停止工作，将过滤器顶盖上的手柄拧掉后上提，然后拔出滤芯，如图 2－113 所示。换上新的滤芯，按原样安装拧紧后，即可开机工作。

图 2－112　旁路过滤器

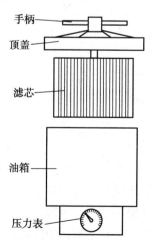

手柄
顶盖
滤芯
油箱
压力表

图 2－113　旁路过滤器滤芯的拆卸

（1）油过滤器的拆卸与清洗

对于安装在油箱侧面泵进油口处的油过滤器，拆卸清洗时，先拆去机身侧面的封板，拧松过滤器中间的内六角螺钉，使过滤器与油箱中的油隔开，然后拧下端盖的内六角螺钉，拿出过滤器，最后再拆开使滤芯和中间磁棒分离，如图2-114所示。滤芯拆下后，用轻油、汽油或洗涤油等，彻底除去滤芯阻塞绕丝上的所有脏物和中间磁棒上的所有金属物。然后用压缩空气将滤芯吹干净。

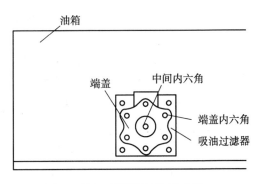

图2-114　过滤器结构示意图

清理滤芯时要注意在拆卸和安装时，必须小心以免损坏绕丝，油过滤器卸下时，切勿起动驱动液压泵的电动机。当采用压缩空气吹气时，不能使吹气泵固定得过紧。如果过滤器的绕丝有损坏，一定要更换过滤器。

（2）空气滤清器的拆卸与清洗

空气滤清器安装在油箱顶上，如图2-115所示。清洗时，先松开封盖，再更换空气滤清器的滤芯，然后再旋上封盖。

油箱的空气滤清器应按照计划进行维护，封盖必须旋紧，否则油会溅出。没有固定好空气过滤器的机器，不能使用。滤芯不能回收，只能更换新的滤芯。

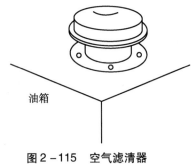

图2-115　空气滤清器

七、注射机合模装置的维护与保养

合模装置工作时处于反复受力、高速运动的状态，故合理的调节使用及定期的维护和保养，对延长注射机寿命是十分必要的。

1. 对具有相对运动零部件的润滑保养

动模板处于高速运动状态，因此对导杆、拉杆要保证润滑。对于肘杆式合模机构，肘杆之间连接处在运动中应始终处于良好润滑状态，以防止出现咬死或损伤。

在停机后，不要长时间使模具处于闭合锁紧状态，以免造成肘杆连接处断油而导致模具难以再打开。

2. 动、定模板安装面的保养

注射机动模板和定模板均具有较高的加工精度及表面光洁要求，对其进行维护保养是保证注射机具有良好工作性能的一个重要环节。未装模具时，应对模板安装面涂一层薄油，防止表面氧化锈蚀，如图2-116所示。

对所安装的模具，必须仔细检查安装面是否光洁，以保证锁模性能和防止模板的损伤。不可使用表面粗糙且硬质的模具。

此外，还要注意在安装模具时，应严格检查所用连接紧固模具螺钉与注射机动、定模板上的螺钉孔是否相适应，如图2-117所示，严禁使用已滑牙或尺寸不合适的螺钉，以避免拉伤或损坏模板上的安装螺孔。

图2-116 模板喷涂防锈油

图2-117 模板连接紧固螺钉

八、注射机传动装置的维护与保养

注射机止推轴承箱中的轴承和润滑部分应定时注油和清洗，出现了微小伤痕也应迅速处理。传动装置的保养需注意以下几点：

（1）滑动面、导轨应保持清洁，滑动面须经常注油。

（2）定期检查液压马达的排出量。

（3）加强液压用油和润滑油的管理，严禁混用。

（4）检查注射活塞与止推轴承箱连接部分及止推轴承箱各个部位的紧固情况。

（5）检查液压通路的各个配管、接头连接紧固情况及螺杆连接部分的紧固情况。

九、注射机注射驱动部分的维护与保养

注射驱动部分处于反复的运动状态中，因此应该保持滑动面和导轨良好的润滑状态。对推力轴承箱的轴承，也应该定期注油和清洗。还需要注意定期检查液压马达的排出量、严禁混用液压油和润滑油，检查液压管路配管、接头和螺杆连接处的紧固等问题。

十、注射机温控系统的维护与保养

注射机的加热控制部分是设备控制部分的一个重要方面。因此，为使其能可靠地工作并延长加热元件的使用寿命，其保养和维修是必须充分重视的。

（1）机筒加热装置和保养。塑化装置的加热常采用带状加热器，虽然注射机出厂或调整时已装紧，但在使用过程中，因加热膨胀可能会松动，影响加热效果，因此需经常检查。

检查加热器的电流值，可采用操作方便的外测式夹头电流表（或称潜行电流表）。

关闭电源后，检查加热器外观及配线，紧固螺丝及接线柱。然后通电检查热电耦前端感热部分接触是否良好。

（2）喷嘴加热器的检查。喷嘴加热器部分比较狭小，配线多，常有物料和气体从喷嘴外漏，环境比较苛刻，所以必须认真检查。

主要检查配线引出部分有无物料粘挂，引线有无被夹住现象。其次应检查加热器的安

装是否正确，表面有无颜色变化的斑点，如果有则说明存在接触不良，应及时检修或更换。

（3）喷嘴延长部分的温度控制。喷嘴部分的温度对制品质量的影响很大。在使用延长喷嘴时，由于热电耦的位置变化，使温度范围也发生变化，对此可采用环形热电耦加以解决。

（4）加热器检修注意事项。加热器和热电耦是配套使用的，所以更换时需选用相同的规格。加热机筒的表面要用砂布打磨干净，使加热器的接触良好。加热器外罩螺栓部分应涂以耐热油脂，但涂层不能厚，否则易滴落。在升温后，应将加热器外罩螺栓再紧一次。

十一、注射机电气控制系统的维护与保养

注射机的电气控制系统由于其规格和种类的不同，电气控制系统的复杂程度也不同。但一般注射机的电气系统主要包括变压器、三相交流电动机、低压控制电器（接触器、电磁阀、各式继电器和各种开关设备）及其控制保护电路，晶体管时间继电器等组成部件。在生产过程中也必须进行正确的维护与保养。注射机电气系统的维护保养内容主要有：

（1）长期不开机时，应定时接通电气线路，以免电气元器件受潮。

（2）定期检查电源电压是否与电气设备电压相符。电网电压波动在 ±10% 之内。

（3）每次开机前，应检查各操作开关、行程开关、按钮等有无失灵现象。

（4）经常注意检查安全门在导轨上滑动是否能触及到行程限位开关。

（5）油泵检修后，应按下列顺序进行油泵电机的试运行：合上控制柜上所有电器开关，按下油泵电机的启动按钮，试运转时应需电机点动，不需全速转动，验证电机与油泵的转向是否一致。

（6）应经常检查电气控制柜和操作箱上紧急停机按钮，在开机过程中按下按钮，看能否立即停止运转。

（7）每次停机后，应将操作选择开关转到手动位置，否则重新开机时，注射机很快启动，将会造成意外事故。

（8）采用电脑控制的注射机，应该定期检查微电脑部分以及其相关辅助电子板。要保持电气控制箱内通风散热，减少外界振动，并给其提供稳定的电源电压。

十二、注射机水冷式冷却器的维护与保养

1. 水冷式冷却器的结构

水冷式冷却器是使壳程流体（高温油液）与管程流体（低温淡水）通过传热管交换热量，使高温流体的温度下降，达到冷却的装置，如图 2 - 118 所示。

水冷式冷却器主要由进水盖、管板、管筒、传热管、折流板、密封垫圈和脚架等组成，结构如图 2 - 119 所示。传热管外表面与管筒等构件所包围的空间称为壳程；传热管内及与其相通的空间称为管程。壳程流体与管程流体通过传热管交换热量，使高温流体的温度下降而实

冷却器

图 2 - 118　注射机水冷式冷却器

现冷却的目的。

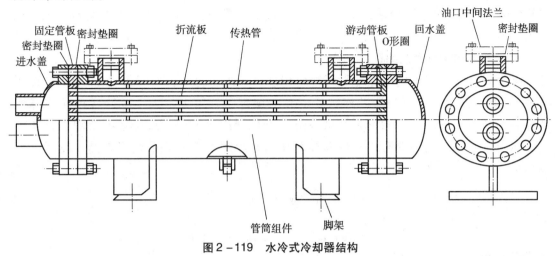

固定管板　密封垫圈　　　折流板　传热管　　　游动管板　回水盖　　油口中间法兰
密封垫圈　　　　　　　　　　　　　　　　　O形圈　　　　　　密封垫圈
进水盖

管筒组件　脚架

图2-119　水冷式冷却器结构

冷却器使用时，不能超过产品铭牌和产品合格证上所标明的使用压力和使用温度。除特殊情况外，只能使用淡水作为冷却介质。淡水的水质与冷却效率、冷却器使用性能及寿命有关。

较长时间不使用时，应将冷却器内的流体放出。停机时，为防止冻结，也应及时地将冷却器内的流体放出。

如果冷却效果下降，管子内部可能有脏物，应拆下两端的进水盖和回水盖进行检查，至少应每半年对冷却器实施一次清洗。采用碱性清洗液，清洗主体的内部和加热传导管的外部。对于难处理的夹层，可采用弱盐酸溶液清洗主体与传导管，直至冲洗干净。传热管内侧的水垢较多时，应选用可溶解水垢的清洗剂浸泡，然后用清水和软毛刷将其冲洗干净。

2. 冷却器的分解与组装

冷却器的分解与组装，如图2-120所示。冷却器的分解步骤为：

（1）将两种流体的出入口完全关闭，阻止其流动。

（2）将冷却器及其连通管道内的两种流体排放干净。

（3）拆除冷却器的外接部分，使其处于能分解的状态。

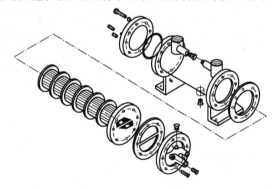

（4）请在分解前做好标记，特别是固定管板的方位，便于顺利组装。

图2-120　油冷却器的分解与组装示意图

（5）将回水盖拆下，取出O形圈。

（6）拆下进水盖，取出密封垫圈。

（7）将管束从筒内整体轻轻拉出，最好采用立式装拆，可以避免刮伤游动管板密封面。冷却器的组装顺序与分解顺序相反。管束装入筒时，游动管板会碰到管筒法兰处的台阶。这时用几根直径合适的圆棍插入游动侧管内，插入深度不超过 300mm，将管束抬起即可轻轻装入筒内。O 形圈和密封垫应当适时更换，水盖与法兰的连接螺栓应对称、均匀地拧紧。

3. 冷却器的密封性能测试

将冷却器的壳程出口用螺塞封闭，壳程进口通入压力水，如图 2 - 121 所示。保压 30min，冷却器出入水口和法兰连接处应无泄漏现象，压力的大小应符合产品铭牌或产品合格证标明的压力。做密封性试验时，应特别注意安全，加压速度要缓慢；在螺塞和水盖正对的方向不要有人；拆卸螺塞和其他冷却器零部件前，应先释放冷却器内的压力。

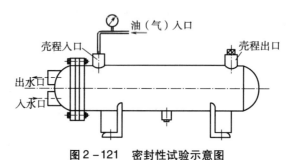

图 2 - 121　密封性试验示意图

4. 常见故障及解决办法

冷却器常见故障及解决办法如表 2 - 17 所示。

表 2 - 17　冷却器常见故障及解决办法

故障情况	发生部位	原因分析	解决措施
泄漏	冷却器的固定侧和游动侧密封处	紧固螺钉未拧紧	拧紧紧固螺钉
		密封垫圈或 O 形圈损坏	更换新密封垫圈或 O 形圈
		与密封垫圈或 O 形圈接触的密封面损伤	修复密封面或更换零件
	配管法兰处	紧固螺钉未拧紧	拧紧紧固螺钉
		中间法兰倾斜	中间法兰与相连的法兰对正
	放水（油）处	螺塞未拧紧	拧紧螺塞
		螺塞上没有缠密封胶带	螺塞重新缠好密封胶带
两种流体串通	游动侧密封处	O 形圈损坏	更换新密封垫圈或 O 形圈
		与 O 形圈接触的密封面损坏	修复密封面或更换零件
达不到设计温度		流体流量达不到设计流量	提高流体的流量至设计值
		传热管两侧的污垢太多	清洗传热管

练习与思考

1. 注射机整机日常和定期检查维护保养分别包括哪些方面？
2. 注射装置的拆卸步骤如何？喷嘴应如何进行维护与保养？

3. 注射机温控系统的维护与保养包括哪些方面？

4. 注射机出现压力不足可能产生的原因有哪些？应如何解决？

5. 注射过程中出现预塑电动机转动但螺杆不后退可能产生的原因有哪些？应如何解决？

6. 注射制品出现溢边现象可能的机械方面原因有哪些？如何解决？

注射机常见故障的诊断及处理

学习目标

1. 掌握注射机液压系统、电气控制系统和机械故障产生的原因和排除故障的方法，能协助分析处理注射机操作过程中较疑难的故障。
2. 操作训练中严格纪律要求、规范操作，养成职业法规意识。

项目任务

项目名称	项目一　PA汽车门拉手的注射成型
子项目名称	子项目三　注射成型设备的操作维护与保养
单元项目任务	任务1. 注射机液压系统故障的诊断及处理； 任务2. 注射机电器控制系统故障的诊断及处理； 任务3. 注射机机械故障的诊断及处理
任务实施	各小组查询资料了解注射机液压、电气控制、机械系统及电脑的常见故障及解决办法

相关知识

一、液压系统常见故障的诊断及处理

1. 液压系统故障的诊断方法

液压系统一般由机械、液压、电气等装置组合而成，因此液压系统故障形式是多种多样的，并且故障的原因也可能是多种因素共同作用的结果。所以维修人员在处理故障之前，必须认真阅读液压系统原理图和相关技术资料，了解液压系统子系统和元件的功能，然后根据故障现象检查液压系统的管件并进行分析、判断，准确得出故障

发生的原因和部位。常见的故障诊断方法有简易故障诊断法、液压系统原理图分析法和其他分析法。

(1) 简易故障诊断法

简易故障诊断法是目前普遍采用且具有很强实用性的方法，它能够快速地判断和排除液压系统的故障。维修人员利用简单仪表和通过感官，了解液压系统工作情况，并根据系统故障现象进行分析、诊断、确定产生故障的原因和部位。具体做法如下。

①询问液压系统的基本情况。主要内容包括：液压系统有哪些异常；液压油检测清洁度的时间及结果、滤芯清洗和更换情况；发生故障前是否对液压元件进行了调节；是否更换过密封元件；故障前后液压系统出现过哪些不正常现象；过去该系统出现过什么故障，是如何排除的；故障是突发的还是渐发的等。获得这些信息后，基本可以判断故障的类型。一般来说，液压油污染严重或弹簧折断造成阀封闭，往往会引起突发性故障；元件磨损严重或橡胶密封、管件老化，易引起渐发性故障。

②查看液压系统的实际运行状况。主要检查内容包括：油箱内的油量是否符合要求，有无气泡和变色；密封部位和管接头等处是否有泄漏情况；压力和油温是否异常；系统是否存在连接性脱落和固定件松动；密封件类型和型号是否符合规定。一般机器的噪声、振动和爬行等常与油液中存在大量气泡有关。

③检查液压系统有无异常响声。正常运行注射机发出的声响，具有稳定的节奏和音律并遵循一定的规律。因此，掌握这些规律就可以准确诊断出液压系统工作是否正常。根据运行时的节奏和音律的变化，可以确定故障发生的部位以及故障部件的损伤程度。例如，刺耳的啸叫声，通常是系统中吸入了空气；液压泵的"喳喳"或"咯咯"声，往往是泵轴或轴承损坏；若是气蚀声，则可能是过滤器被污物堵塞，液压泵吸油管松动或油箱油面太低等。

④用手指触觉判定运动部件工作状态是否正常。检查液压系统的管路或元件是否发生振动和冲击，液压管件连接处的松紧程度，液压油的温度是否异常。例如，用手触摸泵壳，根据冷热程度就可判断出液压系统是否有异常温升，并判明温升原因及部位。若泵壳过热，说明液压泵内泄严重或吸进了空气；若感觉振动异常，可能是回转部件不能达到动平衡，紧固螺钉松动或系统内有气体等故障。

⑤试运行注射机液压系统的执行元件，从其工作情况判定故障的部位和原因。根据不同情况可采用全面试、交换试、更换试、调整试、断路试。

全面试即启动液压系统，对照液压原理图标明的功能逐个检查，判断故障是整体故障还是局部故障。

交换试即指若液压系统中某一回路或部分功能丧失，可以与正常回路上的对应元件相交换，以判断故障的具体部位。

更换试是在怀疑某一零部件发生故障，可以采用型号相同而技术状态良好的零部件与之替换，对比替换前、后的结果，确定该零件是否完好。

调整试即指调整液压系统中的流量和压力，对比调整前后的状态来诊断发生的故障。当调整液压泵的出口压力时，观察压力表指示值的变化情况。若指示值达到规定值（或上升）后又降了下来，则表示系统内泄严重。

断路试是指断开可能发生故障的油路，观察出油情况以确定发生故障的管路。采用这种方式时，应该采取措施尽量减少对周围环境的污染，并防止污染塑料制品。

（2）液压系统原理图分析法

这种方法是依靠液压系统原理图，对液压系统故障的现象进行分析诊断，找出故障产生的部位及原因，并提出解决故障的有效措施。目前，工程技术人员普遍采用这种方法，这就要求工程技术人员具备一定的液压知识，能够准确理解液压系统图中各种图形符号的意义以及液压系统各部分的结构和功能。一般情况下，对照动作循环表进行分析，就能较容易地判断出故障发生的部位。

（3）其他分析法

当液压系统发生故障而又不能立即找出故障发生的部位和原因时，往往根据液压系统原理进行逻辑分析或采用因果分析等方法逐一排除，最终找到故障发生的部位。这种方法有利于避免盲目性，防止故障的扩大。采用故障诊断专家设计的逻辑流程图或其他图表进行故障逻辑判断，能够较方便地找到故障的部位和原因。

2. 液压系统常见故障

（1）液压系统故障及排除方法

①系统振动、噪声大产生的原因及排除方法如表2-18所示。

表2-18　系统振动、噪声产生的原因及排除方法

故障现象及原因	排除方法
泵中噪声、振动，引起管路、油箱共振	1. 在泵的进、出油口用软管连接； 2. 泵不要装在油箱上，应将电动机和泵单独装在底座上与油箱分开； 3. 加大液压泵，降低电动机转数； 4. 在泵的底座和油箱之间采用防振材料； 5. 选择低噪声泵，采用立式电动机将液压泵浸在油液中
空气进入液压缸引起的振动	1. 排出空气； 2. 可对液压缸活塞、密封衬垫涂上二硫化钼润滑脂即可
管道内油流激烈流动的噪声	1. 加粗管道，使流速控制在允许范围内； 2. 少用弯头多采用曲率小的弯管； 3. 采用胶管； 4. 油流紊乱处不采用直角弯头或三通； 5. 采用消声器、蓄能器等
油箱共鸣	1. 增厚箱板； 2. 在侧板、底板上增设箱板； 3. 改变回油管末端的形状或位置
阀换向产生的冲击噪声	1. 降低电液阀换向的控制压力； 2. 在控制管路或回油路上增设节流阀； 3. 选用带先导卸荷功能的元件； 4. 采用电气控制方法使两个以上的阀不能同时换向

②系统压力异常产生的原因及排除方法，如表 2 – 19 所示。

表 2 – 19　系统压力异常产生的原因及排除方法

故障现象	产生原因	排除方法
压力不足	旁通溢流阀损坏	修理或更换
	减压阀设定值太低	重新设定
	集成通道块设计有误	重新设计
	减压阀损坏	修理或更换
	泵、马达或缸损坏、内泄大	修理或更换
压力不稳定	油中混有空气	堵漏、加油、排气
	溢流阀磨损、弹簧刚性差	修理或更换
	油液污染、堵塞阀阻尼孔	清洗、换油
	蓄能器或充气阀失效	修理或更换
	泵、马达或缸磨损	修理或更换
压力过高	减压阀、溢流阀或卸荷阀设定值不对	重新设定
	变量机构不工作	修理或更换
	减压阀、溢流阀或卸荷阀堵塞或损坏	清洗或更换

③系统动作异常产生的原因及排除方法，如表 2 – 20 所示。

表 2 – 20　系统动作异常产生的原因及排除方法

故障现象	产生原因	排除方法
系统压力正常，无法执行动作	电磁阀中电磁铁出现故障	修复或更换电磁铁
	限位或顺序装置（机械式、电气式或液动式）不工作或调得不对	调整、修复或更换
	机械故障	排除
	没有指令信号	查找、修复
	放大器不工作或调得不对	调整、修复或更换
	液压阀不工作	调整、修复或更换
	液压缸或液压马达损坏	修复或更换
执行元件动作太慢	泵输出流量不足或系统泄漏太大	检查、修复或更换
	油液黏度太高或太低	检查、调整或更换
	阀的控制压力不够或阀内阻尼孔堵塞	清洗、调整
	外负载过大	检查、调整
	放大器失灵或调得不对	调整修复或更换
	阀芯被卡住	清洗、过滤或换油
	液压缸或液压马达磨损严重	修理或更换

续表

故障现象	产生原因	排除方法
动作不规则	压力不正常	检查、调整
	油中混有空气	加油、排气
	指令信号不稳定	查找、修复
	放大器失灵或调得不对	调整、修复或更换
	传感器反馈失灵	修理或更换
	阀芯被卡	清洗、滤油
	液压缸或液压马达磨损或损坏	修理或更换

④系统液压冲击大产生的原因及排除方法，如表2-21所示。

表2-21 系统液压冲击大产生的原因及排除方法

故障现象	产生原因	排除方法
换向时产生冲击	换向时瞬时关闭、开启，造成动能或势能相互转换时产生的液压冲击	1. 延长换向时间； 2. 设计带缓冲的阀芯； 3. 加粗管径、缩短管路
液压缸在运动中突然被制动所产生的液压冲击	液压缸运动时，具有很大的动量和惯性，突然被制动，引起较大的压力增值，故产生液压冲击	1. 液压缸进出油口处分别设置反应快、灵敏度高的小型安全阀； 2. 在满足驱动力时尽量减少系统工作压力，或适当提高系统背压； 3. 液压缸附近安装囊式蓄能器
液压缸到达终点时产生的液压冲击	液压缸运动时产生的动量和惯性，与缸体发生碰撞引起的冲击	1. 在液压缸两端设缓冲装置； 2. 液压缸进出油口处分别设置反应快、灵敏度高的小型溢流阀； 3. 设置行程（开关）阀

⑤系统油温过高产生的原因及排除方法，如2-22表所示。

表2-22 系统油温过高产生的原因及排除方法

产生的原因	排除方法
设定压力过高	适当调整压力
溢流阀、卸荷阀、压力继电器等卸荷回路的元件工作不良	改善各元件工作不正常状况
卸荷回路的元件调定值不适当，卸压时间短	重新调定，延长卸压时间
阀的漏损大，卸荷时间短	修理漏损大的阀，考虑采用适当规格的阀
高压小流量、低压大流量时不要由溢流阀溢流	变更回路，采用卸荷阀、变量泵
因黏度低或泵有故障，增大了泵的内泄漏量，使泵壳温度升高	换油、修理、更换液压泵
油箱内油量不足	加油，加大油箱

续表

产生的原因	排除方法
油箱结构不合理	改进结构，使油箱周围温升均匀
蓄能器容量不足或有故障	换大的蓄能器，修理蓄能器
需要安装冷却器，冷却器容量不足，冷却器有故障，进水阀门工作不良，水量不足，油温自动调节装置有故障	安装冷却器，加大冷却器，检修理冷却器，增加水量，修理调温装置
溢流阀遥控口节流过量，卸荷的剩余压力高	进行适当调整
管路的阻力大	采用适当的管径
附近热源影响，辐射热大	采用隔热材料反射板或变更布置场所；设置通风、冷却装置等，选用合适的工作油液

⑥液压控制系统的常见故障及其处理，如表2-23所示。

表2-23 液压控制系统的常见故障及其处理

故障现象	故障排除方法
控制信号输入系统后执行元件不动作	1. 检查系统油压是否正常，判断液压泵、溢流阀的工作情况； 2. 检查执行元件是否有卡锁现象； 3. 检查伺服放大器的输入、输出电信号是否正常，判断其工作情况； 4. 根据电液伺服阀的电信号输入和变化时，液压输出是否正常，来判断电液伺服阀是否正常。伺服阀故障一般应由生产厂家处理
控制信号输入系统后执行元件向某一方向运动到底	1. 检查传感器是否接入系统； 2. 检查传感器的输出信号与伺服放大器是否误接成正反馈； 3. 检查伺服阀可能出现的内部反馈故障
执行元件零位不准确	1. 检查伺服阀的调零偏置信号是否调节正常； 2. 检查伺服阀调零是否正常； 3. 检查伺服阀的颤振信号是否调节正常
执行元件出现振荡	1. 检查伺服放大器的放大倍数是否调得过高； 2. 检查传感器的输出信号是否正常； 3. 检查系统油压是否太高
执行机构出现爬行现象	1. 油路中的气体没有排尽； 2. 运动部件的摩擦力过大； 3. 油源压力不够
执行元件跟不上输入信号的变化	1. 检查伺服放大器的放大倍数是否调得过低； 2. 检查系统油压是否太低； 3. 检查执行元件和运动机构之间游隙是否太大

二、电气控制系统常见故障及处理

1. 电气控制系统故障诊断方法

注射机的电气控制系统发生故障，需要维修人员尽快诊断出故障发生原因，确定故障发生的部位。这就要求维修人员具有较好的电气控制方面的知识，能够理解电气控制电路原理图上各个符号代表的含义以及各元件所具有的功能。为了更准确判断并排除故障，维修人员还要遵循一定的程序，下面介绍几种维修方法。

（1）简易诊断方法

简易诊断方法就是利用人的感觉器官对电气控制系统进行检测，以发现故障的方法。故障发生后，首先应该询问注射机操作人员或报告故障的人员故障发生时出现的异常情况，以及故障发生前是否更换过元件；其次观察每个零件工作是否正常，各种信号指示是否正确以及电气元件外观是否变色；再次听电气控制系统是否有其他异常的声响；最后依靠嗅觉检查电路各元件是否有异味。采用简易诊断方法能够准确判断出电气控制系统发生的一般故障。这种方法也是故障发生后建议首先采用的一种方法。

（2）程序检查法

注射机要经过加料、塑化、注射、保压冷却和脱模等过程完成一个循环周期。循环周期的每一个工作环节对应一个独立的控制电路。程序检查法就是通过验证每一个独立的控制电路，观察相应部件运动是否正常，来确定发生故障的控制环节。这种方法不仅适用于有触点的电气控制系统，也适用于无触点的控制系统，如 PC 控制系统。

（3）静态电阻测量法

在电气控制系统中，每一个电子元件都采用 PN 结构，其正反向电阻值不同。因此可以在断电的情况下，用万用表测量电路的电阻值是否正常来判断发生故障的元件，这就是静态电阻测量法。这种方法不仅适用于判断电器元件是否完好，也适用于判断电子电路是否发生故障。

（4）电位测量法

控制电路在通电的情况下，电路上的电位应该具有确定的值。因此沿着电流从高压流向低压的方向，测定电路中特定点的电流值，并与规定值相比较，就可以准确判断电气元件是否损坏，电气电路是否发生故障。

（5）短路法

控制环节电路是由开关或继电器以及接触器触点组成的。在怀疑某个电气元件发生故障时，可以用导线把该触点短路，如果故障排除，则说明该电气元件已经损坏。注意：在更换电气元件后，不得使用导线短接开关或开关触点。这种方法主要用于检查电气逻辑关系电路的断点，也用于检测电子电路故障。

（6）断路法

若发生触点短接的情况，就应该采用断路法排除故障。把怀疑故障的触点断开，若故障消失，则说明判断正确，应该断开该触点，连接该触点的导线应该拆除或使连接线绝缘。

（7）替代法

若怀疑某点或某块电路板发生故障，则可以卸下该元件或电路板，用技术状态良好的元件或电路板代替。如果故障排除则可以认为该元件或电路板损坏。一般情况下，易损件或重要的电子板均有备件，一旦确定故障就可以立即进行更换。

通常情况下，电气控制系统发生故障是开关触点接触不良引起的。因此若能迅速确定接触不良的部位，就能及时排除故障。测试触点接触不良的方法有：

①检查控制柜电源进线板上的电压表是否异常，若某项电压偏低或波动较大，该项可能就有虚接部位。

②用点温计测试每个连接处的温度，若温度偏高则该处接触不良，应该打磨接触面，拧紧螺钉。

2. 电气控制系统常见的故障及处理

电气控制系统常见的故障、产生原因以及解决办法，如表2-24所示。

表2-24 电气控制系统常见的故障、产生原因以及解决办法

故障现象	产生原因	解决办法
注射机启动无动作或下一个动作不能启动	导线接头松脱，不能形成闭合的回路。这种情况一般是由于运输、安装过程中的振动等造成的	按照电气控制系统原理图逐步查找故障发生的部位，然后接通导线
电流过大引起超负荷	电动机启动电流过大，超过过流继电器额定值	测试注射机启动电流，更换过流继电器
行程开关已经碰下，但按下按钮仍无动作	1. 电路中存在断线或导线接头松脱；2. 行程开关安装不当，导致接触不良；3. 连锁触头可能常闭不开或常开不闭	1. 检查断线和导线接头，找到故障位置，把导线接好；2. 重新调整行程开关的安装位置，解决接触不良的问题；3. 调节触头位置，使之动作顺畅
行程开关或按钮放开但电路不断	1. 簧片被卡住；2. 存在并联回路	1. 修理或更换簧片；2. 检查设置是否正常，排除并联回路
继电器、电磁阀带电后，衔铁不吸合或抖动厉害	1. 电压太低；2. 零线松动或松脱	1. 升高到规定的电压；2. 检查零线并接好
电磁铁断电后，衔铁不退回或触点不断开	1. 剩磁太强；2. 触点烧坏粘结；3. 机械部分卡住	1. 更换铁心；2. 打磨触点或更换新元件；3. 进行调整使之动作顺畅
继电器、接触器、电磁阀线圈烧毁	1. 电压太高或太低，导致电流过大，烧毁线圈；2. 线圈局部断路所致	1. 更换线圈，避免电流过大，可以添加恒压器稳定电压；2. 更换新线圈
某磁铁动作后影响其他电磁铁不动作	电磁铁线圈局部存在断路	修复或更换新的线圈
主电动机电流读数上升	1. 大泵不卸载；2. 电动机单相运行	检查电动机和液压泵并进行修理
预塑电动机转动但螺杆不后退	1. 背压太高，计量室压力小于背压；2. 加料口部分堵塞	1. 调整背压到合适的值；2. 防止物料"架桥"，使加料段冷却系统运行良好
预塑电动机电流增加	齿轮啮合不好	调整齿轮位置，使之啮合良好

续表

故障现象	产生原因	解决办法
温度控制仪表指针不振荡、不动作	1. 温度和电压影响晶体管参数； 2. 检波二极管损坏	修理或更换损坏元件
温度表指针不动	1. 表内有断线； 2. 指针卡住	修复
测温指针到达仪表的最大值	1. 电阻加热圈被腐蚀或形成短路； 2. 温度表损坏	1. 修复或更换加热器； 2. 修复或更换温度表

三、注射机电脑故障及处理

注射机操作过程中，电脑出现故障也会影响正常的生产，如表 2 - 25 所示，以震雄 120 注射机为例说明电脑故障的诊断及处理。

表 2 - 25　震雄 120 注射机电脑故障的诊断及处理

故障现象	原因	解决办法
MPC 按锁模无动作	1. 安全门未关好； 2. 检查顶针垂置接近开关是否在重置位置	1. 关好安全门； 2. 修复
电脑无显示（无光）	1. 150VA 变压器的 150V 电压异常； 2. CPC 电脑内各插头松动	1. 调整：150VA 变压器的 150V 电压正常； 2. 检查并紧固插头
电脑无显示（有光）	电脑内各插头松动，各 Ic 未插紧，或电脑与 I/O 板连线未插紧	检查各个插头以及连线并加以紧固
重置原点	1. 按住锁模（注射）键，使锁模（注射）终止后，一直按住至警号消失； 2. 按功能选择键，将位置选择至"原点设置"然后打开，再按锁模（注射）键，一直按至警号消失，再将"原点设置"关闭	按步骤重置原点
模厚值与实际模厚值不符合	调整不到位	同时按下"取消" + "高压锁模"后，将显示的画面按"上"、"下"选择至"调模原始位置"，将实际锁模后的尺寸输入。按"输入"键，再按"确认"键
不能输入或修改数据	设置不合理	按"取消" + 数字键"3"
液压泵电动机超过负荷	液压泵电动机热继电器故障	检查并修复液压泵电动机热继电器
调模马达超过负荷	调模马达继电器故障	检查并修复调模马达热继电器

续表

故障现象	原因	解决办法
电脑显示后安全门未关闭	后安全门行程开关故障	关上后安全门及检查后安全门限位行程开关
电脑显示前安全门未关闭	前安全门限位行程开关故障	关上前安全门及检查前安全门限位行程开关
调模超出最小尺寸	已经超过最小容模量或调模前限位开关故障	1. 更换注射机； 2. 修复调模前限位开关
调模超出最大尺寸	1. 模厚超出最大容模量； 2. 调模后限位开关故障	1. 更换注射机； 2. 修复调模后限位开关
电脑显示检查喷嘴	自动操作时，射嘴前进限位开关未接 INPUT3	与 INPUT3 连接
成型模数已达设定	成型模数已达到预定生产设定模数	在手动状态下，按"取消"键
周期时间过长	生产时间超出预设周期警报时间	检查周期警报时间（TIM5），设定值适当加长
电脑显示模具内有异物	1. 模具内有异物； 2. 高压位置及低压时间设置不当	1. 清除异物； 2. 检查模具或高压位置及低压警报时间（TIM6）并进行调整
顶针限位开关故障	自动操作时，顶针动作超出限位警报设定时间	检查顶针动作行程或限位警报时间 TIM24 并进行调整
调模计数开关故障	调模动作时，调模感应器检测故障	检查并修复调模感应器（INPUT20）
开合模行程故障	自动操作时，开合模动作超出限位警报时间	检查开合模动作行程设定或限位时间 TIM24 并进行调整

四、机械原因引起的故障与解决方法

在生产过程中，注射机出现故障时，往往会影响到制品，使制品出现某些缺陷，如欠注、制品溢边、银纹斑纹、凹痕、流延、制品开裂、黑点条纹、制品贴留模内、制品尺寸不稳定等。由于注射机机械故障引起的制品缺陷，必须采用相应的解决措施与方法。

1. 欠注

（1）注射机塑化容量小

当制件所需注射量超过注射机的最大注射量时，显然就会出现供料量不足的问题。如果制件所需注射量接近注射机的实际注射量时，也会造成塑化量不足且物料在机筒内受热时间不足，无法及时向模具提供适量的熔料。这种情况只有更换容量大的注射机才能解决问题。

（2）机筒中加料不足

当计量加料装置进料量不足或料筒的加料口部分堵塞时，就会发生加料不足现象。检查计量加料装置，防止物料"架桥"现象的出现。若为强制加料装置，应该检查此装置是否损坏。机筒加料口部分堵塞，是由于机筒加料段冷却不足，导致物料熔融粘在加料口从而堵塞加料口，使进料不畅。检查加料口的冷却循环系统，是否因为结垢而导致实际流量偏低，或检查冷却系统是否存在泄漏问题。另外，预塑量不足也是导致加料不足的原因。

（3）喷嘴配合不良

喷嘴内孔直径过大或过小，均会产生这样的问题。喷嘴内孔直径小，则物料的流通直径小，物料容易在喷嘴处冷却而堵塞进料通道或消耗注射压力；喷嘴内孔直径大，将导致流通截面积大，塑料进模的单位面积压力低，形成射力小的状况。喷嘴和主流道入口配合不良容易发生模外溢料、模内充不满的现象。应该检查喷嘴与主流道轴心是否产生倾侧位移，轴向压紧面是否脱离，以及喷嘴或主流道入口球面是否存在损伤、变形；还应该检查喷嘴球径是否比主流道入口球径大，出现间隙从而导致制品注不满。一旦发现这些机械故障存在，应立即采取调整轴线纠正偏差，或更换与主流道入口相匹配的喷嘴。

（4）喷嘴堵塞或弹簧喷嘴失灵

检查喷嘴是否存在异物或被物料碳化沉积物堵塞。若发现堵塞，应该卸下喷嘴，彻底清除喷嘴流道中的异物。如果喷嘴是弹簧喷嘴，应该检查弹簧是否失效。若失效应该更换弹簧或者喷嘴。

2. 制品溢边

（1）模板不平行

合模装置调节不到位，造成肘杆结构没有完全伸直而产生合模不均匀的现象，从而导致模具一边紧密贴合，一边未合紧，注射时会造成制品溢边。一般通过合模时模板的移动情况，也可以分析模板的平行度。采用百分表等仪器检测模板是否存在不平行的问题，然后应由维修人员按照规定的步骤进行调整。注意：非维修人员不得随意调整模板平行度，防止因调整不当对设备造成更大的损害。

（2）注射机拉杆受力不均

在合模装置中，模板和拉杆形成封闭的力系使模具受到锁模力而闭紧。当4个拉杆受力不一致时，就会导致模板施加在模具上的力不均衡，造成制品飞边。此故障应该由专门的维修人员进行调校。

另外，止逆环磨损严重、料筒或螺杆磨损过大、加料口冷却装置故障等情况，也可能造成飞边反复出现，必须及时维修或更换配件。

3. 银纹斑纹

可能的机械故障原因有塑料温度太高、注射压力太低或采用太大的料筒成型小制品，导致物料因受热时间长而分解。应该根据具体的情况选择如下措施：检查加热器和热电耦等加热装置，将温度调整到最佳；检查液压泵、液压阀和液压管路，发现故障及时处理；调整注射压力；改用较小的料筒或改进模具等。

4. 凹痕

可能的机械故障原因有：喷嘴内孔过大或过小、注射压力及注射速度太低或加料量不够。可以根据具体情况采取如下措施：检查喷嘴是否堵塞，做好喷嘴的检修疏通工作或更换合适的喷嘴；检查液压系统，排除故障，适当调整注射压力和注射速度；检查加料口是否部分堵塞，加大冷却系统的冷却流量。

5. 流延

可能的机械故障原因是喷嘴类型不当或喷嘴温度太高。应根据具体情况采取相应的措施，包括：选用防流延型喷嘴；检查喷嘴加热装置，防止显示温度与实际温度不符或采用前加料方式。

6. 制品开裂

造成这类制品缺陷可能的原因，是顶出装置顶出时使制品受力不均，顶杆截面积太小或模具和嵌件的温度不够。根据具体情况可以采取相应的措施，包括：调整顶出装置的位置，使制品受力均匀；增加顶杆的截面积或数量；检查模具的加热和冷却系统，调整模具和嵌件的温度。

7. 黑点条纹

可能造成这类制品缺陷的原因，是喷嘴与主流道配合有偏差，料筒温度太高导致塑料分解或模具无排气孔。根据具体情况可以采取相应的措施，包括：检查喷嘴和主流道入口球面，若发现存在磨损、挤压变形，应该修复或更换零件，使喷嘴与主流道很好地贴合；检查料筒温度的加热控制系统，使加热控制系统能正常工作；增设模具的排气孔。

8. 制品贴留模内

可能造成这类制品缺陷的原因，有顶出结构不合理，顶出行程不足，模具浇口位置不当造成流动不平衡或模板不平行。根据具体情况可以采取相应的措施，包括：改进顶出装置的结构，使得顶出力均匀；增大顶出行程；改变浇口位置和流道尺寸，使熔体流动达到平衡；维修人员按照规定的操作步骤调校模板平行。

9. 制品尺寸不稳

可能造成这类制品缺陷的原因，有料筒加热装置不稳定，加料量不均匀，预塑行程开关失效或液压和电气工作不稳定。根据具体情况可以采取相应的措施，包括：检查加热器和热电耦等加热控制装置是否准确反映物料的温度；检查螺杆转速是否稳定；调整和紧固预塑行程开关，检查液压和电气系统的稳定性。

练习与思考

1. 注射机在操作过程中油泵出现异常响声？可能原因有哪些？应如何处理？
2. 在操作过程中注射机操作显示屏出现黑屏应如何处理？
3. 注射机油泵不能启动时应如何处理？
4. 注射机合模后合模系统不能进行开模动作应如何处理？

模块三

注射成型模具的结构与使用

单元一

注射成型模具的类型及模架结构的认知

学习目标

1. 掌握注射机结构组成及各部的功能；知道注射机的分类；能根据产品特点和要求合理选择注射机的类型。
2. 掌握注射机主要技术参数；知道注射机规格型号的表征方法；掌握公称注射量、注射压力、锁模力、模板最大开距的计算；能根据注射机参数，判断注射机规格大小及性能好坏。
3. 能根据产品，运用公称注射量、注射压力、锁模力、模板最大开距的计算方法，合理选择注射机规格及性能参数。
4. 通过注射机规格及性能参数的计算，形成生产经济成本意识。

项目任务

项目名称	项目一　PA 汽车门拉手的注射成型
子项目名称	子项目四　PA 汽车车门拉手成型模具选用与安装
单元项目任务	任务 1. PA 汽车门拉手注射模类型的确定； 任务 2. PA 汽车门拉手标准模架的确定
任务实施	1. PA 门拉手成型模具类型的确定； 2. PA 门拉手成型模具标准模架结构类型的确定

一、注射成型模具的类型及基本结构

塑料注射成型模具的类型有很多，按其所用注射机的类型，可分为卧式注射机用注射模、立式注射机用注射模和角式注射机用注射模；按模具的型腔数目，可分为单型腔和多型腔注射模；按分型面的数量，可分为单分型面和双分型面或多分型面注射模；按浇注系统的形式，可分为普通浇注系统和热流道浇注系统注射模。

（一）单分型面注射模

单分型面注射模也可称为二板式注射模，是注射模中最基本的一种结构形式，如图3－1所示。

1. 单分型面注射模的组成

按机构组成单分型面注射模由模腔、成型零部件、浇注系统、导向机构、顶出装置、温度调节系统和结构零部件组成，如图3－2所示。

图3－1　单分型面注射模

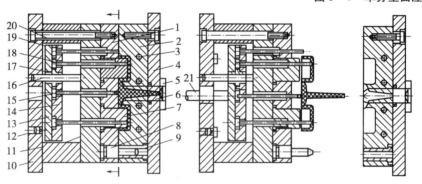

图3－2　单分型面注射模结构示意图

1—动模板；2—定模板；3—冷却水道；4—定模座板；5—定位圈；
6—浇口套；7—型芯；8—导柱；9—导套；10—动模座板；
11—支撑板；12—支撑钉；13—推板；14—推板固定板；15—主流道拉料杆；
16—推板导柱；17—推板导套；18—推杆；19—复位杆；20—垫块；21—注射机顶杆

（1）模腔

模具中用于成型塑料制件的空腔部分，由于模腔是直接成型塑料制件的部分，因此模腔的形状应与塑件的形状一致，模腔一般由型腔、型芯组成。

（2）成型零部件

构成塑料模具模腔的零件统称为成型零部件，通常包括型芯（成型塑件内部形状）、型腔（成型塑件外部形状）、镶件。

（3）浇注系统

将塑料由注射机喷嘴引向型腔的流道称为浇注系统，浇注系统分主流道、分流道、浇口、冷料穴4个部分，是由浇口套、拉料杆和定模板上的流道组成。

（4）导向机构

为确保动模与定模合模时准确对中而设导向零件。通常由导向柱、导向孔或在动模定模上分别设置互相吻合的内外锥面组成。

（5）推出装置

在开模过程中，将塑件从模具中推出的装置。有的注射模具的推出装置为避免在顶出过程中推出板歪斜，还设有导向零件，使推板保持水平运动。由推杆、推板、推杆固定板、复位杆、主流道拉料杆、支撑钉、推板导柱及推板导套组成。

（6）温度调节和排气系统

为了满足注射工艺对模具温度的要求，模具设有冷却或加热系统，冷却系统一般在模具内开设冷却水道，冷却系统由冷却水道和水嘴组成。加热则在模具内部或周围安装加热元件，如电加热元件。在注射成型过程中，为了将型腔内的气体排出模外，常常需要开设排气系统。

（7）结构零部件

用来安装固定或支撑成型零部件及前述的各部分机构的零部件。支撑零部件组装在一起，可以构成注射模具的基本骨架。如图3-3和图3-4所示为注射模中各零部件。

图3-3 注射模零部件1

图3-4 注射模零部件2

2. 单分型面注射模工作原理

单分型面注射模的工作原理：模具合模时，在导柱和导套的导向定位下，动模和定模闭合。型腔由定模板上的型腔与固定在动模板上型芯组成，并由注射机合模系统提供的锁模力锁紧。然后注射机开始注射，塑料熔体经定模上的浇注系统进入型腔，待熔体充满型腔并经过保压、补缩和冷却定型后开模。开模时，注射机合模系统带动动模后退，模具从动模和定模分型面分开，塑件包在型芯上随动模一起后退，同时，拉料杆将浇注系统的主流道凝料从浇口套中拉出。当动模移动一定距离后，注射机的顶杆接触推板，推板机构开始动作，使推杆和拉料杆分别将塑件及浇注系统凝料从型芯和冷料穴中推出，塑件与浇注系统凝料一起从模具中落下，至此完成一次注射过程。合模时，推出机构靠复位杆复位并准备下一次注射。

3. 单分型面注射模具浇注系统

（1）普通浇注系统的组成

浇注系统是指模具中由注射机喷嘴到型腔之间的进料通道。普通浇注系统一般由主流道、分流道、浇口和冷料穴4部分组成。如图3-5所示为安装在卧式注射机上的注射模具所用的浇注系统，亦称为直浇口式浇注系统，其主流道垂直于模具分型面；而安装在角式注射机上的注射模具所用浇注系统主流道一般平行于分型面。

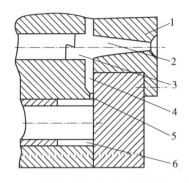

图3-5 卧式注射机浇注系统结构示意图
1—主流道衬套；2—主流道；3—冷料穴；
4—分流道；5—浇口；6—塑件

（2）主流道

主流道是指浇注系统中从注射机喷嘴与模具接触处开始到分流道为止的塑料熔体的流动通道。主流道是熔体最先流经模具的部分，它的形状与尺寸对塑料熔体的流动速度和充模时间有较大的影响，因此，必须使熔体的温度降低和压力损失最小。

在卧式或立式注射机上使用的模具中，主流道垂直于分型面，如图3-6所示。由于主流道要与高温塑料熔体及注射机喷嘴反复接触，所以只有在小批量生产时，主流道才在注射模上直接加工，大部分注射模中，主流道通常设计成可拆卸、可更换的主流道浇口套。为了让主流道凝料能从浇口套中顺利拔出，主流道设计成圆锥形，其锥角 α 为 $2° \sim 6°$。小端直径 d 比注射机喷嘴直径大 $0.5 \sim 1mm$。由于小端的前面是球面，其深度为 $3 \sim 5mm$，注射机喷嘴的球面在该位置与模具接触并且贴合，因此要求主流道球面半径比喷嘴球面半径大 $1 \sim 2mm$。流道的表面粗糙度值 Ra 为 $0.08\mu m$。

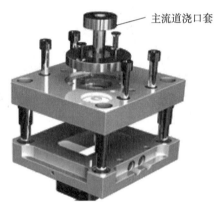

主流道浇口套

图3-6 主流道浇口套

（3）分流道

分流道是指主流道末端与浇口之间的一段塑料熔体的流动通道。分流道作用是改变熔体流向，使其以平稳的流态均衡地分配到各个型腔。设计时应注意尽量减少流动过程中的热量损失与压力损失。

分流道开设在动、定模分型面的两侧或任意一侧，其截面形状应尽量使其比表面积（流道表面积与其体积之比）小。根据型腔在分型面上的排布情况，分流道可分为一次分流道、两次分流道甚至三次分流道。分流道的长度要尽可能短，且弯折少，以便减少压力损失和热量损失，节约塑料的原材料和能耗。由于分流道中与模具接触的外层塑料迅速冷却，只有内部的熔体流动状态比较理想，因此分流道表面粗糙度数值不能太小，一般取 $0.16 \mu m$ 左右，这可增加对外层塑料熔体的流动阻力。使外层塑料冷却皮层固定，形成绝热层。分流道常用的布置形式有平衡式和非平衡式两种，这与多型腔的平衡式与非平衡式的布置是一致的。

（4）浇口

浇口亦称进料口，是连接分流道与型腔的熔体通道。浇口的设计与位置的选择恰当与否，直接关系到塑件能否被完好、高质量地注射成型。

浇口可分成限制性浇口和非限制性浇口两类。非限制性浇口是整个浇注系统中截面尺寸最大的部位，它主要是对中大型筒类、壳类塑件型腔起引料和进料后的施压作用。限制性浇口是整个浇注系统中截面尺寸最小的部位，通过截面积的突然变化，使分流道送来的塑料熔体提高注射压力，使塑料熔体通过浇口的流速有一突变性增加，提高塑料熔体的剪切速率，降低黏度，使其成为理想的流动状态，从而迅速均衡地充满型腔。对于多型腔模具，调节浇口的尺寸，还可以使非平衡布置的型腔达到同时进料的目的。浇口通常是浇注系统最小截面部分，物料可以较早固化、防止型腔中熔体倒流，也有利于在塑件的后加工中塑件与浇口凝料的分离。

单分型面注射模浇口的类型有直接浇口、中心浇口、侧浇口、环形浇口、轮辐式浇口和爪形浇口。

直接浇口又称为主流道型浇口，它属于非限制性浇口。这种形式的浇口只适于单型腔模具，直接浇口的形式如图3-7所示。

特点是：流动阻力小，流动路程短及补缩时间长等；有利于消除深型腔处气体不易排出的缺点；塑件和浇注系统在分型面上的投影面积最小，模具结构紧凑，注射机受力均匀；但塑件易翘曲变形，浇口截面大，去除浇口困难，去除后会留有较大的浇口痕迹，影响塑件的美观。

当筒类或壳类塑件的底部中心或接近于中心部位有通孔时，内浇口开设在该孔处，同时在中心处设置分流锥，该浇口称为中心浇口，是直接浇口的一种特殊形式，如图3-8所示。它具有直接浇口的一系列优点，而克服了直接浇口易产生的缩孔、变形等缺陷。

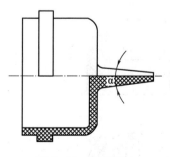
图3-7　直接浇口

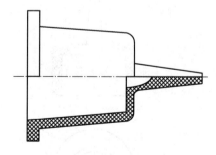
图3-8　中心浇口

侧浇口一般开设在分型面上，塑料熔体从内侧或外侧充填模具型腔，其截面形状多为扁槽形，是限制性浇口。侧浇口广泛使用在多型腔单分型面注射模上，侧浇口的形式如图3-9所示。

特点是由于浇口截面小，减少了浇注系统塑料的消耗量，同时去除浇口容易，不留明显痕迹。

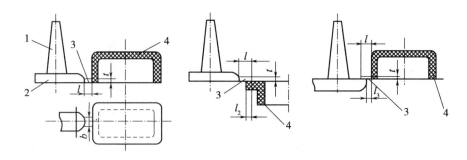

图 3-9　侧浇口

1—主流道；2—分流道；3—浇口；4—塑件

扇形浇口是一种沿浇口方向宽度逐渐增加、厚度逐渐减少的呈扇形的侧浇口，平缝浇口又称薄片浇口，浇口宽度很大，厚度很小。主要用来成型面积较小、尺寸较大的扁平塑件，可减小平板塑件的翘曲变形，但浇口的去除比扇形浇口更困难，浇口在塑件上痕迹也更明显。

对型腔填充采用圆环形进料形式的浇口称环形浇口，如图 3-10 所示。环形浇口的特点是进料均匀，圆周上各处流速大致相等，熔体流动状态好，型腔中的空气容易排出，熔接痕可基本避免，但浇注系统耗料较多，浇口去除较难。

轮辐式浇口是在环形浇口基础上改进而成，由原来的圆周进料改为数小段圆弧进料，轮辐式浇口的形式见图 3-11。这种形式的浇口耗料比环形浇口少得多，且去除浇口容易。这类浇口在生产中比环形浇口应用广泛，多用于底部有大孔的圆筒形或壳形塑件。轮辐浇口的缺点是增加了熔接痕，会影响塑件的强度。

爪形浇口加工较困难，通常用电火花成型。型芯可用作分流锥，其头部与主流道有自动定心的作用，从而避免了塑件弯曲变形或同轴度差等成型缺陷。爪形浇口的缺点与轮辐式浇口类似，主要适用于成型内孔较小且同轴度要求较高的细长管状塑件。

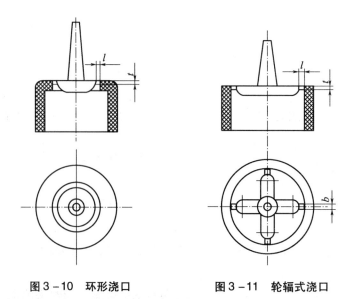

图 3-10　环形浇口　　　　图 3-11　轮辐式浇口

浇口位置的设定应注意尽量缩短流动距离，避免熔体破裂现象引起塑件的缺陷，浇口应开设在塑件厚壁处，考虑分子定向的影响，减少熔接痕，提高熔接强度。

为了提高生产效率，降低成本，小型（包括部分中型）塑件往往采取一模多腔的结构，应尽量采用型腔平衡式布置的形式。若根据某种需要浇注系统被设计成型腔非平衡式布置形式，则需要通过调节浇口尺寸，使浇口的流量及成型工艺条件达到一致，这就是浇注系统的平衡，亦称浇口的平衡。

总之浇注系统的设计首先应了解塑料的成型性能，尽量避免或减少产生熔接痕，有利于型腔中气体的排出，防止型芯的变形和嵌件的位移。

4. 单分型面注射模成型零部件

（1）型腔

型腔零件是成型塑料件外表面的主要零件。按结构不同可分为整体式、组合式两种类型。

整体式型腔是由整块金属加工而成的，其特点是牢固、不易变形、不会使塑件产生拼接线痕迹。但是由于整体式型腔加工困难，热处理不方便，所以常用于形状简单的中、小型模具上。

组合式型腔结构是指型腔是由两个以上的零部件组合而成的。按组合方式不同，组合式型腔结构可分为整体嵌入式、局部镶嵌式、侧壁镶嵌式和四壁拼合式等形式。

（2）型芯

成型塑件内表面的零件称型芯，主要有主型芯、小型芯等。对于简单的容器，如壳、盖之类的塑件，成型其主要部分内表面的零件称主型芯，而将成型其他小孔的型芯称为小型芯或成型杆。

主型芯可分为整体式和组合式两种。整体式主型芯结构，其结构牢固但不便加工，消耗的模具钢多。主要用于工艺实验或小型模具上的简单型芯。组合式主型芯结构是将型芯单独加工后，再镶入模板中。

小型芯是用来成型塑件上的小孔或槽。小型芯单独制造后，再嵌入模板中。

螺纹型芯和螺纹型环是分别用来成型塑件内螺纹和外螺纹的活动镶件。另外，螺纹型环也是可以用来固定带螺纹的孔和螺杆的嵌件。成型后，螺纹型芯和螺纹型环的脱卸方法有两种，一种是模内自动脱卸，另一种是模外手动脱卸，这里仅介绍模外手动脱卸螺纹型芯和螺纹型环的结构及固定方法。

螺纹型芯按用途分直接成型塑件上螺纹孔和固定螺母嵌件两种，这两种螺纹型芯在结构上没有原则上的区别。用来成型塑件上螺纹孔的螺纹型芯在设计时应考虑收缩率，一般应有 0.5° 的脱模斜度。螺纹始端和末端按塑料螺纹结构要求设计，以防止从塑件上拧下拉毛塑料螺纹。固定螺母的螺纹型芯在设计时不考虑收缩率，按普通螺纹制造即可。螺纹型芯安装在模具上，成型时要可靠定位，不能因合模振动或料流冲击而移动，开模时应能与塑件一道取出且便于装卸。

螺纹型环常见的结构是整体式的螺纹型环，型环与模板的配用 H8/f8，配合段长 3～5mm，为了安装方便，配合段以外制出 3°～5° 的斜度，型环下端可铣削成方形，以便用扳手从塑件上拧下；组合式型环，型环由两瓣拼合而成，两瓣中间用导向销定位。成型后，可用尖劈状卸模器楔入型环两边的楔形槽撬口内，使螺纹型环分开，这种方法快而省力，但该方法会在成型的塑料外螺纹上留下难以修整的拼合痕迹。

5. 推出机构

在注射成型的每个周期中，将塑料制品及浇注系统凝料从模具中脱出的机构称为推出机构，也叫顶出机构或脱模机构。推出机构的动作通常是由安装在注射机上的机械顶杆或液压缸的活塞杆来完成的。主要由顶出、复位和导向零件等组成，如图3-12所示。顶出方式有机械顶出、液压或气动顶出等。

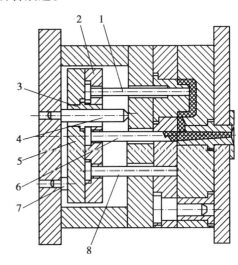

图3-12　单分型面推出机构

1—推杆；2—推板固定板；3—推板导套；4—推板导柱；
5—推板；6—拉料杆；7—支撑钉；8—复位杆

塑件推出时一般要求塑件留在动模上，塑件在推出过程中不变形、不损坏塑件的外观质量，合模时应使推出机构正确复位、动作可靠。推出机构有推杆、推管、推板、活动嵌件及凹模推出机构等多种形式。

推杆推出机构是整个推出机构中最简单、最常见的一种形式，如图3-13所示。由于设置推杆的自由度较大，而且推杆截面大部分为圆形，容易达到推杆与模板或型芯上推杆孔的配合精度。推杆推出时运动阻力小，推出动作灵活可靠，损坏后也便于更换，因此在生产中广泛应用。但是因为推杆的推出面积一般比较小，易引起较大局部应力而顶穿塑件或使塑件变形，所以很少用于脱模斜度小和脱模阻力大的管类或箱类塑件。

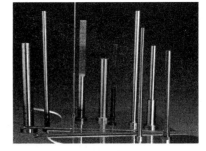

图3-13　推杆

推管推出机构是用来推出圆筒形、环形塑件或带有孔的塑件的一种特殊结构形式，如图3-14所示，其脱模运动方式和推杆相同。由于推管是一种空心推杆，故整个周边接触塑件，推出塑件的力量均匀，塑件不易变形，也不会留下明显的推出痕迹。

凡是薄壁容器、壳形塑件以及表面不允许有推出痕迹的塑料制品，可采用推件板推出。推件板推出机构亦称顶板顶出机构，它由一块与型芯按一定配合精度相配合的模板和推杆组成。推件板推出时顶出力均匀，运动平稳，且推出力大。但是对于截面为非圆形的塑件，其配合部分加工比较困难。

图3-14　推管

有一些塑件由于结构形状和所用材料的关系，不能采用推杆、推管、推件板等简单推出机构脱模时，可用成型嵌件或型腔带出塑件。

6. 温度调节系统

模具的温度调节指的是对模具进行冷却或加热。它关系到塑件尺寸精度、塑件的力学性能和塑件的表面质量等，同时也关系到生产效率。因此，必须根据要求使模具温度控制在一个合理的范围内，以得到高品质的塑件和高的生产率。

（1）冷却系统

模具的冷却常是在模具内部设置冷却水道，冷却水回路布置时冷却水道应尽量多，截面尺寸应尽量大，冷却水道应畅通无阻，冷却水道到型腔表面距离适当，以保证模具的强度及冷却效果。开设时应避开塑件易产生熔接痕的部位。

（2）模具加热系统

当注射成型工艺要求模具温度在80℃以上时，对大型模具进行预热或者采用热流道的模具时，模具中必须设置加热装置。模具的加热方法有电加热方法，还可在冷却水管中通入热水、热油、蒸汽等介质进行预热。电加热亦可分为电阻丝加热和电热棒加热。

（二）双分型面注射模

许多塑料制品要求外观平整、光滑，不允许有较大的浇口痕迹，因此采用单分型面注射模中介绍的各种浇口形式不能满足制品的要求，这就需要采用一种特殊的浇口（点浇口）。另外，对于大型塑料制件，如汽车门的内衬板，其制品面积非常大，因此每模只能成型一个制件，如果采用单分型面注射模，侧浇口的位置无法摆放。如果采用中间直接浇口，则从制件中心到制件边缘的距离较远，塑料流动困难不利于成型，因此要采用多浇口成型，这也必须借助于点浇口。

1. 双分型面注射模

双分型面注射模具有两个分型面，也称为三板式注射板，也可称为流道板。通常采用点浇口的双分型面注射模可以把制品和浇注系统凝料在模内分离，为此应该设计浇注系统凝料的脱出机构，保证将点浇口拉断，还要可靠地将浇注系统凝料从定模板或型腔中间板上脱离。为保证两个分型面的打开顺序和打开距离，要在模具上增加必要的辅助装置，因此模具结构较复杂，如图3-15所示。

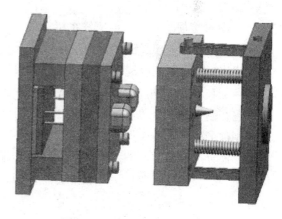

图3-15 双分型面注射模

双分型面注射模主要由成型零部件［包括型芯（凸模）、中间板］、浇注系统（包括浇口套、中间板）、导向部分（包括导柱、导套、导柱和中间板与拉料板上的导向孔）、推出装置（包括推杆、推杆固定板和推板）、二次分型部分（包括定距拉板、限位销、销钉、拉杆和限位螺钉）及结构零部件（包括动模座板、垫块、支撑板、型芯固定板和定模座板）等部件组成，如图3-16所示。

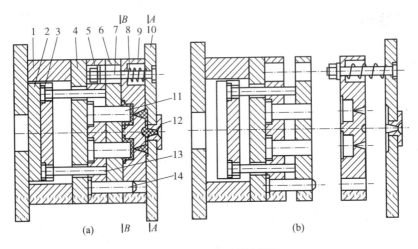

图 3-16　双分型面注射模

1—支架；2—推板；3—推杆固定板；4—支撑板；5—型芯固定板；6—推件板；7—导柱；
8—弹簧；9—中间板；10—定模座板；11—型芯；12—主流道衬套；13—推杆；14—导柱

　　双分型面注射模具开模时，注射机开合模系统带动动模部分后移，由于弹簧的作用，模具首先在 A–A 分型面分型，中间板随动模一起后移，主浇道凝料随之拉断。当动模部分移动一定距离后，固定在中间板上的限位销与定距拉板左端接触，使中间板停止移动。动模继续后移，B–B 分型面分型。因塑件包紧在型芯上，这时浇注系统凝料再在浇口处自行拉断，然后在 A–A 分型面之间自行脱落或人工取出。动模继续后移，当注射机的推杆接触推板时，推出机构开始工作，推件板在推杆的推动下将塑件从型芯上推出，塑件在 B–B 分型面之间自行落下。

2. 双分型面注射模具的浇注系统

　　双分型面注射模具浇注系统的形式有点浇口和潜伏式浇口两种形式。通常大多采用点浇口浇注系统。点浇口是一种非常细小的浇口，又称为针浇口。它在制件表面只留下针尖大的一个痕迹，不会影响制件的外观。由于点浇口的进料平面不在分型面上，而且点浇口为一倒锥形，所以模具必须专门设置一个分型面作为取出浇注系统凝料所用，因此双分型面注射模点浇口具有以下优点：有利于充模，便于控制浇口凝固时间，便于实现塑件生产过程的自动化，浇口痕迹小，容易修整。但是，对注射压力要求高，模具结构复杂，不适合高黏度和对

图 3-17　多点进料的点浇口

剪切速率不敏感的塑料熔体。点浇口可与主浇道直接接通（菱形浇口或橄榄形浇口），还可经分流道多点进料，如图 3-17 所示。

　　潜伏式浇注系统的浇口开在型芯一侧，开模时浇口自动切断，又称剪切浇口、隧道浇口，它是由点浇口变异而来，具备点浇口的一切优点，应用广泛。

潜伏浇口可以开在定模，也可开在动模。开设在定模的潜伏浇口一般只能开设在塑件的外侧；开设在动模的潜伏浇口既可开在塑件外侧，也可开在塑件内部的型芯上或推杆上。

潜伏浇口一般为圆锥形截面，其尺寸设计可参考点浇口。潜伏浇口的引导锥角应取 $10° \sim 20°$，对硬质脆性塑料应取大值，反之取小值。潜伏浇口的方向角愈大，愈容易拔出浇口凝料，一般取 $45° \sim 60°$，对硬质脆性塑料取小值。推杆上的进料口宽度为 $0.8 \sim 2mm$，具体数值应根据塑件的尺寸确定。

采用潜伏浇口的模具结构，可将双分型面模具简化成单分型面模具。潜伏浇口由于浇口与型腔相连时有一定角度，形成了切断浇口的刃口，这一刃口在脱模或分型时形成的剪切力可将浇口自动切断，不过，对于较强韧的塑料则不宜采用。

3. 浇注系统的推出机构

（1）带有活动浇口套的自动推出机构

如图 3-18 为采用点浇口的单型腔注射模，其浇注系统凝料由定模板 1 与定模座板 5 之间的挡板自动脱出。图 3-18（a）为闭模注射状态，注射机喷嘴压紧浇口套 7，浇口套下面的压缩弹簧 6 被压缩，使浇口套的下端与挡板 3 和定模板 1 贴紧，保证注射的熔料顺利进入模具型腔。注射完毕，注射机喷嘴后退，离开浇口套，浇口套 7 在压缩弹簧 6 的作用下弹起，这使得浇口套与主流道凝料分离，如图 3-18（b）所示。图 3-18（c）为模具打开的情况，在开模力的作用下，模具首先从 A—A 分型面打开，当定模座板 5 上的台阶孔的台阶与限位螺钉 4 的头部相接触时，定模座板 5 通过限位螺钉 4 带动挡板 3 运动，挡板 3 将点浇口拉断，并使点浇口凝料由定模板中拉出，当点浇口凝料全部拉出后，在重力的作用下自动下落，完成了点浇口浇注系统凝料的自动脱出。

（2）带有凹槽浇口套的挡板自动推出机构

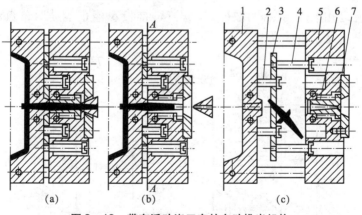

图 3-18 带有活动浇口套的自动推出机构

1—定模板；2、4—限位螺钉；3—挡板；
5—定模座板；6—压缩弹簧；7—浇口套

图 3-19 所示为带有凹槽浇口套的单型腔点浇口浇注系统凝料的自动推出机构，带有凹槽的浇口套 7 以 H7/m6 的过渡配合固定在定模板 2 上，浇口套与挡板 4 以锥面

定位，如图 3-19（a）为模具闭合时的情况，弹簧 3 被压缩，浇口套的锥面进入挡板 4 中熔融塑料注入模腔。图 3-19（b）所示为模具打开时，在弹簧 3 的作用下，定模座板 5 首先移动，由于浇口套内开有凹槽，将主流道凝料从定模座板中脱出。模具继续打开，限位螺钉 6 拉动挡板 4 一起移动，将点浇口拉断，并将浇注系统凝料从浇口套中拉出来，然后凝料靠自重落下。定距拉杆 1 用来限制定模板与定模座板的分型距离，并控制模具分型面的打开。

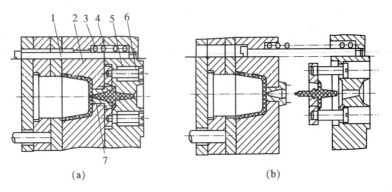

（a）　　　　　　　　　　　　　（b）

图 3-19　带有凹槽浇口套的挡板自动推出机构

1—定距拉杆；2—定模板；3—弹簧；4—挡板；

5—定模座板；6—限位螺钉；7—浇口套

（3）利用分流道推板的自动推出机构

在图 3-20 所示的单型腔点浇口模具中，利用分流道推板 5 自动推出浇注系统凝料。模具打开时，由 A-A 分型面首先分型，塑件包紧在型芯上，点浇口被拉断。模具继续打开，链条 3 被拉紧后，型腔板 2 停止运动，与分流道推板 5 分开，点浇口凝料被粘留在主流道孔中。当定距拉杆 4 使分流道推板 5 停止运动时，点浇口凝料被从主流道孔中拉出，靠自重坠落。

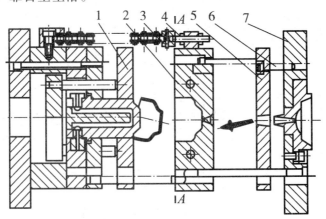

图 3-20　分流道推板的自动推出机构

1—推件板；2—型腔板；3—链条；4—定距拉杆；

5—分流道推板；6—限位螺钉；7—定模座板

（4）多型腔点浇口浇注系统凝料利用定模推板的自动推出机构

如图 3-21 所示为利用定模推板推出多型腔浇口浇注系统凝料的结构。图 3-21（a）为模具闭合注射状态；图 3-21（b）为模具打开状态；模具打开时，首先定模座板 1 与定模推板 2 分型，浇注系统凝料随动模部分一起移动，从主流道中拉出。当定模推板 2 的运动受到限位钉 3 的限制后停止运动，型腔板 4 继续运动使得点浇口被拉断，并且凝料从型腔板中脱出，随后浇注系统凝料靠自重自动落下。

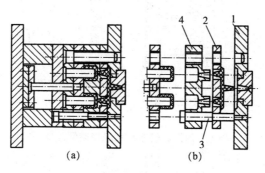

图 3-21　定模推板的自动推出机构

1—定模座板；2—定模推板；3—限位钉；4—型腔板

（5）利用拉料杆拉断点浇口凝料的推出机构

如图 3-22 所示是利用设置在点浇口处的拉料杆拉断点浇口凝料的结构。

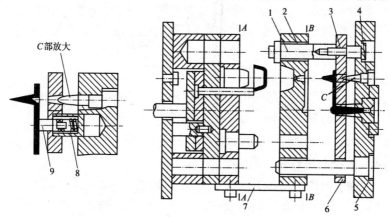

图 3-22　拉料杆拉断点浇口凝料的推出机构

1—拉杆；2—型腔板；3—限位螺钉；4—分流道拉料杆；
5—定模推板；6—分流道推板；7—拉板；8—压缩弹簧；9—顶销

（6）利用分流道斜孔拉断点浇口凝料的推出机构

图 3-23 所示为利用分流道末端的斜孔将点浇口拉断，并使点浇口凝料推出的机构。

（7）潜伏浇口浇注系统凝料推出机构

采用潜伏浇口的模具其推出机构必须分别设置，即在塑件上和在流道凝料上都设计推出装置，在推出过程中，浇口被剪断，塑件与浇注系统凝料被各自的推出机构推出。

根据进料口位置的不同，潜伏浇口可以开设在定模，也可以开设在动模。开设在定模的潜伏浇口一般只能开设在塑件的外侧；开设在动模的潜伏浇口既可以开设在塑件的外侧，也可以开设在塑件内部的型芯上或推杆上。

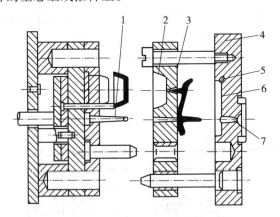

图 3-23　分流道斜孔拉断点浇口凝料的推出机构

1—主流道拉料杆；2—型腔板；3—点浇口凝料；4—定模座板；

5—分流道斜孔；6—分流道；7—主流道

4. 双分型面注射模典型结构

（1）双分型面注射模结构分类

双分型面注射模的两个分型面分别用于取出塑件与浇注系统凝料，为此要控制两个分型面的打开顺序和打开距离，这就需要在模具上增加一些特殊结构。根据这些结构的不同，可以将双分型面注射模按结构分类，如摆钩式双分型面注射模、弹簧式双分型面注射模、滑块式双分型面注射模等多种类型。

（2）摆钩式双分型面注射模

摆钩式双分型面注射模利用摆钩机构控制双分型面注射分型面的打开顺序。

在模具设计时，摆钩和压块要对称布置于模具两侧，摆钩拉住挡块的角度应取1°~3°，在模具安装时，摆钩要水平放置，以保证摆钩在开模过程中的动作可靠。

（3）弹簧式双分型面注射模

弹簧式双分型面注射模利用弹簧机构控制双分型面注射模分型面的打开顺序。

弹簧-滚柱式机构结构简单，适用性强，已成为标准系列化产品，直接安装于模具外侧；弹簧-摆钩式机构利用摆钩与拉杆的锁紧力增大开模力，以控制分型面的打开顺序。此种机构适用性广，已成为标准系列化产品，直接安装于模具外侧；弹簧-限位钉式机构装在模具之内，结构紧凑。

（4）滑块式双分型面注射模

滑块式双分型面注射模利用滑块的移动控制双分型面注射模分型面的打开顺序。滑块式分型机构动作可靠，适用范围广。

（5）胶套式双分型面注射模

采用胶套与模具孔壁间的摩擦力，控制双分型面注射模分型面的打开顺序，是一种方便实用的方法，特别适合于中、小型双分型面的注射模。

（三）带侧向分型抽芯机构的注射模

当塑件有侧孔或侧凹时，模具应设有侧向分型抽芯机构。图 3 - 24 所示为采用斜导柱侧向抽芯机构的模具。

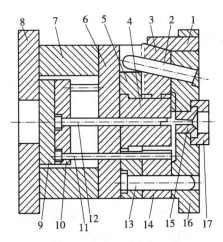

图 3 - 24　带侧向分型抽芯机构的注射模

1—楔紧块；2—斜导柱；3—滑块；4—型芯；5—型芯固定板；6—支撑板；
7—垫块；8—动模座板；9—推板；10—推杆固定板；11—推杆；12—拉料杆；
13—导柱；14—动模板；15—主流道衬套；16—定模座板；17—定位圈

模具开模时，动模部分左移。滑块 3 可在型芯固定板 5 上开设的导滑槽中滑动。动模左移时，在导滑槽的作用下，侧型芯滑块 3 在斜导柱 2 的作用下沿着斜导柱轴线方向移动，相对动模向模具外侧移动，进行抽芯动作。当斜导柱和滑块脱开的时候，滑块被定位，相对动模不再移动。动模继续左移，由推杆 11、拉料杆 12 将塑件连同浇注系统凝料一起从动模边顶出。合模时，在斜导柱的作用下使滑块复位，为防止成型时滑块在料的压力作用下移位，由楔紧块对其锁紧。脱模机构由复位杆复位。

注射模的结构是由注射机的形式和塑件的复杂程度等因素决定的。无论其复杂程度如何，注射模均由动、定模两大部分构成。根据模具上各部件所起的作用，可将注射模分为以下几个部分：

（1）成型零件。构成模具型腔的零件，通常由型芯、凹模、镶件等组成。

（2）浇注系统。将熔融塑料由注射机喷嘴引向型腔的流道。一般由主流道、分流道、浇口、冷料穴组成。

（3）导向机构。通常由导柱和导套组成，用于引导动、定模正确闭合，保证动、定模合模后的相对准确位置。有时可在动、定模两边分别设置互相吻合的内外锥（斜）面，用来承受侧向力和实现动、定模的精确定位。

（4）侧向分型抽芯机构。塑件上如有侧孔或侧凹，需要在塑件被推出前，先抽出侧向型芯，使侧向型芯抽出和复位的机构称为侧向抽芯机构。

（5）脱模机构。将塑件和浇注系统凝料从模具中脱出的机构。一般情况下，由推杆、复位杆、推杆固定板、推板等组成。

（6）温度调节系统。为满足注射成型工艺对模具温度的要求，模具设有温度调节系统。模具需冷却时，常在模内开设冷却水道通冷水冷却，需辅助加热时则通热水或热油或在模内或模具周围设置电加热元件加热。

（7）排气系统。在充模过程中，为排出模腔中的气体，常在分型面上开设排气槽。小型塑件排气量不大，可直接利用分型面上的间隙排气。许多模具的推杆或其他活动零件之间的间隙也可起排气作用。

（8）其他结构零件。其他结构零件是为了满足模具结构上的要求而设置的，如固定板，动、定模座板，支撑板，连接螺钉等。

二、标准模架的结构与选用

塑料工业的发展水平在很大程度上依赖于模具制造业的发展水平，几十年的生产经验证明，实现模具标准化是模具制造业发展的必由之路。标准模架和标准零部件是模具标准化工作的主要部分，在模具设计制造中，充分利用标准模架零件，不但能简化设计，提高质量稳定性，缩短制造周期，降低成本，提高企业在市场上的竞争力，而且能使模具设计者有更多的自由度、时间和灵活性，真正致力于产品的工艺及模具设计方案中去。如何正确选用标准模架就显得非常重要，本文将介绍注射模标准模架的选用方法，以便设计人员在进行模具设计时能够正确选用。

1. 标准模架的种类及用途

模架是指由动模板、定模板、动模支撑板、动模座板、推杆、推杆固定板、导柱导套和复位杆等零件组成，但未加工型腔的一个组合体。标准模架则是由结构、形式和尺寸都已经标准化并具有一定互换性的零件成套组合而成的一类模架。

一般标准中规定，模架的周界尺寸范围≤560mm×900mm为中小型模架，模架的周界尺寸范围在630mm×630mm~1250mm×2000mm为大型模架。国家技术监督局发布（B/实施了《塑料注射模中小型模架》GT12556.1—1990）模架国家标准。国标中模架的形式由其品种、系列、规格以及导柱导套的安装形式等项内容决定。模架的品种是指模架的基本构成形式，每一模架型号代表一个品种。模架型号以模具所采用的浇口形式、制件脱模方法和动定模板组成数目，分为基本型4种（图3-25）和派生型9种（图3-26）两类共13种。按动、定模板的宽度与长度不同，共有61个系列。而同品种、同系列的模架按模板厚度不同又有64种规格。基本型适用于直接式浇口和潜伏式浇口，而派生型主要用于点浇口和多分型面的情况。

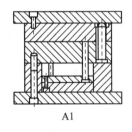
A1

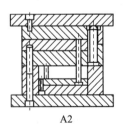
A2

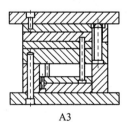
A3

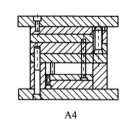
A4

图3-25　基本型模架结构（A1~A4）

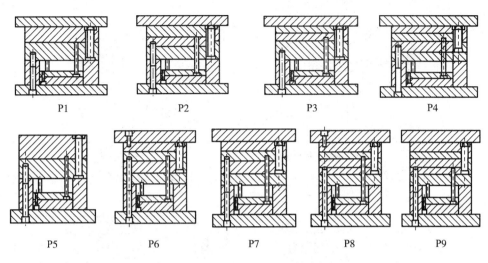

图 3-26 派生型模架结构（P1～P9）

中小型模架的组成及用途如下。

（1）基本型 A1：定模为两块模板，动模为一块模板，采用推杆推出机构。适合于单分型面注射膜。

（2）基本型 A2：定模和动模均为两块模板，采用推杆推出机构。适用于直流道、斜导柱抽芯的注射膜。

（3）基本型 A3：定模为两块模板，动模为一块模板，采用推板推出机构。适合于脱模力大的塑件、薄壳型塑件及塑件表面不允许有顶出痕迹塑件的注射模。

（4）基本型 A4：定模和动模均为两块模板，采用推板推出机构。适合范围类似 A1。

（5）派生型 P1～P4：A1～A4 对应派生而成，不同在于去掉了定模板上的固定螺钉，使定模部分增加了一个分型面而成为三板式模具，多用于需要点浇口场合。其他特点及用途同 A1～A4。

（6）派生型 P5：定模和动模均为一块模板。主要适用于直浇道且整体简单型腔的注射模。

（7）派生型 P6～P9：P6 对应 P7，P8 对应 P9，只是去掉了定模座板上的固定螺钉。它们均适用于复杂的注射模（如定距分型自动脱浇口的注射模）。

模架国家标准 GB/T12555.1 规定了大型模架也分为基本型和派生型两种，基本型标准模架有 A、B 两种型号；派生型标准模架有 P1～P4 四种型号，如图 3-27 所示。

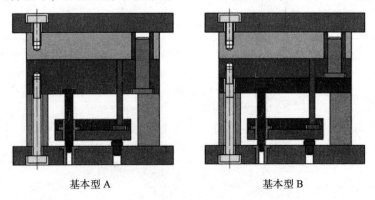

基本型 A   基本型 B

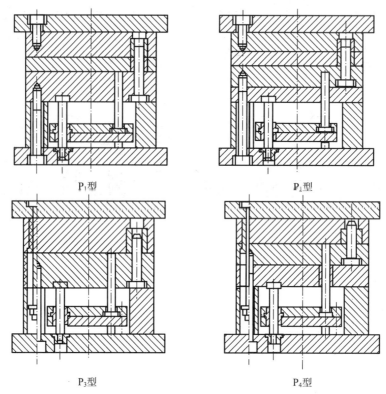

P₁型　　　　　　　　P₂型

P₃型　　　　　　　　P₄型

图 3 −27　基本型与派生型 P₁ ~ P₄ 型

大型模架的功能与用途如表 3 − 1 所示。

表 3 − 1　大型模架的功能与用途

型号	组成、功能及用途
大型模架 A 型	定模采用两块模板，动模采用一块模板，无支撑板，设置以推杆推出塑件的机构组成模架，适用于立式与卧式注射机上，单分型面一般设在合模面上，可设计成多个型腔成型多个塑件注射模
大型模架 B 型	定模和动模均采用两块模板，有支撑板，设置以推杆推出塑件的机构组成模架，适用于立式与卧式注射机上，用于直浇道，采用斜导柱侧向抽芯、单型腔成型，其分型面可在合模面上，也可设置斜滑块垂直分型脱模式机构的注射模
大型模架 P₁、P₂ 型	A₃ 型（P₁ 型）的定模采用两块模板，动模采用一块模板，它们之间设置一块推件板连接推出机构，用以推出塑件，无支撑板 A₄ 型（P₂ 型）的定模和动模均采用两块模板，它们之间设置一块推件板连接推出机构，用以推出塑件，有支撑板 A₃、A₄ 型适用于立式与卧式注射机上，脱模力大，适用于薄壁壳体形塑件，以及塑件表面不允许留有顶出痕迹的塑件注射成型的模具

2. 标准模架的选用方法

标准模架的选用有两种方法：一种是标准型用法，即完全采用标准规定的结构形式，在组成零件规定的尺寸范围内予以选用；二是变更型用法，即可以通过对标准零件适当进行二次加工来改变标准规定的结构形式；也可以对部分标准零件不予采用的做法，从而使标准模架的应用范围扩大。

标准模架的选用方法和步骤为：

（1）模架型号的选择：按照制件型腔、型芯的结构形式、脱模动作、浇注形式确定模架结构型号。

（2）模架系列的选择：根据制件最大外形尺寸、制件横向（侧分型、侧抽芯等）模具零件的结构动作范围、附加动作件的布局、冷却系统等，选择组成模架的模板板面尺寸（尺寸应符合所选注射机对模具的安装要求），以确定模架的系列。

（3）模架规格的选择：分析模板受力部位，进行强（刚）度的计算，在规定的模板厚度范围内确定各模板厚度和导柱长度，以确定模架的规格。

（4）模架选择的其他注意事项：

①模架板面尺寸确定后，导柱、导套、推杆、紧固螺钉孔的孔径尺寸，组配的推板、垫块尺寸均可从标准中找出。

②根据制件推出距离和调节模具厚度，确定垫块厚度和推杆长度。

③核实模架的总厚度是否符合所选注射机要求，不符合时则对某些模块或垫块进行适当增减，使其满足要求。

（5）模架结构型号和尺寸确定后即可向标准模架制造商订货。

练习与思考

1. 普通浇注系统的组成一般包括（   ）。

    A. 主流道、分流道、浇口、冷料穴；   B. 主流道、分流道、浇口、型腔；

    C. 主流道、分流道、浇口；   D. 主流道、分流道、浇口、喷嘴

2. 模具中冷料穴的作用是（   ）。

    A. 增大充模速度；

    B. 带有拉料结构，开模时可将主流道凝料拉出；

    C. 防止物料中的前锋冷料进入模腔中；

    D. 增大注射量

3. 注射模的排气方式主要有（   ）。

    A. 利用分型面上的间隙；   B. 利用模具导柱的间隙；

    C. 在分型面上开设排气槽排气；   D. 利用模具推杆的间隙排气

4. 注射模中脱模机构常见的复位形式有（   ）。

    A. 复位杆复位；   B. 推板导柱兼复位杆复位；

C. 弹簧复位；　　　　　　　　　D. 推杆兼复位杆复位

5. 热流道模具的特点是（　　　）。

    A. 无浇注系统凝料；　　　　　　B. 成型周期短；

    C. 降低锁模压力；　　　　　　　D. 增大注射压力

6. 二板模和三板模有何区别？各有何特点？

7. 应如何选用标准模架？

学习目标

1. 掌握喷嘴与主流道、定位圈与定位孔的配合尺寸校核方法；能根据模具与注射结构进行喷嘴与主流道、定位圈与定位孔配合尺寸的测量与校核。
2. 掌握模厚及外形尺寸与注射机安装部分尺寸的测量与校核方法；能根据模具与注射结构进行模厚校核及外形尺寸的测量与校核。
3. 掌握单、双分型面模开模行程的校核方法；能根据模具结构进行单、双分型面模开模行程的校核。

项目任务

项目名称	项目一　PA 汽车门拉手的注射成型
子项目名称	子项目四　PA 汽车车门拉手成型模具选用与安装
单元项目任务	任务 1. PA 汽车门拉手模具主流道及定位圈与注射机喷嘴、定位孔的配合尺寸校核； 任务 2. PA 汽车门拉手模厚及外形尺寸与注射机安装部分尺寸的校核； 任务 3. PA 汽车门拉手模具开模行程的校核
任务实施	根据选用的 PA 汽车门拉手注射模标准模架进行注射机模具安装部分尺寸的校核

相关知识

　　每副模具都只能安装在与其相适应的注射机上方能进行生产。因此，模具设计和使用时应了解模具和注射机之间的关系，了解注射机的技术规范，使模具和注射机相互匹配。

一、注射机的基本参数

设计模具时，应了解的注射机的参数有：最大注射量、最大注射压力、最大锁模力或最大成型面积、模具最大厚度和最小厚度、最大开模行程、注射机模板上安装模具的螺钉孔的位置和尺寸、顶出机构的形式、位置及顶出行程等。

二、注射机基本参数的校核

1. 最大注射量的校核

$$V_{实} \leqslant V_{实max} \tag{3 - 1}$$

式中　$V_{实}$——实际注射量，即充满模具所需塑料的量；

　　　$V_{实max}$——最大实际注射量，即注射机能往模具中注入的最大的塑料的量，一般可取理论注射量的 75% 左右。

2. 注射压力的校核

塑件成型所需要的注射压力是由塑料品种、注射机类型、喷嘴形式、塑件的结构形状及尺寸、浇注系统的压力损失以及其他工艺条件等因素决定的。对黏度大的塑料，壁薄、流程长的塑件，注射压力需大些。柱塞式注射机的压力损失较螺杆式大，注射压力也需大些。注射机的额定注射压力要大于成型时所需要的注射压力，即

$$P_{额} \geqslant P_{注} \tag{3 - 2}$$

式中　$P_{额}$——注射机的额定注射压力；

　　　$P_{注}$——成型所需的注射压力。

3. 锁模力的校核

高压塑料熔体产生的使模具分型面胀开的力，这个力的大小等于塑件和浇注系统在分型面上的投影面积之和乘以型腔内的最大平均压力，它应小于注射机的锁模力，从而保证分型面的锁紧，即

$$F_{胀} = pA \leqslant F_{锁} \tag{3 - 3}$$

式中　$F_{胀}$——塑料熔体产生的使模具分型面胀开的力；

　　　$F_{锁}$——注射机的额定锁模力；

　　　p——熔融塑料在型腔内的最大平均压力，约为注射压力的 1/3 ~ 2/3，通常可取 20 ~ 40MPa；

　　　A——塑件和浇注系统在分型面上的投影面积之和。

4. 注射机安装模具部分的尺寸校核

设计模具时，注射机安装模具部分应校核的主要项目包括喷嘴尺寸、定位孔尺寸、拉杆间距、最大及最小模厚、模板上安装螺钉孔的位置及尺寸等。

注射机喷嘴头的球面半径同与其相接触的模具主流道进口处的球面凹坑的球面半径必须吻合，使前者稍小于后者。主流道进口处的孔径应稍大于喷嘴的孔径。

为了模具在注射机上准确地安装定位，注射机固定模板上设有定位孔，模具定模座板上设计有凸出的定位圈，定位孔与定位圈之间间隙配合，定位圈高度应略小于定位孔深度。

各种规格的注射机，可安装模具的最大厚度和最小厚度均有限制。模具的实际厚度应在最大模厚与最小模厚之间。模具的外形尺寸也不能太大，以保证能顺利地安装和固定在注射机模板上。

动模与定模的模脚尺寸应与注射机移动模板和固定模板上的螺钉孔的大小及位置相适应，以便紧固在相应的模板上。模具常用的安装固定方法有用螺钉直接固定和用螺钉、压板固定两种。当用螺钉直接固定时，模脚上的孔或槽的位置和尺寸应与注射机模板上的螺钉孔相吻合；而用螺钉、压板固定时，只要模脚附近有螺钉孔即可，因而具有更大的灵活性。

5. 开模行程的校核

为了顺利取出塑件和浇注系统凝料，模具需要有足够的开模距离，而注射机的开模行程是有限制的。

$$S_{max} \geq S \qquad (3-4)$$

式中　S_{max}——注射机的最大开模行程；

　　　S——模具所需的开模距离。

6. 顶出装置的校核

模具设计时需根据注射机顶出装置的形式，顶杆的直径、位置和顶出距离，校核其与模具的脱模机构是否相适应。

练习与思考

1. 为了使制品能顺利从模具中取出，一般要求注射机模板间的最大开距为制品最大高度的（　　）。

　　A. 1倍；　　B. 2倍；　　C. 3~4倍；　　D. 1~2倍

2. 模具安装前应检查顶出杆，保证（　　）。

　　A. 顶出杆回位至模板内；　　　　　B. 顶出杆固定；

　　C. 顶出杆伸出与模具配合；　　　　D. 所有顶出有效长度须一致

3. 如果注射机喷嘴孔径为2mm，那么主流道衬套凹坑小端半径可以采用的是（　　）。

　　A. 1mm；　　B. 1.5mm；　　C. 2mm；　　D. 3mm

4. 注射机所容纳的模具最大厚度 H_{max} 与最小厚度 H_{min} 之差即为调模行程。（　　）（√或×）

5. 选择注射喷嘴时，喷嘴口径一定要比主浇道口直径略大。（　　）（√或×）

6. 选择注射机时为何要进行锁模力和开模行程的校核？

单元三

注射模浇注系统结构的认知

学习目标

1. 了解普通浇注系统的结构组成、类型及选择的原则，了解主流道与冷料穴的设计及使用的注意事项；根据制品特点能合理选用主流道、冷料穴的结构形式。
2. 了解分流道设计及布置形式，根据制品特点能合理布置分流道。
3. 了解浇口的形式及选用，掌握浇口的位置选择原则；根据制品特点能选择合适的浇口形式及位置。
4. 了解无流道模浇注系统的结构及特点；能进行模具结构的创新改进。

项目任务

项目名称	项目一 PA汽车门拉手的注射成型
子项目名称	子项目四 PA汽车车门拉手成型模具选用与安装
单元项目任务	任务1. PA汽车门拉手模主流道及冷料穴结构形式的选用； 任务2. PA汽车门拉手模分流道设计及布置形式的选用； 任务3. PA汽车门拉手模浇口的形式及选用、浇口的位置选择
任务实施	1. 主流道与冷料穴的结构形式选择方案设计，PA汽车门拉手成型模具主流道结构形式、主流道结构尺寸； 2. 浇口形式及位置的选择方案设计，PA汽车门拉手成型模具浇口结构形式、浇口结构尺寸； 3. 分流道结构及布置形式的选择方案设计，PA汽车门拉手成型模具分流道结构形式、结构尺寸

普通浇注系统一般由主流道、分流道、浇口和冷料穴等部分组成,如图3-28所示。

一、主流道的设计

(1)为便于将凝料从主流道中拉出,主流道通常设计成圆锥形,其锥角 $\alpha = 3° \sim 6°$,表面粗糙度一般为 $Ra0.8$。

(2)为防止主流道与喷嘴处溢料及便于将主流道凝料拉出,主流道与喷嘴应紧密对接,主流道进口处应制成球面凹坑,其球面半径应比喷嘴头的球面半径

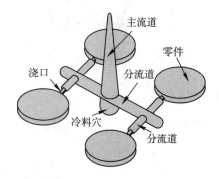

图3-28 浇注系统组成

大 $1 \sim 2mm$,凹入深度 $3 \sim 5mm$,进口处直径应比喷嘴孔径大 $0.5 \sim 1mm$。

(3)为减小物料的流动阻力,主流道末端与分流道连接处用圆角过渡,其圆角半径 $r = 1 \sim 3mm$。

(4)因主流道与塑料熔体反复接触,进口处与喷嘴反复碰撞,因此,常将主流道设计成可拆卸的主流道衬套,用较好的钢材制造并进行热处理,一般选用T8、T10制造,热处理硬度为HRC52~56。主流道衬套与模板之间的配合可采用H7/k6。小型模具可将主流道衬套与定位圈设计成一体。定位圈和注射机模板上的定位孔呈较松动的间隙配合,定位圈高度应略小于定位孔深度。主流道衬套和定位圈的结构如图3-29所示。

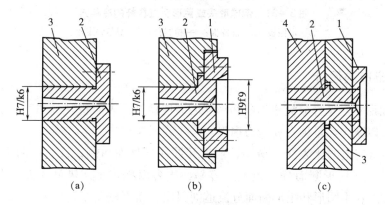

图3-29 主流道衬套与定位圈

二、冷料穴的设计

主流道末端一般设有冷料穴。冷料穴中常设有拉料结构,以便开模时将主流道凝料拉出。

(1)带Z形头拉料杆的冷料穴如图3-30(a)所示。

(2)带推杆的倒锥形或圆环槽形冷料穴如图3-30(b)、(c)所示。

(3)带球形头(或菌形头)拉料杆的冷料穴如图3-31所示。

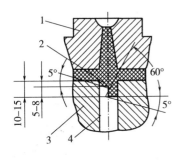 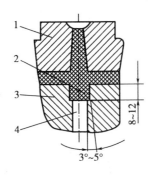 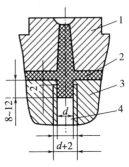

（a）带Z形头拉料杆的冷料穴　　　（b）带推杆的倒锥形冷料穴　　　（c）带推杆的圆环槽形冷料穴

图 3-30　冷料穴的结构

1—定模板；2—冷料穴；3—动模板；4—拉料杆（推杆）

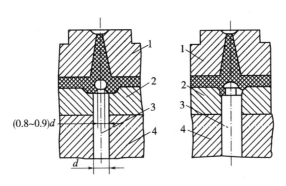

图 3-31　带球形头或菌形头拉料杆的冷料穴

1—定模板；2—推件板；3—拉料杆；4—型芯固定板

三、分流道的设计

（1）断面形状。选择分流道的断面形状时，应使其比表面积（流道表面积与其体积之比）尽量小，以减小热量损失和压力损失。

圆形断面分流道的比表面积最小，但需开设在分型面两侧，且对应两半部分须吻合，加工不便；梯形及 U 形断面分流道加工容易，比表面积较小，热量损失和流动阻力均不大，为常用形式；半圆形和矩形断面分流道则因比表面积较大而较少采用。

（2）表面粗糙度。分流道表面粗糙度值不能过大，以免增大料流阻力，常取 $Ra0.8$。

（3）浇口的连接形式。分流道与浇口通常采用斜面和圆弧连接，这样有利于塑料流动和填充，减小流动阻力。

（4）布置形式。在多型腔模具中，分流道的布置有平衡式和非平衡式两类。平衡式布置是指从主流道开始，到各型腔的流道的形状、尺寸都对应相同。采用非平衡式布置，塑料进入各型腔有先有后，各型腔充满的时间也不相同，各型腔成型出的塑件差异较大。但对于型腔数量较多的模具，采用非平衡式布置，可使型腔排列较为紧凑，模板尺寸减小，流道总长度缩短。采用非平衡式布置时，为了达到同时充满各型腔的目的，可将浇口设计成不同的尺寸。

四、浇口的设计

浇口是浇注系统中最关键的部分，浇口的形状、尺寸和位置对塑件质量影响很大，浇口在多数情况下，是整个流道中断面尺寸最小的部分（除直接浇口外）。断面形状常见为矩形或圆形，浇口台阶长 $1 \sim 1.5$ mm 左右。虽然浇口长度比分流道短得多，但因其断面积较小，浇口处的阻力与其他部分流道的阻力相比，仍然是主要的，故在加工浇口时，更应注意尺寸的准确性。

减小浇口长度可有效地降低流动阻力，因此在任何场合缩短浇口长度尺寸都是恰当的，浇口长度一般以不超过 2mm 为宜。

1. 常用浇口的形式

（1）直接浇口。直接浇口又叫中心浇口、主流道型浇口。由于其尺寸大，固化时间长，延长了补料时间。

（2）点浇口。如图 3-32 所示，点浇口是一种尺寸很小的浇口。适用于黏度低及黏度对剪切速率敏感的塑料，其直径为 $0.3 \sim 2$ mm（常见为 $0.5 \sim 1.8$ mm），视塑料性质和制件质量大小而定。浇口长度为 $0.5 \sim 2$ mm（常见为 $0.8 \sim 1.2$ mm）。

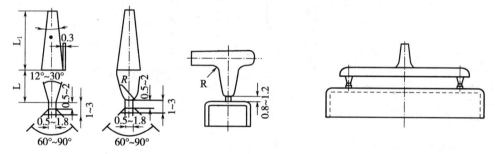

图 3-32 点浇口

（3）潜伏浇口。如图 3-33 所示，潜伏浇口是点浇口的一种变异形式，具有点浇口的优点。此外，其进料口一般设在制件侧面较隐蔽处，不影响制件的外观。浇口潜入分型面的下面，沿斜向进入型腔。顶出时，浇口被自动切断。

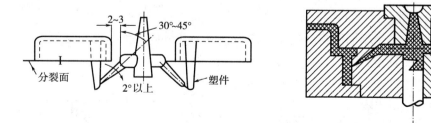

图 3-33 潜伏浇口

（4）侧浇口。如图 3-34 所示，侧浇口一般开设在分型面上，从制件边缘进料，可以一点进料，也可多点同时进料。其断面一般为矩形或近似矩形。浇口的深度决定着整个浇口的封闭时间即补料时间，浇口深度确定后，再根据塑料的流动性、流速要求及制品的质量确定浇口的宽度。矩形浇口在工艺上可以做得更为合理，被广泛应用。

（5）扇形浇口。如图3-35所示，扇形浇口是边缘浇口的一种变异形式，常用来成型宽度（横向尺寸）较大的薄片状制品。浇口沿进料方向逐渐变宽，深度逐渐减小，塑料通过长约1mm的浇口台阶进入型腔。塑料通过扇形浇口，在横向得到更均匀的分配，可降低制品的内应力和带入空气的可能性。

（6）平缝浇口。如图3-36所示，成型大面积的扁平制件（如片状物），可采用平缝浇口。平缝式浇口深度为0.25～0.65mm，宽度为浇口侧型腔宽的1/4至此边的全宽，浇口台阶长约0.65mm。

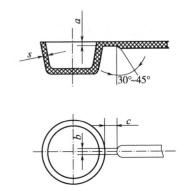

图3-34　侧浇口

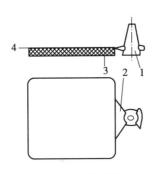

图3-35　扇形浇口

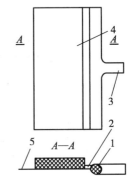

图3-36　平缝浇口

（7）盘形浇口。如图3-37所示，盘形浇口主要用于中间带孔的圆筒形制件，沿塑件内侧四周扩展进料。这类浇口可均匀进料，物料在整个圆周上流速大致相等，空气易顺序排出，没有熔接缝。此类浇口仍可被当作矩形浇口看待，其典型尺寸为深0.25～1.6mm，台阶长约1mm。

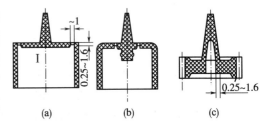

图3-37　盘形浇口

（8）圆环形浇口。如图3-38所示，圆环形浇口也是沿塑件的整个圆周而扩展进料的浇口，成型塑件内孔的型芯可采用一端固定，一端导向支撑的方式固定，四周进料均匀，没有熔接缝。

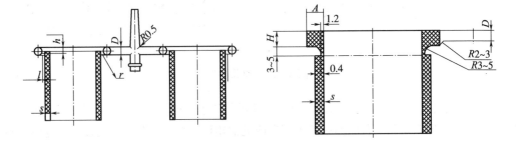

图3-38　圆环形浇口

2. 浇口开设位置的选择

浇口开设位置对塑件质量影响很大，确定浇口位置时，应对物料的流动情况、填充顺序和冷却、补料等因素进行全面考虑。在选择浇口开设位置时，应注意以下几方面问题。

（1）避免熔体破裂现象在制件上产生缺陷。浇口的截面如果较小，且正对宽度和厚度较大的型腔，则高速熔体流经浇口时，由于受到较高的剪切应力作用，会产生喷射和蠕动等熔体破裂现象，在制件上形成波纹状痕迹；或在高剪切速率下喷出的高度定向的细丝和断裂物，很快冷却变硬，与后来的塑料不能很好地熔合，造成塑件的缺陷或表面疵点；喷射还会使型腔内的空气难以顺序排出，形成焦斑和气泡。

（2）有利于流动、排气和补料。当塑件各处壁厚相差较大时，在避免喷射的前提下，为减小流动阻力，保证压力有效地传递到塑件厚壁部位以避免缩孔、缩痕，应把浇口开设在塑件壁厚最大处，以有利于填充、补料。如果塑件上有加强筋，有时可利用加强筋作为流动通道以改善流动条件。

同时，浇口位置应有利于排气，通常浇口位置应远离排气部位，否则进入型腔的塑料熔体会过早地封闭排气系统，致使型腔内气体不能顺利排出，影响制件质量。

（3）考虑定向方位对塑件性能的影响。

（4）减少熔接痕、增加熔接牢度。

（5）校核流动距离比。在确定浇口位置时，对于大型塑件必须考虑流动比问题。因为当塑件壁厚较小而流动距离过长时，会因料温降低、流动阻力过大而造成填充不足，这时须采用增大塑件壁厚或增加浇口数量及改变浇口位置等措施减小流动距离比。流动距离比是流动通道的最大流动长度和其厚度之比。浇注系统和型腔截面尺寸各处不同时，流动比可按下式计算：

$$流动比 = \sum_{i=1}^{n} \frac{L_i}{t_i} \qquad (3-5)$$

式中 L_i——各段流道的长度；

  t_i——各段流道的厚度。

成型同一塑件，浇口的形式、尺寸、数量、位置等不同时，其流动比也不相同。

（6）防止料流将型芯或嵌件挤歪变形。在选择浇口开设位置时，应避免使细长型芯或嵌件受料的侧压力作用而变形或移位。

（7）不影响制件外观。在选择浇口开设位置时，应注意浇口痕迹对制件外观的影响。浇口应尽量开设在制件外观要求不高的部位。如开设在塑件的边缘、底部和内侧等部位。

练习与思考

1. 主流道的设计要点有哪些？
2. 常用的冷料穴拉料杆的结构形式有哪些？
3. 常用浇口的形式有哪些？选择浇口位置时，应注意哪些问题？

单 元 四

注射模型腔数目的确定、布置及分型面的选择

学习目标

1. 掌握型腔数目的确定方法；能根据制品特点、注射机规格确定模具型腔数目。
2. 知道型腔的总体布置形式及选用原则；能合理选择型腔布置形式。
3. 掌握分型面的选择原则；能合理选择注射模分型面位置，并能进行分型面结构的创新改进。

项目任务

项目名称	项目一　PA 汽车门拉手的注射成型
子项目名称	子项目四　PA 汽车车门拉手成型模具选用与安装
单元项目任务	任务 1. PA 汽车门拉手模具型腔数目的确定； 任务 2. PA 汽车门拉手模具型腔布置形式的确定； 任务 3. PA 汽车门拉手模具分型面的选择
任务实施	1. PA 汽车门拉手模具型腔数目的确定，型腔数目确定的计算； 2. PA 汽车门拉手模具型腔布置形式的确定； 3. PA 汽车门拉手模具分型面的选择

相关知识

注射成型制品尺寸不大时，为了提高生产效率通常一副模具可设计多个型腔，可同时注射成型多个制品。型腔数目的多少及型腔的布置形式通常应综合考虑注射机规格大小、制品精度要求及经济性等多方面因素。

一、型腔数目的确定

（1）根据注射机的最大注射量确定型腔数 n

$$n \leqslant \frac{0.8V_g - V_j}{V_n} \tag{3-6}$$

式中 V_g——注射机最大注射量 cm^3 或 g；

V_j——浇注系统凝料量，cm^3 或 g；

V_n——单个塑件的容积或质量，cm^3 或 g。

（2）按注射机的额定锁模力确定型腔数 n

注射机的额定锁模力大于将模具分型面胀开的力：

$$F \geqslant p(nA_n + A_j) \tag{3-7}$$

型腔数 n：

$$n \leqslant \frac{F - pA_j}{pA_n} \tag{3-8}$$

式中 F——注射机的额定锁模力，N；

p——塑料熔体对型腔的平均压力，MPa；

A_n——单个塑件在分型面上的投影面积，mm^2；

A_j——浇注系统在分型面上的投影面积，mm^2。

（3）按制品的精度要求确定型腔数

根据生产经验，增加一个型腔，塑件的尺寸精度将降低4%，为了满足塑件尺寸精度需要，型腔数 n：

$$n \leqslant 25\frac{\delta}{L\Delta_s} - 24 \tag{3-9}$$

式中 L——塑件基本尺寸，mm；

$\pm\delta$——塑件的尺寸公差，mm，为双向对称偏差标注；

$\pm\Delta s$——单腔模注射时塑件可能产生的尺寸误差的百分比。其数值对 POM 为 $\pm0.2\%$，PA-66 为 $\pm0.3\%$，对 PE、PP、PC、ABS 和 PVC 等塑料为 $\pm0.05\%$。

一般精度要求较高的制品，通常最多采用一模四腔。

（4）按经济性确定型腔数

根据总成型加工费用最小的原则，并忽略准备时间和试生产原材料费用，仅考虑模具费用和成型加工费。

模具费为：

$$X_m = nC_1 + C_2 \tag{3-10}$$

式中 C_1——每一型腔所需承担的与型腔数有关的费用；

C_2——与型腔数无关的费用。

成型加工费为：

$$X_j = N \frac{yt}{60n} \qquad (3-11)$$

式中　N——制品总件数；

　　　y——每小时注射成型加工费，元/时；

　　　t——成型周期。

总成型加工费为　　　　$X = X_m + X_j$

为使总成型加工费最小，令：

$$\frac{dx}{dn} = 0 \qquad n = \sqrt{\frac{Nyt}{60C_1}} \qquad (3-12)$$

二、多型腔的布置

一模多型腔时，型腔在模板上的布置有多种形式，常见的排列形式主要有：直线型、圆型、H型及复合型等。一般型腔设计时应遵守以下几方面的原则。

（1）尽可能采用平衡式排列，以便构成平衡式浇注系统，确保塑件质量的均一和稳定。

（2）型腔布置和浇口开设部位应力求对称，以防止模具承受偏载而产生溢料现象，如图3-39所示。

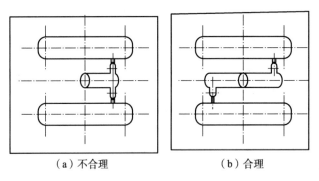

（a）不合理　　　　　　（b）合理

图3-39　型腔布置力求对称

（3）尽量使型腔排列紧凑一些，以减小模具的外形尺寸，如图3-40所示。

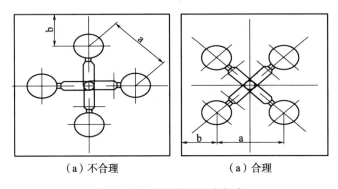

（a）不合理　　　　　　（a）合理

图3-40　型腔排列力求紧凑

H形排列平衡性好；圆形排列有利于浇注系统的平衡，但所占的模板尺寸大，加工较麻烦。通常除圆形制品和精度要求较高的制品外，一般常采用直线型和 H 型排列，如图 3－41所示为十六腔模的排列形式。

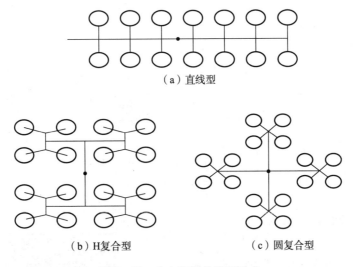

（a）直线型

（b）H复合型　　　　　　　（c）圆复合型

图 3－41　十六腔模的排列形式

三、模具的分型面

为了将塑件从闭合的模腔中取出，为了取出浇注系统凝料，或为了满足模具的动作要求，必须将模具的某些面分开，这些可分开的面统称为分型面。分开型腔取出塑件的面叫型腔分型面。分型面在模具图中的表示一般采用符号"◄－┼－►"表示；若只有一方移动，而另一方不动，则用"┼－►"表示，其箭头指向移动方向；若同一模具有多个分型面则应按分型的先后次序标出"Ⅰ、Ⅱ、Ⅲ"，或"A、B、C"等。如图 3－42 所示。

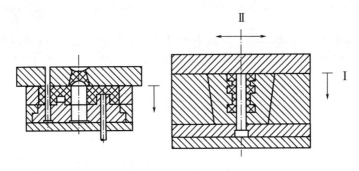

图 3－42　分型及标注

1. 塑件在型腔中方位的选择

塑件在型腔中的方位选择是否合理，将直接影响模具总体结构的复杂程度。一般应尽量避免与开合模方向垂直或倾斜的侧向分型和抽芯，使模具结构尽可能简单。为此，在选择塑件在型腔中的方位时，要尽量避免与开合模方向垂直或倾斜的方向有侧孔、侧凹。在确定塑件在型腔中的方位时，还需考虑对塑件精度和质量的影响、浇口的设置、生产批量、成型设备、所需的机械化自动化程度等。

2. 分型面形状的选择

分型面形状的选择主要应根据塑件的结构形状特点而定，力求使模具结构简单、加工制造方便、成型操作容易。分型面形状如图3-43所示。

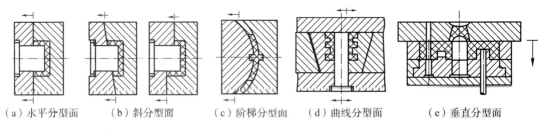

（a）水平分型面　　　（b）斜分型面　　　（c）阶梯分型面　　（d）曲线分型面　　　（e）垂直分型面

图3-43　分型面形状

3. 分型面位置的选择原则

（1）分型面选择的原则

①基本原则：必须选择塑件断面轮廓最大的地方作为分型面，这是确保塑件能够脱出模具的基本原则，如图3-44所示。

②尽量使塑件在开模之后留在动模边，如图3-45所示。

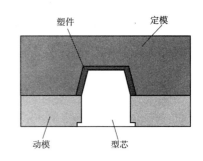

图3-44　分型面选择在塑件断面轮廓最大的地方

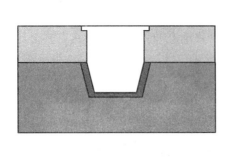

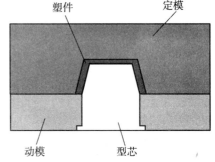

图3-45　分型面选择塑件留在动模边

③改变塑件在模内的摆放方向，不要设在塑件要求光亮平滑的表面或带圆弧的转角处，以免溢料飞边、拼合痕迹影响塑件外观，以保证塑件的外观要求，如图3-46所示。

④尽量确保塑件位置及尺寸精度。如图3-47所示为确保塑件同心度的分型面设计。

⑤确保塑件孔中心距及外形尺寸精度设计分型面，如图3-48所示为确保塑件孔中心距的分型面设计。

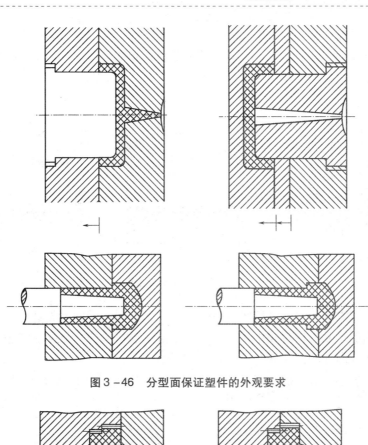

图 3 - 46 分型面保证塑件的外观要求

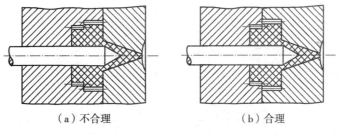

（a）不合理　　　　　　　　（b）合理

图 3 - 47 确保塑件同心度的分型面设计

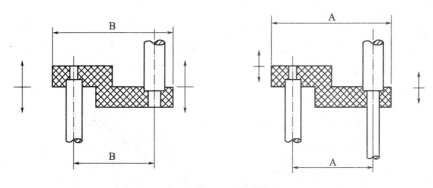

图 3 - 48 确保塑件孔中心距的分型面设计

⑥便于实现侧向分型抽芯。应尽量采用动模边侧向分型抽芯。采用动模边侧向分型抽芯，可使模具结构简单，也可得到较大的抽拔距。在选择分型面位置时，应优先考虑将塑

件的侧孔、侧凹设在动模一边。图3-49（a）是使侧向型芯抽拔距离短的分型面设计；图3-49（b）使侧向抽芯机构设置在动模，模具结构简单的分型面；图3-49（c）是使侧向抽芯机构设置在动模，模具结构复杂的分型面。

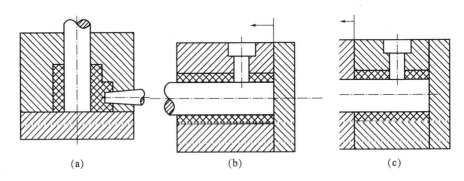

(a)　　　　　　　　　　(b)　　　　　　　　　(c)

图3-49　塑件有侧孔的分型面选择的几种情况

一般投影面积大的作为主分型面，小的作为侧分型面。侧向分型面一般都靠模具本身结构锁紧，产生的锁紧力相对较小，而主分型面由注射机锁模力锁紧，锁紧力较大。故应将塑件投影面积大的方向设在开合模方向。

⑦分型面位置要有利于模具制造，如图3-50所示为分型面设计对模具加工的影响。

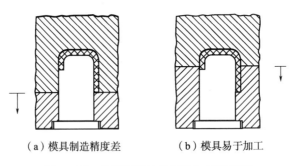

（a）模具制造精度差　　　　　（b）模具易于加工

图3-50　分型面设计对模具加工的影响

⑧分型位置要尽量有利于排气。利用分型面上的间隙或在分型面上开设排气槽排气，结构较为简单，因此，应尽量使料流末端处于分型面上。当然料流末端的位置完全取决于浇口的位置，如图3-51所示为分型面设计对模具排气的影响。

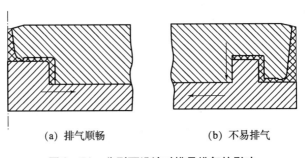

(a) 排气顺畅　　　　　　(b) 不易排气

图3-51　分型面设计对模具排气的影响

⑨分型位置要尽量有利于脱模,如图 3 – 52 所示为分型面设计对塑件脱模的影响。

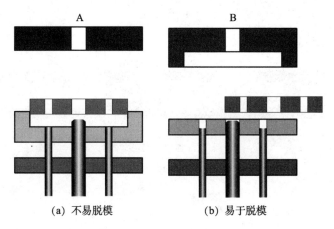

(a) 不易脱模   (b) 易于脱模

图 3 – 52 分型面设计对塑件脱模的影响

有时对于某一塑件在选择分型面位置时,不可能全部符合上述要求,这时应根据实际情况,以满足塑件的主要要求为宜。

练习与思考

1. 注射模具的分型面一般必须设在 ( )。

    A. 塑件断面轮廓最小的地方;   B. 塑件断面轮廓最大的地方;

    C. 塑件的侧面;   D. 塑件的正面

2. 在注射模中,分流道采用非平衡式布置时,通常 ( )。

    A. 塑料进入各型腔有先有后;   B. 塑料同时进入各型腔;

    C. 浇口可设计成不同的尺寸;   D. 各型腔充满的时间应尽可能相同

3. 注射模具分型面的选择一般 ( )。

    A. 投影面积大的作为主分型面,小的作为侧分型面;

    B. 使塑件留在定模边;

    C. 位于料流末端;

    D. 设在塑件要求光亮平滑的表面处

4. 注射模具中塑件在型腔中的方位一般要尽量避免与开合模方向垂直。( ) (√×)

5. 对于型腔数量较多的注射模具分流道通常采用非平衡式布置。( ) (√×)

6. 型腔数量及布置的确定应考虑哪些方面?

7. 分型面的选择应主要遵循哪些原则?

注射模成型零部件结构的认知

学习目标

1. 掌握凹模、型芯的结构及安装形式；能根据制品特点合理选择凹模、型芯的结构及安装形式。
2. 熟知并能分析影响塑件制品精度的因素。
3. 掌握塑件尺寸与模具成型尺寸形式的规定和成型零件工件尺寸计算方法；能正确识读、标注塑件尺寸与模具尺寸。

项目任务

项目名称	项目一 PA 汽车门拉手的注射成型
子项目名称	子项目四 PA 汽车车门拉手成型模具选用与安装
单元项目任务	任务 1. PA 汽车门拉手凹模结构形式的确定； 任务 2. PA 汽车门拉手型芯结构与安装形式的确定； 任务 3. PA 汽车门拉手成型部分尺寸的计算与标注
任务实施	1. 确定 PA 汽车车门拉手注射模成型零部件的结构方案； 2. 对 PA 汽车车门拉手注射模成型零部件工作尺寸进行计算，测量 PA 汽车车门拉手各部分的尺寸，画出结构图并标注尺寸，测量注射模型腔各部分的工作尺寸，画出结构图并标注尺寸

相关知识

一、成型零件的结构

成型零件是成型塑件的零件，也就是构成模具型腔的零件。成型零件通常包括凹模（型腔）、凸模（型芯）。一般径向尺寸较小的型芯又可称为成型杆。对于成型塑件外螺纹的凹模可称为螺纹型环，成型塑件内螺纹的型芯可称为螺纹型芯。由于成型零件直接与高温高压的塑料接触，因此要求其具有足够的强度、刚度、硬度和耐磨性、耐腐蚀性，还需要较高的精度、较低的表面粗糙度。

1. 凹模的结构

凹模是成型塑件外表面的部件，按其结构形式可分为整体式、整体嵌入式、局部镶嵌式和组合式几类。整体式凹模是在整块模板上加工而成的，如图 3 - 53 所示。其特点是强度、刚度好，适用于形状简单、加工制造方便的场合。整体嵌入式凹模本身是整体式结构，但凹模和模板之间采用组合的方式。凹模结构形状复杂或局部易损坏，需要经常更换，时常采用局部镶嵌式凹模，如图 3 - 54（a）为嵌入圆销成型塑件表面直纹的结构；图 3 - 54（b）为镶件成型上沟槽的结构；图 3 - 54

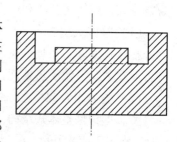

图 3 - 53 整体式凹模

（c）为镶件构成塑件圆环形筋的结构；图 3 - 54（d）为镶件成型塑料件底部复杂性形状的结构。如图 3 - 55 和图 3 - 56 为局部镶嵌式凹模和组合式凹模。

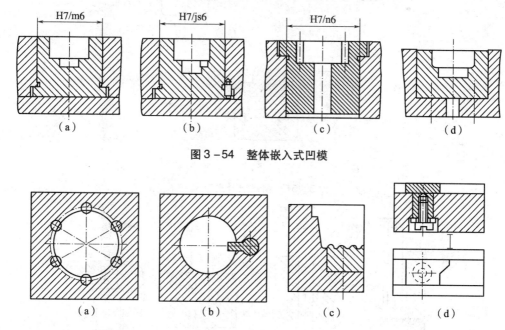

图 3 - 54 整体嵌入式凹模

图 3 - 55 局部镶嵌式凹模

为了便于凹模的加工、维修、热处理，或为了节省优质钢材，常采用组合式结构，组合式有各种各样的组合结构形式，设计时主要应考虑以下要求。

（1）便于加工、装配和维修。尽量把复杂的内形加工变为外形加工，配合面配合长度不宜过长，易损件应单独成块，便于更换。

（2）保证组合结构的强度、刚度，避免出现薄壁和锐角。

（3）尽量防止产生横向飞边。

（4）尽量避免在塑件上留下镶嵌缝痕迹，影响塑件外观。

（5）各组合件之间定位可靠、固定牢固。

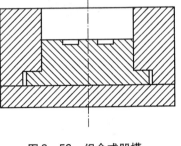

图 3-56　组合式凹模

2. 型芯的结构

型芯是成型塑件内表面的部件，按其结构形式同样可分为整体式、整体组合式和组合式三类。

（1）整体式型芯

整体式型芯是在整块模板上加工而成的。其结构坚固，但不便于加工，切削加工量大，材料浪费多，不便于热处理，仅适用于形状简单、高度较小的型芯。

（2）整体组合式型芯

型芯本身是整体式结构，型芯和模板之间采用组合的方式，叫整体组合式型芯，如图3-57和图3-58所示，这是最常用的形式。

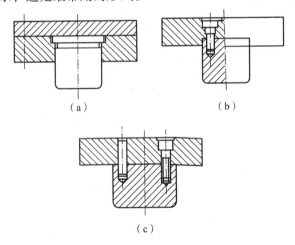

（a）　　　　　　　（b）

（c）

图 3-57　整体组合式型芯

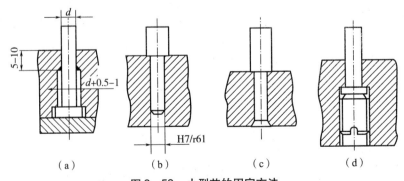

（a）　　　　（b）　　　　（c）　　　　（d）

图 3-58　小型芯的固定方法

（3）组合式型芯

对于形状复杂的型芯，为便于加工，可采用组合式结构，如图 3–59 所示。

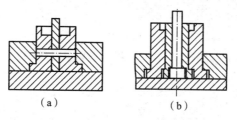

（a）　　　　　　　　　（b）

图 3–59　组合式型芯

二、成型零件工作尺寸的计算

成型零件的工作尺寸是指成型零部件中直接成型塑件并决定塑件几何形状的各处尺寸。主要有型腔尺寸、型芯尺寸和模具中心距尺寸。型腔（凹模）尺寸包括径向尺寸和深度尺寸，型芯尺寸包括径向尺寸和高度尺寸等。而成型零件的非成型部分的尺寸为结构尺寸。

1. 塑件尺寸与模具成型零件工作尺寸的规定及标注

对于塑件尺寸与模具成型零件工作尺寸的规定及标注如图 3–60 所示。各尺寸的偏差规定为：

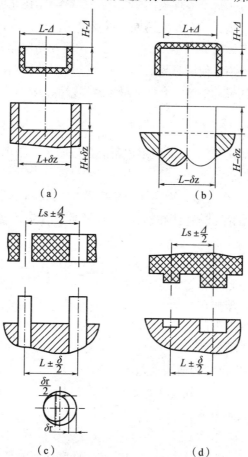

（c）　　　　　　　　　（d）

图 3–60　塑件尺寸与模具成型零件工作尺寸的规定及标注

Δ—制品有尺寸公差；δz—工作尺寸制造公差

195

（1）制品上的外形尺寸采用单向负偏差，基本尺寸为最大值；与制品外形尺寸相应的型腔类尺寸采用单向正偏差，基本尺寸为最小值。

（2）制品上的内形尺寸采用单向正偏差，基本尺寸为最小值；与制品内形尺寸相应的型芯类尺寸采用单向负偏差，基本尺寸为最大值。

（3）制品和模具上的中心距尺寸均采用双向等值正、负偏差，它们的基本尺寸均为平均值。

2. 影响塑件尺寸精度的因素

（1）成型零件工作尺寸的制造误差

成型零件工作尺寸的制造精度直接影响着塑件的尺寸精度，为满足塑件的尺寸精度要求，成型零件工作尺寸的制造公差 δ_z 占塑件公差 Δ 的比重不能太大，一般可取：

$$\delta_z = \left(\frac{1}{3} \sim \frac{1}{10}\right)\delta \tag{3-13}$$

塑件尺寸精度高的，系数可取大些；反之取小些。从加工角度考虑，δ_z 通常应在IT6 ~ IT10 之间，形状简单的，公差等级可取小些；形状复杂的，公差等级可取大些。

（2）成型零件工作尺寸的磨损

由于在脱模过程中塑件和成型零件表面的摩擦，塑料熔体在充模过程中对成型零件表面的冲刷，模具在使用及不使用过程中发生锈蚀，以及由于上述原因使成型零件表面发毛而需不断地打磨抛光导致零件实体尺寸变小。磨损的大小主要和塑料品种、塑件的生产批量、模具材料的耐磨性有关。随着模具使用时间的延长，由于磨损的影响而使成型零件的工作尺寸不断变化，从而影响塑件的尺寸精度。允许的最大磨损量称为磨损公差 δ_C，一般可取：

$$\Delta_c \leqslant \frac{1}{6}\Delta \tag{3-14}$$

塑件生产批量小、塑料硬度低、成型零件耐磨性好时，系数取小些；反之取大些。

（3）塑料的收缩率波动

塑料的收缩率并不是一个常数，而是在一定的范围内波动。影响塑件尺寸精度的并不是收缩率的大小，而是收缩率波动范围的大小。在模具设计中，塑料的收缩率常采用下式计算：

$$S = \frac{L_m - L_s}{L_m} \times 100\% \tag{3-15}$$

式中　S——塑料的计算收缩率；

L_m——模具型腔在室温下的尺寸；

L_s——塑件在室温下的尺寸。

收缩率波动引起的塑件尺寸的最大误差 $\delta_{s\,max}$ 为：

$$\delta_{s\,max} = (S_{max} - S_{min})\,L_s \tag{3-16}$$

式中　S_{max}——塑料的最大收缩率；

S_{min}——塑料的最小收缩率。

从式（3-16）可看出，收缩率波动对塑件尺寸精度的影响随塑件尺寸的增大而增大。

对塑件尺寸精度的影响，除了上述因素以外，还有模具成型零件相互间的定位误差、成型零件在工作温度下相对于室温的温升热膨胀、成型零件在塑料压力作用下的变形以及飞边厚薄的不确定性等。

塑件的不同尺寸，其尺寸精度所受上述各因素的影响程度是不同的，因此在计算成型零件工作尺寸时，对不同的尺寸要区别对待。

3. 成型零件工作尺寸的计算

成型零件工作尺寸的计算方法通常有平均收缩率和公差带两种。主要考虑成型零件工作尺寸的制造公差和磨损公差，以及塑料的收缩率波动对塑件尺寸精度的影响。对于其他因素影响的尺寸，可视其影响程度对收缩率波动范围适当调整，将其他影响因素包含在收缩率波动范围内。

平均收缩率计算法以平均概念进行计算，从收缩率的定义出发，按塑件收缩率、成型零件制造公差、磨损量都为平均值时进行计算。

（1）凹模内径尺寸的计算

$$L_M = \left[L_S + L_S S_{CP} - 3/4\Delta \right] + \delta z \tag{3-17}$$

式中　L_S——塑件基本尺寸；

　　　S_{CP}——模塑平均收缩率；

　　　Δ——塑件的尺寸公差；

　　　δz——模具制造公差；

系数 3/4——考虑模具制造误差、磨损量等因素而采取的综合修正系数。有时也取 2/3。

（2）凹模深度尺寸计算

$$H_M = \left[H_S + H_S S_{CP} - 2/3\Delta \right] + \delta z \tag{3-18}$$

式中　H_S——塑件基本尺寸；

系数 2/3——考虑模具制造误差、磨损量等因素而采取的综合修正系数。有时也取 1/2。

（3）型芯外径尺寸的计算

$$L_M = \left[L_S + L_S S_{CP} - 3/4\Delta \right] - \delta z \tag{3-19}$$

式中　L_S——塑件基本尺寸；

系数 3/4——考虑模具制造误差、磨损量等因素而采取的综合修正系数。有时也取 2/3。

（4）型芯高度尺寸的计算

$$H_M = \left[H_S + H_S S_{CP} - 2/3\Delta \right] - \delta z \tag{3-20}$$

式中　H_S——塑件基本尺寸；

系数 2/3——考虑模具制造误差、磨损量等因素而采取的综合修正系数。有时也取 1/2。

（5）型芯或型孔之间的中心距

$$L_M = \left[L_S + L_S S_{CP} \right] \pm \delta z \tag{3-21}$$

（6）凹模内型芯中心到凹模侧壁的距离

$$L_M = \left[L_S + L_S S_{CP} - 1/4\delta_C \right] \pm \delta z \tag{3-22}$$

式中　δ_C——允许磨损量。

（7）凸模上型芯中心到凸模边缘的距离

$$L_M = \left[L_S + L_S S_{CP} + 1/4\delta_C \right] \pm \delta z \tag{3-23}$$

案例：制品如图 3 - 61 所示，材料为 ABS。现计算确定模具凹模内径和深度、型芯直径和高度以及两小孔的中心距及小孔直径。

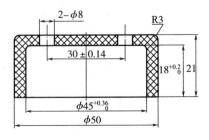

图 3 - 61　制品尺寸

①定模塑平均收缩率。从有关手册查知，ABS 的收缩率为 0.4% ~ 0.7%。在此取平均收缩率作为模塑收缩率，即：

$$\delta_{cp} = (S_{max} + S_{min}) / 2$$
$$S_{cp} = (0.4 + 0.7) / 2\% = 0.6\%$$

②明确制品尺寸公差等级，将尺寸换算为规定的形式。由制造公差等级表和塑料制品尺寸等级表知，制品所注公差尺寸的公差等级为 MT13 级，对 ABS 塑件属 "一般精度"。制品未注公差等级设为 MT4 级，这样模具制造和成型都比较容易。

由塑料制品尺寸等级表查得制品未注公差尺寸的允许偏差为双向偏差形式，故按照尺寸形式的规定，做如下转换：

内部小孔　$\phi8 \pm 0.16 \rightarrow \phi7.84 + 0.32$

塑件外径　$\phi50 \pm 0.32 \rightarrow \phi50.32 - 0.64$

塑件高度　$21 \pm 0.22 \rightarrow 21.22 - 0.44$

③成型尺寸计算。取模具制造公差　$\delta z = \Delta/4$

凹模尺寸：

$$L_M = [50.32 + 50.32 \times 0.006 - 3/4 \times 0.64] + 0.64/4$$
$$= 50 + 0.16 （不保留小数位）$$

$$H_M = [21.22 + 21.22 \times 0.006 - 2/3 \times 0.44] + 0.44/4$$
$$= 21 + 0.11 （不保留小数位）$$

大型芯尺寸：

$$L_M = [45 + 45 \times 0.006 + 3/4 \times 0.36] - 0.36/4$$
$$= 45.5 - 0.09 （保留一位小数）$$

$$H_M = [18 + 18 \times 0.006 + 2/3 \times 0.2] - 0.2/4$$
$$= 18.2 - 0.05 （保留一位小数）$$

小型芯尺寸：

$$L_M = [7.86 + 7.86 \times 0.006 + 3/4 \times 0.28] - 0.28/4$$
$$= 8 - 0.07 （不保留小数位）$$

$$H_M = （凹模深度 - 大型芯高度） - \delta$$
$$= (21 - 18.2) - 0.01 = 2.8 - 0.01$$

两个小型芯固定孔的中心距：

$$L_M = [30 + 30 \times 0.006] \pm 0.28/8$$
$$= 30.2 \pm 0.035$$

练习与思考

1. 成型零件的制造公差（Δz）、磨损公差（Δc）怎样选择?

2. 什么叫塑料的收缩率和收缩率波动?

3. 一圆筒形塑件，其尺寸要求为：外径 $50^0_{-0.46}$，径向壁厚 4 ± 0.15，孔深 $50^0_{+0.46}$，底部壁厚 4 ± 0.15，塑料的收缩率为 1.2% ~ 1.8%，型芯的径向尺寸和高度尺寸、凹模的径向尺寸和深度尺寸的制造公差均为 0.046，型芯、凹模径向尺寸的磨损公差均为 0.02，试求型芯的径向尺寸和高度尺寸、凹模的径向尺寸和深度尺寸。

4. 有一如图 3 - 62 所示的塑件，选用 ABS 收缩率为 0.2% ~ 0.7%，用平均收缩率法计算型芯的径向尺寸和高度尺寸、凹模的径向尺寸和深度尺寸，以及两个小型芯的中心距。

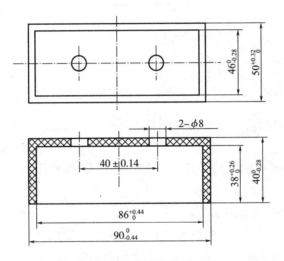

图 3 - 62　塑件结构尺寸

单元六

模具排气、导向、脱模及侧抽芯机构的认知

学习目标

1. 掌握模具排气机构的形式及选用原则；能根据制品及设备特点合理选择模具排气机构。

2. 掌握导柱导向机构的类型及选用原则；能根据制品及设备特点合理选择脱模机构。

3. 掌握一次脱模机构的结构及安装形式的选用，了解侧向分型抽芯机构、顺序脱模、二级脱模和自动螺纹脱模机构的结构形式及工作原理。

4. 知道模具温度调节系统的结构形式；能根据制品成型工艺要求，合理地对模具进行温度控制。

项目任务

项目名称	项目一　PA 汽车门拉手的注射成型
子项目名称	子项目四　PA 汽车车门拉手成型模具选用与安装
单元项目任务	任务 1. PA 汽车门拉手模排气机构的确定； 任务 2. PA 汽车门拉手模导向机构的确定； 任务 3. PA 汽车门拉手模脱模机构的确定； 任务 4. PA 汽车门拉手模温度调节系统的确定
任务实施	分组讨论，设计 PA 汽车车门拉手注射模排气机构、导向机构、脱模机构、冷却系统方案，并绘出草图

200

相关知识

一、排气机构

排气是注射模设计中不可忽视的问题。注射成型中，若模具排气不良，型腔内气体将产生很大的压力，阻止塑料熔体正常快速充模，同时气体压缩产生高温，可能使塑料烧焦。在充模速度快、温度高、物料黏度低、注射压力大和塑件壁较厚的情况下，气体在一定的压缩程度下会渗入塑件内部，造成气孔、组织疏松等缺陷。特别是快速注射成型工艺的发展，对注射模的排气要求就更严格。

模具的排气方式主要有开设排气槽或排气孔，或利用模具配合间隙如分型面的缝隙、推杆与孔的配合间隙、型芯与上模孔的配合间隙、侧向型芯及滑动机构的间隙等进行排气。

排气槽的设计一般宽 1.5~6mm，深 0.02~0.05mm，以塑料不从排气槽溢出为宜，即应小于塑料的溢料间隙如图 3-63 所示。

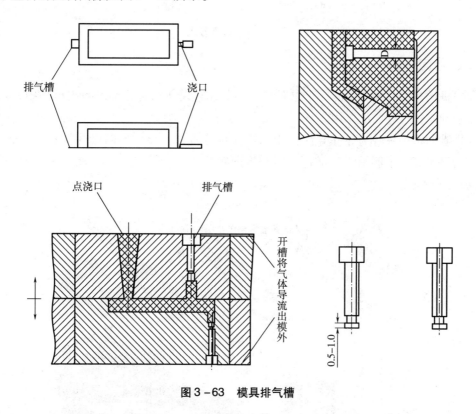

图 3-63 模具排气槽

如图 3-64 所示为利用模具配合间隙的排气形式。图中（a）为利用分型面上的间隙排气，图中（b）、（c）、（d）、（e）为利用活动零件间的间隙排气。

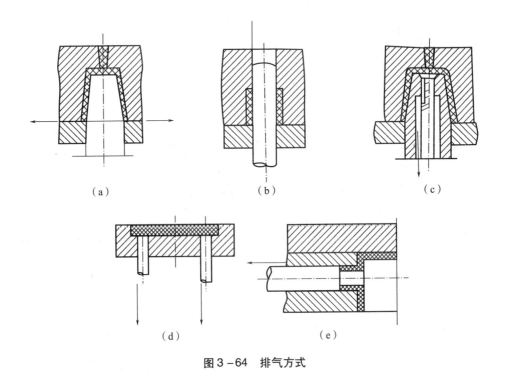

图3-64 排气方式

二、导向机构

导向机构是塑料模具中的一个重要组成部分，它设在相对运动的各类机构中，在工作过程中起到定位、导向的作用。

合模导向机构可分为导柱导向机构和锥面定位机构。导柱导向机构如图3-65所示，其定位精度不高，不能承受大的侧压力；锥面定位机构定位精度高，能承受大的侧压力，但导向作用不大。

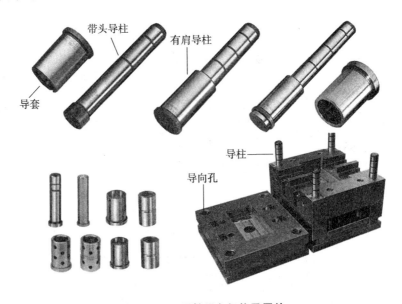

图3-65 导柱导向机构及零件

1. 导柱的结构及对导柱的要求

导柱常见结构形式主要有带头导柱和有肩导柱两种。其结构已标准系列化，各部的结构及尺寸如图3-66和图3-67所示。

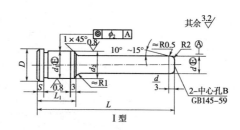

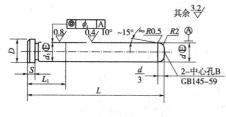

图3-66 带头导柱

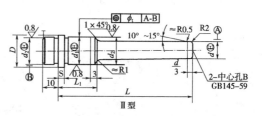

图3-67 有肩导柱

对导柱的要求：

（1）长度。导柱的有效长度一般应高出凸模端面6~8mm，以保证凸模进入凹模之前导柱先进入导向孔以避免凸凹模碰撞而损坏模具。

（2）形状。导柱的前端部应做成锥形或半球形的先导部分，锥角为20°~30°，以引导导柱顺利地进入导向孔。

（3）材料。导柱应具有坚硬耐磨的表面，坚韧而不易折断的内芯。可采用T8A淬火，硬度HRC52~56，或20钢渗碳淬火，渗碳层深0.5~0.8mm，硬度HRC56~60。

（4）配合。导柱和模板固定孔之间的配合为H7/k6，导柱和导向孔之间的配合为H7/f7。

（5）表面粗糙度。固定配合部分的表面粗糙度为Ra0.8，滑动配合部分的表面粗糙度为Ra0.4。非配合处的表面粗糙度为Ra3.2。

2. 导向孔的结构及对导套的要求

导向孔的结构有不带导套和带导套两种形式。不带导套的结构简单，但导向孔磨损后修复麻烦，只能适用于小批量生产的简单模具。带导套的结构可适用于精度要求高、生产批量大的模具。导向孔磨损后修复更换方便。导套按结构又可分为直导套和带头导套（图3-68）。

对导套的要求：

（1）形状。为了使导柱进入导向孔比较顺利，在导套内孔的前端需倒一圆角R。

（2）材料。和导柱材料相同。

（3）配合。直导套和模板固定孔之间的配合为H7/n6，带头导套和模板固定孔之间的配合为H7/k6。

（4）表面粗糙度。固定配合和滑动配合部分的表面粗糙度为 $Ra0.8$，其余非配合面为 $Ra3.2$。

对于在模板上直接加工出的导向孔，对其要求可参照对导套内孔的要求设计。

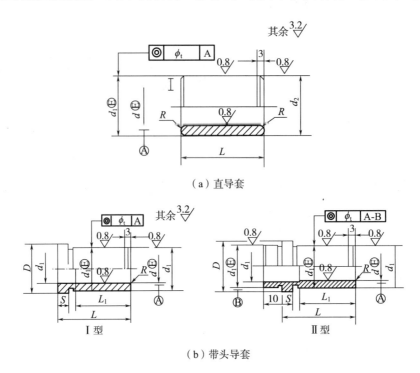

（a）直导套

Ⅰ型 Ⅱ型

（b）带头导套

图 3-68 直导套和带头导套

3. 导柱的布置

为防止在装配时将动定模的方位搞错，导柱的布置可采用等径不对称布置或不等径对称布置，也可采用等径对称布置，并在模板外侧做上记号的方法。

在布置导柱时，应尽量使导柱相互之间的距离大些，以提高定位精度。导柱与模板边缘之间应留一定的距离，以保证导柱和导套固定孔周围的强度。导柱可设在定模边，也可设在动模边。当定模边设有分型面时，定模边应设有导柱。当采用推件板脱模时，有推件板的一边应设有导柱。

三、脱模机构

在注射成型的每一周期中，必须将塑件从模具型腔中脱出，这种把塑件从型腔中脱出的机构称为脱模机构，也可称为顶出机构或推出机构。

（一）对脱模机构的要求

1. 保证塑件不变形损坏

要正确分析塑件与模腔各部件之间附着力的大小，以便选择适当的脱模方式和顶出部位，使脱模力分布合理。由于塑件在模腔中冷却收缩时包紧型芯，因此脱模力作用点应尽可能设在塑件对型芯包紧力大的地方，同时脱模力应作用在塑件强度、刚度高的部位，如凸缘、加强筋等处，作用面积也应尽量大一些，以免损坏制品。

2. 塑件外观良好

不同的脱模机构，不同的顶出位置，对塑件外观的影响是不同的，为满足塑件的外观要求，设计脱模机构时，应根据塑件的外观要求，选择合适的脱模机构形式及顶出位置。

3. 结构可靠

脱模机构应工作可靠，具有足够强度、刚度、运动灵活，加工、更换方便。

（二）脱模机构分类

脱模机构的分类方法很多，可以按动力来源分类，也可以按模具的结构形式分类。

1. 按模具结构形式分类

一次脱模机构、双脱模机构、顺序脱模机构、二次脱模机构、浇注系统凝料脱模机构、带螺纹塑件的脱模机构。

2. 按动力来源分类

（1）手动脱模机构。开模后，用人工操纵脱模机构动作脱出塑件，或直接由人工将塑件从模具中脱出。

（2）机动脱模机构。利用注射机的开模力（开模动作）驱动脱模机构脱出制品。

（3）液压脱模机构。利用注射机上设有的液压顶出油缸驱动脱模机构脱出制品。

（4）气压脱模机构。利用压缩空气将塑件脱出。

（三）一次脱模机构的结构及工作原理

一次脱模机构是指脱模机构一次动作，完成塑件脱模的机构。它是脱模机构的基本结构形式，有推杆脱模机构、推管脱模机构、推件板脱模机构、气压脱模机构、多元件综合脱模机构等。

1. 推杆脱模机构

（1）推杆脱模机构的结构

推杆脱模机构结构简单、制造和更换方便、滑动阻力小、脱模位置灵活，是脱模机构中最常用的一种结构形式。但因推杆与塑件的接触面积小，脱模过程中，易使塑件变形或开裂，因此推杆脱模机构不适合于脱模阻力大的塑件。同时还应注意在塑件上留下的推杆痕迹对塑件外观的影响。

推杆脱模机构的结构如图 3 - 69 所示，主要由推杆、推板、推杆固定板、推板导柱、推板导套和复位杆等零件组成。

开模时，靠注射机的机械推杆或脱模油缸使脱模机构运动，推动塑件脱落。合模时，靠复位杆使脱模机构复位。

（2）推杆

推杆的结构如图 3 - 70 所示，推杆设计时应注意以下几方面。

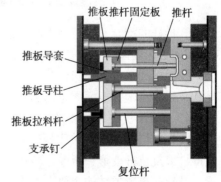

图 3 - 69 推杆脱模机构的结构

①推杆的位置。由于推杆与塑件接触面积小，易使塑件变形、开裂，并在塑件上留下推杆痕迹，故推出位置应设在塑件强度较好的部位。外观质量要求不高的表面，推杆应设在脱模阻力大或靠近脱模阻力大的部位，但应注意推杆孔周围的强度，同时应注意避开冷却水道和侧抽芯机构，以免发生干涉。

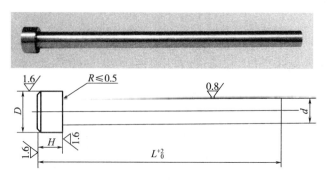

图 3 - 70　推杆的结构

②推杆的长度。推杆的长度由模具结构和推出距离而定。推杆端面与型腔表面平齐或略高。如图 3 - 71 所示，推杆的配合长度 $S = (1.5 \sim 2) d$（d 为推杆直径），最小应不小于 6mm。

推杆的工作长度 $l = S +$ 推杆行程 $+ 3mm$

推杆总长度 $L = H_1 + H_2 + H_3 +$ 推杆行程 $+ 5mm$

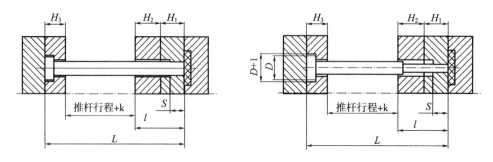

图 3 - 71　推杆的长度

③推杆的配合。推杆与推杆孔之间一般采用 H7/f6 的配合，配合长度取 $(1.5 \sim 2.0) d$，在配合长度以外可扩孔 $0.5 \sim 1mm$。

④推杆的数量。在保证塑件质量与脱模顺利的前提下，推杆数量不宜过多，以简化模具和减小其对塑件表面质量的影响。

（3）推出机构导向装置

脱模机构在模具中做往复运动，为了使其动作灵活，防止推板在顶出过程中歪斜，造成推杆或复位杆变形、折断，减小推杆和推杆孔之间摩擦，在脱模机构中一般应设导向装置，其导向装置的结构主要有如图 3 - 72 所示几种形式。

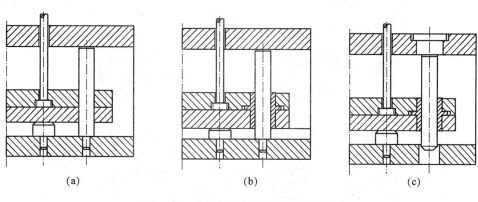

图3-72 推出机构导向装置的结构形式

（4）复位装置

脱模机构在完成塑件脱模后，必须使其回到初始位置，除推件板脱模机构外，其他脱模机构均需设复位零件使其复位。常见的复位形式有：复位杆复位（图3-73）、弹簧复位（图3-74）和推杆兼复位杆复位。利用复位杆复位时，复位动作在合模的后阶段进行，利用弹簧复位时，复位动作在合模的前阶段进行。采用弹簧复位，复位时间较早，在复位过程中，弹簧弹力逐渐减小，故其复位的可靠性要差些。

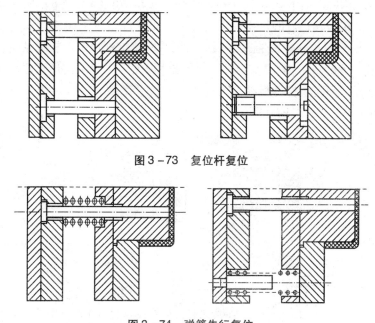

图3-73 复位杆复位

图3-74 弹簧先行复位

2. 推管脱模机构

推管脱模机构的推出面呈圆环形，推出力均匀，无推出痕。主要用于塑件直径较小、深度较大的圆筒形部分的脱模，其脱模的运动方式与推杆脱模机构相同，推管脱模机构的结构如图3-75所示。

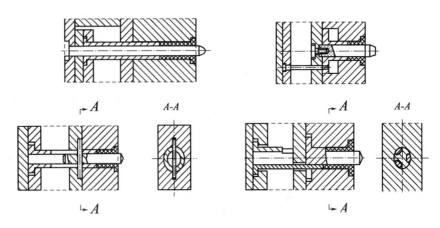

图 3 - 75　推管脱模机构

3. 推件板脱模机构

对一些深腔薄壁和不允许留有推杆痕迹的塑件，可采用推件板脱模机构。推件板脱模机构结构简单、推动塑件平稳，推出力均匀、推出面积大，也是一种最常用的脱模机构形式。但当型芯周边形状复杂时，推件板的型孔加工困难。

推件板脱模机构的结构形式如图 3 - 76 所示。图 3 - 76（a）、（b）用连接推杆将推板和推件板固定连接在一起，目的是在脱模过程中防止推件板由于向前运动的惯性而从导柱或型芯上滑落。图 3 - 76（c）是直接利用注射机的两侧推杆顶推件板的结构，推件板由定距螺钉限位。图 3 - 76（d）、图 3 - 76（e）为推件板无限位的结构形式，顶出时，须严格控制推件板的行程。为防止推件板在顶出过程中和型芯摩擦，对推件板一般应设有导柱导向，如图 3 - 76（a）、（c）、（e）所示。

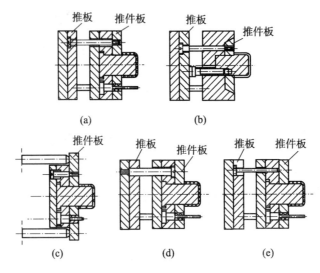

图 3 - 76　推件板脱模机构的结构形式

当推件板顶出不带通孔的深腔、小脱模斜度的壳类塑件时，为防止顶出时塑件内

部形成真空，应考虑采用进气装置。图 3 - 77 为利用大
气压力使中间进气阀进气的结构。

（四）二级脱模机构

一般制件均采用一次脱出，但有些情况下应考虑二
次脱出：①在自动运转的模具里，由推板或顶杆脱出的
制品，经一次顶出后尚不能自动脱落下，则可通过第二
次顶出使制品自动脱落；②薄壁深腔制件或外形复杂的
制件，一般制件与模具的接触面大，与模具的包紧力也
大，如果采用顶杆或顶管一次顶出由于顶出力大很容易
使制件变形或破裂，可采取二次顶出，以分散脱模力，
保证制件精度质量。

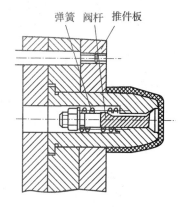

图 3 - 77　进气装置

目前二级脱模机构的形式有很多，典型的
有单顶板顶出和双顶板顶出两种结构形式，如
图 3 - 78 所示为摆块式单顶板二级脱模机构，
定模上对称装有拉板，在开模过程中拉板的钩
拖动摆块少许转动，摆块顶动推板凹模作短距
离移动，使制品从型芯镶件上松脱，完成一级
脱模，限位螺钉阻止推板继续前移。再由顶出
板从推板凹模中顶出制件。弹簧的作用使摆块
与推板保持接触，以利合模时摆块的复位，顶
板依靠反推杆复位。

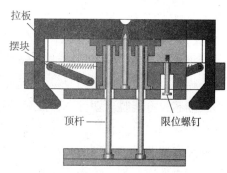

图 3 - 78　摆块式单顶板二级脱模机构

如图 3 - 79 所示为八字形双顶板的二级脱
模机构，一、二级顶板间有垫块，开始顶出
时两级顶板一起运动，这时凹模和顶杆同时
作用于制件，使之与主型芯相分离。然后一
级顶板撞动八字形转板。转板绕轴转动，转
板前端快速运动推动二级顶板，二级顶板在
其上面的顶出杆以大于凹模运动的速度前进，
从而使制件从模内脱出，顶出机构的复位靠
二级顶板的顶杆来完成。

（五）顺序分型机构

根据模具的动作要求，使模具的几个分型面

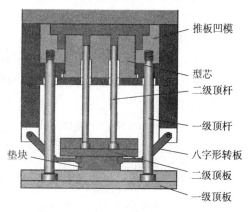

图 3 - 79　八字形双顶板的二级脱模机构

按一定的顺序要求分开的机构称为顺序分型机构或顺序脱模机构，又称定距分型拉紧机构。
有时塑件形状特殊而不一定留在动模，或因为某种特殊需要，模具分型时必须先使定模分
型，然后再使动模分型，必须考虑在定模上设置顺序脱模机构。典型的顺序脱模有弹簧顺
序分型、拉钩顺序分型机构。

1. 弹簧顺序分型机构

弹簧顺序分型机构如图3-80所示，合模时弹簧被压缩，开模时借助弹簧的弹力使分型面Ⅰ首先分型，分型距离由限位螺钉控制，在分型时完成侧抽芯。当限位螺钉拉住凹模时，继续开模，分型面Ⅱ分型，塑件脱出凹模，留在型芯上，后由推件板将塑件从型芯上脱下。

2. 拉钩顺序分型机构

拉钩顺序分型机构如图3-81所示，开模时，由于拉钩的作用，分型面Ⅱ不能分开，使分型面Ⅰ首先分型。分型到一定距离后，拉钩在压块的作用下产生摆动和挡块脱开，定模板在定距拉板的作用下停止运动，继续开模，分型面Ⅱ分型。

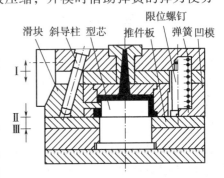

图3-80 弹簧顺序分型机构

（六）侧向分型抽芯机构

当塑件具有与开模方向不同的内外侧凹或侧孔时，除极少数可采用强制脱模外，都需先进行侧向分型或抽芯，方能脱出塑件。完成侧分型面分开和闭合的机构叫侧向分型机构，完成侧型芯抽出和复位的机构叫侧向抽芯机构。侧向分型机构、侧向抽芯机构本质上并无任何差别，均为侧向运动机构，通常把二者统称为侧向分型抽芯机构。

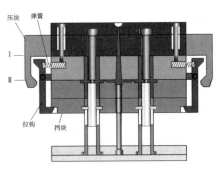

图3-81 拉钩顺序分型机构

1. 侧向分型抽芯的方式

侧向分型抽芯的方式按其动力来源可分为以下三类。

（1）手动侧向分型抽芯

手动侧向分型抽芯又可分为模内手动和模外手动两种形式。前者是在塑件脱出模具之前，由人工通过一定的传动机构实现侧向分型抽芯，然后再将塑件从模具中脱出。后者是将滑块或侧型芯做成活动镶件的形式，和塑件一起从模具中脱出，然后将其从塑件上卸下，在下次成型前再将其装入模内。手动侧向分型抽芯机构具有结构简单、制造方便的优点，但是操作麻烦，劳动强度大，生产率低，只有在试制和小批量生产时才是比较经济的。

（2）机动侧向分型抽芯

机动侧向分型抽芯是利用注射机的开合模运动或顶出运动，通过一定的传动机构来实现侧向分型抽芯动作的。机动侧向分型抽芯机构结构较复杂，但操作简单，生产率高，应用最广。

（3）液压、气压侧向分型抽芯

液压、气压侧向分型抽芯是以压力油或压缩空气为动力，通过油缸或气缸来实现侧向分型抽芯动作的。采用液压侧向分型抽芯易得到大的抽拔距，且抽拔力大，抽拔平稳，抽拔时间灵活。由于注射机本身带有液压系统，故采用液压比气压要方便得多。气压只能用于所需抽拔力较小的场合。

2. 机动侧向分型抽芯机构

机动侧向分型抽芯机构的形式很多，大多为利用斜面将开合模运动或顶出运动转变为侧向运动，也有用弹簧、用齿轮齿条来实现运动方向的转变，实现侧向分型抽芯动作的。常见的形式有斜导柱侧向分型抽芯机构、斜滑块侧向分型抽芯机构和弹簧侧向分型抽芯机构等。

（1）斜导柱侧向分型抽芯机构的结构

如图3-82所示斜导柱侧向分型抽芯机构是由固定于定模座板、与开模方向成一定夹角的斜导柱、动模板上的导滑槽（图中未画出）、可在导滑槽中滑动的和侧型芯固定在一起的滑块、固定在定模板上的楔紧块以及滑块定位装置（由挡块、压缩弹簧、螺钉所组成）所组成。开模时，动模板上的导滑槽拉动滑块，在斜导柱的作用下，滑块沿导滑槽向左移动，直至斜导柱和滑块脱离，完成抽拔，此时由滑块定位装置将滑块定在和斜导柱相脱开的位置，不再左右移动，继续开模，由推管将塑件从型芯上脱出。合模时，动模前移，移动一段距离后斜导柱进入滑块，动模继续前移，在斜导柱作用下滑块向右移动进行复位，直至动、定模完全闭合。成型时，为防止滑块在物料的压力作用下移动，防止滑块将过大的压力传递给斜导柱，用楔紧块对滑块锁紧。

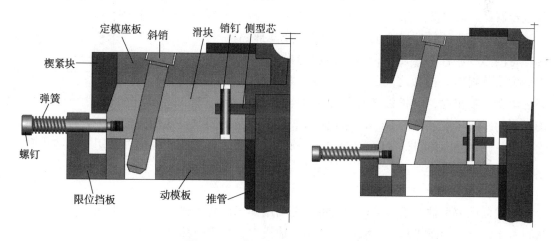

图3-82 斜导柱侧向分型抽芯机构

斜导柱侧向分型抽芯机构中斜导柱和滑块可在动、定模任意一侧，如图3-82是斜导柱在定模、滑块在动模的结构。如图3-83是斜导柱在动模、滑块在定模的结构，型芯和动模板之间采用浮动连接的固定方式，以防止开模时侧芯将塑件卡在定模边而无法脱模。开模时，由于弹簧、顶销的作用，以及塑件对型芯的包紧力，首先从A面分型，滑块在斜导柱的作用下在定模板上的导滑槽中滑动，抽出侧芯。

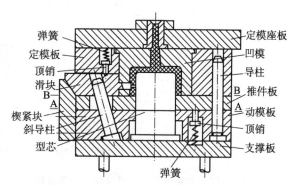

图3-83 斜导柱在动模、滑块在定模的结构

继续开模，动模板与型芯的台阶接触，型芯随动模板一起后退，塑件包紧型芯从凹模中脱出，B面分型，最后由推件板将塑件从型芯上脱下。合模时滑块由斜导柱驱动复位，型芯

在推件板的压力作用下复位。

（2）斜滑块侧向分型抽芯机构

斜滑块侧向分型抽芯机构按导滑部分的结构可分为滑块导滑和斜杆导滑两大类。

如图3-84所示为滑块导滑的斜滑块侧向分型抽芯机构，主要用于塑件侧凹较浅、所需抽拔距不大，但滑块和塑件接触面积较大、滑块较大的场合。在镶块的斜面上开有燕尾形导滑槽，镶块和其外侧模套也可做成一体，斜滑块可在燕尾槽中滑动。开模时，动定模分型，分开一定距离后，斜滑块在推杆的作用下沿导滑槽方向运动，一边将塑件从动模型芯上脱下，一边向外侧移动，完成抽拔。为防止斜滑块从导滑槽中滑出，用挡销对其进行限位，斜滑块的顶出距离通常应控制在其高度的三分之二以下。

如图3-85是斜杆导滑的斜滑块侧向分型抽芯机构，将侧芯和斜杆固定连接，斜杆插在动模板的斜孔中，为改善斜杆和推板之间的摩擦状况，在斜杆尾部装上滚轮。顶出时，由推板通过滚轮使斜杆和侧芯沿

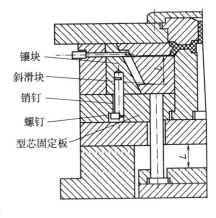

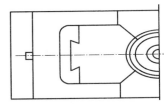

图3-84　斜滑块侧向分型抽芯机构

动模板的斜孔运动，在与推杆的共同作用下顶出制品的同时完成侧向抽芯。合模时，由定模板压住斜杆端面使斜杆复位。斜杆导滑的斜滑块侧向分型抽芯机构一般用于抽拔力和抽拔距都比较小的场合。

（3）弹簧侧向分型抽芯机构

弹簧侧向分型抽芯机构结构较简单，是利用弹簧的弹力来实现侧向抽拔运动的，在抽拔过程中，弹簧力越来越小，故一般多用于抽拔力和抽拔距都不大的场合。

图3-86是弹簧侧向抽芯机构，开模时动定模分开，侧型芯在弹簧力作用下进行抽拔，最终位置由限位螺钉限位；合模时，楔紧块压住侧芯使其复位并锁紧。

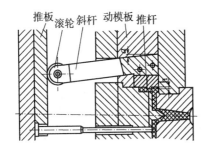

图3-85　斜杆导滑的斜滑块侧向抽芯机构

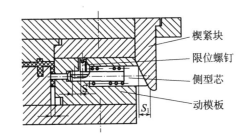

图3-86　弹簧侧向抽芯机构

四、温度调节系统设计

由于各种塑料的性能和加工工艺的不同，模具温度的要求也不同。模具温度的高低及

其波动对塑件质量，如成型收缩率、变形、尺寸稳定性、机械强度、应力开裂和表面质量等都有影响，同时也影响着塑件的产量。模温过低，熔体流动性差，流动剪切力增加，使塑件内应力增大，机械强度降低，塑件轮廓不清晰，表面不光洁，熔接痕牢度下降，甚至充不满模具型腔；模温过高，成型收缩率大，塑件易脱模变形，易引起溢料和粘模现象发生，同时延长了模塑成型周期，生产效率下降。所以，必须对模具温度进行控制调节，保证模具各部温度的均匀性。

模具温度调节系统必须具有加热和冷却的功能，必要时还要二者兼备。模具通常所用的加热与冷却介质有水、热油和蒸汽，也可采用电加热。模具开设冷却系统的原则主要是：①冷却水孔数量尽量多、孔径尽量大；②冷却水孔至型腔表面距离相等；③浇口处加强冷却；④冷却水孔避开熔接缝，避开穿过镶块或接缝处；⑤进出口水管接头的位置应尽可能设在模具的同一侧。

塑料模冷却系统的结构形式取决于塑件形状、尺寸、模具结构、浇口位置、型腔表面温度分布要求等。对于凹模的冷却常见的冷却方式如图3-87所示，冷却水流动阻力小，冷却水温差小，温度易控制；图3-88所示为外连接直流循环式冷却结构，用塑料管从外部连接，易加工，且便于检查有无堵塞现象；当凹模深度大，且为整体组合式结构时，可采用图3-89所示方式冷却。

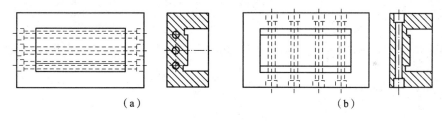

（a）　　　　　　　　　　　　（b）

图3-87　凹模的冷却

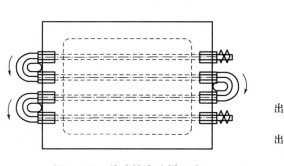

图3-88　外连接直流循环式

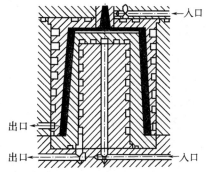

图3-89　大型深腔模具的冷却

型芯的冷却结构与型芯的结构、高度、径向尺寸大小等因素有关。图3-90所示结构可用于高度尺寸不大的型芯的冷却。图3-91、图3-92所示结构可用于高度尺寸和径向尺寸都大的型芯的冷却。当型芯径向尺寸较小时，可采用图3-93所示结构冷却。当型芯径向尺寸小时，可采用图3-94所示结构冷却。

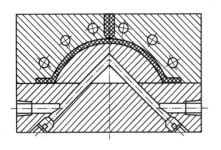

图 3-90　高度尺寸不大的型芯的冷却

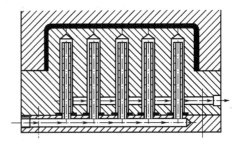

图 3-91　多立管喷淋式冷却

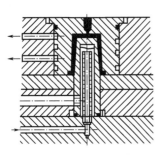

图 3-92　立管喷淋式冷却

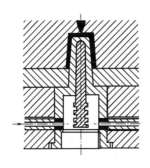

图 3-93　导热杆式冷却

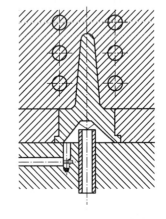

图 3-94　型芯底部冷却

 练习与思考

1. 排气的方式有哪几种？排气槽的尺寸一般为多少？
2. 合模导向机构的作用是什么？
3. 导柱的布置原则有哪些？
4. 对脱模结构的要求有哪些？
5. 复位杆复位和弹簧复位的特点是什么？
6. 顺序分型机构和二次脱模机构有何区别？
7. 什么叫侧向分型抽芯机构？有何适用性？
8. 斜导柱侧向分型抽芯机构一般由哪些部分所组成？各部分的作用及对各部分的要求是什么？
9. 试述注射模冷却系统的设计原则。

单元七

模具装拆与调整操作

学习目标

掌握注射模安装与拆卸的操作步骤；掌握模具装拆安全操作条例；能根据注射模装拆操作规程及操作步骤规范地、安全地进行注射机模具安装与拆卸操作。

项目任务

项目名称	项目一　PA 汽车门拉手的注射成型
子项目名称	子项目四　PA 汽车车门拉手成型模具选用与安装
单元项目任务	任务 1. 注射模具安装操作； 任务 2. 注射模具拆卸操作
任务实施	1. 确定 PA 汽车车门拉手注射模装拆的操作方案，进行模具拆装的操作实训； 2. 撰写实训报告

相关知识

模具的安装和拆卸又称上模和下模。上、下模具作业是较为危险性的作业，为了避免损坏机器或模具，延长模具和机器的使用寿命，减少安全隐患，缩短上、下模时间，保障上、下模具的质量，保持机器和模具精度，必须严格按操作程序有规范地进行操作。

一、模具安装前的准备工作

1. 模具的准备

（1）根据生产需要，确认待安装模具。

（2）检查待上模具是否有进料嘴及定位环，如图 3 – 95 和图 3 – 96 所示。

（3）将模具表面擦拭干净，如图 3-97 所示。

图 3-95　进料嘴

图 3-96　定位环

图 3-97　擦拭模具表面

2. 工具的准备

准备待上模具及所需工具，如水管开闭器，吊环，铜水嘴，防水胶，带气枪，机器顶杆，盛水盒，工具盒，火花油壶，抹布，24#、26#、32#扳手，小活动扳手，推车，吊装设备等。

3. 注射机的准备

（1）参数的设定

①打开注射机电源开关，在手动状态下，按开、闭模参数设定键，显示屏显示开、闭模参数设定画面，然后将机器开模快速及锁模快速降低，一般设定为 10mm/s。将低压位置增大，如设定为 66.6mm。

②检查机器温控是否关闭。模具安装也可在机筒预热时进行，但此时要注意将机筒温度调整为稍低于成型温度，并要打开料斗座下料口处冷却水阀门，使下料口处始终保持冷却，以防止物料因受热时间过长，而在下料口处出现"架桥"现象。

③使用机械手操作时，必须将机械手功能关闭，如海天注射机在第二组画面选择中，按下 F6，即显示其他资料设定画面，将画面中"机械手"项选择为"不用"。

（2）注射机模板的清理

①启动油泵，按手动操作区中的"开模"键，将移动模板开至最大位置。

②停油泵，打开安全门。

③先用抹布擦去模板上的油脂、异物，喷上火花油，用铜刷或细油石去锈，再用抹布擦干净。如图 3-98~图 3-100 所示。

④检查机器定位圈是否磨损变形或高出机器模板平面。

图 3-98　清理模板的油脂和异物

图 3-99　喷火花油

图 3-100　模板去锈

（3）检查顶出杆

①启动油泵，检查注射机顶出杆，顶出杆回位后顶针端面不可高出机器模板。

②顶出杆须固定，避免生产过程中反复顶出后松动。顶出杆的固定可用扳手固定，如图3-101所示。

③如果模具具有两支或两支以上顶出杆时，顶出有效长度必须一致，如图3-102所示。

④关闭油泵。

图3-101 顶出杆的固定

图3-102 顶出杆有效长度一致

二、模具的安装操作

模具安装可采用整体吊装和分体吊装两种方法，如果模具较大，而且吊装设备的吨位不够时，则需要采用分体吊装的方法，一般多采用整体吊装法。

1. 模具整体吊装操作

（1）将模具装上吊环。吊环要装在模具正中央，一般装在公模板上，吊环旋入模具至8圈以上，但又不可全部旋入模具，须预留半圈，以防止吊环螺牙或模具内螺纹损坏。

（2）吊起模具。将吊装设备移至模具的正上方，并将吊钩钩住模具，吊起模具。注意事项：①吊装设备的链条拉住模具时，链条须与地面垂直，如图3-103和图3-104所示；②模具刚吊起时，应观察公母模是否会分离，如有分离的趋势，则应放下模具，将模具合紧后，把母模也装上吊环，用铁丝与公模固定使其不能分离后再吊模具。

图3-103 吊钩和链条安装

图3-104 模具起吊

（3）将模具平移至拉杆内，初步确定模具位置。模具吊起至其底部至少高出注射机器最高部位 10cm 左右时，将模具平移至拉杆内，然后缓慢下降，初步确定模具安装位置。注意事项：①模具横移至注射机拉杆间时，须用手扶住模具，避免模具撞击机械手及其他部件，如图 3 - 105 所示；②当模具重心偏向锁模部时，模具定位环应稍高于注射机定位环，模具重心偏向射出部时，模具定位环应稍低于机器定位圈；③较大型模具宜两人合作，操作较安全且效率较高；④模具初步定位时必须用手推模具或链条，严禁用手推滑道，如图 3 - 106 所示。

图 3 - 105　模具平移至拉杆内

图 3 - 106　模具初步定位

（4）手动合模调整注射机的容模厚度。关上安全门，打开注射机电源开关，启动油泵，在手动状态下，手动合模至移动模板即将与模具贴合时，即停止移动模板前移，然后观察注射机曲轴伸直状况，如图 3 - 107 所示。

图 3 - 107　移动模板即将与模具贴合

当注射机模板即将与模具贴合而机器曲轴尚未伸直时，如图 3 - 108 所示，须使移动模板后退，使曲轴伸直且注射机模板与模具模板大致平行。

当曲轴伸直而模具与模板间仍有较大间距时，如图 3 - 109 所示，须使模板前移，直至与模具贴合，使曲轴伸直且注射机模板与模具模板大致平行。

注意事项：模板前移时要缓慢移动，切不可快速一步到位，以免损坏模具和设备。

图 3 - 108　曲轴尚未伸直

图 3 - 109　模具与模板间较大间距

（5）重新定位模具，使模具定位环嵌入前固定模板的定位圈。

①关好安全门，按手动操作键"调模进"，运用细调模将模具锁入前固定模板的定位圈。当模具定位环锁入前固定模板定位圈约三分之一时，停止"调模进"。

②将吊装设备链条适当放松，以避免因吊装设备链条过紧而影响模具平衡。

③再按"调模进"键，将模具定位环锁入前固定模板定位圈，使注射机模板与模具完全贴合。

④关闭油泵，打开安全门。当注射机定位圈变形或模具定位环变形造成模具不能锁入时，严禁用高压锁入，需确定注塑面定位圈或模具定位环是否损伤，更换新定位环后或取下模具定位环再锁入。

（6）装母模压板螺丝、锁母模压板，固定母模，如图3-110所示。注意事项：①装压板螺丝时注意避开水嘴位置且须有一定预留量，以防止损坏螺牙或模板内螺纹；②母模板压板不可接触料道板，以防止料道板拉不开，且须安装在模具上方位置，以便操作人员操作；③压板调节螺丝端高度应高于母模固定板端高度1~2mm，如图3-111所示，以利于模具受力，调节螺丝至少锁5牙以上，高度不足时需加装垫块；④压板螺丝锁压板不可锁太紧，否则会损坏螺牙、螺帽及模板内螺纹，一般当压板螺丝垫块与压板接触后只要单手加力1~2次，再双手加力一次即可；⑤锁压板姿势应一手扶住压板，一手固定螺丝，如图3-112所示。

图3-110 安装母模压板调节螺丝

图3-111 压板调节螺丝端高度

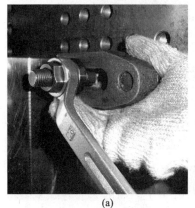
(a)

(b)

图3-112 锁母模压板

（7）调整锁模力。

①启动油泵，关好安全门，按手动操作键"开模"，"合模"，进行开合模动作，观察油压表油压大小，即表示模具锁模力大小，如图3-113所示。

②依据生产要求调整锁模力。调模时应将注射机移动模板退后10mm，再按几下"调模进"键或"调模退"键，然后再按"合模"键进行合模，观察锁模力的大小。

③重复步骤②，直至达到所需要锁模力大小为止。

④关闭油泵。

注意事项：按"调模进"或"调模退"键时，一般每次按3~5下，不能一次调节过多，以免损坏模具。

（8）固定公模。装压板螺丝，锁公模压板，固定公模，安装方法及注意事项与母模基本相同。

图3-113 油压表

（9）放松吊装设备链条，拆下吊钩、吊环，将吊装设备归位。注意事项：①模具安装未完成不可放松吊装设备链条；②将吊装设备归位至注射机后安全门上方，以不妨碍机械手等操作的位置为妥。

（10）装铜水嘴，连接模具冷却水路，步骤如下。

①检查水嘴端面是否缺损或变形，将水嘴上残余胶带清除干净。

②将铜水嘴螺牙端缠上3~6圈防水胶带。

③清理模具水孔中残余防水胶带及杂质等。

④关安全门，启动油泵，按手动操作"开模"键，手动开模，关闭油泵。

⑤安装铜水嘴，铜水嘴先用手动旋入，再用活动扳手拧2~3圈即可，不能过度拧紧以免损坏螺牙，如图3-114所示。

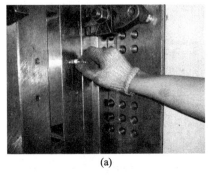 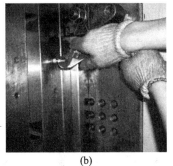

(a)　　　　　　　　(b)

图3-114 安装铜水嘴

⑥连接冷却水管。水路连接方式须按要求的水路顺序进行连接，如图3-115所示。模具正面铜水嘴水管不宜太长，以免影响操作人员操作，铜水嘴上废胶带必须清除干净。水路连接时需检查快速接头内是否有防水圈，连接完成后须开冷却水，检查是否漏水。

图 3-115　冷却水管连接

图 3-116　安装开闭器

（11）安装开闭器。①关安全门，启动油泵，在注射机手动操作状态下，按手动操作"开模"键，手动开模，关闭油泵；②安装开闭器，如图 3-116 所示。

操作注意事项：开闭器端面不可有毛刺或变形，且须对称装配。固定时不可拧太紧，以能拉开料道板为准。

（12）开、合模及顶出参数的调整。调整开、合模速度、压力，设定低压位置以及顶出速度、压力、位置。

操作注意事项：①锁模力的设定不能太大，一般设定在 $40 \sim 60 kg/mm^2$，太大容易损坏模具和注射机合模系统；②低压位置设定必须精确到 $0.3 \sim 0.5mm$，设定完成后必须检查设定是否恰当；③顶出长度设定比成品厚度略长即可，如图 3-117 所示。

（13）安装安全开关。关安全门，启动油泵，在手动操作方式下，按手动操作，手动开模，关闭油泵。安装安全开关，如图 3-118 所示。

图 3-117　顶出长度

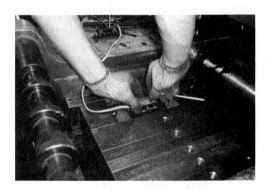

图 3-118　安装安全开关

（14）确认安全开关是否有保护作用：①关安全门，启动油泵，在手动操作方式下，按手动操作"开模"键，手动开模；②按手动"顶针进"操作键，顶针前进；③将一直径小于 2mm 的塑胶棒或小顶针放置于模具顶针垫板与公模固定板之间，如图 3-119 所示；④在手动操作方式下，按"顶针退"和"顶针进"，若注射机仍能重复顶出动作，则表明安全开关设定不当，安全开关触头接触太多，需要重新设定。

（15）确认电动式、油压式安全装置、安全门及紧急停止开关的动作。

（16）关闭注射机电源，整理注射机台面，更换标示牌。

2. 模具分体吊装操作

（1）动、定模分开吊运前，做好它们的配合标记。

（2）先把定模吊入拉杆模板间，把模具定位环装入定模板的定位孔内，使模具平面与定模板的安装面相贴。

（3）用螺栓、模具压板、压板垫块、平垫圈、弹簧垫圈等，把模具的定模部分固定在注射机的定模板上，此时压紧力不必很大。

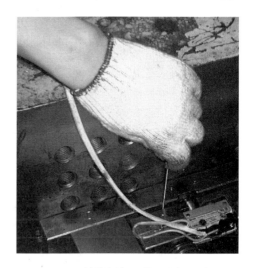

图 3-119 顶针垫板与公模固定板安放小顶针

（4）再将动模部分吊入，按标记将动模与定模合紧。

（5）启动油泵，以点动方式合模，使动模板与模具逐渐接触直到贴紧。

（6）随后的操作与整体吊装相同。

三、模具的拆卸操作

1. 模具拆卸前的准备工作

（1）停机准备。

①生产中注射机拆模停机时，首先关闭注射机料斗的下料口。

②提前约三分钟关闭冷却水，将装料筒中的物料基本消耗完。

③将操作方式转为手动，按座退键，使注射座后退。

④在手动操作状态下，按熔胶、射出键，进行对空注射，将料管内剩余的物料清理干净。

⑤关闭电热，停止料筒加热。

⑥按下开模键，开模。

⑦关闭油泵。

（2）工具的准备。准备待上模具及所需工具，如水管开闭器，吊环，铜水嘴，防水胶，带气枪，机器顶杆，盛水盒，工具盒，火花油壶，抹布，24#、26#、32#扳手，小活动扳手，推车，吊装设备等。

（3）冷却水管的拆卸。

①关闭模具的冷却水路，拆下冷却水管。

②确认模具的冷却通路，用气枪吹干模具水路中残存的水渍。

操作注意事项：用气枪吹干模具水路中残存的水渍时，须用抹布捂住另一端水嘴，以防止水珠飞溅；拆水管时需由下往上拆卸，待水管里面的水流完再拆上面，流出的水要用盒子收集，以免影响工作环境及设备。

（4）拆下水嘴，以免吊模时模具的偏摆碰撞到设备而损坏水嘴。

（5）拆下模具开闭器，以避免在保养或维修模具时，模板不易分开。

（6）清理模具的异物，擦拭干净模具表面喷上防锈油，以避免模具腐蚀和生锈。

（7）启动油泵，按合模键合拢模具，关闭油泵。

操作注意事项：①防锈油喷涂部位型芯、模板表面、顶针、料道板、拉料杆等；②模具不可合太紧，以避免模具高压锁紧后模板打不开；③使用机械手的注射机须将机械手向后转移90°。

2. 模具拆卸操作

（1）装吊环。吊环要装在模具正中央，一般装在公模板上，吊环旋入模具至少8圈但不可全部旋入模具，须预留半圈，以防止吊环螺牙或模具内螺纹损坏。

（2）用天车或手拉链条钩住吊环。链条拉力要合适，拉力太大时开模后模具会弹跳起来而撞击设备；拉力太小时，开模后模具会下沉撞击模板，对模具、设备、吊装设备都会造成不良影响，一般用手压链条不会弯为准，如图3-120所示。

图3-120 手压链条确认拉力

（3）拆卸模具压板及压板螺丝。

①压板螺丝须逐一拆下来，以避免下模时模具的偏摆撞坏压板螺丝。

②拆正面动模压板时，左手拿住压板，右手拧螺丝；拆反面动模压板螺丝时，则正好相反，右手拿压板，左手拧螺丝。

③拆正面定模压板时，可右手拿压板，左手拆压板螺丝；拆反面定模压板时，则左手拿压板，右手拆压板螺丝。

④压板及压板螺丝卸下后应整齐摆放在注射机的台面上。

（4）启动油泵。

（5）左手扶住模具，右手按下开模键，开模到底。开模的同时用手扶住模具，避免模具偏摆撞到注射机拉杆，开模需到底，以便模具顺利吊起。模板分开时，应观察阴阳模板是否会分离，如可能会出现分离，则需重新合拢模具后将阴模装上吊环，用铁丝将两吊环固定一起使其不可分离后再开模。

（6）关闭油泵。

（7）用吊装设备装模具吊离注射机，放到指定模具之平板车上。模具吊离注射机进行横移时，模具底部至少须高出机器最高部位10cm，且须用手扶住模具，避免模具撞击机械手等装置。对模具移动线路内的作业人员应以声音唤起对方的注意。

（8）整理周边环境。

（9）更换注射机的标示牌。

（10）将模具上架或送到模具维修区维修。

四、模具装拆安全操作条例

上、下模具作业是较具有危险性的作业，多需要与其他作业者合作进行，因此操作过程中必须要注意安全问题，安全、规范操作。

（1）必须预先做好各种检查准备工作，以防对自己或他人造成伤害。

（2）吊装设备如天车、链条以及吊环、扳手等工具，应经常注意保养，使用前必须认真仔细地检查，避免安全事故的发生。

（3）操作人员进行上下模操作时必须戴好手套，穿好工作服，冬装的袖口要扣紧，工作服的拉链应至少拉至上衣的2/3以上。

（4）合作作业时，作业人员间必须经常出声联络，以确认安全进行。

（5）作业前，应先准备好所需使用的一切规定的工具，放入工具箱管理，以提升效率。

（6）模具的装卸操作应在注射机的正面进行操作。

（7）模具吊起时，任何人不得站在模具的正下方，以免发生因模具滑落而造成意外的伤害。

（8）停机前应注尽机筒中的熔料，并应取出模腔中的塑件和流道中的残料，不可将物料残留在型腔或浇道中。

（9）清理模具时，必须切断电源，模具中的残料要用铜等软金属工具进行清理。

（10）模具吊入和吊出注射机时，必须用手扶模具，缓慢进行，以免发生撞击，而损坏模具和设备。

（11）水嘴、开闭器、压板及压板螺丝等零件卸下后应整齐摆放在规定的位置上，以备下次的需要。

（12）装拆模具时，一定要切断注射机电源，以防止意外的发生。

（13）任何事故隐患和已发生的事故，不管事故有多小，都应做记载并报告管理人员。

五、调模原理

对于合模系统为液压式的注射机，安装不同厚度的模具时可以通过改变合模油缸的行程，从而调节动模板行程来实现，无须设置调模装置。对液压－机械式合模装置，由于肘杆机构的工作位置固定不变，即由固定不变尺寸的链组成，动模板行程不能调节。为了适应安装不同厚度的模具，扩大注射机加工制品的范围，都单独设置有调模装置。

1. 液压－机械式合模系统调模曲线图

液压－机械式合模机构是依靠机构的弹性变形实现对模具锁紧的。当压力油进入合模油缸，推动活塞向前移动时，肘杆则推动动模板进行合模，模具分型面开始闭合，肘杆尚未伸展成直线排列。此时，肘杆、模板和模具并不受压力，拉杆也不受拉力，这时肘杆与水平面的夹角称为临界角，表示即将产生合模力时的角度，如

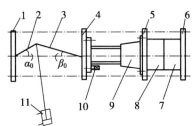

图3－121　单曲肘合模装置调模示意图

1—后定模板；2—曲肘A；3—曲肘B；4—后动模板；
5—前动模板；6—前定模板；7—注塑模具A；
8—注塑模具B；9—调距螺母；10—调节杆；11—合模油缸

图 3 – 121 所示。

如果合模油缸继续升压，迫使肘杆成一直线排列，整个合模系统发生弹性变形，拉杆被拉长，肘杆、模板和模具被压缩，从而产生预应力，使模具可靠地锁紧。在此过程中，肘杆与水平面的夹角 α 和 β 由 α_0 和 β_0 逐渐变小，最后肘杆成直线排列时，$\alpha = \beta = 0$。此时，如果油缸卸压，合模力不会随之改变，整个系统处于自锁状态。如图 3 – 122 所示是液压单曲肘式合模机构的受力状态。这是液压 – 曲肘式合模系统与液压式合模系统最根本的区别。

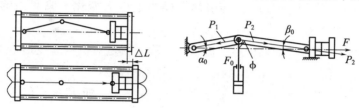

图 3 – 122   液压单曲肘式合模机构的受力状态

拉杆被拉长和受压零件的被压缩，是在一个系统内，其变形应该是协调的，即：

$$L_p + \Delta L_p = L_c + \Delta L_c \tag{3 – 24}$$

式中 L_p——拉杆长度，m；

ΔL_p——拉杆变形量，m；

L_C——受压零件的总长度（包括肘杆、模板和模具），m；

ΔL_C——受压零件的总变形量，m。

根据胡克定律，可以分别求出各变形量。考虑到模板面积和刚度大，略去其压缩变形。应用变形协调方程，经过换算则合模力为：

$$F = \frac{E\left[L_1\left(1 - \cos\alpha_0\right) + L_2\left(1 - \cos\beta_0\right)\right]}{\dfrac{L_p}{nA_p} + \dfrac{L_1}{A_1} + \dfrac{L_2}{A_2} + \dfrac{L_m}{A_m} + \dfrac{H_0^3}{48J_1} + \dfrac{H_0^3}{48J_2}} \tag{3 – 25}$$

式中 F——合模力，kN；

E——肘杆、拉杆、模具等材料的弹性模量，Pa；

n——拉杆数；

α_0、β_0——模具分型面接触时，肘杆 1、2 与水平面的夹角（临界角），°；

A_1、A_2、A_m、A_p——分别为肘杆 1、2、模具和拉杆的横截面积，m^2；

L_1、L_2、L_m、L_p——分别为肘杆 1、2、模具和拉杆的长度（或厚度），m；

J_1、J_2——分别为前、后固定模板在拉杆以内部分的惯性矩，m^4；

H_0——拉杆间距，m。

令

$$A = \frac{L_p}{nA_p} + \frac{L_1}{A_1} + \frac{L_2}{A_2} + \frac{L_m}{A_m} + \frac{H_0^3}{48J_1} + \frac{H_0^3}{48J_2} \tag{3 – 26}$$

$$\lambda = \frac{L_1}{L_2} \tag{3 – 27}$$

称杆长比，则合模力可写成

$$F = \frac{E}{2A} L_1 \ (1 + \lambda) \ (\alpha_0^2 - \alpha^2) \tag{3-28}$$

对于现有注射机，各构件的长度、截面积、弹性模量等都是已知的。因此，合模力主要取决于 α_0 的大小，即 $F = f(\alpha)$，选定一组 α 值，可绘出其曲线，如图 3-123 所示。

由图 3-123 可看出，不同的临界角 α_0，其合模力是不同的。另外，临界角 α_0 的度数很小，它的取值稍有变化，就会引起合模力的巨大变化，临界角的确定是十分重要的。

液压-曲肘式合模系统对调模量的控制，实际上就是对机构点变形量的控制，也就是临界角 α_0 的选取问题。总之，α_0 的确定是不能随心所欲的。

同样，油缸推（拉）力 F_0 也是随 α 的变化而变化，即 $F_0 = f(\alpha)$，绘出曲线，如图 3-124 所示。

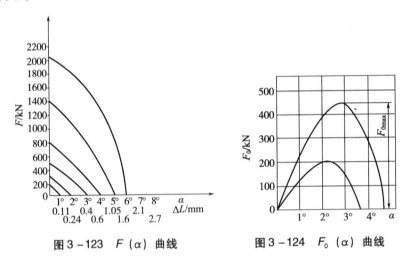

图 3-123　$F(\alpha)$ 曲线　　　　图 3-124　$F_0(\alpha)$ 曲线

根据图 3-123，油缸推（拉）力

$$F_0 = F_2 \frac{\sin (\alpha = \beta)}{\sin \varphi} \tag{3-29}$$

式中　F_0——油缸推（拉）力，kN；

　　　　F_2——沿肘杆轴线的作用力，kN；

　　　　φ——肘杆与活塞杆间的夹角，合模终了时，$\varphi = 90°$。

由于 α、β 角较小，经换算可得

$$F_0 = \frac{E}{2A} L_1 \ (1 + \lambda)^2 \ (\alpha_0^2 - \alpha^2) \ \alpha \tag{3-30}$$

由图 3-123 可知，在合模过程中，油缸推（拉）力也是随 α 变化的，开始小，锁紧后更小，其油缸推（拉）力的最大值 F_{0max} 既不在 $\alpha = \alpha_0$，也不在 $\alpha = 0$ 处，而是在：

$$\frac{\mathrm{d}F_0}{\mathrm{d}\alpha} = 0 \tag{3-31}$$

时的 α 值，经计算其最大值 $F_{0\,max}$ 是在 $\alpha = \dfrac{1}{\sqrt{3}}\alpha_0$ 处，即

$$F_{0\,max} = \frac{E}{2A}L_1\ (1+\lambda)^2\alpha_0^{\ 3} \tag{3-32}$$

式中 α_0 为弧度值。但这是理论值，由于制造精度、安装误差和摩擦损耗等方面的影响，实际油缸推（拉）力 F_0 实应为：

$$F_{0实} = \frac{F_{0\,max}}{\eta} \tag{3-33}$$

式中　η——系统效率，一般为 $0.7\sim0.8$。

合模力与油缸实际最大推（拉）力之比，称为增力倍数，也称放大系数。即：

$$M = \frac{F}{F_{0实}} \tag{3-34}$$

如某 SZ-900 注射机，其油缸推（拉）力 F_0 为 72kN，合模力为 900kN，其增力倍数为：

$$M = \frac{F}{F_0} = \frac{900}{72} = 12.5$$

故此台单曲肘合模系统的增力倍数为 12.5。

从以上分析可知，增力倍数也随 α 的变化而变化，即 $M=f(\alpha)$。增力倍数仅取决于肘杆的尺寸和临界位置，如图 3-125 所示。

油缸推（拉）力不同，就有一系列的合模力的数值。不同的肘杆机构，就有不同的特性曲线。把同一肘杆机构的 $F=f(\alpha)$ 曲线和 $M=f(\alpha)$ 曲线结合起来，如图 3-125 所示。通过图 3-125，可以直接找出在某一油缸推（拉）力作用下，该机构的最大合模力或由油缸推（拉）力和合模力，找出该机构的临界角 α_0。

由图 3-126 分析可知，存在着下列三种状态：

（1）$M(\alpha)$ 曲线位于 $F(\alpha)$ 曲线的下方。此时，机构不能自锁，产生不了所需的合模力，这是由于油缸推（拉）力不够所致。

（2）$M(\alpha)$ 曲线位于 $F(\alpha)$ 曲线的上方。此时，油缸所提供的推（拉）力足够大，使机构自锁达到所需的合模力。

（3）$M(\alpha)$ 曲线与 $F(\alpha)$ 曲线相切。此时，油缸所提供的推（拉）力正好能使机构自锁达到所需的合模力。我们把这种状态时的临界角 α_0 称为最佳临界角，这说明油缸得到了充分利用。

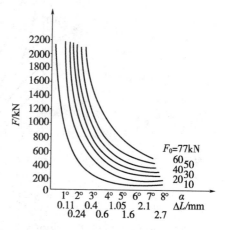

图 3-125　$M(\alpha)$ 曲线

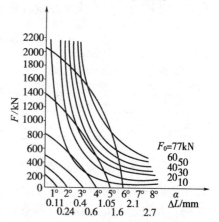

图 3-126　液压-机械式合模系统调模曲线图

值得注意的是，在第二种状态下，不能盲目地调大临界角 α_0，否则因产生过大的合模力而导致机构的零部件的损坏。

2. 液压 - 机械式合模系统调模曲线图在调模中的应用

例：已知某 SZ - 900 注射机，合模油缸的推（拉）力为 50kN，模板间最大开距为 600mm，动模板行程为 300mm，模厚调整范围为 100mm。

（1）根据图 3 - 127 所示，指出图中哪个最佳临界角适合该台注射机，其对应的油缸推（拉）力、合模力大小各为多少？

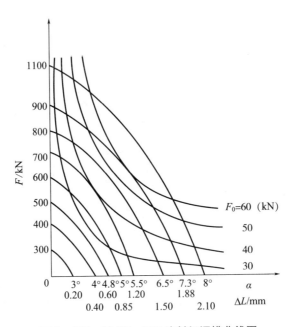

图 3 - 127　某 SZ - 900 注射机调模曲线图

（2）原生产合模力为 600kN 的 A 制品，其模具厚度为 250mm。现有 4 种塑料制品需要生产，合模力大小及模具厚度分别见表 3 - 2 所示。

表 3 - 2　4 种塑料制品所需的合模力大小及模具厚度

制品	B	C	D	E
合模力/kN	900	700	800	500
模具厚度/mm	280	320	300	180

在其他条件均满足的情况下（如 Q、p_z 等），该台注射机能否生产这 5 种制品？如不能生产请说明其原因。如能生产，请根据（图 3 - 121）和（图 3 - 127）写出具体的调模步骤，并指出主要运动部件的运动方向。

已知：注射机 F_{max} = 900kN，F_{0max} = 50kN，L_{max} = 600mm，S_{max} = 300mm，ΔL_{max} = 100mm；

$$H_{min} \sim H_{max} = (L_{max} - S_{max} - \Delta L_{max}) \sim (L_{max} - S_{max})$$
$$= (600 - 300 - 100) \sim (600 - 300) = (200 \sim 300) \text{ mm}。$$

A 制品 $F_A = 600kN$，$H_A = 250mm$； B 制品 $F_B = 900kN$，$H_B = 280mm$；

C 制品 $F_C = 700kN$，$H_C = 320mm$； D 制品 $F_D = 800kN$，$H_D = 300mm$；

E 制品 $F_E = 500kN$，$H_E = 180mm$。

解：令向合模方向调整为正，向开模方向调整为负。

（1）图中适合于该台注射机的最佳临界角为 5.5°，其对应的油缸推力为 40kN，合模力为 700kN。

（2）B 制品：该台注射机不能生产，其原因是油缸推（拉）力不够，需要 60kN 的油缸才行。

C 制品：该台注射机也不能生产，其原因是模具厚度为 320mm，超过了 H_{max}（300mm）。

D 制品：该台注射机能生产，其调模步骤如下。

①打开安全门，使合模机构处于开模的初始状态；

②查图 3-127 计算调节量；

根据图 3-127 查得 A 制品的临界角 $\alpha_{0A} = 5°$ 对应的机构变形量 ΔL_A 为 0.85mm，生产 D 制品的临界角 $\alpha_{0D} = 6.5°$，对应的机构变形量 ΔL_D 为 1.50mm。

调节量 $= (H_A - \Delta L_A) - (H_D - \Delta L_D)$
$= (250 - 0.85) - (300 - 1.50) = -49.35mm$。

③根据图 3-121，调节 10 使 5、8、9 三个部件向开模方向移动 49.35mm。

E 制品：该台注射机能生产，但需加垫块，现假设加 $b = 30mm$ 厚的垫块，其调模步骤如下：

①打开安全门，使合模机构处于开模的初始状态；

②查图 3-129 计算调节量；

根据图 3-129 查得生产 E 制品的临界角 $\alpha_{0E} = 4.8°$，对应的机构变形量 ΔL_E 为 0.60mm。

调节量 $= (H_A - \Delta L_A) - [(H_z + b) - \Delta L_E]$
$= (250 - 0.85) - [(180 + 30) - 0.60] = 39.75mm$

③根据图 3-123，调节 10 使 5、8、9 三个部件向合模方向移动 39.75mm。

六、调模操作

注射机的模厚调整一般都有自动调模和手动调模两种方式。

1. 自动调模操作步骤

（1）在模具安装前，先用尺量取成型模具的厚度，此值必须在注射机的容许范围之内。

（2）打开注射机电源，启动油泵，在手动操作状态下，按下 🔲 键，手动开模至停止位置。

（3）按 🔲 键，显示屏上则显示调模画面，将模具厚度值输入（此值应略小于实际量测值)。

(4)按下 [图] 键,成型机将自动调整容模厚度,当调模完成,自动停止调模,若欲中途停止动作,必须再次按下 [图] 键。

(5)安装模具,按模具安装操作步骤进行。

(6)调整锁模力。

2. 手动调模操作步骤

(1)选择手动调模时,在模具安装前,先用尺量取成型模具的厚度,此值必须在注射机的容许范围之内。

(2)打开注射机电源,启动油泵,在手动操作状态下,按下 [图] 键,手动开模至停止位置。

(3)先按 [图] 键,再按 [图] 键,此时为手动调模后退,模具向后调整,将加宽活动板的容模厚度,锁模力降低。

(4)按 [图] 键,再按 [图] 键,此时为手动调模前进,将缩短活动板、固定板之容模厚度,锁模力增大。

(5)安装模具,按模具安装操作步骤进行。

(6)调整锁模力。锁模力一般不宜调至过高,调节时,以注射机曲肘伸直,且油压表上显示在 50~70kN 即可,通常锁模力的调整以成型品无毛边的最小压力为佳。

平行度不良的模具,宜修复后再行使用,切勿以提高锁模力勉强使用。

操作注意事项:当选择调模功能时,机械的部分功能会暂时消失,等动作完成后再取消调模功能选择键便可立即恢复,行程限位器动作时,会切断调模动作。

3. 低压锁模调整操作

防止塑料制品或毛边未完全脱离模穴,锁模时再次压回模穴,造成模具受损,故其调整极为重要,通常低压范围行程视成品本身的深度做适当的调整,过长的低压保护范围,将浪费周期时间,过短则容易损伤模具。

调整方法:以成品厚度的倍数来设定低压位置,通常低压行程中压力的设定必须小于最高额定压力40%以下,非必要时勿调高压力。

4. 高压启动调整操作

锁紧模具所须瞬间高压启动的位置如果调整不当容易使模具受损,其压力设定值大小和调模位置有连带关系,通常由低压锁模位置设定。调整操作方法为:

(1)在手动操作方式下,按下 [图],合模至模具密合但曲肘不完全伸直的状态。

(2)同时按下 [图] 和 [图] 键,注射机将自动设定高压启动位置。若未触动高压而曲肘已伸直,则表明调模不当,容模厚度太宽,往前调。

(3)高压锁模(由小→大)可由压力表上看到那一瞬间的锁模压力。若在最高压力仍然无法伸直曲肘,则表明调模不当,容模厚度不足,须重新往后调。

5. 锁模终止调整操作

锁模终止将切断锁模动作,在注射机自动运行操作时,还将启动射座前移动作。锁模终止的位置如果调整不当会造成锁模撞击或曲肘反弹现象。通常锁模终止位置由高压锁模位置设定。

　　调整方法：①当注射时或锁模后曲肘有弯曲现象，表示锁模终止位置太早，应将高压锁模位置值改小或速度加快；②锁模终止时产生较大的撞击声或锁模信号无法终止，造成注射座所有动作停顿，应将高压锁模位置改大或速度降慢。

练习与思考

1. 注射机模具在安装和拆卸前应做好哪些方面的准备工作？
2. 模具整体吊装操作步骤如何？
3. 注射机安装模具前为何要降低开、合模速度，增大低压锁模位置？
4. 安装模具时安全开关是否有保护作用？应如何确认？
5. 注射模具拆卸的操作步骤如何？应注意哪些方面？
6. 注射机手动调模应如何操作？
7. 模具的高压启动调整应如何操作？

模具维护保养与故障处理

学习目标

　　掌握注射模维护、保养的措施，模具的保养方式，模具的故障及处理；能规范、安全地进行注射机模具的维护与保养。

项目任务

项目名称	项目一　PA 汽车门拉手的注射成型
子项目名称	子项目四　PA 汽车车门拉手成型模具选用与安装
单元项目任务	注射模具进行保养操作
任务实施	1. 确定 PA 汽车车门拉手注射模拆、装的操作及保养方案，对模具进行拆装与保养的操作实训； 2. 撰写操作实训报告

相关知识

　　注射模具作为塑料制品加工最重要的成型装备，其质量优劣直接关系到制品质量的好坏。模具在注射加工企业生产成本中占据较大的比例，甚至超过母机的成本，其使用寿命直接关系着注射制品的成本。因此做好模具的维护和保养工作，对于企业保证产品质量、降低生产成本具有极其重要的意义。

　　注射制品加工企业加工制品种类繁多，所用的模具也频繁更换。模具在使用和保存过程中，必须做好保养和防护，以防止在模具表面发生锈蚀、表面质量下降等现象，而造成所成型的产品质量下降、废品率提高，甚至使模具丧失使用寿命。资料显示，在模具使用寿命的影响因素中保养占 15%～20%。注射模具的使用寿命一般能达到 80 万次，国外一些保养较好的模具甚至能再延长 2 ~ 3 倍的寿命。由于忽视了对模具的保养，国内企业注射模具的使用寿命比较短，仅相当于国外的 1/5 ~ 1/3。因此，对注射模具的维护和保养必须引起重视，特别是不能忽视对注射模具各种零部件的保养，要防止其出现损坏、锈蚀等现象，只有这样才能保障模具的长期使用质量。

一、模具维护和保养的措施

1. 配备模具履历卡

加工企业应该给每副模具配备履历卡，详细记载其使用、磨损、损坏，以及模具的成型工艺参数等情况，根据模具履历卡上记载的情况，就可以发现哪些零部件、组件已损坏，磨损程度的大小，以提供发现和解决问题的资料，缩短模具的试模时间，提高生产率。

2. 确定模具的现有状态

在注射机和模具运转正常的情况下，测试模具各种性能并记录其各种参数。检查最后成型塑料制品的尺寸，并判断是否符合塑料制品的质量指标并进行记录。通过记录的数据就可以较为准确地判断模具的现有状态，以判断模具的型腔、型芯、冷却系统以及分型面是否磨损或损坏，也可以根据损坏的状态决定采取何种维修方式。

3. 检测跟踪重要零部件

顶出和导向部件确保了模具开启、闭合运动以及塑件的顺利脱模，任何部件因损伤而卡住都将导致停产。因此，应该经常检查顶出杆、导杆是否发生变形以及表面损伤，一旦发现要及时更换。完成一个生产周期之后，要对运动、导向部件涂覆防锈油，尤其应重视带有齿轮、齿条模具轴承部位的防护和弹簧模具的弹力强度，以确保其始终处于最佳工作状态。

模具冷却系统的冷却水道随着生产时间的持续，冷却水道会出现水垢、锈蚀等情况，使冷却水道截面变小，甚至出现堵塞现象，而因此大大降低了冷却水与模具之间的热交换量，故必须做好冷却水道的除垢清理与维护工作。

对于热流道模具来说，应该重点加强加热及控制系统的保养，以便于防止生产故障的发生。因此，每个生产周期结束后，应该检查模具上的带式加热器、棒式加热器、加热探针以及热电耦等零件，若有损坏应及时更换，并认真填写模具履历表。

4. 重视模具表面的保养

模具的表面粗糙度直接影响制品表面的质量，因此应该认真做好模具表面的保养，其重点在于防止锈蚀。模具完成生产任务后，应该趁热清理型腔，可用铜棒、铜丝以及肥皂水去除残余树脂以及其他沉积物，然后风干，禁止使用铁丝、钢丝等硬物清理，避免划伤型腔表面。对于腐蚀性树脂引起的锈点，应该使用研磨机研磨抛光，并涂抹适量的防锈油，然后将模具放置于干燥、阴凉、无粉尘处存放。

二、模具的保养方式

模具的保养方式可以分为日常保养、每周保养、每月保养及 20 万模次保养等。

1. **模具的日常维护与保养**

模具日常维护与保养主要包括以下几方面：

（1）检查凸、凹模的表面，观察表面是否存在锈油及异物，若存在应该及时用干净的面纱布擦净，并注意防止纱布纤维粘附在模具表面。

（2）检查顶出及回位装置动作是否良好，若动作不顺畅则应该修复。

（3）检查排气槽是否通畅，若发现异物应该及时清除，以免因排气不畅而导致制品缺陷。

（4）检查导向柱、推板、导柱等定位装置是否良好，每隔4h应在在斜销或滑块上加适量的润滑油，保持导向定位装置良好的润滑状态。

（5）检查浇注系统以及冷却系统是否有异常现象，做好冷却系统冷却水道的清理工作，保证热传递高效率地进行。

（6）检查模具凸、凹模以及其零部件是否有损坏或变形，若损坏则及时修复或更换零部件。

2. **模具每周的维护与保养**

模具每周的维护与保养主要包括以下几方面内容：

（1）检查凸、凹模表面是否有损伤，要根据具体情况安排是否维修。

（2）检查滑块的清洁与润滑，保障滑块动作顺畅、润滑良好。

（3）检查顶出机构是否损伤、是否清洁与润滑，要保证顶出机构的动作顺畅，清除油污及异物，保持良好的润滑状态。

（4）检查冷却水道是否畅通，根据情况疏通冷却水道，清理水道的水垢等杂质。

（5）检查模具的导向机构是否损坏，保证模具的准确合模。

（6）检查排气槽是否清洁、无阻塞，保证排气顺畅。

（7）检查弹簧是否有断裂及损坏，若有问题应该立即采取措施修复或更换。

（8）检查热流道是否有损坏，若有问题应立即修复。

（9）检查模具上的带式加热器、棒式加热器、加热探针以及热电耦等零件，若有损坏及时更换。

3. **模具每月的维护与保养**

模具每月的维护与保养的内容主要包括以下几方面：

（1）检查模的零部件是否损坏，是否需要修复或更换。

（2）检查顶出机构的零部件及配合面是否有磨损及变形，是否需要修复及更换。

（3）检查脱模机构是否有变形及耗损，是否需要更换。

（4）检查模板与浇口衬套的配合是否良好。

（5）检查模具表面是否有生锈及磨损现象。

（6）检查滑块动作是否顺畅及其润滑情况。

（7）检查弹簧是否断裂及损坏，是否需要更换。

（8）检查冷却水道是否畅通，做好冷却水道的清理除垢工作。

（9）检查导向机构是否磨损及固定到位。

（10）检查各个固定螺钉是否松动需要拧紧。

（11）检查各移动件的磨损程度，决定是否需要更换。

（12）检查热流道加热导线是否损坏，是否需要更换。

（13）检查排气槽是否清洁、有无阻塞。

（14）检查型腔是否存在变形，成型尺寸是否超出零件公差。

（15）检查浇注系统有无异常。

4. 模具 20 万模次的维护与保养

模具生产 20 万模次的产品时的维护与保养的主要内容包括以下几方面：

（1）检查顶出机构零部件及配合面是否有磨损及变形，是否需要修复及更换。

（2）检查导向装置是否有变形及磨损，是否需要更换。

（3）检查模板与注口衬套配合是否良好。

（4）检查型腔表面是否有生锈及磨损现象，若有则应修复。

（5）检查滑块运动是否顺畅，润滑是否良好。

（6）检查弹簧是否断裂及损坏，是否需要更换。

（7）检查冷却水道是否畅通。

（8）检查各固定螺钉是否需要更换或拧紧。

（9）检查各移动件的磨损程度，决定是否需要更换。

（10）检查热流道的加热导线是否损坏，是否需要更换。

（11）检查排气槽是否清洁有无阻塞。

（12）检查型腔是否存在变形，成型尺寸是否超出零件公差。

（13）检查浇注系统有无异常。

（14）每隔 20 万模次后重新测量模具尺寸是否有偏差，以确定是否需要重新修改模具尺寸。

三、模具故障及处理

1. 模具故障的解决途径

模具发生故障后，应该遵从一定的维修规则，以便更有效地排除故障，避免加重故障现象。

（1）明确维修对象。维修人员在模具维修前，应该尽可能掌握模具的设计图样、加工及装配工艺规程、使用中的情况记录、对模制品的要求、安装模具的设备图以及不合格制品零件的尺寸公差等资料，以便了解整套模具的结构、装配关系、模具制造工艺以及造成制品不合格的原因。必要的情况下，可以协同设计、钳工、检验人员共同分析，确定模具大致损坏和失效的部位。在掌握了整副模具工作时的动作和各个零件在装配图中的位置作用及配合关系后，分解模具并进行全面检测，确定维修对象，找出损坏和失效的原因。

（2）制定维修方案。当明确了模具维修的对象以及目的后，就应该针对模具发生的故障，制定合理而又经济的维修方案。对损坏、磨损和变形失效零件，应及时更换、修理或镶拼；若要修改模具的尺寸、形状或结构，则必须严格遵守更改的审批制度。此时，应该规定修理中的加工基准、加工方式、加工余量和装配修正量，合理划分加工工序，必要时附上加工装夹示意图，若采用数控设备进行加工还需要编制加工程序。最后形成的工艺内容还需要编写成工艺规程文件。

（3）零件维修。维修人员应该认真按照制定的维修方案进行维修，而对需要修理的零部件，应留一定的修正余量，并按原来的装配关系、先后次序，进行调整、修正、装配直至试模合格。

对于易损件或者损坏的零部件，可直接更换备件，然后进行调整和修正；对于成型表面凹陷、边角坍塌和裂损的情况，则要根据损坏的大小采取不同的修复措施。若损坏较小，可以采用补焊的方法，然后再将补焊的地方加工成型。较为复杂的成型零件局部破损可以采用镶嵌的方式修补。

（4）质检模具维修技术人员、维修钳工和工艺人员组成验收小组，共同对模具进行验收，保证模具能够生产出合格的产品。

验收的原则是零部件外观平滑、光顺、棱角清晰；焊接位置严密；贴合面要求高；孔位严、孔径松等。

2. 模具常见的故障及处理

（1）常见的模具故障及处理方法如表 3 - 3 所示。

表 3 - 3　常见的模具故障及处理方法

故障现象	产生原因	处理方法
导向件因磨损而发生故障	1. 导柱（套）磨损； 2. 导柱（套）有拉毛； 3. 耐磨块磨损； 4. 定位柱、定位块磨损	1. 检查导柱（套）周边，若磨损均匀时则换掉导套，重新配置，以达到精度要求； 2. 检查导柱（套），若其配合间隙过小或存在污物，则适当加大间隙或清理污物；若因导柱（套）间不同轴，则应该进一步调整修复； 3. 加垫相应的铜皮或不锈钢皮； 4. 建议采用耐磨材料，将磨损修复
分型面出现飞边毛刺	1. 分型面刀口受到磕碰，使分型面尖角成为钝角； 2. 型腔的分型面由于反复碰触不光滑； 3. 分型面因意外事故受损而产生飞边	1. 清理、磨削分型面，并重新调整碰合程度； 2. 更换成型该孔的型芯，并调整型芯的碰合程度； 3. 面积小时，可采用挤胀法（用手锤敲击其四周来弥补塌陷的部位）；面积大时，采用堆焊法（ⅡG氩弧焊），然后再碰合分型面
顶出机构因磨损而出现故障	1. 顶杆孔过大产生飞边； 2. 顶杆不能正常回退	1. 空间位置允许时，采用扩孔法更换大一号的顶杆，也可采用堆焊法，将顶杆孔周边焊接后用 EDM 加工； 2. 配合间隙小，可用铰刀铰制顶杆孔顶杆"咬死"，严重拉毛或折断，则需铰制顶杆孔；复位弹簧折断，致使顶杆不能自动回退则更换弹簧；顶杆数量少且太长，可考虑增加顶杆数量；若推板、导柱（套）、复位杆间隙过小，则调整其间隙

续表

故障现象	产生原因	处理方法
滑动件（型腔内、外抽芯块）因磨损、疲劳破坏、强度降低等，导致动作失灵而损坏型腔	1. 滑块磨损； 2. 滑块限位螺钉位置不准或断裂，导致斜导柱折断或弯曲	1. 挤胀法或 TIG 补焊； 2. 重新确定限位螺钉的位置，并在滑块上斜导柱入口处倒圆角
浇注系统常见的故障	1. 喷嘴与浇口套损伤使得制件取出困难； 2. 三板模浇口套与脱浇板严重拉毛、漏料，不能实现脱料动作	1. 重新车制浇口套与喷嘴碰撞处的球面； 2. 将浇口套配合部分进行研磨，清理脱浇板孔的积瘤并重新修配
冷却系统常见故障	1. 冷却水道的表面容易沉积水垢； 2. 漏水	1. 采用清洗剂清洗，停机后应该用压缩空气清干水道中的水分，防止生锈； 2. 更换新的密封圈

（2）模具故障引起的制品缺陷的原因分析及解决方法如表 3 - 4 所示。

表 3 - 4　模具故障引起的制品缺陷的原因分析及解决方法

制品缺陷	产生原因	处理方法
欠注	1. 流道太小或太长，增加了流体阻力； 2. 流道、浇口有杂质、异物或炭化物堵塞； 3. 流道、浇口表面粗糙有伤痕，表面粗糙度不良，影响料流不畅； 4. 排气孔道堵塞，排气不畅	1. 加大主流道直径，流道、分流道截面造成圆形较好； 2. 清理杂质、异物或炭化物，防止堵塞； 3. 修复流道、浇口； 4. 疏通排气孔道
溢料（飞边）	1. 分型面上粘有异物； 2. 模框周边有凸出的撬印毛刺； 3. 滑动型芯配合精度不良； 4. 固定型芯与型腔安装位置偏移； 5. 排气孔道堵塞	1. 清除分型面上的异物； 2. 清除撬印毛刺； 3. 提高其配合精度； 4. 调整固定型芯与型腔的安装位置； 5. 疏通排气孔道
凹痕	1. 冷却水道生垢； 2. 排气沟槽阻塞	1. 冷却水道除垢、疏通； 2. 检查排气沟槽并疏通
银纹、气泡和气孔	1. 排气孔道堵塞； 2. 模具表面磨损，摩擦力增大造成局部树脂分解	1. 疏通排气孔道； 2. 修复模具表面达到规定的表面粗糙度

续表

制品缺陷	产生原因	处理方法
熔接痕	排气不良，排气孔道堵塞	疏通排气孔道
变色	1. 模具排气不良，塑料被绝热压缩，在高温、高压下与氧气剧烈反应，烧焦塑料； 2. 模内润滑剂、脱模剂太多	1. 疏通排气孔； 2. 润滑剂、脱模剂要适量
黑斑或黑液	1. 型腔内有油； 2. 从顶出装置中渗入油	1. 清除型腔内的油； 2. 检查顶出装置，防止渗油并清除型腔内的油
烧焦暗纹	排气孔道堵塞	疏通排气孔道
光泽不好	1. 型腔表面粗糙度太大； 2. 排气孔道堵塞	1. 修复模具表面达到规定的表面粗糙度； 2. 疏通排气孔道
脱模困难	1. 冷却水道冷却效果不良，造成模温过高； 2. 型腔表面粗糙	1. 疏通冷却水道，加大冷却水量； 2. 修复型腔表面
翘曲变形	制件受力不均	检查并修复顶出装置

练习与思考

1. 注射模具拆装前应做好哪些方面的准备工作？拆装步骤如何？
2. 模具应如何做日常保养？
3. 注射成型过程中模具流道出现堵塞应如何处理？

模块四

注射成型工艺与控制

注射成型过程

学习目标

1. 熟知注射工艺过程及成型前的准备工作，能正确做好生产前的准备。
2. 掌握 PC、PA、PET、ABS 等塑料原料的干燥方法及干燥条件的选择，了解嵌件的预热的适用性及方法，能根据物料性质正确进行原料干燥操作。
3. 掌握脱模剂的选用方法，能根据加工物料合理选用脱模剂并能正确使用。
4. 掌握料筒的清洗方法与步骤，能根据料筒存料及加工物料性质合理选择料筒清洗方法，并能正确进行清洗操作。
5. 知道注射成型过程中各阶段物料变化情况和充模过程中模腔压力变化情况。
6. 掌握 PP、PE、PA、ABS、PS、PC 塑料制品的热处理工艺条件及操作方法，掌握 PA 调湿处理的方法，能根据制品特点和材料性质选择后处理工艺，并能进行后处理操作。

项目任务

项目名称	项目一　PA 汽车门拉手的注射成型
子项目名称	子项目四　PA 汽车车门拉手成型工艺与控制
单元项目任务	任务 1. PA 汽车门拉手原料的准备； 任务 2. PA 汽车门拉手生产脱模剂的选用； 任务 3. PA 汽车门拉手生产前注射机料筒的清洗； 任务 4. PA 汽车门拉手制品的后处理
任务实施	1. 确定 PA 汽车车门拉手注射成型前准备； 2. 确定 PA 汽车车门拉手制品后处理方案

相关知识

注射制品生产的流程为：成型前准备、制品成型、制品后处理、制品检验入库等。在生产中每一道工序都必须严格控制，以保证制品的质量。

一、成型前的准备工作

为了使注射成型过程顺利进行，保证产品的质量，在成型前必须做好充分的准备，注射制品成型前的准备工作主要包括：塑料原料的检验、塑料原料的着色、塑料原料的干燥、嵌件的预热、脱模剂的选用以及料筒的清洗等。

1. 塑料原料的检验

塑料原料是成型制品质量好坏的关键，在生产中必须把好原料关，对原料进行检验。其检验内容主要包括原料的种类、外观及工艺性能等方面。

塑料原料的种类很多，不同类型的塑料，采用的加工工艺不同，即使是同种塑料，由于规格不同，适用的加工方法及工艺也不完全相同。因此生产前必须核准原料规格、型号是否符合产品工艺要求。

对塑料原料外观的检验主要包括：色泽、颗粒形状、粒子大小、有无杂质等。对外观的要求是色泽均一、颗粒大小均匀、无杂质。

塑料原料的工艺性能决定制品成型过程中的工艺控制，成型前必须对原料的工艺性能进行检测。对于注射成型原料，其工艺性能主要包括熔体流动速率、流变性、热性能、结晶性、收缩率及吸湿性等。其中，熔体流动速率是最重要的工艺性能之一。熔体流动速率（MFR）是指塑料熔体在规定的温度和压力下，在参照时间内通过标准毛细管的质量（克数），用 g/10min 表示。熔体流动速率可用于判定热塑性塑料在熔融状态时的流动性，可用于塑料成型加工温度和压力的选择。对某一塑料原料来说，熔体流动速率大，则表示其平均分子量小、流动性好，成型时可选择较低的温度和较小的压力，但由于平均分子量低，制品的力学性能也相对偏低；反之，则表示平均分子量大、流动性差，成型加工较困难。注射成型用塑料材料的熔体流动速率通常为 1～10g/10min，形状简单或强度要求较高的制品选较小的熔体流动速率值的塑料原料；而形状复杂、薄壁长流程的制品则需选较大的数值的塑料原料。

塑料熔体的流动性直接影响注射成型时的流动、充模。一般熔体的黏度越大，流动性越差，充模困难。而塑料熔体的黏度除与本身的性质有关外，还与成型过程中的温度、压力、剪切速率等因素有关。一般来讲对于热塑性塑料熔体黏度随温度和剪切速率的升高而下降，而随压力的增大而增大。但不同的塑料品种受成型过程中的温度、压力、剪切速率的影响程度不一样，在成型过程中的工艺控制就不一样，因此成型前一定要确定塑料原料的流变性，即熔体的流动性对于温度、压力、剪切速率的敏感性质。

塑料原料的热性能决定注射成型制品成型温度、模具温度的控制，成型前必须对原料的熔融温度、玻璃化温度或软化温度、分解温度、导热系数、比热容等进行检测。

塑料制品成型时必须依原料结晶度和收缩率的大小控制好工艺，否则直接影响注射制品的强度、透明性及制品力学的强度。

塑料原料的吸湿性会使制品表面出现气纹、无光泽、产生气泡而影响制品的外观及强度，成型前应检测原料的吸水率，一般原料的吸水率应控制在 0.3% 以下，对于高温易水解的原料（如聚碳酸酯）还应控制在 0.02% 以下。

2. 塑料原料的着色

注射制品色彩缤纷，其有的是原料本身即已着色，可直接加工；而有的原料则需在注射生产过程中依制品的要求进行着色。注射制品生产过程中的着色方法主要有染色造粒法、干混法着色、色母料着色法等，目前最常用的是色母料着色法。

（1）染色造粒法

将着色剂和塑料原料在搅拌机内充分混合后经挤出机造粒，成为带色的塑料粒子供注射成型用。染色造粒的优点是着色剂分散性好，无粉尘污染，易成型加工；缺点是多一道生产工序，而且塑料增加了一次受热过程。

（2）干混法着色

干混法着色是将热塑性塑料原料与分散剂、颜料均匀混合成着色颗粒后直接注射成型。干混法着色的分散剂一般用白油，根据需要也可用松节油、酒精及一些酯类。具体的操作过程为：在高速捏合机中加入塑料原料和分散剂，混合搅拌后加入颜料；借助搅拌浆的高速旋转，使颗粒间相互摩擦而产生热量；并利用分散剂使颜料粉末牢固地黏附在塑料粒子的表面。基本配方：塑料原料 25kg，白油 20~50ml，着色剂 0.1%~0.5%。

干混法着色工艺简单、成本低，但有一定的污染并需要混合设备；如果采用手工混合，则不仅增加劳动强度，而且也不宜混合均匀，影响着色质量。

（3）色母料着色法

色母料着色法是将热塑性塑料原料与色母料按一定比例混合均匀后用于注射成型。色母料着色法操作简单、方便，着色均匀，无污染，成本比干混法着色高一些。目前，该法已被广泛使用。

塑料原料的着色过程中，着色剂的选用是关键。用于塑料原料的着色剂应具备的条件为：与树脂相溶性好，分散均匀；具有一定的耐热性，能经受塑料加工温度不发生分解变色；具有良好的光和化学稳定性，耐酸、耐溶剂性良好；具有鲜明色彩和高度的着色力；在加工机械表面无黏附现象等。

3. 塑料原料的干燥

注射成型原料由于本身性质，如 PA、PC、PMMA、PET、ABS、PSF、PPO、PVC 等，由于其大分子结构中含有亲水性的极性基团，易吸湿，或在贮存运输过程中被雨水打湿，使原料含有水分，成型前必须对这些塑料原料进行干燥处理，否则会使制品表面出现银纹、气泡、缩孔等缺陷，严重时会引起原料降解，影响制品的外观和内在质量。

塑料原料的干燥方法很多，有热风循环干燥、红外线加热干燥、真空加热干燥、沸腾床/沸腾炉干燥和气流干燥等。干燥方法的选用，应视塑料的性能、生产批量和具体的干燥设备条件而定。通常小批量用料采用热风循环干燥和红外线加热干燥；大批量用料采用沸腾床干燥和气流干燥；高温下易氧化降解的塑料，如聚酰胺则宜采用真空干燥。

　　干燥过程中，影响干燥效果的因素主要有干燥温度、干燥时间和料层厚度三方面。一般来讲，干燥温度应控制在塑料的软化温度、热变形温度或玻璃化温度以下；为了缩短干燥时间，可适当提高温度，以干燥时塑料颗粒不结成团为原则，一般不超过100℃。干燥温度也不能太低，否则不易排除水分。干燥时间长，有利于提高干燥效果，但时间过长不经济；时间太短，水分含量达不到要求。干燥时料层厚度不宜大，一般为20～50mm。必须注意的是：干燥后的原料要立即使用，如果暂时不用，要密封存放，以免再吸湿；长时间不用的已干燥的树脂，使用前应重新干燥。常见塑料原料的干燥条件见表4-1。

表4-1　常见塑料原料干燥条件

塑料名称	干燥温度/℃	干燥时间/h	料层厚度/mm	含水量/%
ABS	80～85	2～4	30～40	<0.1
PA	90～100	8～12	<50	<0.1
PC	120～130	6～8	<30	<0.015
PMMA	70～80	4～6	30～40	<0.1
PET	130	5	20～30	<0.02
聚砜	110～120	4～6	<30	<0.02
聚苯醚	110～120	2～4	30～40	—

　　对于不易吸湿的塑料原料，如 PE、PP、PS、POM 等，如果贮存良好，包装严密，一般可不干燥。但应注意的是有些树脂本身不吸湿，但加入某种吸湿性的助剂，使整个塑料变得吸湿，成型前仍要干燥。

　　对于不同的树脂，对水分含量的要求是不同的，有时用相同的树脂，制造不同的制品时，对水分含量的要求也不一样。例如，同样用 PET 树脂，如果用于注射中空吹塑成型时，树脂中水分含量的要求就没有用于制造成 PET 纤维时那样高。

　　4. 嵌件的预热

　　为了装配和使用强度的要求，在塑料制品内常常需嵌入金属嵌件。注射前，金属嵌件应先放入模具内的预定位置上，成型后与塑料成为一个整体。由于金属嵌件与塑料的热性能差异很大，导致两者的收缩率不同。因此，有嵌件的塑料制品，在嵌件周围易产生裂纹，既影响制品的表面质量，也使制品的强度降低。解决上述问题的办法，除了在设计制品时应加大嵌件周围塑料的厚度外，对金属嵌件的预热也是一个有效措施。通过对金属嵌件的预热，可减少塑料熔体与嵌件间的温差，使嵌件周围的塑料熔体冷却变慢，收缩比较均匀，并产生一定的熔料补缩作用，防止嵌件周围产生较大的内应力，有利消除制品的开裂现象。

　　嵌件的预热必须根据塑料的性质以及嵌件的种类、大小决定。对具有刚性分子链的塑料，如聚碳酸酯、聚苯乙烯、聚砜和聚苯醚等，由于这些塑料本身就容易产生应力开裂，因此，当制品中有嵌件时，嵌件必须预热；对具有柔性分子链的塑料且嵌件又较小时，嵌件易被熔融塑料在模内加热，因此嵌件可不预热。

　　嵌件的预热温度一般为110～130℃，预热温度的选定以不损伤嵌件表面的镀层为限。对表面无镀层的铝合金或铜嵌件，预热温度可提高至150℃左右。预热时间一般几分钟即可。

5. 脱模剂的选用

一般注射制品是否能顺利脱模主要依赖于合理的模具结构设计和合理的工艺条件。但有时工艺条件控制或模具结构设计不当时，或原料本身有问题时，会使制品脱模困难。为了能使制品顺利脱模通常会使用脱模剂。脱模剂是使塑料制品容易从模具中脱出而喷涂在模具表面上的一种助剂。使用脱模剂后，可减少塑料制品表面与模具型腔表面间的黏结力，还可以缩短成型周期。

常用的脱模剂主要有硬脂酸锌、白油及硅油三种。硬脂酸锌除聚酰胺外，一般塑料都可使用；白油作为聚酰胺的脱模剂效果较好；硅油一般的模具都可使用，润滑效果好。使用时需要配成甲苯溶液，涂抹在模具塑料熔体接触的表面，经干燥后使用方能显出优良的效果，因此使用起来不太方便。

脱模剂使用时采用两种方法：手涂和喷涂。手涂法成本低，但难以在模具表面形成规则均匀的膜层，脱模后影响制品的表观质量，尤其是透明制品，会产生表面混浊现象；喷涂法是采用雾化脱模剂，喷涂均匀，涂层薄脱模效果好，脱模次数多（喷涂一次可脱十几模），实际生产中，应尽量选用喷涂法。目前市场上雾化脱模剂的种类和使用性能如表4-2所示。

表4-2　雾化脱模剂的种类和使用性能

雾化脱模剂种类	使用效果	制品表面处理适应性
甲基硅油（TG系列）	优	差
液体石蜡（TB系列）	良	良
蓖麻油（TBM系列）	良	优

在注射成型过程中应当注意是：①凡要电镀或表面涂层的塑料制品，尽量不用脱模剂，否则会影响表面的电镀和涂层质量；②在脱模剂的使用过程中，脱模剂的用量要适中，涂抹要均匀，过多的使用会使制品表面油斑或腐蚀，特别是透明制品会影响其透明性。一般生产应尽量少采用脱模剂。

6. 料筒的清洗

生产中，当需要更换原料、调换颜色或发现塑料有分解现象时，都需要对注射机的料筒进行清洗。柱塞式注射机的料筒清洗比较困难，原因是该类注射机的料筒内存料量大，柱塞又不能转动，因此，清洗时必须采取拆卸清洗或采用专用料筒。螺杆式注射机的料筒清洗，通常采用换料清洗。清洗前要掌握料筒内存留料和欲换原料的热稳定性、成型温度范围和各种塑料之间的相溶性等技术资料，清洗时要掌握正确的操作步骤，以便节省时间和原料。换料清机的方法有：直接换料法、间接换料法和料筒清洗剂清洗法。

（1）直接换料

若所要生产制品的物料和机筒内残存物料的塑化温度相近时，可在成型温度下直接加入所要生产制品的物料，进行连续对空注射，待机筒内的残存料清洗完毕，即可进行正常生产。

若所要生产制品的物料的成型温度高于机筒内存留料的塑化温度时，则应先将机筒和喷嘴温度升高到所要生产制品的物料的最低成型温度，然后加入所要生产制品的物料（也可用其物料的回料），进行连续的对空注射，直至机筒内的存留料清洗完毕再调整温度进行正常生产。如表4-3为常用几种物料成型温度高于机筒内残存物料塑化温度时直接换料的温度。

表4-3　物料成型温度高于机筒内残存物料塑化温度时直接换料的温度

残料名称	残料塑化温度/℃	生产制品的物料	生产制品物料成型温度/℃	直接换料温度/℃
LDPE	160~220	HDPE	180~240	180
	140~260	PP	210~280	210
		ABS	190~250	190
		PMMA	210~240	210
		PC	250~310	250
PA-6	220~250	PA66	260~290	260
PA-66	260~290	PET	280~310	280
PC	250~310	PET	280~310	260
ABS	190~250	PPO	260~290	260
PPO	260~290	PPS	290~350	290
		PSF	310~370	310

若所要生产制品的物料的成型温度低于机筒内存留料的塑化温度时，则应先将机筒和喷嘴温度升到使残存料处于最好的流动状态，然后切断机筒和喷嘴的加热电源，在降温下进行清洗，待温度降至所要生产制品物料的成型温度时，即可转入生产。如表4-4为常用几种物料成型时其成型温度低于机筒内残存物料时直接换料的温度。

表4-4　物料成型温度低于机筒内残存物料塑化温度时直接换料的温度

残料名称	残料塑化温度/℃	生产制品的物料	生产制品的物料成型温度/℃	直接换料温度/℃
HDPE	180~240	LDPE	160~220	180
PP	210~280	LDPE	190~250	190
		HDPE	210~240	210
PMMA	210~240	PS	140~260	210
PA-66	260~290	PA6	220~250	260
PC	250~310	PS	140~260	250
ABS	190~250	PS	140~260	190
PET	280~310	PC	250~310	280

（2）间接换料

若所要生产制品的物料的成型温度高，而机筒内的存留料又是热敏性的，如聚氯乙烯、聚甲醛等，为防止塑料分解，应采用二步法清洗，即间接换料。具体操作过程为：先用热稳定性好的聚苯乙烯、低密度聚乙烯塑料或这类塑料的回料作为过渡清洗料，进行过渡换料清洗，然后用要生产制品的物料置换出过渡清洗料，如表 4 - 5 所示为 PVC - U、POM 间接换料的温度。

表 4 - 5　PVC - U、POM 间接换料温度

残料名称	残料塑化温度/℃	过渡物料	机筒温度/℃	生产制品的物料	机筒温度/℃
PVC - U	170 ~ 190	HDPE	180	PA - 66	260
		PS	170	ABS	190
		PS	170	PC	250
		HDPE	180	PET	280
POM	170 ~ 190	PS	170	PC	250
		PS	170	PMMA	210
		PS	170	ABS	190
		HDPE	180	PPO	260
		HDPE	180	PET	280

（3）料筒清洗剂

由于直接换料和间接换料清洗料筒要浪费大量的塑料原料，因此，目前已广泛采用料筒清洗剂来清洗料筒。料筒清洗剂的使用方法为：首先将料筒温度升至比正常生产温度高 10 ~ 20℃，注净料筒内的存留料，然后加入清洗剂（用量为 50 ~ 200g），最后加入欲换料，用预塑的方式连续挤一段时间即可。若一次清洗不理想，可重复清洗。

二、注射成型过程

注射成型过程包括加料、塑化、注射和冷却、制品脱模等几个阶段。在生产中是一个周期性的过程。

1. 加料

注射成型是一个间歇过程，在每个制品成型的周期中都是从加料开始。所谓加料是指物料从注射机料斗落入到料筒，加料量一般采用容积计量。不同的注射机其加料的方式有所不同，柱塞式注射机是在柱塞向前移动时将料框中的物料带入到料筒中，加入物料的量与加料框的容量和柱塞行程有关；而螺杆式的注射机是在螺杆旋转后退时将料斗中的物料加入到料筒中，加料量与螺杆后退的行程有关。

在注射成型过程中要求每个成型周期的加料量应保持恒定，这样才能保证物料塑化均匀，制品性能优良。反之加料量不稳定会影响制品性能的稳定性。加料过多时，受热时间

长，易引起物料热降解，同时使注射成型机的功率损耗增加；加料过少时，料筒内缺少传压介质，模腔中塑料熔体压力降低，补缩不能正常进行，制品易出现收缩、凹陷、空洞等缺陷。

在注射成型过程中加料应根据制品情况进行调节。柱塞式注射机，可通过调节料斗下面定量装置的调节螺帽来控制加料量；移动螺杆式注射机，则可通过调节行程开关与加料计量柱的距离来控制。

2. 塑化

塑化是指粒状或粉状的塑料原料在料筒内经加热达到流动状态，并具有良好可塑性的过程，是注射成型的准备阶段。塑化过程要求：物料在注射前达到规定的成型温度；保证塑料熔体的温度及组分均匀，并能在规定的时间内提供足够数量的熔融物料；保证物料不分解或极少分解。由于物料的塑化质量与制品的产量及质量有直接的关系，因此成型时必须控制好物料的塑化。

在注射成型过程中影响物料塑化的因素较多，如塑料原料的特性、成型工艺、注射机的类型等。不同类型的注射机，由于推进物料的方式不同，对物料塑化的控制和效果也不同。柱塞式注射成型机是用柱塞将料筒内的物料向前推送，使其通过分流梭，再经喷嘴注入模具。料筒内的物料是靠料筒外部的加热而熔化，物料在料筒内的流动是由柱塞推动，呈层流流动，几乎没有混合作用。料筒内的料温以靠近料筒壁处为最高，而料筒中心处为最低，温差较大。尽管分流梭的设置改善了加热条件，使料温变均匀，并且增加了对物料的剪切力，使其黏度下降，塑化程度提高，但由于分流梭对物料的剪切作用较小，物料经过分流梭后，温差减小了，而最终料温仍低于料筒温度。另外，分流梭的设计或多或少存在滞流区和过热区，因此，柱塞式注射成型机难以满足生产大型、精密制品，以及加工热敏性高黏度塑料的要求。

螺杆式注射机的预塑过程为：螺杆在传动装置的驱动下，在料筒内转动，将从料斗中落入料筒内的物料向前输送，输送过程中，物料被逐渐压实，在料筒外加热和螺杆摩擦热作用下，物料逐渐熔融塑化，最后呈黏流状态。熔融态的物料不断被推到螺杆头部与喷嘴之间，并建立起一定的压力，即预塑背压。由于螺杆头部熔体的压力作用，使螺杆在旋转的同时逐步后退，当积存的熔体达到一次注射量时，螺杆转动停止，预塑阶段结束，准备注射。

螺杆式注射机料筒内的物料除靠料筒外加热外，由于螺杆的混合和剪切作用提供了大量的摩擦热，还能加速外加热的传递，从而使物料温升很快。如果剪切作用强烈时，到达喷嘴前，料温可升至接近甚至超过料筒温度。

对于螺杆式注射机在成型过程中料筒温度、螺杆转速、塑化背压是影响物料塑化的主要因素。一般提高料筒的温度、螺杆的转速、降低塑化的背压有利于提高塑化的速度，适当降低螺杆的转速、增加塑化的背压有利于提高塑化的质量。

物料塑化的质量在成型过程中可以通过对空注射观察射出料条的状况：若料条表面光亮、断面密实、无气泡且色泽均匀，则表明塑化状态良好；若料条表面暗淡、无光泽，且断面粗糙，流动性不好，则物料塑化不良。若射出物料呈粥样，或者料条有变色，表面无光泽，则物料出现了过塑化或分解。

3. 注射保压

注射是指在成型过程中柱塞或螺杆前移，将柱塞或螺杆头部的熔体通过喷嘴、模具流道注入模具，充满型腔的过程。在整个注射成型的周期中，注射时间很短，一般只需几秒钟，但由于注射时熔体受到柱塞或螺杆的推挤作用，压力会使转速增大，高压熔体通过注射喷嘴孔或模具的狭窄的流道和浇口时，会受到很大的摩擦和剪切作用，而产生较大的热量，使熔体进一步产生温升，注射时注射压力、注射速率越大，温度上升越多。注射时注射压力、注射速率的大小也会对熔体充模流动产生影响，从而影响制品的质量。

柱塞式注射成型机注射时，注射压力很大一部分要消耗在物料从压实到熔化的过程中。故注射压力损失大，注射速率低。在螺杆式注射机中，物料在固体输送段已经形成固体塞，阻力较小，到计量段物料已经熔化。因此，螺杆式注射机的注射压力损失小，注射速率高。

注射充模时，熔体进入型腔中的流动形式和流动状态对制品质量有较大影响。充模过程中熔体在模腔中的流动形式主要与浇口位置和模腔形状及结构有关，如图 4-1 所示为熔体经过 4 种不同位置的浇口进入不同形状模腔的典型充填模式。从图 4-1 可以看出，圆管模腔和矩形狭缝模腔内的流动特点是熔体沿轴向流动，前锋面积保持不变；圆盘模腔内流动的特点是熔体沿径向以同样的速度向四周辐射扩展，熔体前锋面为一柱面，面积不断增大。带有小扇形浇口的充填模式如图 4-1（d）所示，整个充模过程分为浇口段、过渡段和铺展段等三个阶段；在浇口段熔体沿径向四周扩展，形成一弧形前锋面，类似于圆盘径向流。在过渡段随着流动的发展，弧形前锋不断扩大，直到与侧壁接触，弧形前锋逐渐转为平直，同时具有圆盘径向流和带状流的特征；在铺展段，前锋面较为平直光滑地向前推进直至充满模腔，具有带状流的特点。

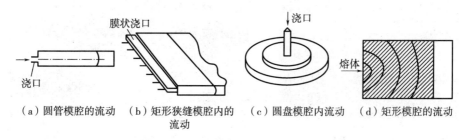

（a）圆管模腔的流动　（b）矩形狭缝模腔内的流动　（c）圆盘模腔内流动　（d）矩形模腔的流动

图 4-1　熔体在模腔内的流动形式

熔体在模腔中的流动状态一般应为稳态层流，即熔体流动时受到的惯性力与黏滞剪切应力相比很小，从浇口向模腔终端逐渐扩展。其熔体流动行为与流经的通道有关，一般流道较大时，熔体的流速较慢，受剪切作用较小，流道狭窄时，熔体受剪切作用大，流速大，如图 4-2 所示。当熔体以较高速度从狭窄的浇口进入较宽、较厚的模腔时，熔体不与上、下模壁接触而发生如图 4-3 所示的喷射。由于喷射熔体流速过高，模腔内各处的阻力不一致，从而导致料流出现不稳定的蛇形流动，这种流动状态会使其料流表面熔体的温度、表面分子形态和分子或纤维的取向等不同，而在料流叠合处形成微观的"熔接线"，在制品表面出现"喷流痕"（图 4-4），严重影响塑件表面质量、光学性能及力学性能。实验证明：喷射流动还会使最先进入模具型腔的熔料因凝固而停留在浇口附近的区域。如图4-5所示为采用热流道模进行喷射流动的充模，热流道内为白色熔料，注射机料筒内为黑色料，模具有三个浇口，充模时，热流道内白色熔料首先进入模腔中。试验可以看出，制品浇口附近皆为白色熔料。这主要是由于喷射时料流虽然流速高，但料流细小，先进入模腔时虽受剪切作用大但受冷却作用也大，剪切热的温升不足以抵消模腔的冷却作用，而使熔料流动性降低，逐渐凝固在浇口附近的区域。后进入的物料，由于模腔温度在充模逐渐上升，进入模腔后冷却较慢，流动性好，而进入模腔末端。

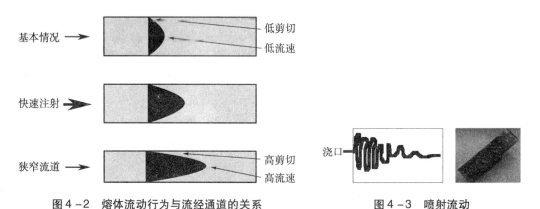

图4-2 熔体流动行为与流经通道的关系

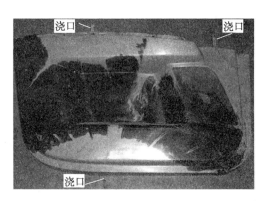

图4-3 喷射流动

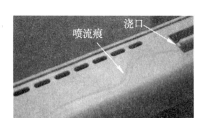

图4-4 喷流痕

图4-5 热流道模中喷射流动的充模情况

注射熔料充满模具后，为了能得到密实制品，柱塞或螺杆进一步对模腔内熔料压实，但柱塞或螺杆停止了前移或只做稍许前移，以补充模腔内压实或收缩后的空腔，这一过程通常称为保压。保压时间依物料性质、产品要求而不同，有的几秒，有的则需几十秒甚至几分钟。

4. 冷却过程

塑料熔体自进入模腔后即被冷却，直至脱模时为止。而通常讲的冷却过程是指从浇口凝封时起到制品从模腔中顶出时止。冷却的时间依物料性质、产品要求而不同，分为几秒、几十秒甚至几分钟不等。该冷却过程主要是以使制品在模内冷却达到足够的硬度和刚性而不致脱模时发生扭曲变形。在该冷却过程中必须控制好模腔内的压力和冷却速度。

制品脱模时模腔内的压力不一定等于外界压力，它们之间的差值通常称为残余压力。残余压力的大小与保压时间的长短及浇口凝封压力的高低有密切关系。保压时间长、浇口凝封压力高，残余压力也大。当残余压力为正值时，脱模较困难，制品易被刮伤或发生断裂；当残余压力为负值时，制品表面易产生凹陷或内部有真空泡；只有当残余压力接近零时制品脱模才比较顺利。

制品在模腔中的冷却速度也会直接影响制品的质量和脱模，如果冷却过急或模具与塑料熔体接触的各部分温度不匀，则会由于冷却不均而导致收缩不均匀，使制品中产生内应力。但冷却速度慢，则会延长生产周期、降低生产效率，而且会造成复杂制品脱模困难。

5. 熔体在模腔内的流动及模腔压力变化情况

在注射成型过程中，无论采用何种形式的注射机，塑料熔体进入模腔内的流动情况都可分为充模、保压（或压实）、倒流和浇口冻结后的冷却4个阶段。在这4个连续的阶段中，模腔内的压力也随之发生变化，如图4-6所示即为熔体进入模腔的压力-时间变化曲线。

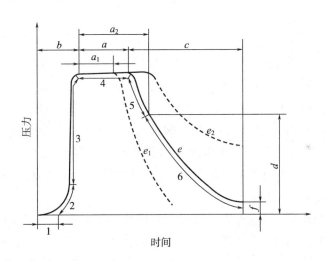

图4-6 熔体进入模腔的压力-时间变化曲线

a—熔体受压保持时间（保压时间）；b—柱塞或螺杆前移时间；c—熔体倒流和冷却时间；

d—浇口凝封压力；e、e_1、e_2—压力曲线；f—开模时的残余压力；

1—熔体开始进入模腔的时间；2—熔体填充模腔的时间；3—熔体被压实的时间；

4—保压时间；5—熔体倒流时间；6—浇口凝固后到脱模前熔体继续冷却时间

（1）充模阶段

该阶段是从柱塞或螺杆预塑后的位置开始向前移动起，直至塑料熔体充满模腔为止，时间为曲线e上"1"、"2"、"3"三段时间之和。充模阶段开始时，模腔内没有压力，如曲线1；随着物料不断充满，压力逐渐建立起来，如曲线2；待模腔充满对塑料压实时，压力迅速上升而达到最大值，如曲线3。

充模时间与注射压力有关。充模时间长，也即慢速充模，先进入模内的熔体，受到较多的冷却而黏度增大，后面的熔体就要在较高的压力下才能入模，因此，模内物料受到的剪切应力大、分子定向程度高。如果定向的分子被冻结后，会使制品产生各向异性，这种制品在使用过程中会出现裂纹。另外，充模时间长，制品的热稳定性也较低。充模时间短，即快速充模，塑料熔体通过喷嘴及浇注系统时，将产生较高的摩擦热而使料温升高，这样有利减少分子定向程度，提高制品的熔接强度。但充模速度过快时，嵌件后部的熔接反而不好，使制品强度下降。另外，充模过快也易裹入空气，使制品出现气泡，并且使热敏性塑料因料温高而发生分解。

（2）保压阶段（压实阶段）

保压阶段也称压实阶段，该阶段从熔体充满模腔时起至柱塞或螺杆后退前止，时间为曲线4。在这段时间内，塑料熔体因冷却而产生收缩，但由于塑料熔体仍处于柱塞或螺杆的稳压下，料筒内的熔料会继续向模腔内流入，以补充因收缩而留出的空隙。如果柱塞或螺杆保持压力不变，即随着熔料入模的同时向前做少许移动，则在此段中模内压力维持不变。

压实阶段的压力可以维持原来的注射压力，也可低于或高于原来的注射压力。提高压实阶段的压力，延长压实时间，有利于提高制品密度，减少收缩，克服制品表面缺陷。但由于此时塑料还在流动，温度逐渐下降，定向的分子易被冻结，故该阶段是注射成型制品中大分子定向形成的主要阶段。而且保压时间越长，浇口凝封压力越大，分子定向程度也越大。

（3）倒流阶段

该阶段是从柱塞或螺杆后退时开始到浇口处熔料冻结为止，时间为曲线5。倒流阶段时间范围为0秒到几秒。由于此时模腔内的压力比流道压力高，因此会发生熔体倒流，从而使模腔内的压力迅速下降（曲线e_1是倒流严重的情况）。如果柱塞或螺杆后退时，浇口处熔料已凝封或喷嘴中装有止逆阀，则倒流阶段就不会出现。实际工业生产中不希望出现倒流阶段，正常生产中也不会出倒流阶段（如曲线e_2）。因此，在注射成型过程中，倒流阶段是可避免的。一般保压时间长、凝封压力高，则倒流少、制品的收缩率低。

（4）浇口冻结后的冷却阶段

由于浇口处比较狭窄，物料在此处最容易被冷却而固化，使浇口封闭，而使模腔内与流道相隔离。此时模腔内的熔料不受流道压力等的影响进一步冷却，直到制品从模腔中顶出。该阶段模腔内的压力迅速降低，如曲线6，最终模腔压力大小会直接影响制品的脱模。一般最佳状态是最终模腔压力接近外界压力，即残余压力接近零。否则都不能顺利脱模。

三、制品的后处理

注射制品成型或进行机械加工、修饰之后，为改善和提高制品的性能，通常需要进行适当的后处理。后处理的方法主要有热处理（退火）和调湿处理。

（1）热处理（退火）

所谓热处理，就是将制品在一定温度的液体介质（如水、矿物油、甘油、乙二醇和液体石蜡等）或热空气（如循环热风干燥室、干燥箱等）中静置一段时间，然后缓慢冷却到室温的过程，也称退火。

在注射成型过程中，由于塑料在料筒内塑化不均匀或在模腔内冷却速度不一致，常常会产生不均匀的结晶、取向和收缩，使制品存在内应力，尤其是厚壁及带有嵌件的制品。另外塑料制品在机械加工、修饰时，也会由于机械力的作用使制品发生形变而产生内应力。

内应力的存在，使制品在贮存和使用过程中，发生力学性能下降、光学性能变坏、制品表面出现银纹甚至变形开裂。热处理可以使强迫冻结的分子链在高温下得到松弛，取向的大分子链段转向无规位置，从而消除这一部分的内应力；还可以使高分子链在高温下进一步完善结晶，提高物料的结晶度，稳定结晶构型，从而提高制品的硬度和弹性模量。

热处理过程中应严格控制温度、时间、冷却速度等工艺参数。对于一般注射制品热处理温度应控制在制品使用温度以上 10~20℃ 或低于塑料热变形温度 10~20℃。温度不要太高，过高会使制品产生翘曲或变形，温度太低则会达不到热处理目的。

热处理时间的长短应以消除内应力为原则。凡所用塑料的分子链刚性较大、壁厚较大、带有金属嵌件、使用温度范围较宽、尺寸精度要求较高、内应力较大又不易自行消失的制品，均须进行热处理；而分子链柔性较大、产生的内应力能缓慢自行消失（如聚甲醛等）或制品的使用要求不高时，可不必进行热处理。退火处理时一般应采用低温长时间或高温短时间。

热处理后的制品应缓慢冷却（尤其是厚壁制品）到室温，冷却太快有可能重新产生内应力。

对热处理介质一般要求应有适当的加热温度范围，一定的热稳定性，与被处理物不反应，不燃烧，不放出有毒的烟雾。常用的介质主要有水、矿物油、甘油、乙二醇和液体石蜡或热空气等。常用热塑性塑料的热处理条件，可参见表4-6。

表4-6 常用塑料热处理条件

热塑性塑料	处理介质	处理温度/℃	制品壁厚/mm	处理时间/min
PS	空气或水	60~70	≤6	30~60
		70~77	>6	120~360
		77	≤3	1
AS	空气或水		3~6	3
			>6	4~25
ABS	空气或水	80~100	—	16~20
PMMA	空气	75	—	240~360
PC	空气或油	125~130	1	30~40
PSU	空气	165	—	60~240
PA-66	油	150	3	15
PA-6	油	130	12	15
均聚POM	空气或油	160	2.5	60（空气）
				30（油）
共聚POM	空气或油	130~140	1	15
		150	1	5
PP	空气	150	≤3	30~60
			≤6	60
PE	水	100	≤6	15~30
			>6	60

（2）调湿处理

聚酰胺类塑料制品，在高温下与空气接触时，常会氧化变色。此外，在空气中使用和贮存时，又易吸收水分而膨胀，需要经过很长时间后才能得到稳定的尺寸。因此，如果将刚脱模的制品放在热水中进行处理，不仅可隔绝空气，防止制品氧化变色，而且可以加快制品吸湿达到吸湿平衡，使制品尺寸稳定，该方法就称为调湿处理。调湿处理时的适量水分还能对聚酰胺起类似增塑作用，从而增加制品的韧性和柔软性，使冲击强度、拉伸强度等力学性能有所提高。

调湿处理的时间与温度，由聚酰胺塑料的品种、制品的形状、厚度及结晶度的大小而定。调湿介质除水外，还可选用醋酸钾溶液（沸点为120℃左右）或油。

四、制品检验入库

注射制品的质量检验主要包括外观、尺寸、强度性能等的方面，对于不同的制品用途不同要求也不同，检验的项目和标准也有所不同。

（1）外观检验

注射制品的外观是指制品的造型、色调、光泽及表面质量等凭人的视觉感觉到的质量特性。制品的大小和用途不同，外观检验标准也不相同，但检验时的光源和亮度、表面缺陷等要统一规定。外观质量判断标准是由制品的部位而定，可见部分（制品的表面与装配后外露面）与不可见部分（制品里面与零件装配后的非外露面）有明显的区别。

（2）制品尺寸检验

对于有配合要求的制品其尺寸有严格的要求。检测制品的尺寸时制品必须是在批量生产中的注射机上成型，用批量生产的原料制造，因为上述两项因素变动后尺寸会跟着变化。

测量尺寸的环境温度须预先规定，塑件在测量尺寸前先按规定进行试样状态调节。精密塑件应在恒温室内〔（23±2)℃〕测量。

（3）强度性能检测

强度性能检测项目主要有硬度、冲击强度、拉伸强度、弯曲强度、疲劳强度等。对于结构零部件，对其强度一般都有要求，但不同用途的制品其强度要求不一样，在对制品进行检测时，应根据用途、要求确定性能检测项目，对其进行重点性能检验。

练习与思考

1. 注射成型前，原料的干燥温度一般应控制在（　　）。

　A. 软化温度以下；　　　　　　　B. 熔融温度以下；

　C. 玻璃化温度以上；　　　　　　D. 分解温度以下

2. PS、POM 在注射成型前一般（　　）。

　A. 都要充分干燥；　　　　　　　B. 可不干燥；

　C. PS 要干燥，POM 可不干燥；　　D. POM 要干燥，PS 可不干燥

3. 脱模剂中目前在高温条件下使用效果最好的是（　　）。

  A. 硬脂酸锌；   B. 白油；

  C. 有机硅油；   D. PTFE 类

 4. 注射机在加工 PC 制品时，成型温度为 250～310℃，现要换成 PS 料来生产，成型温度为 160～200℃，换料时，料筒的清洗方法是（ ）。

  A. 清除料斗中多余的 PC 料后，对空注射将料筒中的物料注尽，即可转入生产；

  B. 清除料斗中多余的 PC 料后，对空注射将料筒中的物料注尽，再切断机筒和喷嘴的加热电源，在料斗中加入 PS 料，在降温下进行对空注射，待温度降至 160～200℃时，即可转入生产；

  C. 待温度降至 160～200℃时，清除料斗中多余的 PC 料后，在料斗中加入 PS 料，对空注射；

  D. 直接加入 PS 料，在 250～310℃下进行对空注射后，再降至 160～200℃生产

 5. 嵌件成型前为何一般需要预热？哪些情况下可以不预热？

 6. 注射成型过程中，熔体进入模腔后压力是如何变化的？

 7. 制品成型后的热处理实质是什么？哪些制品必须热处理？哪些情况下制品可以不进行热处理？

单 元 二

注射成型工艺控制参数的设定

 学习目标

1. 知道注射过程中各阶段的要求及影响因素。
2. 掌握工艺参数设定的原则，能根据产品要求及材料性质合理确定成型工艺参数。
3. 掌握注射成型过程中料筒温度、开锁模、注射、保压、熔胶等工艺参数的作用、控制及对成型的影响，能进行工艺参数设定操作。

项目任务

项目名称	项目一　PA 汽车门拉手的注射成型
子项目名称	子项目四　PA 汽车车门拉手成型工艺与控制
单元项目任务	任务 1. PA 汽车门拉手成型温度的设定； 任务 2. PA 汽车门拉手注射、保压参数的设定； 任务 3. PA 汽车门拉手熔胶参数的设定； 任务 4. PA 汽车门拉手开、锁模参数的设定
任务实施	1. PA 汽车门拉手成型温度的设定； 2. PA 汽车门拉手注射、保压参数的设定； 3. PA 汽车门拉手熔胶参数的设定； 4. PA 汽车门拉手开、锁模参数的设定

 相关知识

　　对于一定的塑料制品，当选择了适当的塑料原料、成型方法和成型设备，设计了合理的模具结构后，在生产中，工艺条件的选择和控制就是保证成型顺利和提高制品质量的关键。

　　注射成型主要控制的工艺参数是成型温度、压力、时间、螺杆转速、注射量、余料量等。

256

一、温度

注射成型过程中控制的温度主要有：料筒温度、喷嘴温度、模具温度和油温等。

1. 料筒温度

料筒温度是指料筒表面的加热温度。料筒一般分三段或四段加热控制（图4-7），温度从料斗到喷嘴前依次由低到高，使塑料材料逐步熔融、塑化。第一段是靠近料斗处的固体输送段，温度要低一些，料斗座还需用冷却水冷却，以防止物料"架桥"并保证较高的固体输送效率；第二段为压缩段，是物料处于压缩状态并逐渐熔融，该段温度设定一般比所用塑料的熔点或黏流温度高出 20～25℃；第三段为计量段，物料在该段处于全熔融状态，在预塑终止后储存塑化好的物料，该段温度设定一般要比第二段高出20～25℃，以保证物料处于熔融状态。

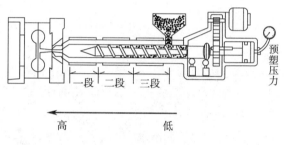

图4-7 料筒温度分段

料筒温度的设定与所加工塑料的特性有关。对于无定型塑料，料筒第三段温度应高于塑料的黏流温度（T_f）；对于结晶型塑料，应高于塑料材料的熔点（T_m），但都必须低于塑料的分解温度（T_d）。通常，对于 $T_f \sim T_d$ 的范围较窄的塑料，料筒温度应偏低些，比 T_f 稍高即可；而对于 $T_f \sim T_d$ 的范围较宽的塑料，料筒温度可适当高些，即比 T_f 高得多一些。如PVC 塑料受热后易分解，因此料筒温度设定低一些；而 PS 塑料的 $T_f \sim T_d$ 范围较宽，料筒温度应可以相应设定得高些。对于温敏性塑料，如 PC、PMMA 等，在工艺允许的条件下，提高料筒温度，可以显著的降低熔体黏度，提高流动性，提高其充模能力，如图4-8所示为塑料熔体黏度受温度的影响关

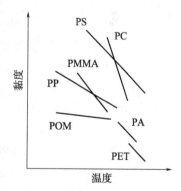

图4-8 塑料熔体黏度受温度的影响关系

系。对热敏性塑料，如 PVC、POM 等，虽然料筒温度控制较低，但如果物料在高温下停留时间过长，同样会发生分解。因此，加工该类塑料时，除严格控制料筒的最高温度外，对塑料在料筒中的停留时间也应有所限制。

同一种塑料，由于生产厂家不同、牌号不一样，其流动温度及分解温度有差别。一般，平均分子量高、分子量分布窄的塑料，熔体的黏度都偏高，流动性也较差，加工时，料筒温度应适当提高，反之则降低。

塑料添加剂的存在，对成型温度也有影响。若添加剂为玻璃纤维或无机填料时，由于

熔体流动性变差，因此，要随添加剂用量的增加，相应提高料筒温度；若添加剂为增塑剂或软化剂时，料筒温度可适当低些。

同种塑料选择不同类型的注射成型机进行加工时，料筒温度设定也不同。若选用柱塞式注射成型机，由于塑料是靠料筒壁及分流梭表面传热，传热效率低，且不均匀，为提高塑料熔体的流动性，必须适当提高料筒温度；若选用螺杆式注射成型机，由于预塑时螺杆的转动产生较大的剪切摩擦热，而且料筒内的料层薄，传热容易，因此，料筒温度应低些，一般比柱塞式注射成型机的料筒温度低 10~20℃。

由于薄壁制品的模腔较狭窄，熔体注入时阻力大、冷却快，因此，为保证能顺利充模，料筒温度应高些；而注射厚制品时，则可低一些。另外，形状复杂或带有金属嵌件的制品，由于充模流程曲折、充模时间较长，此时料筒温度也应设定高些。

料筒温度的选择对制品的性能有直接影响。料筒温度提高后，制品的表面光洁度、冲击强度及成型时熔体的流动长度提高了，而注射压力降低，制品的收缩率、取向度及内应力减少。由此可见，提高料筒温度，有利改善制品质量。因此，在允许的情况下，可适当提高料筒温度。

2. 喷嘴温度

喷嘴具有加速熔体流动、调整熔体温度和使物料均化的作用。在注射过程中，喷嘴与模具直接接触，由于喷嘴本身热惯性很小，与较低温度的模具接触后，会使喷嘴温度很快下降，导致熔料在喷嘴处冷凝而堵塞喷嘴孔或模具的浇注系统，而且冷凝料注入模具后也会影响制品的表面质量及性能，所以喷嘴温度需要控制。

喷嘴温度通常要略低于料筒的最高温度（表 4-7）。一方面，这是为了防止熔体产生"流延"现象；另一方面，由于塑料熔体在通过喷嘴时，产生的摩擦热使熔体的实际温度高于喷嘴温度，若喷嘴温度控制过高，还会使塑料发生分解，反而影响制品的质量。

表 4-7　几种常用热塑性塑料的注射成型温度

树脂名称		PS	HDPE	ABS	PP	POM	PC
喷嘴	形式	直通式	直通式	直通式	直通式	直通式	直通式
	温度/℃	200~210	150~180	180~190	170~190	170~180	230~250
料筒温度/℃	前	200~220	180~190	200~210	180~200	170~190	240~280
	中	170~190	180~220	200~220	200~220	170~200	260~290
	后	140~160	140~160	180~200	160~170	170~190	240~270

料筒温度和喷嘴温度的设定还与注射成型中的其他工艺参数有关。如：当注射压力较低时，为保证物料的流动，应适当提高料筒和喷嘴的温度；反之，则应降低料筒和喷嘴温度。在注射成型前，一般要通过"对空注射法"和制品的"直观分析法"来调整成型工艺参数，确定最佳的料筒和喷嘴的温度。对空注射时，若物料表面光滑、色泽均匀、密实、无气泡，则温度较为适宜，若物料呈粥样很稀或出现变色，则说明温度过高；若物料表面暗淡，无光泽，流动性不好，断面粗糙，则说明温度过低。

料筒温度和喷嘴温度在注射机上的设定操作方法，不同的注射机稍有所不同，如图4-9所示为海天 HTF450B/W3 注射机温度设定界面，界面中温度的设定分为 7 段，其中#1为喷嘴温度，#2、#3、#4、#5、#6、#7 为料筒温度。料筒温度控制可分 6 段控制，但实际生产中一般只设三段或四段。温度设定值输入的操作方法是：在温度设定界面状态下，按游标键移动游标，选择温度参数设定项目，以数字键输入欲输入的数值后，再按"输入"键，即完成此项的设定。不用的段（如#6、#7）设定值设为"0"即可。

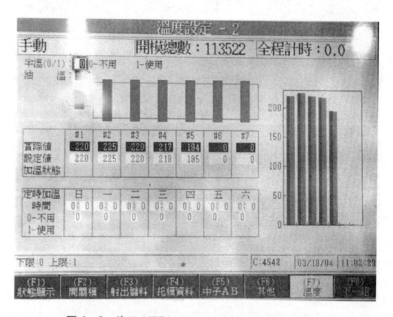

图 4-9　海天 HTF450B/W3 注射机温度设定界面

温度设定界面中各参数意义如下。

（1）半温：选择"0"时，不使用半温，按设定温度加温。选择"1"时，使用半温，控制在设定温度一半值。

（2）油温：显示注射机当时液压油箱油温。

（3）加温状态显示：有"0"、"+"、"*"和"-"4 种加温状态显示。显示"0"没有打开加温电源；显示"+"打开加温电源，全速加温；显示"*"料筒内温度到设定温度，此时处在循环加温，对料筒起恒温作用；显示"-"料筒温度超过设定温度值上限，加温电源自动关断，停止加温。

（4）定时加温：需打开注射机电源，并设定升温时间，当到预设定时间能自动打开加温电源，料筒升温。

如图 4-10 所示为宝捷注射机操作面板温度设定界面，系统共提供包括射嘴在内共 5段温度控制及一段油温检测。各段温度包括设定温度和实际温度，还有上、下限温度。进行温度设定时只要按游标键，移动游标，选择参数设定项目，以数字键输入欲输入的数值后，再按"输入"键，即完成此项的设定。系统根据各段所设定温度及上、下限值来监视各区的温度，是否超过设定的上下限值。如果温度低于下限时，注射机则不能进行射出、熔胶等动作，以防止冷螺杆启动。如果温度高于所设定的上限时，则系统会报警，所有各段温度状态均在主画面中显示出来。温度上、下限值设定不宜太大，否则注射机出现温度波动时，制品质量波动大，但上、下限值设定太小，注射机报警频率增加会影响生产正常进行。

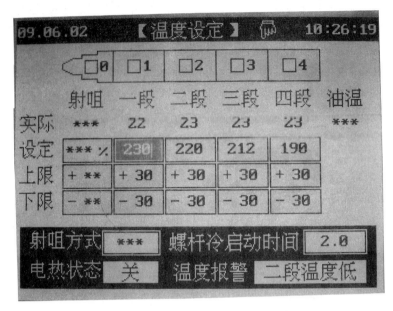

图 4 –10 宝捷注射机操作面板温度设定界面

3. 模具温度

模具温度是指与制品接触的模腔表面温度，它对制品的外观质量和内在性能影响很大。

模具温度通常是靠通入定温的冷却介质来控制的，有时也靠熔体注入模腔后，自然升温和散热达到平衡而保持一定的模温，特殊情况下，还可采用电热丝或电热棒对模具加热来控制模温。不管采用何种方法使模温恒定，对热塑性塑料熔体来说都是冷却过程，因为模具温度的恒定值低于塑料的 T_g 或低于热变形温度（工业上常用），只有这样，才能使塑料定型并有利于脱模。

模具温度的高低主要取决于塑料特性（是否结晶）、制品的结构与尺寸、制品的性能要求及其他工艺参数（如熔体的温度、注射压力、注射速率、成型周期等）。

无定型塑料熔体注入模腔后，随着温度不断降低而固化，在冷却过程中不发生相的转变。这时，模温主要影响熔体的黏度，即充模速率。通常，在保证充模顺利的情况下，尽量采用低模温，因为低模温可以缩短冷却时间，从而提高生产效率。对于熔体黏度较低的塑料（如 PS），由于其流动性好，易充模，因此加工时可采用低模温；而对于熔体黏度较高的塑料（如 PC、聚苯醚、聚砜等），模温应高些。提高模温可以调整制品的冷却速度，使制品缓慢、均匀冷却，应力得到充分松弛，防止制品因温差过大而产生凹痕、内应力和裂纹等缺陷。

结晶型塑料注入模腔后，模具温度直接影响塑料的结晶度和结晶构型。模温高，冷却速率慢、结晶速率快，制品的硬度大、刚性高，但却延长了成型周期并使制品的收缩率增大；模温低，则冷却速度快、结晶速率慢、结晶度低，制品的韧性提高。但是，低模温下成型的结晶型塑料，当其 T_g 较低时，会出现后期结晶，使制品产生后收缩和性能变化。当制品为厚壁时，内外冷却速率应尽可能一致，以防止因内外温差造成内应力及其他缺陷（如凹痕、空隙等），此时模温要相应高些；此外大面积或流动阻力大的薄壁制品，也需要维持较高的模温。常用塑料的模温如表4-8所示。

表4-8 常见塑料模温参考值

塑料名称	模具温度/℃	塑料名称	模具温度/℃
ABS	60~70	PA-6	40~110
PC	90~110	PA-66	120
POM	90~120	PA-1010	110
聚砜	130~150	PBT	70~80
聚苯醚	110~130	PMMA	65
聚三氟氯乙烯	110~130		

模具温度的选择与设定对制品的性能有很大的影响：适当提高模具温度，可增加熔体流动长度，提高制品表面光洁度、结晶度和密度，减小内应力和充模压力，但由于冷却时间延长，生产效率降低，制品的收缩率增大。

4. 油温

油温是指液压系统的压力油温度。油温的变化影响注射工艺参数，如注射压力、注射速率等的稳定性。

当油温升高时，液压油的黏度降低，增加了油的泄漏量，导致液压系统压力和流量的波动，使注射压力和注射速率降低，影响制品的质量和生产效率。因此，在调整注射成型工艺参数时，应注意到油温的变化。正常的油温应保持在30~50℃。

二、压力

注射成型过程中需要控制的压力有塑化压力、注射压力、保压压力等。

1. 塑化压力

螺杆头部熔融物料在螺杆塑化时所受到的压力称塑化压力，其大小可通过注射油缸的背压阀来调节。预塑时，只有螺杆头部的熔体压力，克服了螺杆后退时的系统阻力后，螺杆才能后退。

塑化压力的大小会影响物料的塑化效果、塑化能力以功率消耗。大的塑化压力一方面有助于螺槽中物料的密实，驱赶走物料中的气体。另一方面也增加了熔体内压力，加强了剪切效果，形成剪切热，使大分子热能增加，从而提高了熔体的温度。同时还会使螺杆后退的阻力增加，后退速度减慢，从而延长了物料在螺杆中的塑化时间，改善塑化效果。但是过大的塑化压力对成型也不利，一会增加螺杆计量段的熔体倒流和漏流，降低熔体输送能力，减少塑化量；还会由于螺杆后退的阻力增大而增加功率消耗；同时过高塑化压力还会使剪切热过高或剪切应力过大，使高分子物料发生降解而严重影响到制品质量。

成型过程中塑化压力的选取与塑料的品种、喷嘴的形式和加料方式有关。注射热敏性塑料如 PVC、POM 等，塑化压力提高，熔体温度升高，有可能引起制品变色、性能变劣、造成降解；注射熔体黏度较高的塑料，如 PC、PSF、PPO 等，塑化压力太高，易引起动力过载；注射熔体黏度特别低的塑料，如 PA 等，塑化压力太高，一方面易流延，另一方面塑化能力大大下降。以上情况，塑化压力选择都不宜太高。一些热稳定性比较好，熔体黏度适中的塑料如 PE、PP、PS 等，塑化压力可选择高些。通常情况下，塑化压力的使用范围为 3.4~10MPa。

对于直通式（即敞开式）喷嘴或后加料方式，塑化压力应低，防止因塑化压力提高而造成流延；自锁式喷嘴或前加料、固定加料方式，塑化压力可稍稍提高。

在实际生产中塑化压力还需与螺杆的转速综合起来考虑。因塑化压力大，螺杆转速不相应提高，易造成螺杆计量段的倒流和漏流增大，而使塑化能力减小。

在生产中塑化压力的设定是在注射机熔胶或储料（即物料塑化）的操作界面上进行参数的设定。如图 4-11 所示为海天 HTF450B/W3 注射机熔胶或储料参数设定界面，从图上可以看出，储料压力（塑化压力）、速度分为三段控制，这样可以根据物料的情况在螺杆后退至不同位置控制不同的压力和速度，以提高塑化质量。如果只要一段控制时，其余不用的段参数可设定为"0"。

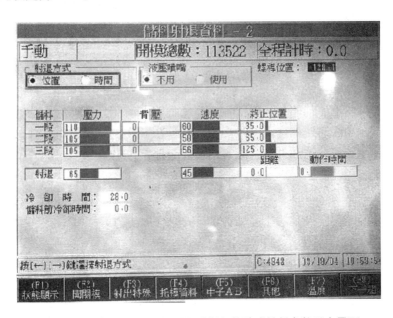

图 4-11　海天 HTF450B/W3 注射机熔胶或储料参数设定界面

在注射机上的塑化压力大小是通过调节背压液压阀来实现，注射机的背压与塑化压力（表压）的关系是：

$$塑化压力 = \frac{背压 \times 螺杆截面积}{注射油缸截面积} \qquad (4-1)$$

2. 注射压力

（1）注射压力的作用

注射时螺杆（或柱塞）头部对熔料所施加的压力称注射压力，其大小可通过注射油缸的压力调节阀来调节。注射压力的作用是克服塑料熔体从料筒流向模具型腔的流动阻力，使熔体以一定的充模速度进行充模，并对进入模腔的熔体进行压实、补缩。注射压力对塑料熔体的流动和充模具有决定性的作用。

注射时熔体流动必须流经喷嘴、流道、浇口再进入模腔，由于喷嘴、流道、浇口及模腔都比较狭窄，必会对熔体流动形成阻力，如图4－12所示为成型压力分布图。另外熔体自身的黏性，在流动时也会产生黏性摩擦阻力，而阻碍熔体的流动，因此必须给熔体足够的压力才能克服这一系列的阻力，使熔体进行流动充模。如果熔体压力不足，熔体流动距离会短，从而导致模腔难以充满，如图4－13所示会出现制品欠注现象。一般喷嘴、浇口越小，模腔、流道越长且几何形状复杂，熔体的黏度越高时，熔体流动阻力越大，所需注射压力越大。

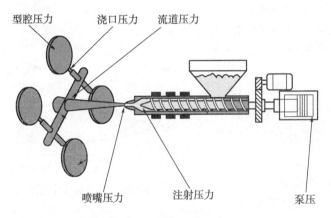

图4－12 成型压力分布图

型腔压力　浇口压力　流道压力

喷嘴压力　注射压力　泵压

图4－13 塑件欠注

注射压力在一定程度上决定了塑料的充模速率。因为充模速率大，熔体流经各部对其的摩擦阻力也越大，另外自身黏性摩擦阻力也会越大，这时必须要增大其注射压力去克服流动过程中的阻力，才能满足充模速率的要求，否则充模速率就下降。因此在注射过程中注射压力和充模速率是要相互配合。在充模阶段，当注射压力较低时，塑料熔体呈铺展流动，流速平稳、缓慢，但延长了注射时间，制品易产生熔接痕、密度不匀等缺陷；当注射压力较高而浇口又偏小时，熔体为喷射式流动，这样易将空气带入制品中，形成气泡、银纹等缺陷。有时还会由于模腔充填过快，引起模具的排气不及时，使模腔中的气体积聚在模腔料流的末端而受压缩产生温升，使物料温度过高而出现分解烧焦现象。如图4－14所示为充模速率过大，使模腔排

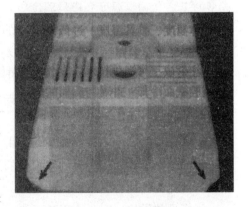

图4－14 充模速率过大引起制品灼伤现象

气不畅引起制品灼伤现象。

（2）注射压力对制品性能的影响

在注射过程中适当提高充模阶段的注射压力，可增加熔体的流动长度、提高充模速率，这样熔体能保持较高的温度在模腔中流动。熔料在模腔中出现料流汇合时，由于料流的前锋料温度都较高，保持很好的流动性，相互融合好，料流汇合痕迹（又称熔接痕）小，使制品熔接痕处的强度得到提高。相反如果注射压力小，熔体充模的速率小，充模时间长，熔体受模腔壁的冷却作用，温度下降。另外充模时剪切力、摩擦力也会小，产生的剪切、摩擦热小，使熔体的温升少。这样熔体在模腔中流动时温度低，特别是料流的前锋料温度更低。在模腔中这样的两股料流汇合时，由于前锋料温度低，流动性差，相互融合性差，汇合处会留下明显的"熔接线"，使制品熔接线处的强度低。如果注射压力太低时还会由于前锋料温度低，流动性不好，使熔体在模腔中的流动距离短而难以到达流程的末端，使制品出现欠注现象。

适当提高注射压力，熔体在模腔中受到较大的压实作用，排除熔体中包容的气体，可得密实的制品，制品的收缩率下降。但注射压力的提高使熔体在流程中所受的剪切力、摩擦力增大，这样会使分子的取向变形增大，形变恢复难，使制品取向度和内应力增加。如图4-15所示为注射压力与制品性能关系变化图。但注射压力过高时，会使模腔压力增大，脱模时模腔的残余压力也增大，而造成制品脱模困难。

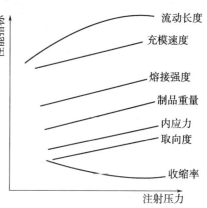

图4-15　注射压力与制品性能关系

（3）注射压力的选择

由于注射压力对注射成型和制品的性能影响较大，因此在成型过程中注射压力大小的选择很重要。注射压力的大小与塑料的性质、注射机的类型、模具的结构、制品的结构、喷嘴的形式及成型的工艺（物料温度、模具温度等）因素有关。

①物料的性质。对于熔体黏度大的物料（如PC、PSU、纤维增强塑料等），流动的阻力大，需采用较高的注射压力。对于剪切速率敏感性塑料（如POM、LDPEPP等），这类塑料熔体的表观黏度随温度的升高变化不大，但会随剪切速率的提高而迅速下降，流动性变好，因此，在注射成型时，主要靠提高剪切速率来控制熔体黏度，可选择较高的注射压力和注射速度。

②注射机的类型。柱塞式注射机由于料筒内有分流梭，注射时熔体流动的阻力大，应选择高的注射压力；螺杆式的注射机的注射压力则可相对选择小些。另外还要服从注射成型机所能允许的压力要求。

③模具的结构。对于流程长、模腔和流道狭窄，浇口尺寸小、数量多时，熔体流动的阻力大，应选择较高的注射压力。

④制品的结构。对于尺寸大、形状复杂、薄壁长流程的制品，应选择较高的注射压力。

⑤喷嘴的形式。采用直通式喷嘴时，其流道粗，喷嘴孔大，对熔体的阻力小，注射压

力可小些；弹簧锁闭式喷嘴由于熔体流经时，首先必须克服弹簧力的作用，打开针阀，会消耗部分压力，引起熔体的压力下降，因此注射时必须选择较高的注射压力。

⑥成型的工艺。在注射过程中，注射压力与物料温度、模具温度是相互制约的，物料温度、模具温度较高时，熔体的流动性好，可选择较低的注射压力；反之，所需注射压力增大。但物料温度过高，又易使物料过热而出现分解、烧焦现象。如图 4－16 所示为注射压力与物料温度的成型关系。在生产中只有将物料温度与注射压力控制在成型区域中的组合，才能获得满意的结果；而在这区域以外的物料温度与注射压力的组合，都会给成型带来困难或给制品造成各种缺陷。一般情况下，注射压力的选择范围可参见表4－9所示。

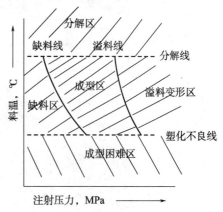

图 4－16　注射成型面积图

表4－9　注射压力的选择范围参考

塑料品种	注射压力/MPa		
	流动性好的厚壁制品	中等流动程度的一般制品	难流动的薄壁窄浇口制品
聚乙烯	70～100	100～120	120～150
聚氯乙烯	100～120	120～150	＞150
聚苯乙烯	80～100	100～120	120～150
ABS	80～110	100～130	130～150
聚甲醛	85～100	100～120	120～150
聚酰胺	90～101	100～140	＞140
聚碳酸酯	100～120	120～150	＞150
聚甲基丙烯酸甲酯	100～120	150～210	＞150

（4）注射压力的设定操作

通常注射机中注射压力的控制分成一段、二段和三段或以上注射压力控制。三级压力注射既能使熔料顺利充模，又不会出现熔接痕、凹陷、飞边和翘曲变形。对于薄壁制品、多头小件或长流程大型制品的模塑，甚至模腔配置不太均衡及合模不太紧密的制品的成型都有好处。同时各段压力适时的切换，对防止模内压力过高、防止溢料或缺料等非常重要。在注射成型时，注射压力是在注射机的射出参数设定界面上进行设定的，如图 4－17 所示。注射压力在不同的位置可设定不同的注射压力和相应的注射速度（流量）。但一般的制品较小、精度要求不高时，可采用一级控制。只有一级压力控制时把注射压力设定为同一数值即可。

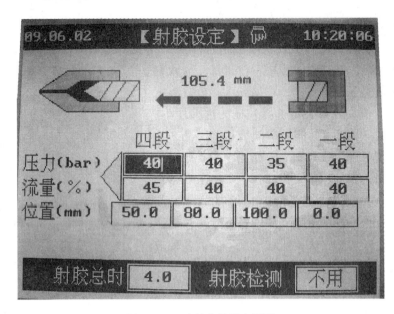

图 4-17 注射参数设定界面

3. 保压压力

保压是指在模腔充满后，对模内熔体进行压实、补缩的过程。此时螺杆（或柱塞）对熔料所施加的压力称为保压压力。熔体充满模腔后受到保压压力的作用会逐步被压实，并将熔体中包容的气体排出模腔，使熔体密实，体积减小。同时熔体受到模腔壁的冷却作用，会产生收缩。这样使充满的模腔又有了空隙，这时熔体会在螺杆（或柱塞）压力的作用下，通过喷嘴再进入到模腔来补充压缩和收缩引起的空隙，防止制品出现表面凹陷。

当保压压力较高时，制品的收缩率减小，表面光洁度、密度增加，熔接痕强度提高，制品尺寸稳定，但易出现过分填充，浇口附近的应力增大，脱模时制品中的残余应力较大，还容易产生溢边现象；保压压力不足时，则易造成制品产生表面凹陷、气泡以及收缩率增大等现象。

在保压阶段，由于模具内熔体温度的降低，模内熔体的压力也在逐步降低，生产中为了保证制品的质量和顺利脱模，常常采用保压压力的分级控制。分级控制的方法主要有两种，一种是保压压力逐步下降，可以避免过度保压，以减少残余压力和制品的内应力，避免制品翘曲变形，减少浇口附近与流动末端的密度差，还可减小能量消耗。另一种是先低后高，第一段保压压力较低，可防止制品毛边，第二段用较高的保压压力，可加强补偿收缩，避免制品出现表面凹陷。

保压压力大小的选择与制品的形状和壁厚有关，一般对于形状复杂和薄壁的制品，注射时采用的注射压力较大，保压压力这时可稍低于注射压力；对于厚壁制品如果考虑到保压压力大时可减少制品的收缩率，批量生产时制品的尺寸波动小，这时可选择与注射压力相等。但如果考虑到容易使大分子的取向程度增加，制品出现各向异性，同时还易产生较大的内应力时，为了防止制品各向异性和内应力的变形翘曲，这时应选择保压压力稍小于注射压力。

注射制品的比容取决于保压阶段浇口封闭时的压力和温度，如果每次从保压切换到制品冷却阶段的压力和温度一致，那么制品的比容应不会改变。在恒定的模塑温度下，决定制品尺寸的最重要参数是保压压力，影响制品尺寸公差的最重要的变量是保压压力和温度。如在充模结束后保压压力立即降低，当表层形成一定厚度时，保压压力再上升，这样可采用低锁模力成型厚壁的大制品，消除凹痕和溢边。

保压压力通常比注射压力大约低 0.6~0.8MPa。保压压力低时，在可观的保压时间内，油泵的负荷低，油泵的使用寿命可延长，同时油泵电机的能耗降低，

保压压力设定是在注射机的保压参数设定界面上进行设定的，如图 4-18 所示，保压压力的控制可分三级控制，只有一级或只分二级控制时，其余级数值设定为相同值即可。

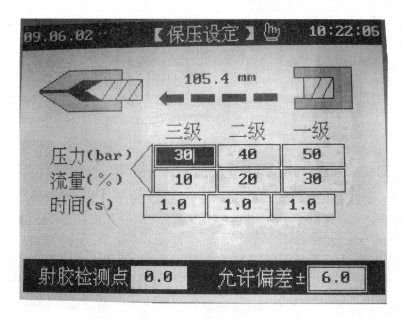

图 4-18 保压参数设定界面

三、时间

完成一次注射模塑过程所需要的时间称成型周期。成型周期包括以下几部分：

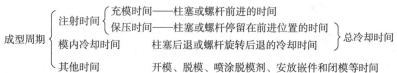

由于成型周期直接影响到劳动生产率和设备利用率，因此，生产中应在保证制品质量的前提下，尽量缩短成型周期中各有关时间。

在整个成型周期中，以注射的充模时间、保压时间和模内冷却时间的设定最重要，它们对制品的质量起决定性作用。如图 4-19 所示为成型周期中各时间所占比例。

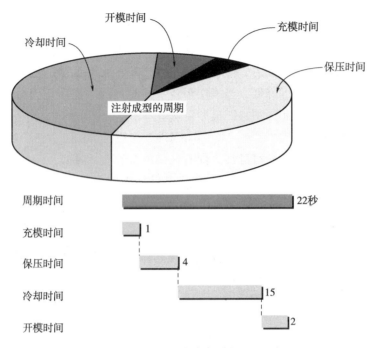

图 4-19　成型周期中各时间所占比例

1. 充模时间

注射时螺杆（或柱塞）前移的速度越快，注射速率越高，充模时间越短。在注射机上螺杆（或柱塞）前移的速度是通过调节进入注射油缸的液压油流量来控制的。进入注射油缸的液压油流量越大，螺杆（或柱塞）前移的速度越大，充模时间越短。

充模时间的长短会影响到熔体进入模腔的流动状态，从而影响到制品的质量。图 4-20所示为低速和高速充模时熔体在模腔中的流动状态。低速注射时，料流速度慢，熔料从浇口开始逐渐向型腔远端流动，料流前锋呈球状。先进入型腔的熔料先冷却，因而流速减慢，接近型腔壁的部分冷却成高弹态的薄壳，而远离型腔壁的部分仍为黏流态的热流，继续延伸球状的料流前锋，至完全充满型腔后，冷却壳的厚度加大而变硬。由于熔料进入型腔时间长，冷却使得黏度增大，这种慢速充模的流动阻力也增大，需要用较高注射压力充模。

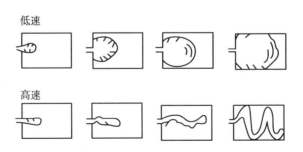

图 4-20　低速和高速充模时熔体在模腔中的流动状态

低速充模的优点是流速平稳，制件尺寸比较稳定，波动较小，而且因料流剪切速率减小，制件内应力低，并使制件内外各个方向上的应力趋向一致。低速充模的缺点是当充模时间延续较长时，容易使制件出现分层和结合不良的熔接痕，影响制品外观质量，而且还使制品强度大大降低，在成型带细纹的制件时，会使细纹轮廓不清晰、不规整。有时为了弥补这一缺点，可在低速注射时适当提高注射压力。

如 4-20 所示高速充模时，料流速度快，熔料从浇口进入模腔，直到熔体冲撞到前面的型腔壁为止，后来的熔料相继被压缩，最后相互折叠熔合成为一个整体。当这种高速充模顺利时，熔料很快充满型腔，料温下降得少，黏度降低也小，可采用较低的注射压力，是一种热料充模的情况。这种高速充模能改进制件的光泽度和平滑度，消除了熔接痕及分层现象，收缩凹陷小，颜色更均匀一致，能保证制件厚度较大的部分丰满。但当充模速度过快时，料流可能变成"喷射"状流动，这样会出现湍流或涡

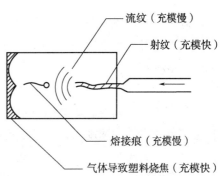

流纹（充模慢）
射纹（充模快）
熔接痕（充模慢）
气体导致塑料烧焦（充模快）

图 4-21　充模速率过快和过慢
引起制品的缺陷

流，熔料中混入空气，使制件肿胀起泡。同时由于熔料的不稳定流动，会使料流性能不一，而使制品产生射纹和云雾斑，影响透明制品的透明性。特别是当模具浇口太小，型腔排气不好时，很可能会因制件内部来不及排气而产生许多大小不一的气泡。其次是塑料在流道、浇口等狭窄处所受的摩擦及剪切力，使熔料局部温升过大，出现分解变色甚至烧焦现象。如图 4-21 所示为不同充模时间对制品质量的影响关系图。

高速充模可以减少模腔内的熔体温差，改善压力传递效果，可得到密度均匀、内应力小的精密制品；高速充模可采用低温模塑，缩短成型周期，提高生产效率。

注射速度的程序控制是将螺杆的注射行程分为 3~4 阶段，在每个阶段中分别使用各自适当的注射速度，如：在塑料熔体刚开始通过浇口时减慢注射速度，在充模过程中采用高速注射，在充模结束时减慢速度，采用这样的方法，可以防止溢料，消除流痕和减少制品的残余应力等。

充模时间的设定通常为 3~5s。在注射机上的设定操作参看图 4-17 射出参数设定界面。

2. 保压时间

保压时间就是对型腔内塑料的压实、补缩时间，在浇口处熔体冻结之前，保压时间的长短，对制品的质量有较大影响。若保压时间短，则制品的密度低、尺寸偏小、易出现缩孔；而保压时间长，则制品的内应力大、强度低、脱模困难。

保压时间的长短与熔料温度、模具温度、物料的性质、制品壁厚、浇口尺寸等有关。熔料温度及模具温度高时，浇口凝封慢，保压时间长；熔点低的结晶性塑料（如 PP、PE）固化快，保压时间短；厚壁制品保压时间长，而薄壁制品保压时间短；浇口尺寸小的，凝封快，保压时间短。

在整个注射时间内所占的比例较大，一般为 20~120s，特别厚的制品可高达 3~5min；而形状简单的制品，保压时间也可很短，如几秒钟。保压时间在注射机保压设定的界面上

进行设定操作。

3. 冷却时间

冷却时间的设定主要取决于制品的厚度、塑料的热性能和结晶性以及模具温度等，以保证制品脱模时不变形为原则。一般，玻璃化温度（T_g）高及具有结晶性的塑料，冷却时间较短；反之，则应长些。如果冷却时间过长，不仅会降低生产效率，而且会使复杂制品脱模困难，强行脱模时将产生较大的脱模应力，严重时可能损坏制品。

在生产中，为了提高生产效率，冷却时间应尽量短些。冷却时间终止的原则是：制品脱模时应具有一定的刚度，不得因温度过高而翘曲变形。

4. 其他时间

开、合模时间的长短会影响生产的效率和制品的质量，为了提高生产效率，生产中通常会控制开合模的速度来控制开、合模的时间，使模具的空行程时间尽量少。一般控制的方法是：开模时采用"先慢后快再慢"，先慢是为了防止贴在模腔壁上的制品在开模时被拉伤。后慢是开模行程快终止前为防止快速开模对开模机构的冲击碰撞。合模时采用"先快后慢"，后慢是在模具快合拢前为防止模具型芯的碰撞。如图4-22和4-23所示为注射机开、合模参数的设定界面。界面中开、合模速度用合模油缸的流量表示，流量越大，速度也越大。

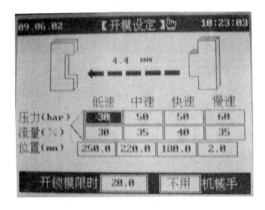

图4-22　开模参数设定界面

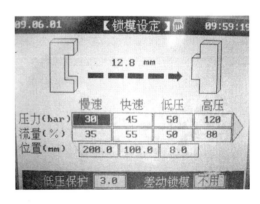

图4-23　合模参数设定界面

四、螺杆转速

螺杆旋转所产生扭矩是塑化过程中向前输送物料以及使物料发生剪切、混合与均化的原动力，所以它是影响注射机塑料化能力、塑化效果以及注射成型的重要参数。

随螺杆转速的提高，塑化能力提高、熔体温度及熔体温度的均匀性提高，塑化作用有所下降，如图4-24～图4-26所示。

螺杆转速对塑化能力的影响还与塑化时的背压有关。由于螺杆转速提高后一方面提高了对物料的剪切塑化，另一方面物料向前输送的速度加快，物料在螺槽中停留时间缩短又影响塑化，此时只有增大背压，减缓物料向前输送的速度，才能增大塑化的能力。如图4-27所示为PS不同背压时螺杆转速与塑化能力的关系。

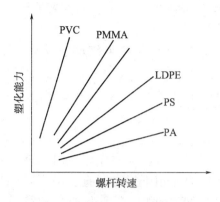

图 4-24　螺杆转速与塑化能力的关系

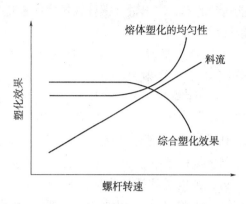

图 4-25　螺杆转速与塑化效果的关系

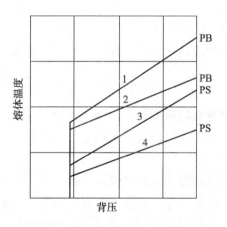

图 4-26　螺杆转速对熔体温度的影响

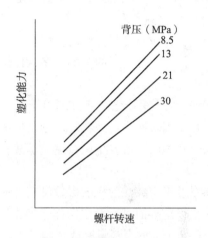

图 4-27　PS 不同背压时螺杆转速与
塑化能力的关系

对热敏性塑料（如 PVC、POM 等），应采用低螺杆转速以防物料分解；对熔体黏度较高的塑料，也应采用低螺杆转速以防动力过载。

高背压可以使熔料获得强剪切，低转速也会使塑料在料筒内得到较长的塑化时间，因而目前较多地使用了对背压和转速同时进行程序设计的控制。如：在螺杆计量全行程先高转速、低背压，再切换到较低转速、较高背压，然后切换成高背压、低转速，最后在低背压、低转速下进行塑化，这样螺杆前部熔料的压力得到大部分的释放，减少螺杆的转动惯量，从而提高了螺杆计量的精确程度。过高的背压往往造成料筒和螺杆磨损增大，预塑周期延长，生产效率下降，喷嘴容易发生流延，废料量增加。即使采用自锁式喷嘴，如果背压高于设计的弹簧闭锁压力，也会造成疲劳破坏，所以背压一定要调得恰当。

五、其他工艺参数

1. 注射量

注射量是指在对空注射条件下，注射螺杆或柱塞做一次最大注射行程时，注射成型系统所能达到的最大注出量。螺杆或柱塞的推进容积又称理论注射容积，与注射螺杆直径 D 和注射行程有关。

在注射量选择时，一方面必须充分地满足制品及其浇注系统的总用料量，另一方面必须小于注射机的理论注射容积。所以，注射机不可用来加工小于注射量10%或超过注射量70%的制品。对已选定的注射机来说，注射量是由注射行程控制的。

2. 计量行程 （预塑行程）

每次注射程序终止后，螺杆是处在料筒的最前端，当预塑程序到达时，螺杆开始旋转，物料被输送到螺杆头部，螺杆在物料的反压力作用下后退，直至碰到限位开关为止，该过程称计量过程或预塑过程，螺杆后退的距离称计量行程或预塑行程。因此，物料在螺杆头部所占有的容积就是螺杆后退所形成的计量容积，即注射容积，其计量行程就是注射行程。

注射量的大小与计量行程的精度有关：如果计量行程调节太小会造成注射量不足，反之则会使料筒每次注射后的余料太多，使熔体温度不均或过热分解，计量行程的重复精度会影响注射量。

3. 余料量 （缓冲垫、 残料量）

余料量是指每次注射后料筒内剩余的物料量。设置余料量的目的有两个：第一，可防止螺杆头部和喷嘴接触发生机械碰撞事故；第二，可控制注射量的重复精度，使注射制品质量稳定。

余料量的设定在注射机的参数设定界面上是以射出的终止位置来表示，通常在注射机的射出参数设定界面进行设定操作，参见图4-17。射出的终止位置不能设定为零，一般应留有10~20mm的余料量，或视制品的大小来定。余料量不能过大或过小，如果余料量过小，则达不到缓冲的目的，而过大会使余料累积过多，受热时间长而出现过热分解变色的现象。

4. 防延量 （松退量、 抽胶量、 倒缩量）

在注射过程中，通常螺杆计量（预塑）前或计量（预塑）到位后，后退一段距离，使计量室中熔体的容积增加，内压下降，防止熔体通过喷嘴或间隙从计量室向外流出。这个后退的距离称防延量或防流延行程、螺杆松退量。

螺杆向后松退，一方面是防流延，另外一方面在固定加料的情况下，还可降低喷嘴流道系统的压力，减少内应力，并在开模时容易抽出料杆。

防延量的设定在注射机的熔胶（或储料）参数的设定界面上，如图4-28所示。通常是以螺杆后退的位置来表示，有时又叫后抽或前抽，如图4-29所示，后抽则是螺杆的后退在螺杆预塑终止后；前抽是螺杆的后退是在螺杆开始预塑前，目的是防止注射保压后由于螺杆头部压力大，在螺杆开始旋转时，熔料流延。防延量的设置要视塑料的黏度和制品的情况而定，一般设为5~10mm。不能过大，过大的防延量会使计量室中的熔料夹杂气泡，严重影响制品质量。对黏度大的物料可不设防延量。注射量、计量行程、余料量、松退量四者之间的关系如图4-29所示。

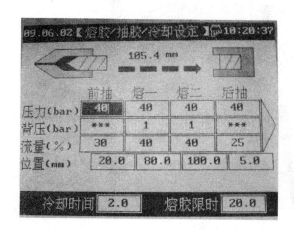

图4-28 熔胶（或储料）参数的设定界面

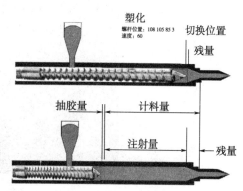

图4-29 注射量、计量行程、余料量、松退量的关系图

5. 合模控制

合模是以巨大的机械推力将模具合紧，以抵挡注射过程熔体的高压注射及充模而使模具发生巨大的张开力。

合模时，关好安全门，各行程开关发出信号，合模动作立即开始。首先是动模板以慢速启动，前进一小短距离以后，原来压住慢速开关的控制杆压块脱离，活动模板转以快速向前进。在前进至靠近合模终点时，控制杆的另一端压杆又压上慢开关，此时活动板双转以慢速且以低压前进。在低压合模过程中，如果模具之间没有任何障碍，则可以顺利合拢至压上高压开关，转高压这段距离极短，一般只有0.3～1.0mm，刚转高压旋即就触及合模终止限位开关，这时动作停止，合模过程结束。如图4-30所示为注射合模流程示意图。此时注射机肘杆完全伸直，四根拉杆处于拉伸状态。如果注射机合模时肘杆很轻松地伸直，或差一点点未能伸直，或几副肘杆中有一副未完全伸直，注射时就会出现胀模，造成制品出现飞边或其他缺陷。

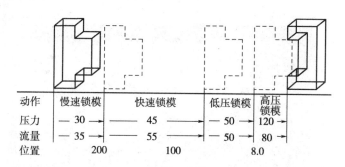

动作	慢速锁模	快速锁模	低压锁模	高压锁模
压力	— 30 →	45	→ 50 →	120
流量	— 35 →	55	→ 50 →	80
位置	200	100	8.0	

图4-30 注射机合模流程示意图

合模过程中，合模力大小可以从油压表上读出。锁紧模具的锁模力可在模具合紧的瞬间从油压表升起的最高值读出。注射机合模参数的设定界面如图4-31所示。

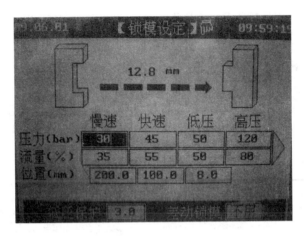

图 4 - 31　注射机合模参数的设定界面

6. 开模控制

当塑料熔体注射入模及至冷却完成后，接着便是开模取出制品。开模过程也分三个阶段：一阶段慢速开模，以防止制品在模腔内被撕裂；第二阶段快速开模，以缩短开模时间；第三阶段慢速开模，以减低开模惯性造成的冲击及振动损伤合模机构零部件。如图 4 - 32 所示为注射机开模流程示意图。注射机开模参数的设定界面如图 4 - 33 所示。

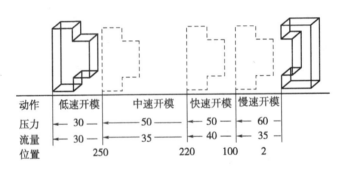

图 4 - 32　注射机开模流程示意图

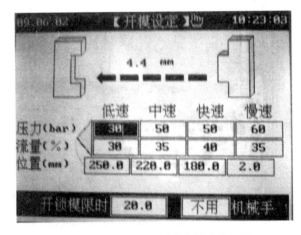

图 4 - 33　注射机开模参数的设定界面

7. 制品顶出控制

注射机顶出形式通常有机械顶出和液压顶出两种。顶出动作是由开模停止限位开关来启动，操作者可根据需要调节控制顶出时间、顶出速度、顶出压力以及顶针运动的前后距离等。注射机顶出参数设定界面如图4-34所示。界面中顶退延迟是顶针前进保持所设定的时间，再做顶针后退动作；顶进延迟是开模完成后，延迟所设定的时间，再做顶针前进动作；保持功能是顶针前进完后，保持顶出的压力、速度并启动保持时间，待时间到即完成保持动作。若保持时间设定为0.0时，则不做保持动作；顶出方式通常可选择"定次顶出"、"震动顶出"和"顶出停留"三种顶出方式：定次顶出是"顶进"至"顶退止"为一循环，依次数动作；震动顶出是"顶进止"至"托进止"为一循环，依托模次数设定动作，次数完成时做顶退动作；顶出停留是在半自动操作方式中使用，顶针前进动作到极限位置后停止，直到下一循环合模前再做顶针后退动作。

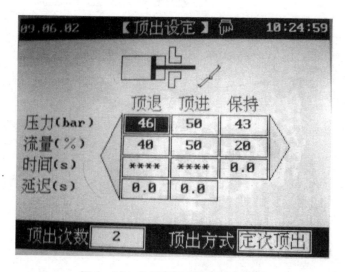

图4-34　注射机顶出参数设定界面

练习与思考

1. UPVC 在注射成型时宜采用（　　　）。
   A. 低速高压；　　　　　　　　　　　　B. 高速低压；
   C. 低速低压；　　　　　　　　　　　　D. 高速高压
2. 在生产过程中为了能降低制品的内应力，通常在注射速度设置时可采用（　　　）。
   A. 先快速后慢速；　　　　　　　　　　B. 快速注射；
   C. 慢速注射；　　　　　　　　　　　　D. 先慢后快
3. 注射时，熔体进入模腔中的流动依次是（　　　）。
   A. 充模-倒流-压实-冷却；　　　　　　B. 充模-压实-倒流-冷却；
   C. 充模-冷却-倒流-压实；　　　　　　D. 充模-补缩-压实-冷却
4. 注射时设置射胶余料的目的是（　　　）。

A. 控制注射量的重复精度；

B. 增加物料的密实性；

C. 防止螺杆头部和喷嘴接触发生机械碰撞；

D. 增加注射速度

5. 螺杆预塑完成后进行松退的目的是（　　　）。

A. 增大注射量；

B. 防止物料的流延；

C. 降低喷嘴流道的压力；

D. 增大注射压力

6. 模具温度对制品性能有何影响？

7. 注射压力的确定应考虑哪些因素？

单元三

多级注射成型

学习目标

1. 理解多级注射成型的概念，了解多级注射成型工艺特性与适用性。
2. 掌握多级注射的工艺参数的控制，能设计较复杂制品的多级注射工艺，能初步解决制品成型过程中出现的工艺方面的质量问题。

项目任务

项目名称	项目一　PA 汽车门拉手的注射成型
子项目名称	子项目四　PA 汽车车门拉手成型工艺与控制
单元项目任务	任务 1. PA 汽车门拉手成型三级注射压力、注射速度快慢及位置的设定； 任务 2. PA 汽车门拉手二级保压压力大小及位置的设定
任务实施	PA 汽车门拉手成型三级注射速度快慢及位置的设定

相关知识

　　塑料的注射成型实质是一个很复杂的过程。成型过程中影响制品的质量因素有很多，而且各个因素互相制约，使成型工艺难以控制。要保证制品的质量必须多方面因素综合分析，合理设计成型的各工艺参数。多级注射成型技术突破了传统的注射工艺，有机地将高低压和高低速的成型特点结合起来，针对注射制品的各部位不同的结构要求，实行分级控制，可以减少普通注射成型过程中制品出现的许多缺陷，保证制品质量，使注射机的效能得到最大限度的发挥。

　　所谓多级注射成型是指在注射成型过程中，当螺杆向模腔内推进熔体时，要求实现在不同位置有不同的注射压力和注射速度等工艺参数的控制。多级注射成型工艺参数的控制大致有：注射速度控制、注射压力控制、螺杆的背压和转速控制、开合模控制等。

一、多级注射成型原理

1. 熔体在模腔中的理想流动模型

模腔内熔料流动的理想状态是呈匀速扩展流动，如图4-35所示。这种扩展流动可分三个阶段进行：熔料刚通过浇口时前锋料头为辐射状流动的初始阶段，熔体在注射压力作用下前锋料头呈弧状的中间流动阶段，以黏弹性熔膜为前锋头料的匀速流动阶段。初始阶段熔料的

图4-35 熔体在模腔中匀速扩展流动状态

流动特征是，经浇口流出的熔料在注射压力、注射速度的作用下具有一定的流动动能，这种动能的大小适当，从源头出发的熔体各流向分布均匀，扩散状态较佳，不会产生"喷射"及蛇形流动。第二阶段随着初期阶段的发展熔体将很快扩散，与模腔壁接触时一方面受型腔壁的作用力约束而改变了扩散方向的流向，另一方面受型腔壁的冷却及摩擦作用而产生流动阻力，使熔体在各部位的流动产生速度差，而各点的流动速度不等，熔体芯部的流速最大，前锋部料的流动呈圆弧状。最后阶段流动的熔料以黏弹性熔膜为锋头快速充模，突破随着流动距离增加而增大的流动阻力，达到预定的流速均匀稳态，如图4-36所示为匀速扩展流模型。在第二、第三阶段充模过程中注射压力与注射速度形成的动能是影响充模特征的主要因素。

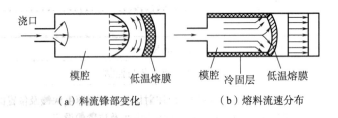

（a）料流锋部变化　　　　　（b）熔料流速分布

图4-36 匀速扩展流动模型

匀速扩展流动表现为两大特点：一是刚从浇口流动时，避免产生"喷射"及蛇形流动，熔体此时的动能应较小；二是型腔内熔体的流动近似于匀速流动，即线速度与注射模腔的形状、熔体的流动黏度等有关。这种理想状态的流动可使注射制品具有较高的物理、力学性能，消除制品的内应力及取向，消除制品的凹陷、缩孔及表面流纹，增加制品表面光泽的均匀性等。

2. 多级注射成型工艺的曲线

多级注射成型的控制是由注射机来实现的。从注射机的控制原理来看，可以利用注射速度（注射压力）与螺杆注射行程形成的曲线关系，如图4-37所示为典型的多级注射成型工艺曲线，对不同的注射位置施加不同的注射压力与注射速度。

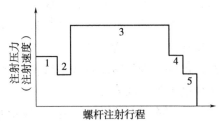

图4-37 典型的多级注射成型工艺曲线

3. 多级注射成型工艺设计原则

多级注射成型工艺的设计主要有两个方面：一是要确定注射行程及分段；二是确定注射压力、注射速度。

（1）分级设定

在进行各级注射成型工艺设计时，首先对制品进行分析，确定各级注射的区域。一般分为 3 ~ 5 区，依据制品的形状特征、壁厚差异特征和熔料流向特征划分，壁厚一致或差异小时近似为一区；以料流换向点或壁厚转折点确定为多级注射的每一区段转换点；浇注系统可以单独设置为 1 区。如图

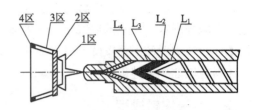

图 4 - 38　螺杆注射选择与制品分区的对应关系

4 - 38 中的制品依据外形特征即料流换向处作为一个转折点即 2 区与 3 区的转折点；而将壁厚变换点作为另一个转折点即 3 区与 4 区的转折点，可以将多级注射分为 4 区，即制品 3 区、浇注系统 1 区。

（2）注射进程的设置

根据制品的形状特征将制件分区后，反映在注射机螺杆上分别对应于螺杆的分段。螺杆的各分段距离可以依据分区的标准进行预算，首先预算出制品分区后对应的各段要求的注射量（容积），采用对应方法可以计算出螺杆在分段中的进程，如 n 区的容积为 V_n，则注射机 n 段的行程为：

$$L_n = \frac{V_n}{\frac{\pi}{4}D^2} \tag{4-2}$$

（3）注射压力与注射速度的设定

①浇注系统 L_1 的注射压力与注射速度。一般浇注系统的流道较小，常常使用较高的注射速度及注射压力（选用范围为 60% ~ 70%），使熔料快速充满主流道与分流道，并且使流道中的熔体压力上升，形成一定的充模势能。对于分流道截面积较大的模具，注射压力及注射速度可设置低些，反之，对于分流道截面积较小的模具，可设置高些。

②L_2 段的注射速度与注射压力。当熔料充满主流道、分流道，冲破浇口（小截面积）的阻力开始充模时，所需要的注射速度可偏低些，克服不良的浇注纹及流动状态。在这一段可减小注射速度，而注射压力减幅较小，对于浇口截面积较大的可以不减小注射压力。

③L_3 段的注射速度与注射压力。L_3 段对应注射 3 区部分，3 区是注射件的主体部分，此时熔体已完全充满型腔。为了实现扩散状态的理想形式，需要增速充模，因而在这一段需要注射机提供较高的注射压力与注射速度。同时这一区段也是熔体流向转折点，熔体的流动阻力增大，压力损失较多，也需要补偿。一般说来，多级注射在这一区段均实施高速高压。

④L_4 段的注射速度与注射压力。从图 4 - 38 的对应关系判断，当熔体到达 4 区时，制

件壁厚可变或不变化。熔体已基本充满型腔。由于熔体在 3 区获得了高压高速，因而在此阶段可进行缓冲，以实现熔体在型腔内的流动线速度在各部位近似一致。一般的设计原则是，进入 4 区时，若壁厚增大，可减速减压；若壁厚减小，可减速不减压，或者可不减速而适当减压或不减压。总之，在 4 段既要使注射体现多级控制特点又要使型腔压力快速增大。

在多级注射成型工艺的研究中，目前对于螺杆的注射行程分段的确定可较为精确，但各段的注射压力及注射速度的选择却主要靠经验，并通过多次试验反复修正，以使注射压力与注射速度达到最佳值。

二、多级注射成型工艺

1. 注射速度控制

注射速度的程序控制是将螺杆的注射行程分为 3 ~ 4 个阶段，在每个阶段中分别使用各自适当的注射速度，如在熔融物料刚开始通过浇口时，减慢注射速度，在充模过程中采用高速注射，在充模结束时减慢速度。采用这样的方法，可以防止溢料，消除流痕和减少制品的残余应力等。

有些情况需要考虑采用高速高压注射：①物料黏度高、冷却速度快、长流程制品采用低压慢速不能完全充满型腔各个角落；②壁厚太薄的制品，熔体到达薄壁处易冷凝而滞留，必须采用一次高速注射，使熔体能量大量消耗以前立即进入型腔；③用玻璃纤维增强的物料，或含有较大量填充材料的物料，因流动性差，为了得到表面光滑而均匀的制品，必须采用高速高压注射。

对高精密制品、厚壁制件、壁厚变化大的和具有较厚突缘和加强筋的制件，最好采用多级注射，如二级、三级、四级甚至五级。

2. 注射压力控制

注射压力的控制通常分成为一次注射压力、二次注射压力或三次以上的注射压力的控制。压力切换时机是否适当，对于防止模内压力过高、防止溢料或缺料等都是非常重要的。

三级压力注射既能使制件顺利充模，又不会出现熔接线、凹陷、飞边和翘曲变形，对薄壁制件、多头小件、长流程大型制件的模塑，甚至型腔配置不太均衡及合模不太紧密的制件的模塑都有好处。

3. 保压压力控制

注射成型制品的比容取决于保压阶段浇口封闭时的熔料压力和温度。如果每次从保压切换到制品冷却阶段的压力和温度一致，那么制品的比容就不会发生改变。在恒定的模塑温度下，决定制品尺寸的最重要参数是保压压力，影响制品尺寸公差的最重要的变量是保压压力和温度。例如：在充模结束后，保压压力立即降低，当表层形成一定厚度时，保压压力再上升，这样可以采用低合模力成型厚壁的大制品，消除塌坑和飞边。

保压压力及速度通常是塑料充填模腔时最高压力及速度的 50% ~ 65%，即保压压力比注射压力大约低 0.6 ~ 0.8MPa。由于保压压力比注射压力低，在可观的保压时间内，油泵的负荷低，故油泵的使用寿命得以延长，同时油泵电机的耗电量也降低了。

4. 预塑背压控制

高背压可以使熔料获得强剪切，低转速也会使塑料在机筒内得到较长的塑化时间，而目前较多地使用了对背压和转速同时进行程序设计的控制。例如，在螺杆计量全行程先高转速、低背压，再切换到较低转速、较高背压，然后切换成高背压、低转速，最后在低背压、低转速下进行塑化。这样螺杆前部熔料的压力得到大部分的释放，减少螺杆的转动惯量，从而提高了螺杆计量的精确程度。过高的背压往往造成着色剂变色程度增大，预塑机构和机筒螺杆机械磨损增大，预塑周期延长，生产效率下降，喷嘴容易发生流延，再生料量增加。即使采用自锁式喷嘴，如果背压高于设计的弹簧闭锁压力，亦会造成疲劳破坏。所以，背压压力一定要调得恰当。

5. 开、合模控制

关上安全门，各行程开关均给出信号，合模动作立即开始。在合模过程中，为适应工艺的需要，有速度的变化和压力的变化。在合模开始时，为防止动模板惯性冲击需慢速启动；在运行中间，为缩短工作时间，要快速移动；当动、定模要接触时，为防止冲击和安全要减速；在模具中无异物时，动模继续低速前进，进入高压合模，使模具合紧，达到所调整的合模力完成整个合模过程。

当熔融塑料注射入模腔内及至冷却完成后，开模取出制品。开模过程也分三个阶段：第一阶段慢速开模，防止制件在模腔内撕裂；第二阶段快速开模，以缩短开模时间；第三阶段慢速开模，以减低开模惯性造成的冲击及振动。

如图 4-39 所示为聚丙烯铰链四级注射速度控制，其中 v_1 低速，熔料平稳进模，防止发生涡流；v_2、v_3 为不同的高速，保证制件充满；v_4 低速，使制品丰满，不发生收缩凹陷，同时消除气泡，将残余应力降到最低。

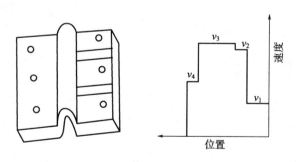

图 4-39 聚丙烯铰链四级注射

三、多级注射成型工艺特性与适用性

多级注射成型工艺特性与适用性如表 4-10 所示。

表 4－10　多级注射成型工艺特性与适应性

序号	适应性	多级注射成型特性	注射速度与压力	措施
1	缩短成型周期，入口处防止焦烧和溢边	$V\%$	低中高低 低低中高	熔体低速进浇口，防焦烧，降低注射速度，防溢边
2	用小闭模力成型大制品	$P\%$	低低中高	用低压补缩，防凹陷，并降低充模压力
3	克服多种不良现象	$V\%$	低低高中	防止各种不良现象，尺寸稳定性好，优良品率高
4	防止溢边	$P\%$	低低中高	确定好保压位置，在填充完要正确控制黏度变化
5	对称注入口	$V\%$	低低高低	通过浇口后再高速充模
6	防止缩孔	$V\%$ $P\%$	低高低中 低低中高	易出现凹陷部位减慢速度，厚壁处降低注速，表层稳定
7	防止流纹	$V\%$ $P\%$	低高中低 低高低中	防止厚壁处有不规则流动
8	提高熔合缝强度	$V\%$	低低高中	先慢后快，提高熔合缝强度。注射速度位置的改变，熔合缝也发生位置改变
9	防止泛黄	$V\%$ 螺杆行程，s	低低中高	降低注射速度，气体易从出气口排除
10	防止熔体破裂和出现银纹	$V\%$	低低高低	降低注射速度，清除浇口处残渣，防止摩擦引起的降解
11	降低厚壁制品内应力，提高产品质量	$P\%$		防止进料过多，在冷却时降低保压压力
12	用小闭模力成型大制品	$P\%$ 螺杆行程，s		填充后，先降一次保压压力，当形成表皮后再提高二次保压压力，防凹陷

练习与思考

1. 多级注射成型对制品成型有何影响?
2. 多级保压能解决制品成型中的哪些问题?
3. 提高制品熔接痕强度,要进行怎样的多级控制?
4. 为防止制品的溢边,要进行怎样的多级控制?

单元四

典型热塑性塑料材料的注射成型

学习目标

1. 掌握 PP、PE、PA、ABS、PS、PC 塑料注射成型工艺特性和对成型设备、模具、制品的设计要求，能设计 PP、PE、PA、ABS、PS、PC 典型塑料品种成型的工艺。

2. 掌握 PP、PE、PA、ABS、PS、PC 等塑料注射成型工艺的控制特点，能对 PP、PE、PA、ABS、PS、PC 成型工艺过程进行控制操作。

3. 了解 PVC、PMMA、POM、PPO、PBT、PSU 等塑料注射成型工艺特性和对成型设备、模具、制品的设计要求。

项目任务

项目名称	项目一　PA 汽车门拉手的注射成型
子项目名称	子项目四　PA 汽车车门拉手成型工艺与控制
单元项目任务	任务 1. PE、PP、PS、ABS、PA、PC 等常用塑料的注射成型工艺控制与特点比较； 任务 2. PA 汽车门拉手注射成型操作
任务实施	1. 分小组讨论，比较 PP、PS、PA 塑料注射成型工艺控制的各自特点； 2. 分小组进行 PA 汽车门拉手工艺参数设定操作及制品注射成型操作

相关知识

一、聚乙烯

由于聚乙烯（PE）原料价格低廉，无毒、无味，且成型加工性能好，因此它是注射成型常用的一种材料。低密度聚乙烯（LDPE）一般用于成型日常生活用品和玩具等；高密

284

度聚乙烯（HDPE）主要用成型工业用容器、周转箱、运输箱、货盘、垃圾箱、家用器皿及机械零件等。

注射成型一般选用熔体流动速率为 1～10g/10min 的注射用 PE 料。对于制品有一定的机械强度要求的，通常选用熔体流动速率值稍低的级别，而对于强度要求不高、薄壁、长流程的制品，熔体流动速率值可选择稍大些。

PE 料可以是纯料直接成型，但大多数为了改善其制品的某些性能对其进行配方改性，采用共混专用料成型，如阻燃 PE 专用料、抗静电 PE 专用料等。

1. 工艺特性

（1）PE 成型加工温度范围宽，LDPE 熔点 105～120℃；HDPE 熔点 125～137℃，分解温度在300℃以上。但由于 PE 在高温下易发生热氧老化，故一般高温熔体应尽量避免与氧接触，且成型温度不能太高。

（2）PE 的比热容较大，尽管它的熔点不高，但塑化时需要消耗的热能较大，要求塑化装置要有较大的加热功率。

（3）PE 熔体的黏度低，流动性好，其熔体的表观黏度对剪切速率较敏感，因此提高螺杆转速或注射压力、速度，可提高 PE 熔体的流动性。

（4）PE 树脂的吸湿性小（吸水率＜0.01%），而且微量水分对制品外观和性能无显著影响，通常情况下，完整包装的 PE 不需要干燥即可使用。必要时，可在 70～80℃下干燥 1～2h。

（5）PE 结晶能力大，其结晶度受成型工艺参数，特别是模具温度影响很大，因而对制品性能影响很大。

（6）成型收缩率大（1.5%～3.5%），制品易翘曲变形。结晶度越高，成型收缩率也越大。一般结晶度随冷却速率增大而下降。

（7）注射用 PE 可采用浮染或色母料着色。

2. 对制品与模具结构设计的要求

（1）制品结构设计

①为有利于熔体流动，减少收缩，PE 制品的壁厚一般为 1.0～3.0mm（最小壁厚不小于 0.8mm），壁厚应尽量均匀。

②对于壁厚尺寸变化较大的交接过渡处，应采用较大的圆弧过渡。

③制品结构设计时，要考虑脱模斜度，一般型芯斜度为 25′～45′，型腔斜度为 20′～45′。

（2）模具结构设计

①为防止制品翘曲，应合理选择浇口位置或采用多点浇口。

②PE 质软易脱模，对于侧壁带有浅凹槽的制品可采用强行脱模的方法。

③排气孔槽的深度应控制在 0.03mm 以下。

3. 注射成型工艺

（1）料筒温度。一般情况下，PE 注射成型时选用的料筒温度，主要是以 PE 的密度高低和熔体流动速率值的大小为依据，此外，还与注射机的类型、制品的形状等有关。

通常 LDPE 的料筒温度可控制在 140～180℃，HDPE 则控制在 180～220℃。

（2）模具温度。模具温度高低对 PE 制品的性能影响较大。模温越高，熔体冷却速度越慢，制品的结晶度越高，制品的收缩率也明显增加；而模温越低，熔体冷却速度越快，制品的透明性、韧性越高，但内应力也随之增加，制品易翘曲变形。加工时，模温的选择与 PE 的密度有关。通常 LDPE 的模温为 35～60℃，HDPE 为 50～80℃。

（3）注射压力。成型时注射压力的选取，主要是根据熔体的流动性、制品壁厚及形状等而定。由于 PE 在熔融状态下的流动性好，因此，加工时可采用较低的注射压力，一般为 60～80MPa；而对于一些薄壁、长流程、形状复杂、窄浇口的制品和模具，注射压力应适当提高至 120MPa 左右。提高注射压力虽然可降低制品收缩率，但过高时会出现溢边，导致制品内应力增加，因此注塑压力不宜太高。

（4）注射速度。选择中速或慢速，而不宜采用高速注射，因为在高速注射过程中，PE 易出现熔体破裂倾向。

（5）成型周期。除要有适当的充模时间和冷却时间外，还应有足够的保压时间，以弥补因熔体收缩而产生的缺料、气泡、凹痕等缺陷。

（6）后处理。PE 成型制品一般不需要进行后处理。必要时，可在 80℃ 的介质中处理 1～2h，然后缓慢冷至室温。PE 典型的注射成型工艺条件如表 4-11 所示。

表 4-11　PE 典型的注射成型工艺条件

工艺参数		LDPE	HDPE
料筒温度/℃	一段	140～160	140～160
	二段	160～170	180～190
	三段	170～200	180～220
喷嘴温度/℃		170～180	180～190
注射压力/MPa		50～100	70～100
螺杆转速/（r/min）		<80	30～60
模具温度/℃		30～60	30～60

二、聚丙烯

聚丙烯（PP）料耐高温、耐腐蚀性好，力学强度高，PP 的注射制品表面光洁，具有较高的表面硬度、刚性、耐应力开裂性和耐热性，被广泛用于注射成型制品中。PP 料可以是纯料直接成型加工，但由于 PP 的收缩率大，耐老化性差及低温冲击强度低，因此大多数都是通过改性（如共聚、填充和增强 PP 及 PP 合金等）来加以改善。通常根据不同的性能要求、不同的用途配制有专门的专用料，如透明 PP 专用料、阻燃 PP 专用料、抗冲 PP 专用料、汽车配件 PP 专用料等。其产品主要用于制造汽车方向盘、保险杠、蓄电池箱、加速器踏板、反冲板、鼓风轮、风扇罩、散热片、车内装饰等；在机械工业可制造各种零件，如法兰、接头、泵叶轮、风扇叶；在化学工业可用作管件、阀门、泵、搅拌器、洗涤机部件等；在电器方面用作收录机、电视机、仪器仪表的外壳、洗衣机桶以及座体、面板等。此外，还用作耐蒸汽消毒的医疗器械、耐弯曲疲劳的盒子、箱子以及餐具、盆、桶、书架、玩具等日常生活用品。

注射成型时，一般选用熔体流动指数 MFR 为 1~10g/10min 的 PP 料。

1. 工艺特性

（1）PP 树脂的吸湿性小（吸水率 0.01%~0.03%），注射成型时一般不需进行干燥，如果颗粒中水分含量过高，可在 80~100℃下干燥 1~2h。

（2）熔体流动性比 PE 好，易于成型薄壁长流程制品，不需要很高的成型压力。

（3）软化点高，耐热性好，熔点为 165~170℃，分解温度在 300℃以上，与氧接触时，树脂在 260℃下开始变黄。成型时应尽量减少受热时间与高温熔体和氧接触。

（4）熔体黏度对剪切速率和温度都比较敏感，熔体弹性大，冷却凝固速度快，制品易产生内应力。

（5）PP 的结晶度高（50%~70%），结晶度受成型工艺参数，特别是模具温度影响很大，因而对制品性能影响很大。

（6）成型收缩率较大（1%~2.5%），并具有明显的后收缩性，还易出现各向异性。

2. 对注射成型设备的要求

PP 可用各种注射机成型。由于 PP 的相对密度小，因此，在选择注射机时，额定注射量一定要大于制品质量的 1.8~2 倍，以防制品产生欠注现象。

3. 对制品与模具结构设计的要求

（1）制品。制品壁厚为 1.0~4.0mm，壁厚应尽量均匀，如果制品厚度有差异，则在厚薄交界处有过渡区；对于薄而平直的制品，为防止变形，要考虑设置加强筋；PP 制品低温下表现出脆性，对缺口很敏感，产品设计时应注意避免出现锐角。

（2）模具。根据制品收缩情况，模具的脱模斜度为 0.5°~1.5°，形状较复杂的制品取大值；带有铰链的制品应注意浇口位置；由于 PP 熔体的流动性好，在成型时易出现排气不良现象，因此在模具中可设置适当的排气孔槽；模具温度对制品的性能有影响，故应合理选择控温装置。

4. 成型工艺

（1）注射温度。料筒温度控制在 210~240℃，喷嘴温度可比料筒最高温度低 10~30℃。当制品壁薄、形状复杂时，料筒温度可提高至 240~280℃；而当制品壁厚大或树脂的熔体流动速率高时，料筒温度可降低至 200~220℃。

（2）模具温度。PP 成型时的模具温度为 40~90℃。提高模温，PP 的结晶度和结晶速度相应提高，制品的刚性、硬度增加，表面光洁度较好，但易产生溢边、凹痕、收缩等缺陷；而模温过低，结晶度下降，制品的韧性增加，收缩率减小，但制品表面光洁度差，面积较大、壁厚较厚的制品还容易产生翘曲。成型时常采用较高的模温和在配方中添加成核剂配合，来获得高结晶度和细化晶粒，制品的刚性、硬度好，还能增加韧性，而且成型后收缩小；快速结晶使制品可以在较高的温度下脱模，成型周期也比较短。

（3）注射压力。PP 熔体的黏度对剪切速率的依赖性大于对温度的依赖性，因此在注射时，通过提高注射压力来增大熔体流动性（注射压力通常为 70~120MPa）。此外，注射压力的提高还有利于提高制品的拉伸强度和断裂伸长率，对制品的冲击强度无不利影响，特别是大大降低了收缩率。但过高的注射压力易造成制品溢边，并增加了制品的内应力。

（4）成型周期。在 PP 的成型周期中，保压时间的选择比较重要。一般保压时间长，制品的收缩率低，但由于凝封压力增加，制品会产生内应力，故保压时间不能太长。与其他塑料不同，PP 制品在较高的温度下脱模不产生变形或变形很小，并且又采用了较低的模温，因此 PP 的成型周期是较短的。

（5）后处理。PP 的玻璃化温度较低，脱模后制品会发生后收缩，后收缩量随制品厚度的增加而增大。成型时，提高注射压力、延长注射和保压时间及降低模温等，都可以减少后收缩。对于尺寸稳定性要求较高的制品，应进行热处理。处理温度为 80～100℃，时间为 1～2h。

PP 典型的注射成型工艺条件如表 4-12 所示。

表 4-12　PP 典型的注射成型工艺条件

工艺参数		工艺范围
料筒温度/℃	一段	160～180
	二段	180～200
	三段	200～230
喷嘴温度/℃		180～190
注射压力/MPa		70～100
螺杆转速/（r/min）		<80
模具温度/℃		30～60

三、硬质聚氯乙烯

注射成型对物料的流动性要求较高，因而需要较高的成型加工温度，这对热稳定性差的聚氯乙烯（PVC）来说，增加了成型加工的难度。为降低成型加工温度，一般 UPVC 注射制品选用相对分子质量较低的 SG5 型、SG6 型、SG7 型树脂，平均聚合度在 700～1000 左右。软质 PVC 注射制品则选用 SG3 型、SG4 型树脂，平均聚合度在 900～1100 左右。配方中还必须加入热稳定剂以提高 PVC 的热稳定性。此外，为改善熔体流动性、提高制品冲击强度和降低成本，配方中还需加入增塑剂、润滑剂、抗冲改性剂、加工助剂和填充剂等。

常用于注射成型的 PVC 制品主要有管件、工业零部件、鞋类等。

1. 工艺特性

（1）PVC 树脂热稳定性差。树脂黏流态在 150℃以上，开始分解的温度在 140℃左右，温度超过 180℃时则迅速分解，即使配方中添加热稳定剂，但成型温度一般也不应超过 200℃。

（2）PVC 熔体黏度大，成型流动性差，熔体的强度也差。尽管添加了润滑剂、加工改性剂等助剂，但加工性能仍较差。在注射成型中需采用较高的注射压力、较低的注射速度，以避免高剪切作用下发生熔体破裂。

（3）由于 PVC 分解放出的 HCl 气体具有刺激性及腐蚀性，因此，生产车间应注意通风，生产设备应做好防腐工作。

（4）PVC 吸水率低（<0.1%），对要求不高的制品，成型前原料可不干燥，但配方中如果加有吸湿性填料或其他助剂时，成型前还是需要干燥。干燥可在 90～100℃的热风循环烘箱中，干燥 1～2h。

（5）PVC 的比热容较低（835～1170）kJ/（kg·K），且无相变热，成型时熔体冷却速度快，成型周期短。

2. 对注射成型设备的要求

注射硬 PVC 宜选择螺杆式注射机；设备的温控系统应指示准确且反应灵敏；设备各部件应成流线型、无死角，螺杆、料筒及模具的表面应镀铬、氮化处理；螺杆选用渐变式，螺杆前端无止逆环，端部为锥形；喷嘴选择孔径较大的通用型喷嘴或延伸型喷嘴，并配有加热装置。

3. 对制品与模具结构设计的要求

（1）制品设计

制品壁厚不可太小，一般为 1.5～5.0mm，壁厚尽可能均匀，最小壁厚不得小于1.2mm，L/D 为 100 左右。

（2）模具设计

①脱模斜度为 1.0°～1.5°。

②流道与型腔表面应镀铬、氮化处理或采用耐腐耐磨材料制成。

③主流道末端应开设足够的冷料穴，对于较长的分流道也应开设冷料穴。

④模具应开设冷却通道，一般需通冷却水进行冷却。

4. 成型工艺

（1）注射温度。RPVC 成型温度范围在 160～190℃，最高不超过 200℃；料筒温度分布通常采用阶梯式设置；喷嘴温度应比料筒末端温度低 10～20℃。

（2）模具温度。一般在 40℃以下，最高不超过 60℃。

（3）注射压力。由于 RPVC 熔体黏度较大，故成型时需较高的注射压力，一般注射压力控制在 90MPa 以上，保压压力大多在 60～80MPa。

（4）注射速度。较高的注射速度可减少物料的温度变化，充模速度快，制品的表观缩痕小，熔接痕得到改善；但注射速度高也会引起排气不良，特别是在浇口较小的情况下更是如此。注射速度太高还会产生较多的摩擦热而使塑料烧焦、产生变色等问题。因此，在成型 RPVC 时可采用中等或较低的注射速度。

（5）成型周期。为减少物料的分解，应尽量缩短制品的成型周期，除了大型超厚制品外，成型周期一般在 40～80s。

5. 注射成型注意事项

（1）在加工过程中，如果发现制品上有黄色条纹或黄色斑，应立即采取措施，对料筒进行清洗，切不可继续操作。

（2）成型时，应保持室内通风良好，若出现分解应及时打开窗户。

（3）停机时，应先将料筒内的料全部排完，并用 PS 或 PE 等塑料及时清洗料筒，方可停机。

（4）停机后应立即在模具的型腔与流道表面涂油防锈。

PVC 典型制品的配方及注射成型工艺条件如表 4-13 和表 4-14 所示。

表 4-13　典型 PVC 制品的配方

原料	管件（硬质）/phr	电线插头（软质）/phr
PVC 树脂	100（SG6 型）	100
邻苯二甲酸二辛酯	4	50
环氧大豆油	3	-
三碱式硫酸铅	5	7
二碱式亚磷酸铅	-	2
硬脂酸钡	1.5	-
硬脂酸钙	1	-
硬脂酸铅	-	1
石蜡	0.5~1	-
钛白粉	10	-
煅烧陶土	-	10
碳酸钙	-	20
ACR	4	-
聚酯增塑剂	-	15

表 4-14　典型 PVC 制品注射成型工艺条件

工艺参数	工艺范围	
	管件（硬质）	电线插头（软质）
料筒温度/℃	160~190	160~175
喷嘴温度/℃	170~180	160~170
注射压力/MPa	80~130	60~70
模具温度/℃	40~60	20~30
注射时间/S	15~60	5~15
冷却时间/S	15~60	15~30

四、聚苯乙烯

聚苯乙烯（PS）是无色透明且具有玻璃光泽的材料，加工容易、尺寸稳定性好、电性能优良、价廉，广泛用于注射成型制造光学仪器仪表壳、电器零配件、装饰、照明、餐具、文具、玩具及包装盒等。

PS 性脆易裂、冲击强度低、耐热性差，因此限制了其应用范围。为提高 PS 的性能，扩大其应用范围，通过共聚、共混、填充等改性，开发了一系列 PS 注射专用料，如高抗冲聚苯乙烯（HIPS）、阻燃 PS、高透明 PS 等。

1. 工艺特性

（1）PS 熔融温度范围较宽，热稳定性好，热变形温度为 70～100℃，黏流温度为 150～204℃，300℃以上出现分解。

（2）熔体的黏度适中，流动性好，易成型，为了保证制品的表观质量和透明性，宜采用低速注射。

（3）熔体的黏度对温度、剪切速率都比较敏感。在成型时，无论是增加注射压力还是提高料筒温度，都会使熔体黏度显著下降。

（4）成型收缩率较小，为 0.4%～0.7%，有利于成型尺寸精度较高和尺寸稳定的制品。

（5）PS 性脆，制品容易形成应力。脱模时顶出作用力不宜过大，成型后的制品通常应进行热处理，以消除内应力，防止制品开裂。

（6）原料容易着色，可用浮染法或色母料法着色。

（7）PS 树脂的吸水率很低，为 0.01%～0.03%，成型前可不干燥。必要时，可在 70～80℃的循环热风中干燥 1～2h。

（8）树脂有静电吸尘作用，成型过程中应防止灰尘和杂质。

2. 对注射成型设备的要求

注射机既可用柱塞式也可用螺杆式，为保证制品的高透明度，在换料、换色时都必须仔细清理料筒、螺杆。注射喷嘴多采用直通式或延长式喷嘴。

3. 对制品和模具结构设计的要求

（1）制品。制品的壁厚一般取 1.0～4.0mm；壁厚尽可能均匀，不同壁厚的交接处应有圆滑过渡，产品中尽量避免锐角、缺口，以防应力集中；制品中不宜带有金属嵌件，否则易发生应力开裂。

（2）模具。型芯部分的脱模斜度为 0.5°～1.0°，型腔为 0.5°～1.5°，形状复杂制品可放大到 2°；排气孔槽深度控制在 0.03mm 以下；模具温度应尽可能一致。

4. 成型工艺

（1）注射温度。成型时的料筒温度控制在 180～215℃范围内，喷嘴温度比料筒最高温度低 10～20℃。提高料筒温度，有利改善流动性，以及制品透明性。但温度过高，不仅会使制品的冲击强度下降，而且还会使制品变黄、出现银丝等。

（2）模具温度。为减小内应力，加工时往往需要较高的模温，以使熔体缓慢冷却，取向的分子得到松弛，如加工厚壁及使用要求较高的制品时，常采用模具加热的方法，使模温控制在 50～60℃，模腔和型芯各部分的温差不大于 3～6℃。但模温高会延长成型周期，降低生产效率。因此，对于一般的制品，则采用低模温成型，模具通冷冻水冷却，然后用热处理的办法减小或消除内应力。

（3）注射压力。注射压力一般控制在 60～150MPa。大浇口、形状简单及厚壁制品，注射压力可选低些，约 60～80MPa；而薄壁、长流程、形状复杂的制品，注射压力控制高些，通常要在 120MPa 以上。

（4）注射速度。提高注射速度，有利改善流动性，由于较高的注射速度不仅会使模腔内的空气难以及时排出，而且还会使制品的表面光洁度及透明性变差，内应力增加，冲击强度下降，因此，成型时应采用比较低的注射速度。

（5）成型周期。PS 的比热容较小且无结晶，加热塑化快，塑化量较大，熔体在模具中固化快，因此，PS 注射周期短，生产效率高。

（6）后处理。将制品放入 60～80℃的热空气中静置 1～2h，然后慢慢冷却至室温，这样可消除内应力。制品厚度在 6mm 以上时，宜采用较高温度，加热时间长些，制品壁在 5mm 以下时，宜采用较低温度，加热时间短些。

5. 注意事项

生产透明度较高的制品时，不宜加入回料，并且要保证生产设备、生产环境的清洁。

PS 典型的注射成型工艺条件如表 4－15 所示。

表 4－15 PS 典型的注射成型工艺条件

工艺参数		工艺范围
料筒温度/℃	一段	140～180
	二段	180～190
	三段	190～200
喷嘴温度/℃		180～190
注射压力/MPa		30～120
螺杆转速/（r/min）		<70
模具温度/℃		40～60
热处理温度/℃		70
热处理时间/S		2～4

五、ABS

ABS 是丙烯腈、丁二烯、苯乙烯三元共聚物，具有综合机械性能优良、耐化学药品性好、尺寸稳定性高、表面光泽性好、易加工、易着色等优点，综合性能优异。而且原料丰富，价格低廉，因此被广泛用于机械设备、家用电器、纺织器材、办公用品等各个领域。

ABS 的品种、牌号很多。我国生产的 ABS 树脂品种可用于注射成型主要有通用型、高流动型、耐热型、耐寒型、阻燃型和电镀型等，各种牌号的性能有所不同，可满足不同的用途，大多采用注塑成型，可制得各种机壳、汽车部件、电气零件、机械部件、冰箱内衬、灯具、家具、安全帽、杂品等。

1. 工艺特性

（1）ABS属无定型聚合物，无明显熔点。由于其牌号、品种较多，因此在注射成型时要根据所用物料的具体情况制定合适的加工工艺参数。一般情况下，ABS在200℃以上即可成型，热分解温度在250℃以上。

（2）ABS的熔体黏度适中，熔体的黏度对成型温度和注射压力都比较敏感。注射成型过程中提高料筒温度和注射压力，熔体黏度下降明显，流动性增加有利于充模。

（3）由于大分子中含有双键，ABS的耐候性较差，紫外线可引起ABS变色。

（4）成型收缩率较低，为0.4%~0.7%，制品尺寸稳定，尺寸精度较高。

（5）ABS易吸湿，吸水率为0.2%~0.45%，成型前通常要进行干燥，以消除制品上因水分而产生的银纹及气泡等缺陷。干燥条件为：在80~90℃的热风干燥器中干燥2~4h。使用干燥后的树脂能获得表面高光泽度的制品。

（6）ABS具有良好的染色性，根据需要可采用浮染法或色母料法着色。

2. 对注射成型设备的要求

ABS加工性能良好，对注射机无特殊要求。在实际生产中大多采用螺杆式注射机，这样可使物料塑化充分，制品质量好；注射喷嘴采用直通式。

3. 对制品与模具结构设计的要求

（1）制品。壁厚通常在1.5~5.0mm，尽量避免缺口与锐角，以防应力集中。

（2）模具。脱模斜度为1.0°；浇口厚度应大于制品壁厚的1/3；浇口位置不能在电镀表面处。

4. 成型工艺

（1）注射温度。加工温度不能超过250℃。一般，柱塞式注射机的料筒温度为200~240℃，螺杆式注射机为200~220℃，喷嘴温度为200℃左右。其中，耐热级、电镀级等品级树脂的加工温度可稍高些，而阻燃级、通用级及抗冲级等，则加工温度应取低些。

（2）模具温度。提高模具温度有利熔体充模，使制品的表面光洁度提高，内应力减小，同时也有利电镀性的改善，但制品的收缩率增加，成型周期延长。因此，对表面质量和性能要求比较高以及形状复杂的制品，可采用比较高模具温度，使模温控制在大约60℃，而一般的制品模温可低些，模具通冷水/冷冻水冷却，以获得高生产效率。

（3）注射压力。注射压力的选取与制品的壁厚、设备的类型及树脂的品级等有关。对薄壁长流程、小浇口的制品或耐热级、阻燃级树脂，要选取较高的注射压力，为100~140MPa；对厚壁、大浇口的制品，注射压力可低些，为70~100MPa。提高注射压力虽有利充模，但会使制品内应力增加，并且易造成制品脱模困难或发生脱模损伤，因此注射压力不能太高。同样，为减小内应力，保压压力也不能太高，通常控制在60~70MPa。

（4）注射速度。注射速度对ABS熔体的流动性有一定影响。注射速度慢，制品表面易出现波纹、熔接不良等缺陷；而注射速度快，充模迅速，但易出现排气不良，制品表面光洁度差，并且ABS塑料会因摩擦热增大而分解，使力学性能下降。因此，在生产中，除充模有困难时采用较高的注射速度外，一般情况下宜采用中低速。

（5）后处理。与其他塑料一样，ABS制品中也存在内应力，只是在一般情况下很少发生应力开裂。因此，当制品使用要求不高时，可不必进行热处理；如果制品使用要求较高，则需将制品放入温度为 70~80℃的热空气中，处理 2~4h，然后缓慢冷至室温。

ABS 制品内应力大小的检验方法为：将制品浸入冰醋酸中，5~15s 内出现裂纹，则说明制品内应力大；而2min 后无裂纹出现，则表明制品的内应力小。

ABS 典型的注射成型工艺条件如表 4-16 所示。

表 4-16 ABS 典型的注射成型工艺条件

工艺参数		通用型	高耐热型	阻燃型
料筒温度/℃	一段	180~200	190~200	170~190
	二段	210~230	220~240	200~220
	三段	200~210	200~210	190~200
喷嘴温度/℃		180~190	190~200	180~190
注射压力/MPa		70~90	85~120	60~100
螺杆转速/(r/min)		30~60	30~60	20~50
模具温度/℃		50~70	60~85	50~70

六、聚酰胺

聚酰胺（PA）类塑料俗称尼龙，是主链上含有重复酰胺基团的聚合物。聚酰胺的种类繁多，常用的有 PA-6、PA-66、PA-11、PA-610、PA-1010 等。由于尼龙不仅具有优良的机械性能、优异的自润滑性和耐磨性、良好的耐化学性和耐油性，而且成型加工容易、无毒及易着色。因此，广泛用于成型机械，如齿轮外、轴承、轴瓦、凸轮、滑块、涡轮、接线柱、滑轮、导轨、脚轮、螺栓、螺母等，以及汽车、电子电气、精密仪器等零部件、医疗器械和日用品等。

1. 工艺特性

（1）PA 有明显的熔点（PA-6 为 215℃、PA-11 为 180℃、PA-66 为 250~260℃、PA-610 为 208~220℃、PA-1010 为 195~210℃），熔融温度范围较窄（约 10℃）。热稳定性差，在料筒内时间较长时（超过 30min）极易分解，使制品出现气泡，强度下降，特别是 PA-66 易分解，产品发脆，加工中注意严格控制温度。

（2）尼龙类塑料的分子结构中含有亲水的酰胺基，易吸湿。吸湿后的树脂在加工过程中容易水解，会使熔体黏度急剧下降，制品表面出现气泡、银纹等缺陷，而且所得制品的力学性能也明显下降。PA 在加工前必须进行干燥，PA 容易高温下热氧化，因此，必须真空干燥。干燥条件为：真空度 95kPa 以上，温度 90~110℃，料层厚度 25mm 以下，干燥时间 8~12h；也可采用常压热风干燥，干燥温度为 80~90℃，干燥时间为 15~20h。干燥后的物料应注意保存，以防再吸湿。在空气中暴露时间：阴雨天不超过 1h，晴天不超过 3h。

（3）PA 熔体黏度低、流动性好，熔体黏度对温度敏感，温度升高，熔体黏度下降明显，特别 PA-66 和 PA-6 更为突出，有利于成型形状复杂、薄壁的制品。

（4）结晶度在 20% ~ 30%，随着结晶度升高，拉伸强度、耐磨性、硬度和润滑性等项性能提高，热膨胀系数和吸水性下降，但对透明性和冲击性能不利。

（5）制品收缩率大，为 1% ~ 2.5%，制品尺寸稳定性差。

2. 对注射成型设备的要求

可用柱塞式或螺杆式注射机成型，但一般多用螺杆式注射机。螺杆采用突变型，螺杆前部应有止逆环，喷嘴采用自锁式。

3. 对制品与模具结构设计的要求

（1）制品。壁厚通常为 1.0 ~ 3.0mm，最小壁厚不应小于 0.8mm，L/D 约 200。

（2）模具。脱模斜度为 40′ ~ 1.5°；对流道和浇口无特殊要求；由于 PA 熔体黏度低，流动性好，在成型中易出现排气不良现象，因此需开设排气槽；模具的控温方式应根据使用要求和制品尺寸而定，一般为 40 ~ 90℃，不管是加热还是冷却，都要求模温均匀。

4. 成型工艺

（1）注射温度。注射温度的选择与树脂本身的性能、设备、制品形状等有关。由于 PA 热稳定性较差，故加工温度不宜太高，一般高于熔点 10 ~ 30℃ 即可，此外，熔体不宜在料筒内停留时间过长（不应超过 30min），否则熔体易变色。

（2）模具温度。模具温度对制品的性能影响较大。模温高，制品的结晶度高、硬度大、物理力学性能好；而模温低，制品的结晶度低，韧性、透明性好，但有可能造成厚制品的各部分冷却速度不均匀而出现空隙等缺陷。通常，对于形状复杂、壁薄的制品需较高的模温，以防止熔体过早冷凝，确保熔体及时充满模腔；对超厚的制品，同样需较高的模温，以防止因收缩而产生气泡、凹陷，减少因补缩所造成的内应力。模具温度一般控制在 40 ~ 90℃。

（3）注射压力。注射压力对 PA 的力学性能影响较小。注射压力的选择，主要是根据注射机的类型、料筒温度分布、制品的形状尺寸、模具流道及浇口结构等因素决定。选取范围为 68 ~ 100MPa，压力高虽可降低制品收缩率，但制品易产生溢边；反之，则制品会产生凹痕、波纹以及缺料等缺陷。对于保压压力，在满足补缩及制品中不出现气泡、凹痕等缺陷的前提下，应尽可能采用较低的保压压力，以免造成制品中内应力增加。

（4）注射速度。PA 加工时的注射速度宜略快些，这样可防止因冷却速度快而造成波纹及充模不足等问题。但注射速度不能太快，否则易带入空气而产生气泡；另外，也会产生溢边。因此，如果模具排气不良、制品有溢边现象以及制品壁厚较大时，只能用慢速注射。

（5）成型周期。成型周期的长短主要与制品的壁厚有关。一般，制品越厚则成型周期越长；反之则越短。

（6）后处理。为防止和消除制品中的残存应力或因吸湿作用所引起的尺寸变化，尼龙制品需要进行后处理。后处理的方法为调湿处理，即：将制品浸泡在沸水或醋酸钾水溶液（醋酸钾与水的比例为 1.25∶1，沸点为 121℃）中，处理时间视制品厚度而定。当壁厚为 1.5mm 时，处理 2h；3mm 时处理 8h；6mm 时处理 16h。

PA 典型的注射成型工艺条件如表 4 – 17 所示。

表 4 – 17　PA 典型的注射成型工艺条件

工艺参数		PA – 6	PA – 66	PA – 1010
料筒温度/℃	一段	200 ~ 210	240 ~ 250	190 ~ 210
	二段	230 ~ 240	260 ~ 280	200 ~ 220
	三段	230 ~ 240	255 ~ 265	200 ~ 210
喷嘴温度/℃		200 ~ 210	150 ~ 260	200 ~ 210
注射压力/MPa		80 ~ 100	80 ~ 130	80 ~ 100
螺杆转速/ (r/min)		20 ~ 50	20 ~ 50	28 ~ 45
模具温度/℃		60 ~ 100	60 ~ 120	20 ~ 80

七、聚碳酸酯

聚碳酸酯（PC）是一种无色透明的工程塑料，具有极高的冲击强度，宽广的使用温度范围，良好的耐蠕变性、电绝缘性和尺寸稳定性，广泛用于成型机械零件如齿轮、齿条、蜗轮、蜗杆、凸轮、棘轮，光学仪器如镜筒、防护玻璃、汽车前灯、侧灯、尾灯等，日常用品如奶瓶、餐具、玩具、防护头盔、家用器具部件等。

工业生产的 PC 既有纯树脂，也有改性品种，不同的规格、型号可满足不同的用途。注射成型用料一般宜选用分子量稍低的树脂，其熔体流动速率为 5 ~ 7g/10min，平均相对分子质量为 2 万 ~ 4 万。

1. 工艺特性

（1）PC 吸水率在通用工程塑料中是较小的，正常使用吸水率 0.18%。尽管 PC 的吸水率不大，但由于酯基易发生高温水解，在成型加工温度（220 ~ 300℃）下微量的水分也能导致其降解，放出 CO_2 等气体，产生变色，相对分子质量急剧下降，制品表面出现银丝、气泡等。因此，PC 在成型前必须进行干燥，使其水分含量降低到 0.03% 以下。

干燥方法可采用沸腾床干燥（温度 120 ~ 130℃，时间 1 ~ 2h）、真空干燥（温度 110℃，真空度 96kPa 以上，时间 10 ~ 25h）、热风循环干燥（温度 120 ~ 130℃，时间 6h 以上）。为防止干燥后的树脂重新吸湿，应将其置于 90℃ 的保温箱内，随用随取，不宜久存。成型时，料斗必须是密闭的，料斗中应设有加热装置，温度不低于 100℃。对无保温装置的料斗，一次加料量最好少于半小时的用量，并要加盖盖严。

判断干燥效果的快速检验法，是在注射机上采用"对空注射"。如果从喷嘴缓慢流出的物料是均匀透明、光亮无银丝和气泡的细条时，则为合格。

（2）PC 大分子链刚性大，故其熔体黏度高（240 ~ 300℃，黏度为 104 ~ 105Pa·s），流动特性接近牛顿流体，即其熔体黏度受剪切速率的影响较小，而对温度变化敏感。因此，成型加工中常用温度来调节熔体的流动性，并需采用较高的成型压力。此外，在注射成型中应适当提高模具温度，以减少制品内应力的产生，一般根据制品厚度大小，模具温度控制在 80 ~ 120℃。

（3）PC 熔体冷却时收缩均匀，成型收缩率小，一般在 0.4% ~ 0.8% 的范围内。通过正确控制熔体温度、模具温度、注射压力和保压时间等工艺条件，可制得尺寸精度较高的制品。

（4）PC 成型过程中制品容量产生内应力，成型后的制品通常需进行热处理，以减小 PC 在成型加工中产生的内应力，提高其拉伸强度、弯曲强度、硬度和热变形温度等。

（5）PC 对金属有很强的黏附性，注射成型生产结束时应很好地清理料筒，否则黏附在料筒内壁上的熔体冷却收缩时会将料筒壁上的金属拉下，损伤料筒壁。

2. 对注射成型设备的要求

柱塞式和螺杆式注射机都可用于 PC 成型，但由于 PC 的加工温度较高，熔体黏度较大，因此，大多选用螺杆式注射机。喷嘴采用普通敞口延伸式。

3. 对制品与模具结构设计的要求

（1）制品。壁厚为 1.5 ~ 5.0mm，最低不低于 1mm，壁厚应均匀；由于 PC 对缺口较敏感，故制品上应尽量避免锐角、缺口的存在，转角处要用圆弧过渡。

（2）模具。脱模斜度约为 1.0°；尽可能少用金属嵌件；主流道、分流道和浇口的断面最好是圆形，长度短、转折少；模具要注意加热和防止局部过热。

4. 成型工艺

（1）注射温度。成型温度的选择与树脂的分子量及其分布、制品的形状与尺寸、注射机的类型等有关，一般控制在 280 ~ 320℃ 范围内。对形状复杂或薄壁制品，成型温度应偏高，为 310 ~ 320℃；对厚壁制品，成型温度可略低，为 280 ~ 300℃。喷嘴需要加热。料筒温度的设定采用前高后低的方式，靠近料斗一端的后料筒温度要控制在 PC 的软化温度以上，即大于 230℃，以减少物料阻力和注射压力损失。尽管提高成型温度有利熔体充模，但不能超过 330℃，否则，PC 会发生分解，使制品颜色变深，表面出现银丝、暗条、黑点、气泡等缺陷，同时，物理机械性能也会显著下降。

（2）模具温度。模具温度对制品的力学性能影响很大。随着模温的提高，料温与模温间的温差变小，剪切应力降低，熔体可在模腔内缓慢冷却，分子链得以松弛，取向程度减小，从而减少了制品的内应力，但制品的冲击强度、伸长率显著下降，同时会出现制品脱模困难，脱模时易变形，并延长了成型周期，降低生产效率；而模温较低，又会使制品的内应力增加。因此，必须控制好模温。通常 PC 的模温为 80 ~ 120℃。普通制品控制在 90 ~ 100℃，而对于形状复杂、薄壁及要求较高的制品，则控制在 100 ~ 120℃，但不允许超过其热变形温度。

（3）注射压力。尽管加工时注射压力对熔体黏度和流动性影响较小，但由于 PC 熔体黏度高、流动性较差，因此，注射压力不能太低，一般控制在 80 ~ 120MPa。对于薄壁长流程、形状复杂、浇口尺寸较小的制品，为使熔体顺利、及时充模，注射压力要适当提高至 120 ~ 150MPa。

（4）保压压力。保压压力的大小和保压时间的长短也影响制品质量。保压压力过小，则补缩作用小，制品内部会因收缩而形成真空泡，制品表面也会出现凹痕；保压压力过大，在浇口周围易产生较大的内应力。保压时间长，制品尺寸精度高、收缩率低、表面质量良好，但增加了制品中的内应力，延长了成型周期。

（5）注射速度。注射速度对制品的性能影响不大。但从成型角度考虑，注射速度不宜太慢，否则进入模腔内的熔体易冷凝而导致充模不足，另外，制品表面也易出现波纹、料流痕等缺陷；注射速度也不宜太快，以防裹入空气和出现熔体破裂现象。生产中一般采用中速或慢速，最好采用多级注射。注射时速度设定为慢→快→慢，这样可大大提高制品质量。

5. 注意事项

（1）脱模剂。PC是透明性塑料，成型时一般不推荐使用脱模剂，以免影响制品透明度。对脱模确有困难的制品，可使用硬脂酸或硅油类物质作为脱模剂，但用量要严格控制。

（2）金属嵌件。PC制品中应尽量避免使用金属嵌件，若确需使用金属嵌件时，则必须先把金属嵌件预热到200℃左右后，再置入模腔中进行注射成型，这样可避免因膨胀系数的悬殊差别，在冷却时发生收缩不一致而产生较大的内应力使制品开裂。

（3）热处理。PC制品容易产生内应力，热处理是为减小或消除制品的内应力。热处理条件为：温度125~135℃（低于树脂的玻璃化温度10~20℃），处理时间2h左右，制品越厚处理时间越长。

PC典型的注射成型工艺条件如表4-18所示。

表4-18　PC典型的注射成型工艺条件

工艺参数		工艺范围
料筒温度/℃	一段	220~240
	二段	230~280
	三段	240~285
喷嘴温度/℃		240~250
注射压力/MPa		70~150
螺杆转速/（r/min）		28~43
模具温度/℃		70~120
热处理温度/℃		120~125
热处理时间/S		1~4

八、聚甲醛

聚甲醛（POM）是一种高密度、高结晶型的线性聚合物，具有良好的机械性能，优异的抗蠕变性和应力松弛能力，耐疲劳性是热塑性塑料中最高的，并具有突出的自润滑性、耐磨性和耐药品性，广泛用于注射成型日用制品及汽车、机械、精密仪器、电子电气等零配件，如齿轮、链条、链轮、阀门、轴承、轴以及洗衣机、干燥机、电风扇等家用电器的零配件。

注射成型一般选用熔体流动速率为 1.5 ~ 14g/10min。

1. 工艺特性

（1）POM 具有明显的熔点，共聚甲醛为 165℃、均聚甲醛为 175℃，加工温度必须高于熔点，物料才具流动性。

（2）POM 是热稳定较差，240℃下会严重分解。在 210℃ 下，停留时间不能超过 20min；即使在 190℃ 下，停留时间最好也不能超过 1h。因此，加工时，在保证物料流动性的前提下，应尽量选用较低的成型温度和较短的受热时间。

（3）POM 的熔体黏度对剪切速率敏感。因此，要提高熔体流动性，不能依赖增加加工温度，而要从提高注射速度和注射压力着手。

（4）POM 吸湿性小，加工前树脂可不干燥。必要时，可在 90 ~ 100℃ 的烘箱中干燥 4h。

（5）制品中若加入金属嵌件，则必须将嵌件在 100 ~ 150℃ 下预热，这样可减少嵌件周围塑料产生应力，防止因外力作用或环境温度变化而产生开裂现象。

（6）收缩率较大，为 1.5% ~ 3.5%，成型时必须要有足够的保压时间。

（7）POM 熔体凝固速率很快，会造成充模困难、制品表面出现皱折、毛斑、熔接痕等缺陷，因此宜将模具温度提高，一般应控制在 80 ~ 130℃ 来消除这些缺陷，同时由于凝固速率很快，固体表面硬度和刚性大，制品脱模性好且可快速脱模。

2. 对注射成型设备的要求

POM 通常采用螺杆式注射机成型。从塑化角度出发，一次注射量不超过最大公称注射量的75%；采用标准型单头、全螺纹螺杆；宜选用流动阻力和剪切作用较小的大口径直通式喷嘴。

3. 对制品和模具结构设计的要求

（1）制品设计

制品壁厚为 1.5 ~ 5.0mm，壁厚应均匀，避免出现缺口、锐角，转角处应采用圆弧过渡。

（2）模具设计

①脱模斜度为 40′ ~ 1.5°。

②模具内要尽量避免死角，以防物料过热分解。

③模具浇口应尽可能大些，开设良好的排气孔或槽。

4. 成型工艺

（1）注射温度。料筒温度的分布为前段 190 ~ 200℃，中段 180 ~ 190℃，后段 150 ~ 180℃；喷嘴温度为 170 ~ 180℃。对于薄壁制品，料筒温度可适当提高些，但不能超过 210℃。

（2）模具温度。模具温度通常控制在 80～100℃，对薄壁长流程及形状复杂的制品，模温可提高至 120℃。提高模温有利熔体流动，避免因冷却速度太快而使制品产生缺陷，并且还可提高冲击强度，但却增加了制品的收缩率。

（3）注射压力。注射压力对 POM 制品的力学性能影响很小，但对熔体的流动性及制品的表面质量影响很大。注射压力的大小，主要由制品的形状、壁厚，模具的流道、浇口尺寸及模温等而定。对于小浇口、薄壁长流程、大面积的制品，注射压力较高，为 120～140MPa；而大浇口、厚壁短流程、小面积的制品，注射压力为 40～80MPa；一般制品为 100MPa 左右。适当提高注射压力，有利提高熔体流动性和制品表面质量，但压力过高会造成模具变形，制品产生溢边。

（4）保压压力。由于 POM 结晶度高、体积收缩大，为防止制品出现空洞、凹痕等缺陷，必须要有足够的保压时间进行补缩。一般制品越厚保压时间越长。

（5）注射速度。注射速度的快慢取决于制品的壁厚。薄壁制品应快速注射，以免熔体过早凝固；厚壁制品则需慢速注射，以免产生喷射，影响制品的外观和内部质量。

（6）成型周期。注射时间中的保压时间所占的比例较大，约为 20～120s。冷却时间与制品的厚度及模温有关，时间的长短应以制品脱模时不变形为原则，一般为 30～120s，冷却时间过长，不仅降低生产效率，对复杂制品还会造成脱模困难。

（7）后处理。为消除制品中的残存内应力，减少后收缩，通常需进行热处理。热处理是以空气或油做介质，温度为 120～130℃，时间长短由制品的壁厚而定：一般壁厚每增加 1mm，处理时间增加 10min 左右。热处理效果可用极性溶剂法判断：将经热处理后的制品，放入 30% 的盐酸溶液中浸渍 30min，若不出现裂纹，说明制品中残存的内应力较小，达到处理目的。

5. 注意事项

由于 POM 为热敏性塑料，超过一定温度或加工温度下长时间受热后均会发生降解，放出大量有害的甲醛气体，不仅影响制品质量、腐蚀模具、危害人体健康，严重时会引起料筒内气体膨胀而产生爆炸。因此，操作时除严格控制成型工艺条件外，还应注意以下几点。

（1）严格控制 POM 的成型温度和物料在料筒内的停留时间。

（2）开机前升温时，先预热喷嘴，后加热料筒。

（3）加工 POM 时，若料筒内存有加工温度超过 POM 的旧料，要先用 PE 或清洗料将料筒清洗干净，待温度降至 POM 的加工温度时，再用 PE 清洗一次料筒，方可投料进行成型操作。

（4）在成型过程中，如发现有严重的刺鼻甲醛味、制品上有黄棕色条纹时，表明物料已发生降解，此时应立即用对空注射的方法，将料筒内的物料排空，并用 PE 清洗料筒，待正常后再行加工。

（5）某些物料或添加剂（如聚氯乙烯、含卤阻燃剂等）对聚甲醛有促进降解的作用，必须严格分离，不允许相互混杂。

POM 典型的注射成型工艺条件如表 4-19 所示。

表4-19 POM典型的注射成型工艺条件

工艺参数		制品壁厚6mm以下	制品壁厚6mm以上
料筒温度/℃	一段	155~165	155~165
	二段	165~175	160~170
	三段	175~185	170~180
喷嘴温度/℃		170~180	170~175
注射压力/MPa		60~120	50~100
注射时间/s		10~50	50~300
模具温度/℃		80~90	80~120

九、聚甲基丙烯酸甲酯

聚甲基丙烯酸甲酯（PMMA）俗称有机玻璃，其最大的特点是透明性高，此外，还具有良好耐候性和综合性能，因此被广泛用于制造文具、装饰品、仪器仪表、光学透镜等产品。

1. 工艺特性

（1）PMMA为无定形聚合物，玻璃化温度（T_g）为105℃，熔融温度大于160℃，而分解温度高达270℃以上，成型的温度范围较宽。

（2）PMMA熔体的黏度高，熔体黏度对温度和剪切速率的变化比较敏感，因此，成型过程中可通过提高成型温度和成型压力来提高熔体的流动性。

（3）PMMA具有一定亲水性，水分的存在使熔体出现气泡，所得制品有银丝，透明度降低，因此树脂成型前必须干燥。干燥条件为：温度80~90℃，时间4~6h，料层厚度不超过30mm。

（4）PMMA熔体冷却速率快，制品容量产生内应力，成型后的制品通常需要后处理。

（5）制品收缩率较小，为0.2%~0.4%。

2. 对注射成型设备的要求

PMMA成型时对设备要求不高，柱塞式和螺杆式注射机均可使用；喷嘴采用直通式。

3. 对制品与模具结构设计的要求

（1）制品设计。PMMA的熔体黏度大，流动性差，因此，制品的壁厚不能太小，一般为1.5~5.0mm；PMMA性脆，制品应避免出现缺口和锐角，厚薄连接处要用圆弧过渡。

（2）模具设计。PMMA的成型收缩率小，需要较大的脱模斜度以利制品脱模，一般模具型芯部分的脱模斜度为0.5°~1.0°，型腔为0.5°~1.5°；流道和浇口应尽量宽大。

4. 成型工艺

（1）注射温度。成型时，料筒温度的分布为前段220~230℃，中段210~220℃，后段160~180℃，喷嘴温度为210~220℃。

注射温度的恰当与否可通过熔体对空注射法进行观察判断：若熔体低速从喷嘴中流出的料流呈"串珠状"，不透明，则表明料温太低；若料流呈不透明、模糊、有气泡、银丝的膨胀体，则可认为温度偏高或树脂内含水量过高；合适料温下的料流应光亮、透明、无气泡。为防止物料在加工中产生变色、银丝等缺陷，在能充满型腔的前提下，料筒温度应略低些。

（2）模具温度。一般控制在 40～80℃。模具温度提高，充模速度快，可减少熔接不良现象，改善制品的透明性，降低制品的内应力。但模温提高后，制品的收缩率增加，容易引起制品凹陷，还会延长成型周期。

（3）注射压力。大多数制品的注射压力为 110～140MPa。虽然注射压力对 PMMA 熔体流动性的影响不如注射温度那么明显，但由于熔体黏度较大，流动性比较差，故成型时需要较大的注射压力，特别是形状复杂及薄壁制品。当然，注射压力的增加会导致制品中的内应力增加。

通常无浇口、易流动的厚壁制品所选取的注射压力为 80～100MPa 之间，而熔体流动较困难的制品所需的压力要大于 140MPa。

（4）注射速度。注射速度的提高有利 PMMA 熔体的充模，但高速注射会使浇口周围模糊不清，制品的透光性降低，同时还增加了制品中的内应力，故一般情况下不采用高速注射。当浇口较小（大多为针形浇口）、充模有困难、制品上熔接痕明显时，可选用较高的注射速度。

（5）成型周期。与制品的壁厚有关。由于 PMMA 的玻璃化温度较高，故成型周期较短。

（6）后处理。为减少内应力，可对制品进行后处理，后处理条件为：70～80℃，时间视制品壁厚而定，一般为 4h。

5. 成型注意事项

在加工中要保持环境、设备、模具和工具的清洁；减少或禁止再生料的使用，否则，制品中会出现黑点等缺陷，制品的透明度也会下降。

PMMA 典型的注射成型工艺条件如表 4－20 所示。

表 4－20　PMMA 典型的注射成型工艺条件

工艺参数		工艺范围
料筒温度/℃	一段	180～200
	二段	190～230
	三段	180～210
喷嘴温度/℃		180～200
注射压力/MPa		80～120
螺杆转速/（r/min）		20～30
模具温度/℃		40～80
热处理温度/℃		70～80

十、聚对苯二甲酸丁二醇酯

聚对苯二甲酸丁二醇酯（PBT）是一种新型的工程塑料，具有综合性能优越、成本较低，成型加工容易等优点。主要用于机械、电子电气、仪器仪表、化工和汽车等行业。但阻燃性差、韧性低，因此，必须对 PBT 进行改性，如加入阻燃剂和玻璃纤维等，其中，用玻璃纤维进行增强的品级占 PBT 的 70% 以上。

1. 工艺特性

（1）PBT 是结晶型塑料，具有明显的熔点，熔点为 225 ~ 235℃。

（2）熔体黏度对剪切速率敏感，因此，在注射成型中，提高注射压力可增加熔体流动性。

（3）PBT 在熔融状态下的流动性好、黏度低，在成型中易产生"流延"现象。

（4）吸湿性较小，但在高温下易水解引起性能下降，原料成型前必须干燥。干燥条件为：温度 120℃左右，时间 3 ~ 6h，料层厚度不超过 30mm。

（5）结晶度可达 40%，成型收缩率较大，为 1.7% ~ 2.3%，但玻璃纤维增强的 PBT 成型收缩率要减小。

2. 对注射成型设备的要求

成型时多采用螺杆式注射机；螺杆选用渐变型螺杆；喷嘴选用自锁式，并带有加热控温装置；制品的用料量应控制在设备额定最大注射量的 30% ~ 80%，不可用大设备生产小制品；在成型阻燃级 PBT 时，应选用经防腐处理过的螺杆和料筒。

3. 对制品与模具结构设计要求

（1）制品设计

制壁厚品多为 1 ~ 3mm，且壁厚应尽量均匀，避免出现缺口和锐角，如果有锐角应采用圆弧过渡。

（2）模具设计

①脱模斜度为 40′ ~ 1.5°。

②模具需要开设排气孔或排气槽。

③浇口的口径要大；模具需设置控温装置。

④成型阻燃级的 PBT，模具表面要镀铬防腐。

4. 成型工艺

（1）注射温度。由于 PBT 的分解温度为 280℃，因此，注射温度为 245 ~ 260℃。

（2）模具温度。一般控制在 70 ~ 80℃，各部位的温度差不超过 10℃。

（3）注射压力。注射压力一般为 50 ~ 100MPa。

（4）注射速度。PBT 的冷却速度快，因此要采用较快的注射速度。

（5）成型周期。一般情况下为 15 ~ 60s。

PBT 典型的注射成型工艺条件如表 4 – 21 所示。

表4-21　PBT典型的注射成型工艺条件

工艺参数		PBT	玻璃纤维增强的PBT
料筒温度/℃	一段	160~180	210~230
	二段	230~240	230~240
	三段	220~230	250~260
喷嘴温度/℃		210~220	210~230
注射压力/MPa		50~60	60~100
螺杆转速/（r/min）		20~30	30
模具温度/℃		30~80	30~120

十一、聚砜

聚砜（PSU或PSF）是一种耐高温、高强度的热塑性工程塑料，有很高的力学强度、电绝缘性、热变形温度和一定的耐化学腐蚀性，特别是耐老化性、抗蠕变性以及尺寸稳定性都较好。主要用于制造电子电气、汽车配件、医疗器械和机械零件，如钟表壳体及零件、复印机、照相机、微波烤炉、咖啡加热器、吹风机等零件，以及人工心脏瓣膜、人工假牙、内视镜零件、消毒器皿等。

1. 工艺特性

（1）PSU是非结晶型聚合物，无明显熔点，T_g为190℃，成型温度在280℃以上。制品有透明性。

（2）PSU的成型特点与PC相似。熔体的流动特性接近牛顿流体，聚合物熔体黏度对温度较为敏感。当熔体温度超过330℃时，每提高30℃，熔体黏度可下降达50%。

（3）尽管PSU的熔体黏度对温度敏感，其黏度仍然很高，成型过程中流动性较差。另外，熔体的冷却速度较快，分子链又呈刚性，因此，成型中所产生的内应力难以消除。

（4）吸水性较小（0.6%），但由于在成型过程中，微量水分的存在，会因高温及负荷作用导致熔体水解。因此，在成型加工之前，必须进行干燥。

干燥工艺参数为：热风循环干燥，120~140℃，4~6h，料层厚度为20mm；负压沸腾干燥，130℃，0.5~1.0h。经过干燥处理过的树脂应防止重新吸湿。

（5）过高的注射速度会使PSU熔体出现熔体破裂，这就限制了充模速率，造成充模困难。

（6）成型收缩率较小，为0.4%~0.8%，制品尺寸稳定性好。

（7）由于PSU分子链的刚性大而使制品在成型中所产生的内应力不易消除，因此，制品必须进行热处理。热处理的条件：温度为T_g以下10~20℃，时间为2~4h。

2. 对注射成型设备的要求

大多选择螺杆式注射成型机，螺杆形式为单头、全螺纹、等距、低压缩比；喷嘴应选用配有加热控温装置的延伸式喷嘴。

3. 对制品与模具结构设计的要求

（1）制品设计

制品的壁厚为 2~5mm；制品应尽量避免缺口和锐角。

（2）模具设计

①主流道短而粗，分流道截面最好采用圆弧形或梯形，避免弯道的存在。

②在主流道末端设置足够的冷料穴。

③PSU 制品特别是薄制品，在成型中需要较高注射压力和较快的注射速度，为使模腔内的空气得以及时排出，要设置良好的排气孔或槽。

④浇口的形式可随制品而定，但尺寸应尽可能地大，浇口的平直部分应尽可能地短。

4. 成型工艺

（1）注射温度。料筒温度一般取 320~360℃。提高温度有利于降低熔体的黏度，但过高的温度不仅使许多性能（如冲击强度）下降，而且使塑料变色分解。

（2）模具温度。模具温度的选择常因制品的厚薄而异。制品壁厚在 2~5mm 时，模具温度可控制在 110~120℃之间。当壁厚超过 5mm 或 2mm 以下时，模具温度可高达 140~150℃。

（3）注射压力。注射压力的选择根据物料的黏度、料筒温度、模具温度及制品的厚度与几何形状进行选择。一般选择在 100MPa 以上，有时也可达 140MPa。较高的注射压力可使制品的密度增加，成型收缩率降低。

（4）注射速度。通常，注射速度的提高有利于熔体的充模。但对 PSU 来说，由于冷却速度较快，如果注射速度控制不当，也会引起熔体破裂现象。因此，除制品薄厚在 2mm 左右时，因物料充模有困难需较高的充模速率外，一般采用中、低速率为宜。

5. 成型注意事项

（1）由于 PSU 的成型温度较高，因此，在成型前必须将料筒清洗干净。

（2）在制品中尽量少用金属嵌件。若确需使用嵌件时，必须在成型前对嵌件进行预热，以防嵌件周围产生应力集中。通常嵌件的预热温度为 200℃。

（3）为保证制品的透明性，在成型时应尽量少用或不用脱模剂。

PSU 典型的注射成型工艺条件如表 4-22 所示。

表 4-22　PSU 典型的注射成型工艺条件

工艺参数		壁厚 3mm
料筒温度/℃	一段	280~300
	二段	310~320
	三段	320~340
喷嘴温度/℃		320~330
注射压力/MPa		110~120
螺杆转速/（r/min）		70
模具温度/℃		110~115

十二、改性聚苯醚

改性聚苯醚主要是以苯乙烯树脂与聚苯醚（PPO）共混或共聚而成，保留了 PPO 的大部分优点，具有化学稳定性好、蠕变性小、耐老化、不易燃烧和耐水性好等优点，因此，在电子电气、汽车、机械、航空航天等领域得到广泛应用，如制造叶轮、风机、叶片、离合器、齿轮、泵外壳、泵轮、阀，制作接插件、变压器、继电器中的骨架、开关等。

1. 工艺特性

（1）改性聚苯醚为无定型塑料，无明显熔点，熔融温度在 262 ~ 267℃；在熔融状态下的黏度很高。

（2）熔体黏度随温度变化较大，提高温度，熔体黏度下降，流动性增大。

（3）吸水率较小，加工前可不干燥。当制品要求较高时，仍要进行干燥处理。干燥工艺参数：温度 120 ~ 140℃，时间 2 ~ 4h。

（4）在高温下有交联的倾向，成型时应注意高温停留时间不能过长。

（5）改性聚苯醚的成型收缩小，熔体冷却速度快。

2. 对注射成型设备的要求

从塑化效果、熔体流动、注射阻力和受热时间等方面考虑，一般采用螺杆式注射机为好，螺杆的长径比应大于 15，压缩比为 2.5 ~ 3.5，且螺杆头应为带止逆环的渐变压缩型，喷嘴选择可加热的直通延伸式，模具应有加热装置。

3. 对制品与模具结构设计的要求

（1）制品设计。制品壁厚为 1.5 ~ 6.0mm；由于制品易形成内应力，因此，应尽量避免缺口、锐角和壁厚不匀现象。

（2）模具设计。脱模斜度应在 0.5° ~ 1°；流道与浇口要短而粗，以便熔体顺利注入模腔。

4. 成型工艺

（1）注射温度。根据制品大小形状不同，料筒温度一般控制在为 280 ~ 340℃；当一次注射容量为料筒容量的 20% ~ 50% 时，料筒温度可高达 330℃，但不能超过 340℃，否则会发生降解。喷嘴温度稍低于料筒温度 10 ~ 20℃，以避免喷嘴流延。

（2）注射压力。PPO 熔体黏度大，熔体流动性差，注射压力应较大，一般为 100 ~ 120MPa。

（3）模具温度。模具温度高有利于充模以及降低制品的内应力、表面粗糙度，但一般不超过 100℃，通常为 65 ~ 90℃，过高会延长成型周期，成型周期一般应不超过 60s。

5. 成型注意事项

（1）视料筒内留存物不同，要采用不同的清洗方法。当料筒内为 PC、PA 或 PP 时，可用改性聚苯醚直接换料。当料筒内为 PVC 或 POM 等热敏性塑料时，要采用 PS 或 PE 等热稳定性好的塑料将料筒内原有的料替换出来，然后再用改性聚苯醚替换。

（2）停机时一般要降低料筒温度，时间长，要加入热稳定好的塑料如 PS 替换。

（3）改性聚苯醚的脱模良好，一般不用脱模剂。必要时可用硬脂酸锌。

（4）再生料不宜加入过多，一般不超过 25%。

（5）制品可在热变形温度以下 10℃，退火 1~4h。

PPO 典型的注射成型工艺条件如表 4-23 所示。

表 4-23　PPO 典型的注射成型工艺条件

工艺参数		PPO
料筒温度/℃	一段	240~260
	二段	260~270
	三段	270~280
喷嘴温度/℃		260~270
注射压力/MPa		120
螺杆转速/（r/min）		70
模具温度/℃		80~90

练习与思考

1. 制件中带有嵌件，在成型前嵌件需预热的有（　　）。

　　A. PA；　　　　　　　　　B. PE；

　　C. PS；　　　　　　　　　D. PVC

2. 下列材料在注射成型前必须进行干燥的有（　　）。

　　A. PP；　　　　　　　　　B. PA-66；

　　C. PET；　　　　　　　　　D. POM

3. 下列材料在注射成型时，制品一般需进行后处理的有（　　）。

　　A. PS；　　　　　　　　　B. PMMA；

　　C. LDPE；　　　　　　　　D. PC

4. HDPE 注射成型时，较为合理的模具温度是（　　）。

　　A. 30~50℃；　　　　　　　B. 50~80℃；

　　C. 80~100℃；　　　　　　 D. 100~120℃

5. 采用 PS 生产透明制品时应注意哪些问题？

6. POM 注射成型过程中应注意哪些问题？

注射成型制品的质量控制与管理

学习目标

1. 掌握注射制品内应力的形成原因与控制，注射制品的收缩原因与控制，熔接痕形成原因与熔接痕强度的控制；能根据影响注射制品质量的因素，制定产品的质量管理规程。

2. 掌握工艺控制因素、工艺卡设计的内容、方法，能进行注射制品生产组织与管理。

项目任务

项目名称	项目一　PA 汽车门拉手的注射成型
子项目名称	子项目四　PA 汽车车门拉手成型工艺与控制
单元项目任务	任务 1. 影响注射成型制品质量因素的认识； 任务 2. PA 汽车门拉手制品质量管理规程的制定； 任务 3. PA 汽车门拉手工艺管理卡的设计
任务实施	1. 分小组讨论注射制品质量控制因素； 2. 分小组进行 PA 汽车门拉手制品质量管理规程的制定和工艺管理卡的设计

相关知识

　　在注射成型过程中，制品的质量与所用塑料原料质量、注射成型机的类型、模具的设计与制造、成型工艺参数的设定与控制、生产环境和操作者的状况等有关，其中任何一项出现问题，都将影响制品的质量使制品产生缺陷。

　　制品的质量包括制品的内在质量和表面质量（也称表观质量）两种：内在质量影响制品的性能，表面质量影响制品的价值。由于制品表面质量是内在质量的反映，因此，要保证注射成型制品的质量，必须从控制制品内在质量着手。

影响制品质量的因素很多，本节主要介绍内应力、收缩性、熔接强度及各种表面缺陷的产生原因及处理。

一、影响制品质量的因素

（一）内应力

注射成型时的应力是指塑料熔体内部单位面积上作用的内力，按其性质可分为主动应力和诱发应力两种类型。主动应力是与外力（注射压力、保压压力等）相平衡的内力，也称成型应力。成型应力的大小取决于塑料本身的分子链结构、链段的刚硬性、熔体的流变性质，以及制品形状的复杂程度和壁厚大小等许多因素。一般情况下都不希望成型应力过大，否则制品容易出现应力开裂和熔体破裂现象。诱发应力是指由于熔体的温度差或冷却收缩不均、结晶不均、流动取向等引起的应力，一般是一种无法与外力平衡的应力，很容易保留在注射成型以后的塑料制品内部，从而转变成制品中的残余内应力。制品中有残余内应力的存在会严重影响制品的力学性能和使用性能。例如制品在使用过程中出现的裂纹、不规则变形或翘曲，制品表面的泛白、浑浊、光学性质变坏，制品对光、热及腐蚀介质的抵抗能力下降（如环境应力开裂）等，如图4－40所示为制品的应力开裂现象。因此成型过程中必须很好控制以消除和分散制品中的内应力。

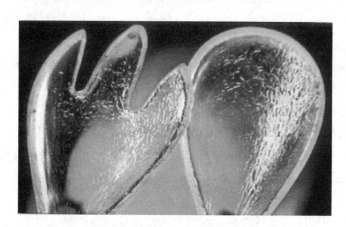

图4－40　制品的应力开裂现象

1. 注射制品内应力的形成

注射成型制品内应力的形成原因有两个，首先是由于塑料大分子在成型过程中形成不平衡构象，成型后不能立即恢复到与环境条件相适应的平衡构象所产生的。此外，当外力使制品产生强迫高弹变形时，也会产生内应力。根据形成内应力的原因不同，注射成型制品中可能存在以下4种形式的内应力，即取向应力、温度应力、不平衡体积应力和变形应力。

（1）取向应力

当处于熔融状态下的塑料被注入模具时，注射压力使高聚物的分子链与链段发生取向。由于模具温度较低，熔体很快冷却下来，使取向的分子链及分子链段来不及恢复到自然状态（即解取向），就被凝结在模具内而形成了内应力。

注射成型工艺参数对取向应力的影响如图 4 – 41 所示。

从图 4 – 41 中可知：熔体温度对取向应力影响最大，即提高熔体温度，取向应力降低；提高模具温度，有利大分子解取向，取向应力下降；延长注射和保压时间，取向应力增大，直至浇口"冻结"而终止。

（2）温度应力

温度应力是因温差引起注射成型制品冷却时不均匀收缩而产生的，即当熔体进入温度较低的模具时，靠近模腔壁的熔体迅速地冷却而固化，由于凝固的聚合物层导热性很差，阻碍制品内部继续冷却，以致于当浇口冻结时，制品中心部分的熔体还有未凝固的部分，而这时注射成型机已无法进行补料，结果在制品内部因收缩产生拉伸应力，在制品表层则产生压缩应力。制品厚度不均或制品带有金属嵌件、模具冷却不均匀时都易产生温度应力。

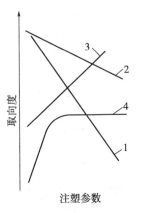

图 4 – 41　取向应力与注射成型工艺参数的关系
1—熔体温度；2—模具温度；
3—注射压力；4—保压时间

（3）不平衡体积应力

注射成型过程中，塑料分子本身的平衡状态受到破坏，并形成不平衡体积时的应力，如结晶型塑料的结晶区与非结晶区界面产生的内应力；结晶速度不同、收缩不一致产生的应力等。聚合物的结晶区与结晶度都是由高分子材料的特性所决定的，这种内应力难以克服。

（4）变形应力

与脱模时制品变形有关的应力。模具设计不合理、脱模时操作不当、模具温度控制不当等都会使制品脱模时变形而产生内应力。

2. 内应力的消除和分散

制品中内应力的存在会严重影响制品的质量，因此，成型过程中必须采取措施消除和分散内应力。由于影响内应力的因素有很多，因此消除和分散内应力必须从多方面考虑。一般可采取如下措施。

（1）塑料材料

①加工时要选用纯净的塑料材料，因为杂质的存在，易使制品产生内应力。

②当塑料材料的分子量较高、分子量分布范围较窄时，制品中产生的内应力较小（但必须考虑到材料的可加工性）。

③多组分的塑料材料在加工时，各组分应分散均匀，否则，易产生应力集中。

④结晶型塑料材料，在成型中加入成核剂（如聚丙烯中加入成核剂己二酸）后，可使结晶更完善，形成的球晶体积小、数量多，制品的内应力小。

（2）制品设计

为减小内应力，在设计制品时应做到以下几点。

①制品的表面积与体积之比尽量小，因为比值小的厚制品，冷却缓慢，内应力较小。

②制品的壁厚应尽量均匀，壁厚差别大的制品，因冷却不均匀而容易产生内应力，对厚薄不均匀的制品，在厚薄结合处，尽量避免直角过渡，而应采用圆弧过渡或阶梯式过渡。

③当塑料制品中带有金属嵌件时，嵌件的材质最好选用铜或铝，而且加工前要预热。

④在制品的造型上，尽量采用曲面、双曲面，这样不仅美观，而且也能减少变形。

（3）模具设计

在模具设计过程中应注意以下几点。

①浇口的尺寸和位置。浇口小，保压时间短、封口压力低、内应力较小，浇口设置在制品的厚壁处，则注射压力和保压压力低、内应力小。

②流道。流道大，则注射压力低、注射时间短、内应力小。

③模具冷却系统。设计时，应保证冷却均匀一致，这样制品的内应力小。

④顶出系统。采用大面积顶出后，制品内应力小。

⑤脱模斜度。模具应具有一定的脱模斜度，使制品脱模顺利，产生的内应力小。

（4）成型工艺参数

①温度。适当提高料筒温度，保证物料塑化良好、组分分散均匀，可减小内应力；适当提高模具温度，使制品的冷却速度降低、取向减少，制品的内应力也降低。

②压力。适当降低成型时的注射压力和保压压力，有利减小制品的取向应力。

③时间。适当降低注射速度（即延长注射时间）、缩短保压时间，有利减小制品内应力。

（5）制品热处理

制品的内应力还可通过热处理的方法消除。热处理可以使聚合物大分子链的弹性变形得到松弛，取向分子回到无规状态，同时可完善聚合物的结晶，从而减速小制品的内应力。

3. 内应力的检查

内应力的检查方法主要有以下两种。

（1）溶剂浸渍法

溶剂浸渍法是工厂中普遍采用的一种检测手段，该法是将 PS、PC、聚砜、聚苯醚等塑料所注射成型的制品浸入某些溶剂（如苯、四氯化碳、环己烷、乙醇、甲醇等）之中，以制品发生开裂破坏所需的时间，来判断应力的大小，时间越长则应力越小。

（2）仪器法

常用偏振光检验法，即将制品置于偏振光镜片之间，观察制品表面彩色光带面积，以彩色光带面积的大小来确定制品内应力大小，如果观察到的彩色光带面积大，说明制品内应力大。

（二）收缩性

1. 收缩过程

注射制品的尺寸一般都小于模具的型腔尺寸，这是因为塑料在成型过程中体积发生了变化。通常把塑料制品从模具中取出后尺寸发生缩减的性能称为收缩性。注射成型制品在成型过程中产生的收缩，一般可分为三个阶段。

第一阶段的收缩主要发生在浇口凝固之前，即保压阶段。在保压期内，物料温度下降、密度增加，最初进入模内的物料体积缩小，但由于此时加热料筒仍不断将塑料熔体压入模腔，补偿了模内物料体积的改变，模内制品重量的增加和塑料熔体的不断压实，可一直进行到浇口凝封为止。因此，模内塑料的收缩率受保压压力和保压时间的控制，即保压压力越大、保压时间越长，则制品的收缩率越低。

第二阶段的收缩是从浇口凝封后开始的，直至脱模时为止。在该阶段已无熔体进入模腔，制品的重量也不会再改变。此时，无定型塑料的收缩，是按体积膨胀系数进行，收缩的大小取决于模温和冷却速度：模温低，冷却速度快，分子被冻结来不及松弛，因此制品的收缩小；而结晶型塑料的收缩主要取决于结晶过程，结晶度提高，则制品密度增加、体积减小、收缩增大。在该阶段中，影响结晶的因素仍是模温和冷却速度，模温高，冷却速度慢，结晶完全，因此收缩大，反之则收缩小。

第三阶段的收缩是从脱模后开始的，属自由收缩。此时制品的收缩率取决于制品脱模时的温度与环境介质温度之差，也取决于热膨胀系数。塑料制品的模外收缩，也称后收缩，通常在脱模后的 6h 内完成 90% 的收缩，10 天内完成几乎全部的剩余收缩。测定的制品收缩率，一般是指脱模后 24h 内的收缩率。

2. **制品收缩的原因**

①温度变化引起的热胀冷缩，塑料的热膨胀系数越大收缩越大。当制品中有金属嵌件时，塑料收缩大，金属收缩小，从而容易产生内应力。因此一般在选择制品嵌件的材质时应选择与塑料的热膨胀系数相差较小些的材料，金属材质嵌件如铝、铜要预热后使用，以减小温差。

②结构变化引起的收缩成型过程中分子发生结构的变化如分子链、化学键变化以及分子聚集态变化如结晶、取向、交联等会引起收缩。

3. **收缩对制品的影响**

浇口凝封之前制品在模内的收缩可以通过保压来补偿，不会影响制品的结构尺寸。浇口凝封后，制品的收缩则会影响到制品的尺寸与性能，特别是制品各部收缩不均时，易引起制品尺寸不稳定、翘曲变形，甚至有时还会引起应力开裂现象等，如图 4-42 所示为制品因收缩不均而引起的变形。

图 4-42　制品因收缩不均而引起的变形

4. **影响收缩的因素**

影响制品收缩性的因素主要有以下几方面。

①塑料材料。包括塑料材料的结晶性、分子量及分子量分布、有无填充剂等。

②注射成型工艺参数。包括料温、模温、注射压力、注射速度、保压时间等；其中模具温度影响最大，模具温度高收缩大。

③制品设计。包括制品的厚度、形状及有无嵌件等。

④模具结构。包括模具中浇口的设置、流道的尺寸及模具的冷却等。

⑤设备选择。包括设备类型、控制精度等。

5. 收缩的控制

①塑料材料。选择分子量大小适当、分子量分布均匀的塑料材料；选择流动性好、熔体流动速率低的聚合物；选用有增强剂或填料的复合材料；对结晶型塑料，提供减小结晶度和稳定结晶度的条件。

②成型工艺。适当提高料筒温度；适当降低模具温度；适当提高注射压力和注射速度；适当延长保压时间和冷却时间。

③制品设计。在能确保强度、刚性要求的前提下，适当减小制品的厚度；尽量保证制品的厚度均匀；带有加强筋的制品，可减小收缩；制品的几何形状尽量简单、对称，使收缩均匀；采用边框补强可减小收缩。

④模具设计。适当加大浇口截面积；尽量缩短内流道，减小流长比；金属嵌件的使用要合理，尺寸大的嵌件要预热；模具冷却水孔的设置要合理，分布要均匀，冷却效率要高。

⑤注射成型机。料筒及喷嘴的温度控制系统应稳定、可靠，精度要高；所用螺杆的塑化能力高、塑化质量均匀、计量准确；能实现注射压力和速度的多级控制；合模机构刚性要大、合模力高；注射成型机油温稳定、压力和流量的波动范围小。

（三）熔接痕

1. 熔接痕的形成及种类

熔接痕是指注射成型制品上经常出现的一种线状痕迹，当模具采用多浇口或制品带有孔、嵌件时，熔体充模时必然会在模腔内分流并形成两个以上的流动方向，当不同方向的熔体汇合时，在汇合处形成的接缝痕迹称为熔接痕，如图4-43所示。

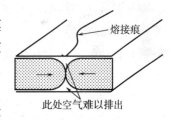

图4-43 熔接痕

最常见的熔接痕有两种：一种是在充模开始时形成的，称为早期熔接痕；另一种是在充模终止时形成的，称为晚期熔接痕。

2. 熔接痕强度

注射成型制品在受到外力作用时，常在熔接痕处发生破坏，这是由于料流熔接处的力学强度低于其他部位的缘故。力学强度降低的原因为：料流在经过一段流程后，其温度有所降低，当两股料流汇合时，相互熔合性变差了；结晶型塑料在熔接处不能形成完全结晶；在两股料流间夹杂了气体或杂质，使熔体之间熔合接触面积减小，导致熔接强度下降。

3. 提高熔接强度的措施

对于可能产生熔接痕的制品来说，提高熔接强度的措施如下。

①提高料温和模温。由于低温熔料的料流汇合性能较差，易形成熔接痕。因此，适当提高料筒温度、喷嘴温度及模具温度，有利提高熔接强度。

②提高注射压力。有利熔体克服流道阻力，并使熔料在高压下熔合，增加了熔接处的密度，使熔接强度提高。

③提高注射速率。注射速率的提高，将减少熔体汇合前的流动时间，热耗减少，并加强了剪切生热，使熔体温度回升，从而提高了熔接强度。对于剪切敏感性的塑料材料，提高注射速率将更有效。

④进行热处理。注射成型制品经热处理后，有利于释放成型过程中在料流熔接处形成的内应力，使熔接强度提高。

⑤其他方面。除成型工艺参数外，制品厚度的增加、脱模剂的正确使用、模具的排气良好、原料的充分干燥以及金属嵌件的预热等，都有利于提高熔接强度。

二、注射成型制品的质量检验

1. 外观检验

制品的外观是指制品的造型、色调、光泽及表面质量等凭人的视觉感觉到的质量特性。制品的大小和用途不同，外观检验标准也不相同，但检验时的光源和亮度要统一规定。

外观质量判断标准是由制品的部位而定，可见部分（制品的表面与装配后外露面）与不可见部分（制品里面与零件装配后的非外露面）有明显的区别。

塑料制品的外观质量不用数据表示，通常用实物表示允许限度或做标样。标样（限度标准）最好每种缺陷封一个样。

过高要求塑料制品的外观质量是不可能的，一般粗看不十分明显的缺陷（裂缝除外）便可做合格品。在正式投产前，供、需双方在限度标样上刻字认可，避免日后质量纠纷。外观检验的主要内容如下。

（1）熔接痕

熔接痕明显程度是由深度、长度、数量和位置决定的，其中深度对明显程度的影响最大。可用限度一般均参照样品，根据综合印象判断。深度一般以指甲划，感觉不出为合格。

（2）凹陷

将制品倾斜一个角度，能清楚地看出凹陷缺陷，但通常不用苛刻的检验方法，而是通过垂直目测判断凹陷的严重程度。

（3）料流痕

制品的正面和最高凸出部位上的料流痕在外观上不允许存在，其他部位的料流痕明显程度根据样品判断。

（4）银丝（气痕）

白色制品上的少量银丝不明显，颜色越深，银丝越明显。白色制品上的银丝尽管不影响外观，但银丝是喷漆和烫印中涂层剥落的因素。因此，需喷漆和烫印的制品上不允许有银丝存在。

（5）白化

白化是制品上的某些部位受到过大外力的结果（如顶出位置），白化不仅影响外观，而且强度也降低了。

（6）裂纹

裂纹是外观缺陷，更是强度上的弱点，因此，制品上不允许有裂纹存在。裂纹常发生在浇口周围、尖角与锐边部位，重点检查这些部位。

（7）杂质

透明制品或浅色制品中，各个面的杂质大小和数量须明确规定。例如：侧面允许有5个直径0.5mm以下的杂质点，每两点之间的距离不得小于50mm等。

（8）色彩

按色板或样品检验，不允许有明显色差和色泽不匀现象。

（9）光泽

光泽度按反射率或粗糙度样板对各个面分别检验。以机壳塑件为例，为提高商品价值，外观要求较高，为此，正面和最高凸出部位的光泽度应严格检查。具体参阅GB/T8807—1988《塑料镜面光泽试验方法》。

（10）透明度（折光指数）

透明制品最忌混浊。透明度通过测定光线的透过率，一般按标样检验。具体参阅GB2410—2008《透明塑料透光率和雾度的试定》。

（11）划伤

制品出模后，在工序周转、二次加工及存放中相互碰撞划伤，有台阶和棱角的制品特别易碰伤。正面和凸出部位的划伤判为不合格品，其他部位按协议规定。

（12）浇口加工痕迹

用尺测量的方法检验浇口加工痕迹。

（13）溢边（飞边）

制品上不允许存在溢边，产生溢边的制品要用刀修净，溢边加工痕迹对照样品检验，不允许有溢边加工痕迹的面上一旦出现溢边，应立即停产检验原因。

（14）文字和符号

文字和符号应清晰，如果擦毛或缺损、模糊不清则不但影响外观，而且缺少重要的指示功能，影响使用。

2. 制品尺寸检验

制品尺寸检验的主要内容如下。

（1）尺寸检验方法

测量尺寸的制品必须是在批量生产中的注射机上加工，用批量生产的原料制造，因为上述两项因素变动后，尺寸会跟着变化。

测量尺寸的环境温度须预先规定，塑件在测量尺寸前先按规定进行试样状态调节。精密塑件应在恒温室内［（23±2)℃］测量。

检验普通制品的尺寸，取一个在稳定工艺参数下成型的制品，对照图纸测量。

精密制品的尺寸检验是在稳定工艺条件下连续成型100件，测量其尺寸并画出统计图，确认在标准偏差的3倍标准内，中间值应在标准的1/3范围内。

测量塑件尺寸的量具常用钢直尺、游标卡尺、千分尺、百分表等。必须注意的是：测量金属用的百分表等，测量时的接触压力高，塑料易变形，最好使用测量塑料专用的量具。量具和测量仪表要定期鉴定，贴合格标签。

测量塑料制品时要做好记录，根据图纸或技术协议判断合格与否。

工厂内对于精度要求不高的制品尺寸，多用自制测量工具如卡板等，但要保证尺寸精度。表 4 - 24 所示为部颁塑料制品的尺寸精度等级 SJ1372。一般塑料制品精度等级的选用可参考表 4 - 25 所示。

表 4 - 24　塑料制品的尺寸精度等级 SJ1372　　　　　　　　　　　mm

公称尺寸	精度等级							
	1	2	3	4	5	6	7	8
	公差数值							
-3	0.04	0.06	0.08	0.12	0.16	0.24	0.32	0.48
>3 - 6	0.05	0.07	0.08	0.14	0.18	0.28	0.36	0.56
>6 - 10	0.06	0.08	0.10	0.16	0.20	0.32	0.40	0.64
>10 - 14	0.07	0.09	0.12	0.18	0.22	0.36	0.44	0.72
>14 - 18	0.08	0.10	0.12	0.20	0.26	0.40	0.48	0.80
>18 - 24	0.09	0.11	0.14	0.22	0.28	0.44	0.56	0.88
>24 - 30	0.10	0.12	0.16	0.24	0.32	0.48	0.64	0.96
>30 - 40	0.11	0.13	0.18	0.26	0.36	0.52	0.72	1.0
>40 - 50	0.12	0.14	0.20	0.28	0.40	0.56	0.80	1.2
>50 - 65	0.13	0.16	0.22	0.32	0.46	0.64	0.92	1.4
>65 - 85	0.14	0.19	0.26	0.38	0.52	0.76	1.0	1.6
>80 - 100	0.16	0.22	0.30	0.44	0.60	0.88	1.2	1.8
>100 - 120	0.18	0.25	0.34	0.50	0.68	1.0	1.4	2.0
>120 - 140		0.28	0.38	0.56	0.76	1.1	1.5	2.2
>140 - 160		0.31	0.42	0.62	0.84	1.2	1.7	2.4
>160 - 180		0.34	0.46	0.68	0.92	1.4	1.8	2.7
>180 - 200		0.37	0.50	0.74	1.0	1.5	2.0	3.0
>200 - 225		0.41	0.56	0.82	1.1	1.6	2.2	3.3
>225 - 250		0.45	0.62	0.90	1.2	1.8	2.4	3.6
>250 - 280		0.50	0.68	1.0	1.3	2.0	2.6	4.0
>280 - 315		0.55	0.74	1.1	1.4	2.2	2.8	4.4
>315 - 355		0.6	0.82	1.2	1.6	2.4	3.2	4.8
>355 - 400		0.65	0.9	1.3	1.8	2.6	3.6	5.2
>400 - 450		0.70	1.0	1.4	2.0	2.8	4.0	5.6
>450 - 500		0.80	1.1	1.6	2.2	3.2	4.4	6.4

注：①本标准的精度等级分成 1~8 共 8 个等级；②本标准只规定公差，而基本尺寸的上下偏差可按需要分配；③未注公差尺寸，建议采用本标准 8 级精度公差；④标准测量温度 18 ~ 22℃，相对湿度 60% ~ 70%（在制品成型 24h 后测量）。

表 4 - 25　塑料制品精度等级的选用

类别	材料名称	建议采用的精度等级		
		高精度	一般精度	低精度
1	PS/ABS/PMMA/PC/聚砜/聚苯醚/酚醛塑料粉/氨基塑料粉/30% 玻璃纤维增强塑料	3	4	5
2	PA - 6/PA - 66/PA - 610/PA - 9/PA - 1010/硬 PVC/氯化聚醚	4	5	6
3	POM/PP/HDPE	· 5	6	7
4	LDPE/软 PVC	6	7	8

（2）自攻螺纹孔的测量

自攻螺纹孔必须严格控制：太小，自攻螺钉拧入时凸台开裂；太大，则螺钉掉出。常用量规检验（过端通过，止端通不过）。自攻螺钉孔直径的精度一般为 + 0.05 ~ + 0.1mm。用量规检验时要注意用力大小，不能硬塞。

（3）配合尺寸的检验

两个以上零件需互相配合使用时，同零件间要有互换性。配合程度以两个零件配合后不变形，轻敲侧面不松动落下为好。

（4）翘曲零件的测量

把制品放在平板上用厚薄规测量，小制品用游标卡尺（不要加压）测量。

（5）工具显微镜检验尺寸

这是不接触制品的光学测量，属于精密测量方法，塑件在测量中不变形。缺点是需要在一定的温度环境中测量，设备价格昂贵，是精密制品测量中不可缺少的方法。

3. 强度检验

（1）冲击强度

塑料制品在冬季容易开裂的原因是：温度低，大分子活动空间减少、活动能力减弱，因此，塑料冲击强度变小。从实用角度出发，用落球冲击试验为好。该法是将试样水平放置在试验支架上，使 1kg 重的钢球自由落下，冲击试样，观察是否造成损伤，求 50% 的破坏能量，并由落下的高度表示强度。凸台、熔接痕周围、浇口周围等都是冲击强度弱的部位。

（2）跌落试验

检验装配后的塑料制品强度或检验制品在运输过程中是否会振裂，可进行跌落试验。

（3）弯曲试验

测定塑件刚性的实用试验方法，用挠曲量表示，参阅 GB9341—2008《塑料 弯曲性能的测定》。

测试浇口部位的强度时，对浇口部位加载荷，直至发生裂纹的载荷为浇口强度。

（4）自攻螺钉凸台强度

用装有扭矩仪的螺丝刀把自攻螺钉拧入凸台，直至打滑时测出的扭矩即为自攻螺钉凸台强度。如打滑时凸台上出现裂纹，则该制品判为不合格。自攻螺钉的强度与刚性有关，且随温度而变化：温度升高，强度下降。

（5）蠕变与疲劳强度

在常温下塑料也会疲劳和蠕变，塑件疲劳的界限不明显，必须预先做蠕变试验认定。蠕变试验使用蠕变试验仪，具体参见 GB11546.1—2008《塑料　蠕变性能的测定　第1部分：拉伸蠕变》。疲劳试验是将塑件反复弯曲，试验很麻烦。

（6）冷热循环

作为制品综合强度试验，冷热循环试验十分有效，试样可以是单件塑件，也可以是组装后的塑料制品。冷热循环试验中塑件发生周期性伸缩，产生应力，破坏塑件。

冷热循环试验用二台恒温槽，一台为65℃，另一台为 –20℃。先把试样放入 –20℃槽内1h，然后立即移入65℃槽1h，以此作为1个循环。一般进行3个循环试验。大部分塑件在第3个循环中受到破坏，有条件的最好多做几个循环（如10次循环）。

4. 老化试验

（1）气候老化

塑料的老化是指塑料在加工、贮存和使用过程中，由于自身的因素加上外界光、热、氧、水、机械应力以及微生物等的作用，引起化学结构的变化和破坏，逐渐失去原有的优良性能。

塑料发生老化大致有四种原因：光和紫外线、热、臭氧和空气中的其他成分、微生物等。老化的机理是从氧化开始。

制品使用环境（室内或室外）对耐气候要求是完全不同的。室内使用的制品处于阳光直射的位置也应考虑耐气候性要求。

制作灯具之类的光源塑件尽管是室内使用，也要符合耐气候性中的耐光性要求。具体参阅 GB9844—1988《塑料氙灯光源暴露试验方法》。

塑料耐气候性试验使用老化试验机，模拟天然气候，促进塑料老化试验。但老化试验机的试验结果与塑料天然暴露试验大体上需要2个月左右的时间。

（2）环境应力开裂

环境应力开裂是指塑料试样或部件由于受到应力和与相接触的环境介质的作用，发生开裂而破坏的现象。在常用的塑料中，PE 是易于发生环境应力开裂的塑料。

发生环境应力开裂现象需要几个条件，首先是"应力集中"或"缺口"，同时还需要弯曲应力或外部应力；其次是外部活化剂，即环境介质如溶剂、油和药物等。

应力开裂情况根据塑料种类、内应力程度及使用环境不同而显著不同。

应力开裂试验方法有：1/4 椭圆夹具法、弯曲夹具法、蠕变试验机法和重锤拉伸法等。较简单的方法是弯曲夹具法和重锤拉伸法。

弯曲夹具法是固定试样的两端，用螺丝顶试样的中心部位，加上弯曲强度试验30%左右的负载为应力，当变形稳定，应力逐渐缓和，塑件上涂以溶剂、油或药物等观察1周以上时间。内应力大的制品大体上1周时间发生应力开裂。

重锤拉伸法是将重锤吊在塑料试样上，与简单的蠕变试验方法相同，初载为拉伸强度30%左右的应力，试验中负载恒定。

具体参见 GB1842 –1999《聚乙烯环境应力开裂试验方法》。

三、制品的质量管理规程及工艺卡的制定

1. 制品的质量管理规程

①投入一种产品前，工艺员必须确认质量标准，没有产品标准应及时通知技术主管部门并通知调度不允许投入生产。

②原材料的使用必须有化验室的检验报告，合格后方可使用，化验单应存档。

③一般情况下，使用已经确认过的辅料如颜料等，可不再确认，通知调度使用。直接与食品接触的产品或有特殊要求的产品应有技术要求，并将技术文件存档。

④产品检验工作应以标准为基础，贯彻三级标准（国标、部标、企标），贯彻时以最高标准为依据。

⑤产品等级的确认，应由质检员按标准进行。车间除车间主任，厂部除技术厂长，按技术标准可改变产品等级，其他任何人无权改变产品等级或私自改变产品等级。

⑥检验员必须对产品质量负责，把产品按等级分类，分别存放在指定位置，按批量、等级入库。

⑦凡一个班产品出现 15% 以上非正品，车间技术主任应立即召集调度、工艺员、设备管理员及技术骨干进行分析解决。

⑧料杆、废品应及时破碎，与新料按一定比例掺合使用，掺合比例由工艺员下达技术要求。不能掺合的由调度员安排入库。

⑨投产前工艺员必须公布工艺规程卡及简明清楚的质量标准，无此技术文件，调度有权拒绝投产。

2. 注射成型工艺卡的制定

由于制品、设备、模具和原料上的差别，工艺卡的内容不可能完全相同，但主要内容是相似的。如表 4-26 是注射成型工艺卡的一种格式，供参考。

表 4-26　注射成型工艺卡

产品名称				设备型号		模具	
产品编号				模号		模温	
产品预处理工艺		℃	h	产品水分含量（%）		≤	
	喷嘴	1	2	3	4	5	6
温度/℃							
开模	慢速	快速	慢速	锁模	快速	低压	高压
流量/%				流量/%			
压力/bar				压力/bar			
位置/mm				位置/mm			
顶针次数	顶退	顶后2	顶后1	顶进	顶进1	顶进2	顶针停
	流量/%			流量/%			

续表

产品重量/g	压力/bar				压力/bar		
	位置/mm				位置/mm		
注射	1	2	3	4	保压1	2	3
流量/%							
压力/bar							
位置/mm					射胶终点/mm		
时间/s							
熔胶	前松退	1	2	3	后松退	背压/bar	
流量/%						冷却时间/s	
压力/bar						中间时间/s	
位置/mm						成型周期/s	
产品情况记录							

制定：　　　　　审核：　　　　　日期：

表单号：　　　　版本：　　　　　日期：

 练习与思考

1. 注射制品的热处理温度一般控制为（　　）。

　　A. 在制品使用温度以上 10~20℃；　　　　B. 塑料热变形温度以上 10~20℃；

　　C. 玻璃化温度以下 10~20℃；　　　　　　D. 熔融温度以上 10~20℃

2. 在注射成型过程中，模具温度控制得越高（　　）。

　　A. 制品的内应力越大；　　　　　　　　　B. 制品的收缩性越大；

　　C. 制品的结晶度越小；　　　　　　　　　D. 成型周期越小

3. 在注射成型过程中，下列情况不利于提高熔接痕强度的是（　　）。

　　A. 较高的成型温度；　　　　　　　　　　B. 较高的注射压力；

　　C. 较长的注射时间；　　　　　　　　　　D. 较大的制件壁厚

4. 注射过程中，可降低制品收缩率，提高制品尺寸稳定性的措施是（　　）。

　　A. 降低料筒的温度；　　　　　　　　　　B. 降低注射压力；

　　C. 降低注射速率；　　　　　　　　　　　D. 降低保压压力

5. PA 制品成型后为什么需进行调湿处理？

6. 制品的内应力是如何产生的？内应力的存在与制品质量有何关系？如何减少制品的内应力？

7. 注射制品的熔接痕是如何产生的？对制品质量有何影响？应如何提高熔接痕强度？

单 元 六

注射制品的常见质量问题及解决方法

学习目标

1. 掌握制品欠注、溢边、银纹产生的原因，知道解决的办法，能根据生产中制品欠注、溢边、银纹现象分析产生的原因并能调试解决。
2. 了解制品尺寸不稳定、凹陷、翘曲、龟裂、熔接痕、光泽性差、粘模、冷料斑、气泡产生的原因及解决办法，能进行制品成型工艺的改进与创新。

项目任务

项目名称	项目一　PA 汽车门拉手的注射成型
子项目名称	子项目四　PA 汽车车门拉手成型工艺与控制
单元项目任务	任务 1. 对 PA 门拉手欠注现象分析产生的原因并能调试解决； 任务 2. 对 PA 门拉手溢边现象分析产生的原因并能调试解决； 任务 3. 对 PA 门拉手银纹现象分析产生的原因并能调试解决
任务实施	分小组讨论影响注射制品质量的因素，针对 PA 汽车门拉手出现欠注、溢边、银纹问题进行分析与处理

注射成型是一个比较复杂的过程，影响成型过程的因素也很多。生产中如果某一个因素控制不好或发生变化，就会影响制品的质量，使制品产生不良缺陷，难以达到制品标准和客户要求。在生产中我们必需从制品产生的缺陷来准确分析、判断问题所在，找出相应的解决办法。对于制品缺陷问题的分析处理除需要扎实的注射成型专业知识外，更需要有丰富的经验积累。

对注射塑料制品质量的评价主要有三个方面：一是外观质量，包括完整性、颜色、光泽等；二是制品尺寸和相对位置间的准确性；三是与用途相应的机械性能、化学性能、电性能等。这些质量要求又根据制品的使用场合不同，要求的尺度也不同。

一、影响制品质量的因素及制品缺陷类型

注射成型过程中影响制品质量与尺寸精度的因素主要有：物料的性质、模具结构的设计与制造、注射成型设备、成型工艺、操作环境、操作者水平及生产管理水平等。其中任何一项出现问题，都将影响制品的质量，使制品产生欠注、气泡、银纹、裂纹等缺陷。一般在分析制品缺陷时主要从原料、注射成型设备、模具和成型条件等方面来考虑，其各方面主要考虑的因素如图4-44所示。

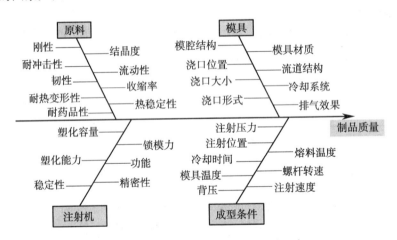

图4-44　制品质量分析主要考虑的因素

注射成型过程中常见的制品质量缺陷主要有：欠注、溢边、银纹、尺寸不稳定、凹痕、银纹、翘曲、龟裂、熔接痕、光泽性差、粘模、冷料斑、气泡等。

二、常见制品缺陷原因分析及解决措施

(一) 欠注

欠注又称短射、充填不足、制品不满等，是指注射制品成型不完全，如图4-45所示。欠注表现形式有：离浇口远的位置未能充分充满、近浇口的肋骨未能充满、制品因困气未能充满。

(a) 离浇口远的位置欠注

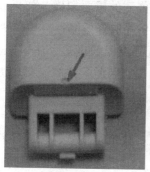

(b) 困气欠注

(c) 近浇口的肋骨欠注

图 4 - 45 塑件欠注

1. 产生的主要原因

（1）塑料原料的流动性太差。

（2）成型工艺条件控制不当

①熔体温度、模具温度过低，流道中物料冷凝或流道本身设计不合理造成流动受阻；②注射量不足；③注射周期过短；④注射压力过低，注射速度过慢；⑤喷嘴处的冷料进入模腔。

（3）模具设计不合理

①进料口设计不当，浇注系统流道过长或过窄；②型腔排气措施不力；③模具过于复杂，一模多腔时充填不平衡，如图 4 - 46所示。

（4）注射机选型不当

①料筒塑化容量不足；②喷嘴孔尺寸过小或过大，直径过小时，容易形成冷料而堵塞通道；直径过大时，熔料充模的注塑压力要低；③喷嘴与主流道入口配合不良或有异物堵塞。

图 4 - 46 充填不平衡欠注

2. 处理方法

（1）材料方面

加工时要选用流动性好的塑料材料，也可在树脂中添加改善流动性的助剂。此外，应适当减少原料中再生料的掺入量。

（2）成型工艺控制方面

①适当提高料筒温度。料筒温度升高后有利于克服欠注现象，但对热敏性塑料，提高料筒温度会加速物料分解。

②保持足够的喷嘴温度。由于喷嘴在注射过程中与温度较低的模具相接触，因此喷嘴温度很容易下降，如果模具结构中无冷料穴或冷料穴太小，冷料进入型腔后，阻碍了后面热熔料的充模而产生欠注现象，因此喷嘴必须加热或采用后加料的方式。

③适当提高模具温度。模具温度低是产生欠注的重要原因，如果欠注发生在开车之初尚属正常，但成型几模后仍不能注满，就要考虑采取降低模具冷却速度或加热模具等措施。

④提高注射压力和注射速度。注射压力低则充模长度短，注射速度慢则熔体充模慢，这些都会使熔体未充满模具就冷却，失去流动性。因此，提高注射压力和注射速度，都有利克服欠注现象，但要注意防止由此而产生其他缺陷。

（3）模具方面

适当加大流道及浇口的尺寸，合理确定浇口数量及位置，加大冷料穴及改善模具的排气等都有利克服欠注现象。

（4）设备方面

选用注射机时，必须使实际注射量（包括制品浇道及溢边的总重量）不超过注射机塑化量的85%，否则会产生欠注现象。

（5）检查供料情况

料斗中缺料及加料不足，均会导致欠注。一旦发现欠注，首先要检查料斗，看是否缺料或是否在下料口产生了"架桥"现象。此外，加料口处温度过高，也会引起下料不畅，一般料斗座要通冷却水冷却。

（二）溢边

溢边又称飞边、毛刺、披锋等，是充模时熔体从模具的分型面及其他配合面处溢出，经冷却后形成，如图4-47所示。尽管制品上出现溢边后，不一定就成为废品，但溢边的存在影响制品的外观和尺寸精度，并增加了去除溢边的工作，严重时会影响制品脱模、损坏模具等，因此必须防止。

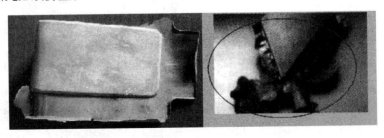

图4-47 制件溢边

1. 产生的主要原因

（1）塑料的黏度大小不合适或颗粒大小不均匀

塑料黏度过高时流动阻力增大，产生大的背压使型腔压力增大，造成锁模力不足而产生溢边。过小时，流动性太大也易产生溢边。

物料颗粒不均使加料不稳定，易造成制品产生溢边或欠注。

（2）模具有缺陷

①模具分型面的精度差，活动模板变形翘曲；分型面上沾有异物或模框周边有凸出的撬印毛刺；旧模具因飞边挤压而使型腔周边疲劳塌陷；②模具设计不合理，模具型腔的开设位置过偏，令注射时模具单边产生张力造成飞边；③模具强度不足。

（3）成型工艺条件控制不合理

①注射压力过高或注射速度过快；②注射量过大造成飞边；③料筒、喷嘴温度过高或模具温度过高；④锁模力设定过低，注射时模具被顶开出现间隙；⑤保压压力过高，保压压力转换延迟。

（4）注射机选用不当

①注射机实际的锁模力不足；②合模装置调节不佳肘杆机构没有伸直，产生模板或左右或上下的合模不均衡，模具平行度不能达到要求的现象，造成模具单侧一边被合紧，而另一边不紧贴的情况，注射时可能会在制件上出现飞边；③模具平行度不佳、装得不平行、模板不平行，或拉杆受力分布、变形不均；④注射系统缺陷，止逆环磨损严重，弹簧喷嘴中的弹簧失效，料筒或螺杆的磨损过大，加料口冷却系统失效造成"架桥"现象，料筒调定的注射量不足，料垫过小。

2. 处理方法

（1）设备方面

当制品的投影面积与模腔平均压力之积，超过了所用注射机的额定合模力后，应考虑更换合模力大的注射机；对液压曲肘合模装置，检查合模后曲肘是否伸直、模板是否平行、拉杆是否变形不均匀等。

（2）模具方面

提高模具分型面、镶嵌面、滑动型芯贴合面及顶杆等处的精度，保证贴合紧密；提高模具刚性，防止模板变形；合理安排流道，避免出现偏向性流动（一边缺料，另一边出现溢边）；成型熔体黏度低、流动性好的物料时，必须提高模具的制造精度。

（3）成型工艺条件方面

适当降低料筒、喷嘴及模具温度；适当降低注射压力和注射速度；适当减少加料量。

由于防溢边所采用的成型工艺条件与防欠注正好相反，因此，在具体实施时要调节好，选用既不产生溢边，又不出现欠注的最佳成型工艺条件。如果在工艺条件的控制上，两者不能兼得的话，首先应保证不欠注，然后采取其他方法克服溢边。

（三）银纹

银纹是挥发性气体分布在制品表面而形成的，是加工中常见的一种表面缺陷。银纹有三种类型：水汽银纹、降解银纹和空气银纹，如图4-48所示。

1. 产生原因

水汽银纹是因为物料含水量高而形成，它一般是不规则地分布在整个制品的表面；降解银纹是物料受热分解形成，降解银纹的密度和数量一般是沿制品的壁厚分布；空气银纹是因为充模速度快裹入空气而形成，其分布比较复杂，一般以浇口位置附近为多。此外，液体助剂的存在及脱模剂的使用不当等也会产生银纹。

(a)物料干燥不充分引起的银纹

(b)物料热分解引起的银纹

(c)物料中混入空气引起的银纹

图 4 - 48　不同形式的银纹

2. 处理方法

（1）材料方面

①物料要充分干燥，尤其是易吸湿的物料，不仅干燥要彻底，而且要防止使用过程中的再吸湿，这样可消除水汽银纹；②对于降解银纹的消除，要尽量选用粒径均匀的树脂，以防塑化时的受热不均，并要筛除原料中的粉屑，减少再生料的用量。

（2）成型工艺条件方面

①对于降解银纹，要适当降低料筒及喷嘴的温度，缩短物料在料筒中的停留时间，以防物料受热分解；另外，降低注射压力和注射速度，也可防止物料因剪切剧烈而分解；②对于水汽银纹，可采用适当增加预塑时的背压和使用排气式注射机等的方法消除；③对于因空气而产生的银纹，可通过增加预塑背压、降低注射速度、加强模具排气及合理设计浇口等措施消除。

（四）尺寸不稳定

指在相同的注射成型机和成型工艺条件下，每一批成型制品之间或每模各型腔成型制品之间，塑件尺寸变化，如图 4 - 49 所示。

1. 产生原因

（1）成型时原料的变动

①原料换批生产时，树脂性能有变化。同种树脂及助剂，由于产地和批号不同，其收缩率也不同；②物料颗粒的大小无规律，使加料不均匀；③物料含湿量的变化。

(a)　　　　　　　　　　　　(b)

图 4 - 49　尺寸不稳定

（2）成型时工艺条件的波动

①料筒和喷嘴的温度过高；②注射压力过小；③充模和保压的时间不够，充填不足；④模具温度不均或冷却回路不当，导致模温控制不合理；⑤操作造成的注射周期性反常，成型条件设定不当。

（3）模具设计不合理

①浇口及流道尺寸不均，充填不均或充模料流中断；②模具的设计尺寸不恰当，流道不平衡。

（4）注射机工作不正常

①加料系统不正常，加料不均匀；②背压不稳或控温不稳；③注射机的电气、液压系统不稳定；④推杆变形或磨损，顶出时变形；⑤螺杆转速不稳定。

2. 处理方法

（1）换料要谨慎，选用原料时要做到：树脂颗粒应大小均匀、原料要充分干燥、严格控制再生料的加入量。

（2）成型工艺条件要严格控制，不能随意变动。如果成型后制品的尺寸大于所要求的尺寸，采取的措施为适当降低料温和注射压力、减少注射和保压时间、提高模具温度、缩短冷却时间，以提高制品收缩率，使制品尺寸变小。如果制品尺寸小于规定值，则采取与上述相反的成型工艺条件。

（3）在模具的设计上，要保证浇口、流道的设置合理性，对尺寸要求较高的制品，型腔数目不宜取得过多，以 1～2 个为宜，最多不超过 4 个。

在模具制作过程中，要选用刚性好的材料，并保证模具型腔及各组合件的精度。如果成型的塑料易分解且分解气体具有腐蚀性时，模具型腔所用材料必须要耐腐蚀；如果成型的塑料组分中有无机填料或采用玻璃纤维增强时，模具型腔必须使用耐磨材料。

（4）检查注射机可能出现的问题，如注射机的塑化量，加料系统、加热系统、液压系统、温控系统及线路电压等是否正常、稳定，一旦发现问题必须及时排除。

（5）注射制品的尺寸，必须按标准规定方法和条件进行测量。

（五）凹痕

注塑制品表面产生的凹陷或者微陷是注射成型过程中的一个常见问题。凹痕一般是由于塑料制品壁厚增加引起制品局部收缩率增大而产生的。它可能出现在外部尖角附近或者壁厚突变处，如凸起、加强筋或者支座的背后，有时也会出现在一些不常见的部位，如图4-50所示。产生凹痕的根本原因是材料的热胀冷缩，因为热塑性塑料的热膨胀系数非常高。膨胀和收缩的程度取决于许多因素，其中塑料性能、成型温度范围以及型腔内的保压压力是最重要的影响因素，其他还有注塑制品的尺寸和形状，以及冷却速度和均匀性等因素。

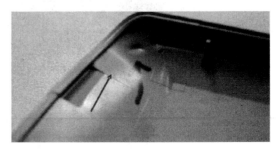

图4-50　制件凹痕

1. 产生原因

（1）原料的收缩性太大或原料太软。

（2）成型工艺条件控制不当

①熔体温度过高、侧壁厚，加强筋或突起处背面容易出现凹痕。这是因为容易冷却的地方先固化，物料会向难以冷却的部分流动，因此尽量将凹痕控制在不影响制品质量的位置。如果通过降低熔体温度来减小制品的凹痕，则势必会带来注射压力的增加；②注射时间过短；③保压时间过短，浇口未固化，保压已结束；④注射压力或保压压力过低；⑤注射速度过快；⑥塑料注射量不足，且没有进行足够的补缩。

（3）模具设计不合理

①制品设计不合理，制品壁厚过大或不均匀；②浇口位置不恰当；③浇口过小；④模具冷却不均匀。

（4）制品的壁太厚或壁厚不均匀。

（5）注射机工作不正常

①供料不足，止逆环、螺杆或柱塞磨损严重，注射压力无法传至型腔；②注射及保压时熔料发生漏流，降低了充模压力和料量，造成熔料不足；③喷嘴孔过大，堵塞进料通道。

2. 处理方法

（1）尽量选用分子量大小适当、分子量分布均匀，收缩性小的原料；加强原料的干燥；在原料中加入适量的润滑剂，改善熔体流动性；选用含有增强填料的原料和尽量减少再生料的用量。

（2）提高注射压力和注射速度，延长保压时间，适当增加供料量，降低模具温度及加强模具冷却等，都可消除或减少制品的凹陷。当嵌件周围出现凹陷时，应设法提高嵌件温度。

（3）增加浇口和流道尺寸，以减小熔体流动阻力，使充模顺利；改善模具排气条件；浇口应设置在厚壁部位；流道中要开设足够容量的冷料穴，以免冷料进入型腔而影响充模；合理布置冷却水道，特别是制品壁厚最大的部位，要加强冷却。

（4）提高注射机的塑化能力，保证成型工艺条件的稳定；此外，采用气辅注射也可消除凹陷。

（5）在能确保强度、刚性要求的前提下，适当减小制品的厚度；尽量保证制品的厚度均匀；带有加强筋的制品，可减小收缩；制品的几何形状尽量简单、对称，使收缩均匀；必要时可采用边框补强减小收缩或在制品表面增加一些装饰花纹，以掩盖出现的凹陷。

（六）翘曲

翘曲变形是指注塑制品的形状偏离了模具型腔的形状，它是塑料制品常见的缺陷之一。注塑制品翘曲变形的直接原因在于塑件的不均匀收缩。一般均匀收缩只引起塑料件体积上的变化，只有不均匀收缩才会引起翘曲变形。在注塑成型过程中，熔融塑料在注射充模阶段由于聚合物分子沿流动方向的排列使塑料在流动方向上的收缩率比垂直方向的收缩率大，而使注塑件产生翘曲变形，如图4-51所示。

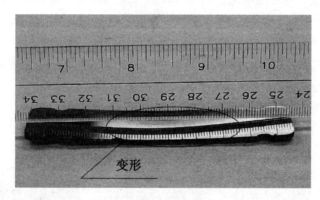

图4-51　制件翘曲

1. 产生原因

（1）原材料及助剂选用不当。结晶型塑料在流动方向与垂直方向上的收缩率之差比非结晶型塑料大，而且其收缩率也比非结晶型塑料大。结晶型塑料大的收缩率与其收缩的异向性叠加后，导致结晶型塑料件翘曲变形的倾向较非结晶型塑料大得多。

（2）注射机顶出位置不当或制品受力不均匀。如果用软质塑料来生产大型、深腔、薄壁的塑件时，由于脱模阻力较大而材料又较软，如果完全采用单一的机械式顶出方式，将使塑件产生变形，甚至顶穿或产生折叠而造成塑件报废。

（3）模具设计不合理：①浇口位置不当或数量不足；②制品的壁厚不均、变化突然或壁厚过小；③制品结构设计不当，使各部分冷却速度不均匀。冷却速度慢，收缩量加大；薄壁部分的物料冷却较快，黏度增大引起翘曲，如图4-52所示；④制品两侧、型腔与型芯间温度差异较大；⑤模具冷却水路的位置分配不均匀，没有对温度进行很好的控制。

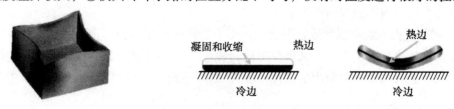

图4-52　冷却不均引起收缩

（4）成型工艺控制不当：①料筒温度、熔体温度过高；②注射压力过高或注射速度过大；③保压时间过长或冷却时间过短，制件尚未进行充分冷却就被顶出。由于顶出杆对制件表面施加压力，造成翘曲变形；④模具上有温差，冷却不均匀、不充分。

2. 处理方法

（1）使用非结晶型塑料时，制品的翘曲比结晶型塑料小得多；结晶型塑料，可通过选择合适的成型工艺条件减少翘曲；合理选用颜料（如酞菁系列颜料易使聚乙烯、聚丙烯等塑料，在加工时因分子取向加剧而产生翘曲）。

（2）适当提高注射压力、注射速度，降低保压压力；延长注射及保压时间；适当降低料温、加强冷却；控制好热处理工艺。

（3）合理设计模具的浇注系统，如浇口位置、浇口数量及浇口的形状尺寸等，使熔体平稳充模，减少分子取向，使收缩平衡而减少翘曲；合理确定脱模斜度；合理设计顶出装置，如顶出位置、顶出面积、顶杆数量等，保证制品顶出受力均匀；必要时可适当增加制品的壁厚，以提高抵抗变形能力；为减少成型周期，对某些易翘曲变形的制品，在脱模后立即置于冷模中进行校正。

（4）合理设计制品结构，在制品的造型上，尽量采用曲面、双曲面，这样不仅美观，而且也能减少变形。

（七）龟裂

龟裂是塑料制品中较常见的一种缺陷，是指制品表面出现细裂纹的现象。龟裂产生的位置主要是直浇口附近或顶出杆周围、嵌件周围、制品的尖角和缺口的周围等。龟裂与开裂有本质区别，龟裂不是空隙状的缺陷，而是高分子沿应力作用方向的平行排列，经热处理后可以消除。但制品如果开裂则不能消除，龟裂极易导致制品产生开裂，如图4-53所示。

图4-53　制品龟裂

1. 产生原因

（1）注射成型工艺控制不当，使制品内应力过大：①物料温度较低时，其熔融黏度变大、流动性较差，从而产生较大的应力；②模温较低或不均匀时，制品容易产生应力；③注射和保压时间过长会产生应力。

（2）模具设计不合理：①模具的脱模斜度较小，而模具型腔又较为粗糙；②制品有尖角和缺口或带嵌件，容易产生应力集中。在注塑成型带有金属嵌件的制品时，由于金属和树脂的热膨胀系数相差悬殊，在嵌件周围非常容易产生应力，随着时间的推移，应力超过逐渐劣化的树脂材料的强度而产生裂纹。

（3）制品脱模不良。顶针位置不当，顶出不平衡，或顶出力、顶出速率过大。如果模具的脱模斜度较小，而模具型腔又较为粗糙，使用过大、过快的推出力，会使制品产生应力，有时甚至会在顶出杆周围产生白化或破裂现象。仔细观察龟裂产生的位置，可帮助确定原因。

（4）溶剂的作用。脱模剂及其他化学溶剂作用，或吸潮引起树脂水解等都会使物料性能下降而引起龟裂的产生。

2. 处理方法

（1）适当提高料筒温度和模具温度，降低注射压力，缩短保压时间等，可减少或消除龟裂。

（2）合理设计模具：①提高模具型腔的光洁度；②合理设计浇口的尺寸和位置，浇口小，保压时间短，封口压力低，内应力较小，浇口设置在制品的厚壁处，则注射压力和保压压力低，内应力小；③加大流道的尺寸，则注射压力低、注射时间短、内应力小；④模具的冷却系统应保证冷却均匀一致，减小制品的内应力；⑤适当增加模具的脱模斜度，使制品能顺利脱模。

（3）合理设计制品结构：①制品的表面积与体积之比尽量小，因为比值小的厚制品，冷却缓慢，内应力较小；②制品的壁厚应尽量均匀，壁厚差别大的制品，因冷却不均匀而容易产生内应力，对厚薄不均匀的制品，在厚薄结合处尽量避免直角过渡，而应采用圆弧过渡或阶梯式过渡；③当塑料制品中带有金属嵌件时，嵌件的材质最好选用铜或铝，而且加工前要预热。

（4）顶杆应布置在脱模阻力最大的部位以及能承受较大顶出力的部位；尽量使顶出力平衡。

（5）合理使用脱模剂。

（6）注意制品使用环境。制品在存放和使用过程中，不长时间与溶剂等对其作用大的某些介质接触。

（7）热处理：把制品置于热变形温度附近（低于热变形温度5℃左右）处理1h，然后缓慢冷至室温。

（八）熔接痕

熔接痕是指注射成型制品上经常出现的一种线状痕迹，是注塑成型过程中，两股料流的汇集处。当制品成型时采用多浇口或有孔、嵌件及制品厚度不均匀时，容易形成熔接痕，如图4-54所示。最常见的熔接痕有两种：一种是在充模开始时形成的，称为早期熔接痕；另一种是在充模终止时形成的，称为晚期熔接痕。

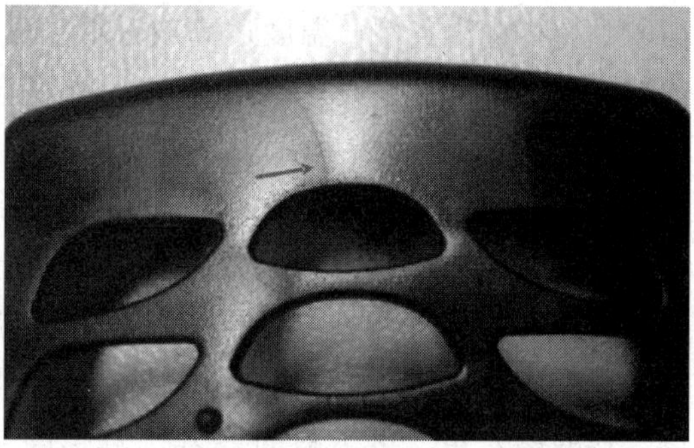

图4-54 熔接痕

1. 产生原因

注塑时由于料流在经过一段流程后，其温度有所降低，另外在两股料流间还挟杂有气体或杂质，而使两股料流的接触面积减小，当两股料流汇合时，其相互熔合性会下降。对于结晶型塑料在熔接处不能形成完全结晶，因此料流熔接处的力学强度低于其他部位，当制品在受到外力作用时，容易在熔接痕处发生破坏。

2. **处理方法**

（1）提高料温和模温。由于低温熔料的料流汇合性能较差，易形成熔接痕。因此，适当提高料筒温度、喷嘴温度及模具温度，有利提高熔接强度。

（2）提高注射压力。有利熔体克服流道阻力，并使熔料在高压下熔合，增加了熔接处的密度，使熔接强度提高。

（3）提高注射速率。注射速率的提高，将减少熔体汇合前的流动时间，热耗减少，并加强了剪切生热，使熔体温度回升，从而提高了熔接强度。对于剪切敏感性的塑料材料，提高注射速率将更有效。

（4）进行热处理。注射成型制品经热处理后，有利于释放成型过程中在料流熔接处形成的内应力，使熔接强度提高。

（5）加强原料的干燥，减少原料间的混杂，对流动性差的原料，可适量添加润滑剂。

（6）加强模具排气、合理选择浇口位置和数量、增加浇口和流道的截面积、适当加大冷料穴等，都有利减少或消除熔接痕。

（7）当熔接痕难以消除时，可采用：①通过改变浇口位置和尺寸、改变制品的壁厚等，尽量把熔接痕引导到不影响制品表面质量或不需要高强度的位置；②在熔接痕附近增设溢料槽，使熔接痕脱离制品，转移到溢料槽中的溢料上，成型后再切除溢料即可。

此外，通过正确使用脱模剂、保持模腔清洁、提高嵌件温度、改用较大规格的注射机等措施，也可减少或消除熔接痕。

（九）制品表面光泽不良

1. **产生原因**

材料本身无光泽、模具型腔的表面光洁度不够、成型工艺条件控制不当；机筒加热不均匀，物料塑化不均；温度过高或过低；喷嘴孔太小；预塑背压太低；注射速率太小或太大等都会使制品表面光泽差，如图4-55所示。

2. **处理方法**

（1）塑料材料的本身性质决定其制品难以形成光亮的表面。如高抗冲聚苯乙烯，随着树脂组成中聚丁二烯橡胶成分的比例增加，制品表面光泽下降；减少再生料的掺入量，再生料的掺入比例越高或所用再生料的再生次数越多，制品的光泽越差。

（2）加强物料的干燥，减少物料中水分及其他易挥发物的含量。

（3）尽量选用流动性好的树脂或加工时添加适量的润滑剂；选用颗粒均匀及颗粒中粉状料含量低的树脂。

（4）选用原料时还要注意到着色剂的质量，结晶

图4-55　制品表面光泽差

型塑料的结晶度以及原料的纯度等。

（5）尽量增加模腔的表面光洁度。模腔的表面最好采取抛光处理或镀铬，并保持模腔表面的清洁。

（6）改善模具的排气、增大流道截面积和冷料穴的尺寸等，也有利提高制品的表面光泽。

（7）适当提高模具温度，因为模具温度是影响制品表面光泽的最重要的成型工艺条件。

（8）适当提高料温、注射压力和注射速度，延长注射保压时间等，都有利于提高制品的表面光泽。

（十）烧焦

1. 产生原因

制品烧焦的主要原因有：①原料选用不当；②模具排气不畅，模腔内空气被压缩，温度升高，使塑料产生烧焦，如图 4–56 所示；③充模时的摩擦热使塑料烧焦；④料筒温度过高；⑤物料在料筒或喷嘴内滞流时间过长而烧焦。

2. 处理方法

（1）原料要纯净并经充分干燥；配方中所用的着色剂、润滑剂等助剂，要有良好的热稳定性；少用或不用再生料；原料贮存时要避免交叉污染。

（2）适当降低料筒和喷嘴温度、降低螺杆转速和预塑背压。

（3）适当降低注射压力和注射速度。

（4）缩短注射和保压时间，缩短成型周期。

（5）加强模具排气、合理设计浇注系统、适当加大浇口及流道。

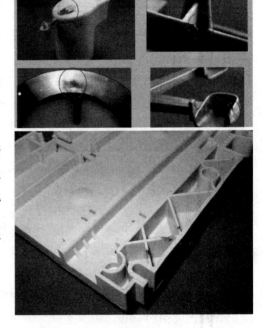

图 4–56　模具排气不畅引起制件烧焦

（6）彻底清理料斗、料筒、螺杆、喷嘴，避免异料混入。

（7）仔细检查加热装置，以防温控系统失灵。

（8）所用的注射机容量要与制品相配套，以防因注射机容量过大而使物料停留时间过长。

（十一）冷料痕

熔体从浇口进入型腔时流道中的冷料进入模腔后或产品薄筋骨处溅出的冷料与周围的热熔料不能融合在一起，且由于温度低，与模腔壁贴合的程度差，看上去像单独的料块。如图 4–57 所示。

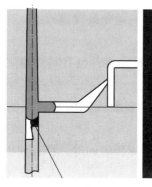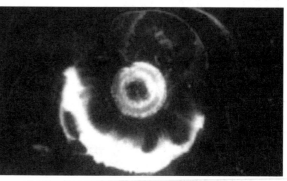

图 4 - 57　冷料痕

1. 产生原因

产生冷料的原因主要有：①物料塑化不均匀；②模具温度太低；③料筒内混入杂质或不同牌号的物料；④喷嘴的温度太低；⑤无主流道或分流道冷料穴；⑥注射速度过快。

2. 处理方法

（1）加大塑化背压，检查螺杆是否磨损。

（2）加强原料的干燥，防止物料受污染。

（3）减少或改用润滑剂。

（4）适当提高料筒、喷嘴及模具的温度。

（5）增加注射压力，降低注射速度。

（6）在流道末端开设足够大的冷料穴；对于直接进料成型的模具，闭模前要把喷嘴中的冷料去掉，同时在开模取制品时，也要把主浇道中残留的冷料拿掉，避免冷料进入型腔。

（7）改变浇口的形状和位置，增加浇口尺寸；改善模具的排气。

（十二）粘模

粘模是指塑料制品不能顺利从模腔中脱出的现象，如图 4 - 58 所示。粘模后，若采取强制脱模则会损伤制品，如图 4 - 59 所示。常见部位主要有结构复杂、型腔较深、脱模斜度较小的部位。

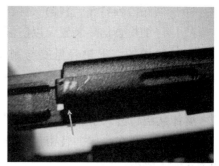

图 4 - 58　制品粘模现象　　　　　　　　　图 4 - 59　制品粘模被拉伤

1. 产生原因

产生的原因主要有：①注射压力太高，注射时间太长；②模具温度太高；③浇口尺寸太大或位置不当；④模腔光洁度不够；⑤脱模斜度太小，不易脱模；⑥顶出位置结构不合理；⑦冷却时间太短；⑧原料不干燥、有杂质或润滑剂用量不足。

2. 处理方法

处理方法：①加强原料的干燥、防止原料污染及适量添加润滑剂等，都有利于消除粘模现象；②适当降低料温和模温，减小注射压力和保压压力；③缩短注射时间，延长冷却时间，防止过量充模；④尽量提高模腔及流道的表面光洁度，减少镶块的配合间隙，适当增加脱模斜度，合理设置顶出机构；⑤正确使用脱模剂。

（十三）气泡

制品中出现的气泡，如图4－60所示，不仅会影响制品的外观质量，特别是透明制品，更重要的是影响制品的内在质量，如拉伸强度、冲击强度等。

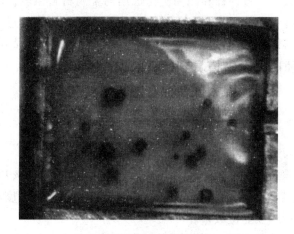

图4－60　制品中气泡

1. 产生的原因

产生的主要原因有：①物料中本身含有水分或挥发分。加工温度过高，物料的热稳定性差，发生分解；②模具排气不良；③注射压力、注射速率过大。背压太低，转速太大；④螺杆松退太快、太大。

2. 处理方法

处理方法：①加强物料的干燥；②适当降低料温提高模温；③适当提高注射压力和注射速度；④延长保压时间，缩短制品在模腔内的冷却时间，必要时可将制品放入热水中缓慢冷却；⑤合理设置浇口，改善模具排气。

（十四）顶杆处亮斑

顶杆处亮斑是指制件成型结束时，即使顶杆没有进行顶出动作，但是顶杆头部的制件表面依然产生光泽非常明显的亮斑，如图4－61所示。这种现象有时候在模具侧抽机构成型的制件表面位置也会出现。

图4-61 顶杆处亮斑

1. 产生原因

顶杆处亮斑现象的产生主要是由于成型时顶杆或者侧抽机构受力较大，或者顶杆和侧抽机构的装配间隙过大，或者顶杆和侧抽机构选用的金属材料偏软，刚性不够，当熔体以一定的压力作用在顶杆和侧抽机构的表面时，引起其震动，该震动过大时，导致表面产生较大的摩擦热，引起熔体在该位置局部温度上升，使其外观质量与周围的制件表面不一致，表现出亮斑特征，严重时可见底部存在烧焦现象。

2. 处理方法

（1）提高材料流动性，在不出现缩痕的前提下，降低最后一段的注塑压力和保压压力。

（2）提高模具温度和熔体温度。

（3）顶出至制件脱离模具初始时刻，将初始顶出速度降低到5%以下。

（4）提高筋位的脱模斜度，降低筋位表面的粗糙度，筋位的深度不宜太深，在保证变形要求的情况下，尽量减少筋位数量。

（5）制件若存在凹坑和桶状的结构，要提高脱模斜度。

（6）使用拉料杆或拉料顶针来保证制件留在动模，因为这些机构会在顶出时跟随制件一起动作，不会产生脱模阻力，尽量少用降低脱模斜度或者设置砂眼结构，这些结构会产生脱模阻力。

（7）顶杆要均匀分布，在脱模困难的位置顶杆要多；顶杆头面积要大，减少应力集中。

（8）顶杆选材要选用刚性好的钢材。

（9）顶杆、嵌件以及抽芯机构的装配间隙不宜过大，否则引起震动发热。

（十五）浮纤

浮纤是指加有纤维增强的材料。在注射成型时，纤维难以浸润至塑料熔料中，而使制品表面出现纤痕，如图4-62所示。

1. 产生的原因

浮纤现象产生的原因主要有：①熔体温度、模具温度过低；②注射速度过低（增强材料推荐注射速度不低于50%）；③压力过低；④纤维与材料的界面结合不好；⑤模具冷料穴或者溢料槽设计不足，造成冷胶分散在型腔，产生浮纤；⑥材料流动性差，黏度高；⑦制件壁厚差异大，过渡明显，收缩造成玻纤刺出树脂界面；⑧模具设计不当，浇口过小，形成喷射夹气；⑨制件筋位设计紊乱，熔体流向造成玻纤取向被打乱形成浮纤，尤其垂直流动方向的筋位设计；⑩制件壁厚过薄，纤维过长。

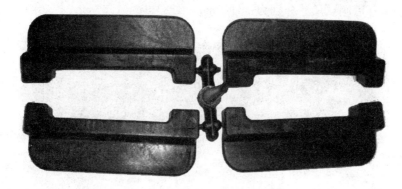

图4-62 制品表面出现纤痕

2. 处理方法

处理方法：①提高料筒、模具和喷嘴的温度；②提高注射压力和注射速度；③加强纤维表面的偶联处理；④改善模具的结构，加大冷料穴和溢料槽的设计，加大浇口尺寸；⑤改善制件厚度和筋位的设计；⑥采用短纤维。

三、制品缺陷处理步骤

生产过程中工艺的调节是提高制品质量和产量的必要途径。事实上生产中对于模具设计、制造精度和磨损精度、设备的问题很多也是用工艺手段来弥补模具和设备带来的制品缺陷。

由于注射成型周期短，如果工艺条件掌握不好，产生废品较多。因此调整工艺时最好一次只改变一个条件，多观察几次，如果压力、温度、时间统统一起调的话，很容易造成混乱和误判，出了问题也不知道是何原因。调整工艺的措施、手段是多方面的，例如解决制品欠注的问题就有十多个可能的解决途径，要选择出解决问题症结的一两个主要方案，才能真正解决问题。此外还应注意解决方案中的辩证关系，比如，制品出现凹陷时，有时要提高料温，有时要降低料温，有时要增加料量，有时要减少料量，要有逆向措施解决问题的思维方法。

在生产过程中出现制品缺陷时，其处理步骤一般分为以下几个步骤：

（1）定义。发生了何种缺陷？何时发生？频次如何？不良数/不良率是多少？

（2）分析。相关因素有哪些？主要因素是什么？根本原因是什么？

（3）测量。测量系统分析MAS（measurement system analysis），短射分析，数据量测。

（4）改善。制订改进计划并实施。

（5）控制。巩固成果（记录完整的成型工艺），并将此种改善方法应用到类似的产品上进行改善。

案例：某公司生产如图4-63所示的汽车零件时，出现长度方向上的尺寸不稳定现象，其模具尺寸为1387mm，成型中出现不同的冷却时间和完全冷却后的尺寸如下：

成型工艺中冷却时间分别设定为：18s　25s　30s

脱模后立即测试制件尺寸分别为：1386mm　1386mm　1386mm

制件彻底冷却后测试尺寸分别为：1382mm　1383mm　1383mm

图4-63　汽车零件

处理步骤：①分析问题的实质是：冷却时间的延长，降低了制件脱模时的温度，使制件在低温下保持在模具里得到更好定型，后续温度落差小，温差造成的尺寸变化得到部分抵消；②确定处理方案：根据上述分析，首先建议通过降低冷却水温度，增大与物料的温差 ΔT，再提高冷却水流速 V 来更好地冷却制件，降低制件脱模后的温度使之更好地定型；③调试：调试情况如表4-27所示；④确定模温：根据调试结果第1模的模温比较合适。

表4-27　调试情况记录表

成型顺序以时间为序	测试结果	机械手取件放下后各点温度（℃）/均匀周期70s			
		1	2	3	4
第1模	1384	99	65	67	100
第2模	1384	101	68	71	102
第3模	1384	105	73	76	107
第4模	1383.5	110	78	81	111
第5模	1383.5	109	79	82	112
第N模	1383	111	80	81	112

 练习与思考

1. 注射制品表面银纹的类型有（　　）。

　　A. 料流银纹；　　　　　　　　　　B. 水气银纹；

　　C. 空气银纹；　　　　　　　　　　D. 降解银纹

2. 注射成型时，物料中产生的气体较大，由于模具排气不畅而引起的制品欠注时，欠注的位置一般出现在（　　）。

　　A. 制品流道末端；　　　　　　　　B. 浇口附近；

　　C. 排气口位置；　　　　　　　　　D. 制品的表面

3. 注射成型 PMMA 制品时，为了能提高制品的透光率，一般可以适当（　　）。

    A. 提高注射速度；   B. 降低模具温度；

    C. 提高模具的温度；   D. 降低料筒的温度

4. 注射制品出现凹陷时可能的原因有哪些？应如何克服？

5. 如何区别制品表面水气银纹和降解银纹？

6. 引起注射制品变形的原因有哪些？应如何解决？

7. 注射制品尺寸不稳定有何解决办法？

8. 制品表面的熔接痕明显应如何消除？

单元七

特种注射成型工艺

学习目标

知道精密注射成型、气体辅助注射成型、排气注射成型、共注射成型、流动注射成型、反应注射成型、热固性塑料注射成型设备结构、成型工艺控制的特点以及成型方法的适用范围。

项目任务

项目名称	项目一　PA 汽车门拉手的注射成型
子项目名称	子项目四　PA 汽车车门拉手成型工艺与控制
单元项目任务	精密注射成型、气体辅助注射成型、排气注射成型、共注射成型、流动注射成型、反应注射成型、热固性塑料注射成型设备结构、成型工艺控制的特点以及成型方法的适用范围
任务实施	资料查询，分组学习讨论

相关知识

一、精密注射成型

1. 精密注射成型的定义

随着高分子材料的迅速发展，工程材料在工业生产中占据了一定的地位，因为它质量轻、节省资源、节约能源，不少的工业产品构件已经被工程塑料零件所替代，如仪器仪表、电子电气、航空航天、通信、计算机、汽车、录像机、手表等工业产品中大量应用精密塑料制件。塑料制品要取代高精密度的金属零件，常规的注射成型是难以胜任的，因为对精密塑料制件的尺寸精度、工作稳定性、残余应力等方面都有更高的要求，于是就出现了精密注射成型的概念。

精密注射成型是与常规注射成型相对而言，指成型形状和尺寸精度很高、表面质量好、力学强度高的塑料制品，使用通用的注射机及常规注射工艺都难以达到要求的一种注射成型方法。

一般精密注射成型有两个指标：一是制品尺寸的重复误差，另一个是制品重量的重复误差。前者由于尺寸大小和制品厚薄不同难以比较，而后者代表了注射机的综合水平。一般精密注射成型制品的尺寸精度在 0.01 ~ 0.001mm 以内，制品质量标准差系数（变化率）小于 0.1%。重量误差低于 0.5% 为精密注射成型，低于 0.3% 为超精密注射成型。通用注射成型的重量误差在 1% 左右，较好的机器可达到 0.8%。目前德国雅宝公司制造的精密注射机重量重复精度可达 0.07%。

由于塑料材料本身收缩性大，塑料制品的精密性与金属制品有许多本质的区别，所以塑料精密注射成型有自己的精度标准。精密注射制品的精度要求必须规定合理，精度规定要求太高会导致模具和设备制造困难，增加成本；精度要求太低满足不了要求。目前国际上对精密塑料制件的尺寸界限及精度等级问题尚无统一的标准，一般是根据制品的使用要求自行确定其精度要求。如表 4 - 28 为德国的精密塑料制件公差标准，它基本反应了精密塑料制件的生产实际情况，兼顾了塑料件的精度和生产成本，使用较方便。

表 4 -28 德国 DIN16901 精密塑料制件公差　　　　　　mm

基本尺寸	≤3	>3 ~ 6	>6 ~ 10	>10 ~ 15	>15 ~ 22	>22 ~ 30
公差	0.06	0.07	0.08	0.10	0.12	0.14
基本尺寸	>30 ~ 40	>40 ~ 53	>53 ~ 70	>70 ~ 90	>90 ~ 120	>120 ~ 160
公差	0.16	0.18	0.21	0.25	0.30	0.40

2. 精密注射成型对材料的要求

精密注射成型材料的选择要满足以下要求，即机械强度高、尺寸稳定、抗蠕变性好、应用范围广。目前，常用的工程塑料有以下几种：液晶聚合物（LCP）、聚苯硫醚（PPS）、聚碳酸酯（PC，包括玻璃纤维增强型）、聚甲醛（POM，包括碳纤维和玻纤增强型）、聚酰胺（PA，包括增强型）、聚对苯二甲酸丁二醇酯及增强型（PBT）等。

3. 精密注射成型对模具的要求

精密注射成型中精密注射成型模具的设计与制造极为重要，它对精密制品的尺寸精度影响很大。因此，对精密注射成型模具设计与制造的要求主要有以下几点。

（1）模具的精度

保证制品精度的先决条件是原材料本身的收缩率小，塑料制品最终所能达到的精度是受模具影响的。如果模具精度足够高，同时工艺条件控制得很好，这时可以忽略制品的收缩率，那么制品的精度将只受模具精度控制，这样才能保证制品较高的再现精度。所以只有保证模具精度才能有效地降低制品的收缩率，提高制品的精度。要保证精密注射成型制品的精度，首先必须保证模具精度，如模具型腔尺寸精度、分型面精度等。但过高的精度会使模具制造困难和成本昂贵，因此，必须根据制品的精度要求来确定模具的精度，制定合适的模具制造公差，通常规定模具制造公差约为塑件公差的 1/3。

（2）模具的可加工性与刚性

在模具的设计过程中，要充分考虑到模腔的可加工性，如在设计形状复杂的精密注射成型制品模具时，最好将模腔设计成镶拼结构，这样不仅有利于磨削加工，而且也有利于排气和热处理。但必须保证镶拼时的精度，以免制品上出现拼块缝纹。与此同时，还须考虑测温及冷却装置的安装位置。

（3）制品脱模性

精密注射成型制品的形状一般比较复杂，而且加工时的注射压力较高，使制品脱模困难。为防止制品脱模时变形而影响精度，在设计模具时，除了要考虑脱模斜度外，还必须提高模腔及流道的光洁度，并尽量采用推板脱模。

（4）模具温度的控制

模具温度影响制品精度，尤其是结晶型塑料。精密注射成型机加强了对制品在模具中冷却阶段的定型控制，以及制品脱模取出时对环境温度的控制。模具温度各部位要均匀，控制精度高，反应灵敏。

（5）模具的选材

由于精密模具必须承受高压注射和高合模力，并要长期保持高精度，因此，模具制作材料要选择硬度高、耐磨性好、耐腐蚀性强、机械强度高的优质合金钢。

4. 对精密注射机的要求

精密注射成型机是生产精密注射成型制品的必备条件。其特点如下。

（1）对注射系统的要求

由于精密注射成型机的注射压力向高压、超高压的方向发展，以降低制品收缩率，增加制品密度。注射速度向高速发展，以满足形状复杂制品的注射成型要求。因此精密注射成型机的注射系统通常需要采用较大的注射功率，具有较大的注射压力、注射速度，预塑和注射的位置精度高，以满足高压力、高速的注射条件，使制品的尺寸偏差范围减小、尺寸稳定性提高。一般注射机的注射压力为 147～177MPa，精密注射机注射压力要求为 216～243MPa，有些精密注射机超高压力已达到 243～393MPa。注射速度要求 ≥300mm/s，预塑的位置精度 ≤0.03mm，注射的位置精度（保压终止点）≤0.03mm。

物料的塑化均一是精密注射成型的基本条件，塑化均一包括物料的熔融速率、混炼温度的稳定性、原料组分的分散性等。要实现塑化均一，最重要的是塑化装置中的螺杆结构和形式。要求螺杆具有高的剪切能力，以得到高的熔融速度；具有低温塑化能力，以得到高塑化的稳定性；具有在背压低的情况下高速旋转塑化能力，以得到高的组分分散均匀性。精密注射螺杆主要采用分流型螺杆、屏障型螺杆、分离型螺杆和减压螺杆等。

螺杆、机筒的温度控制精度要高，一般要求机筒、螺杆的温度偏差 ≤±0.5℃。

能实现多级、无级注射，且位置切换灵敏、精确度高，以保证成型工艺的再现条件和制品的尺寸精度。

目前许多精密注射成型机对注射量、注射压力、保压压力、塑化压力、注射速度及螺杆转速等工艺参数实行多级反馈控制，而对料筒和喷嘴的温度则采用 PID（比例积分微分）控制，使温控精度在 ±0.5℃，从而保证了这些工艺参数的稳定性和再现性，避免因工艺参数的变动而影响制品的精度。

（2）对合模系统的要求

精密注射成型机对合模系统的要求有下述几点。

①要有足够的刚性，避免在成型过程中发生变形而影响制品精度。对合模系统中的动定模板、拉杆及合模机构的结构件，要从提高刚性的角度精心设计、精心选材。

②要有足够的锁模精度。所谓锁模精度是指合模力的均匀性、可调、稳定和重复性高，开合模位置精度高。一般要求拉杆受力的均衡度≤1%，定模板的平衡度：锁模力为零时≤0.03mm，锁模力为最大时≤0.005mm；开合模的位置精度：开模≤0.03mm，合模≤0.01mm。这就要求锁模结构、拉杆、动定模板和合模构件的尺寸、材料、热处理方式以及加工精度和装配精度等要好。

③对低压模具保护以及合模力的大小要精确控制。一般精密注射机成型所需的模具价格十分昂贵，锁模装置应尽量减少对模具的损害，设置的低压模具保护装置灵敏度要高。合模力大小直接影响模具的变形程度，从而影响制品的精度。一般要求动定模板与模具接触面的变形≤0.1mm，甚至于更小。

④合模机构的工作效率要高，开合模速度要快（一般达到40m/min左右）。为了达到这个目的，要求合模结构更加合理，在满足结构刚性的条件下，尽量减少运动部件及其质量，降低运动惯性，有利于实现高速开合模，降低能耗。

目前的精密注射成型机合模机构主要有传统的肘杆式、单缸充压式、四缸直锁二板式和全电动式4种结构形式。

（3）对液压系统的要求

精密注射成型通常采用高压高速的注射工艺。由于高低压及高低速间转换快，因此要求液压系统具有很快的反应速度，以满足精密注射成型工艺的需要。为此，在液压系统中使用了灵敏度高、反应速度快的液压元件，采用了插装比例技术。设计油路时，缩短了控制元件至执行元件的流程。此外，蓄能器的使用，既提高液压系统的反应速度，又能起到吸振和稳定压力的作用。随着计算机控制技术在精密注射成型机上的应用，使整个液压系统在低噪声、稳定、灵敏和精确的条件下工作。

对液压系统中的油温控制精度高。液压系统油温的变化会引起液压油的黏度和流量发生变化，导致注射工艺参数的波动，从而影响制品精度。液压油采用加热和冷却的闭环控制，使油温稳定在50~55℃。

5. 精密注射成型工艺控制

与普通注射成型类似，精密注射成型的工艺过程也包括：成型前的准备工作、注射成型过程及制品后处理三方面内容。它的主要特点体现在成型工艺条件的选择和控制上，即注射压力高、注射速度快及温度控制精确。

（1）注射压力高

普通注射成型所需的注射压力，一般为40~180MPa，而精密注射成型则要提高到 180～250MPa，有时甚至更高，达 400MPa。采用高压注射的目的是：

①提高制品的精度和质量。增加注射压力，可以增加塑料熔体的体积压缩量，使其密度增加、线膨胀系数减小，从而降低制品的收缩比、提高制品的精度。如当注射压力提高到 400MPa 左右，制品的成型收缩率极低，已不影响制品的精度。

②改善制品的成型性能。提高注射压力可使成型时熔体的流动比增大，从而改善材料的成型性能，并能够生产出超薄的制品。可使一些流动性差的工程塑料生产轻薄短小化的塑料制品。

③有利于充分发挥注射速度的功效。熔体的实际注射速度，由于受流道阻力的制约，不能达到注射成型机的设计值，而提高注射压力，有利于克服流道阻力，保证了注射速度功效的发挥。

④易于实现超薄壁制品的成型。注射速度高使得成型材料在极高剪切速率下流动，材料产生剪切热而使黏度降低，同时材料与流道的低温壁面接触固化时通常形成一个较薄的皮层，使得充模过程中的熔体能保持较长时间的高温，从而使材料的黏度保持在较低的水平，流动性好，可以成型形状复杂、壁薄的制品。

⑤成型制品具有相当好的外观。高速注射，熔体的黏度较低，制品的温度梯度较小，各部分承受的压力较为均匀，所以制品表面的流纹和熔合线较暗，不明显。

（2）注射速度快

由于精密注射成型制品形状较复杂，尺寸精度高，因此必须采用高速注射。

（3）温度控制精确

温度包括料筒温度、喷嘴温度、模具温度、油温及环境温度。在精密注射成型过程中，如果温度控制得不精确，则塑料熔体的流动性、制品的成型性能及收缩率就不能稳定，因此也就无法保证制品的精度。

6. 影响精密注射成型制品质量的因素

影响精密注射成型制品质量的因素有很多，如材料的选择、模具设计与制造、注射机、成型工艺、操作者的水平及生产的管理，在生产中除保证模具设计与制造、注射机、成型工艺的精确设计制造与控制外，对于成型中的成型收缩、质量的管理等因素也要引起高度重视。

（1）成型收缩

成型收缩是影响精密注射制品精度的重要原因之一。由于塑料成型过程中常出现收缩及膨胀，且每一批原料的实际收缩率在一定范围内有波动，使得多数情况下原料在成型过程中的实际收缩率与设计模具时所选定的收缩率有差异，即使是同一副模具，熔料流动方向与垂直于熔料流动方向的收缩率也不同。为了提高塑料制品的精度，应选择原料收缩范围小的牌号。另外通过选取最佳的工艺参数（压力、温度、速度及时间）以及严格的控制，保证塑化时供料量一定、温度均匀，充模时有适合模腔特点的稳定流动状态，保证冷却时有合适和稳定的状态条件，从而得到稳定和优质的精密制品。

对于制品壁厚的差异，一般认为是由两个方面的因素引起的：一方面是高压熔体引起模腔产生轻微变形；二是当模具开模后材料的弹性膨胀。一般来讲成型时采用较高的模温可以提高制品的精度，但对于液晶聚合物来说，恰恰相反需要采用较低的模温。这是因为液晶聚合物的熔解热较低，遇冷后会迅速冷却定形。液体晶态向固体晶态转变之间的变化小，当充分冷却时，液 - 固转变几乎是在瞬间完成，浇口固化快，注射螺杆难以对模腔进行保压补缩，因而制品的尺寸与未变形的型腔尺寸十分接近。

（2）精密注射成型制品的测量与质量要求

评价精密注射成型制品的最主要技术指标是制品的精度，即制品的尺寸和形状。

由于精密注射成型制品壁薄，刚性比金属低，而且受测量环境的温度、湿度影响，因此，测量时不能简单采用传统的金属零件测量方法和仪器。如用游标卡尺的卡脚测量塑料制品，塑料易变形，测量不够准确，最好用光学法（工具显微镜）测量。再如塑料制品的三维尺寸测量，可在三坐标测量机上进行，并使用电子探针，以防塑料制品受力变形而影响测量精度。此外，测量时还要保证环境温度的恒定。

由于精密注射制品的质量要求高，对其质量管理的难度比较大。为了保持稳定的精密注射，一方面在注射机上配备自动监控系统及自动化废品筛选系统，发现机器实际运行参数超出了设定值，会在屏幕上显示出来，并及时报警通知操作人员马上调整。如不及时处理，注射机便会自动停机。同时自动化废品筛选系统将不符合工艺条件的零件自动分出，如 ARBURG 公司的自动翻板结构。有的精密注射机则配有自动检验系统，通过机械手将零件间接放在精密天平上，观察零件重量的变化，通过测得的重量数值与合格零件的重量数值进行对比，判断零件的合格与否，将不合格的制品分出。

二、气体辅助注射成型

气体辅助注射成型，简称气辅注射（GAM），是一种新的注射成型工艺，20 世纪 80 年代中期应用于实际生产。气辅注射成型结合了结构发泡成型和注射成型的优点，既降低模具型腔内熔体的压力，又避免了结构发泡成型产生的粗糙表面，具有很高的实用价值。

1. 气体辅助注射成型过程

气辅注射过程如图 4 - 64 所示。

标准的气辅注射过程分为 5 个阶段。

（1）注射阶段：注射成型机将定量的塑料熔体注入模腔内。熔体注入量一般为充填量的 50% ~80%，不能太少，否则气体易把熔体吹破。

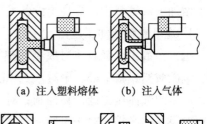

(a) 注入塑料熔体　　(b) 注入气体

（2）充气阶段：塑料熔体注入模腔后，即进行充气。所用的气体为惰性气体，通常是氮气。由于靠近模具表面部分的塑料温度低、表面张力高，而制品较厚部分的中心处，熔体的温度高、黏度低，气体易在制品较厚的部位（如加强筋等处）形成空腔，而被气体所取代的熔料则被推向模具的末端，形成所要成型的制品。

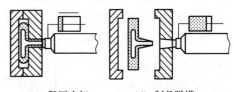

(c) 保压冷却　　(d) 制品脱模

图 4 -64　气辅注射成型
过程示意图

（3）气体保压阶段：当制品内部被气体充填后，气体压力就成为保压压力，该压力使塑料始终紧贴模具表面，大大降低制品的收缩和变形。同时，冷却也开始进行。

（4）气体回收及降压阶段：随着冷却的完成，回收气体，模内气体降至大气压力。

（5）脱模阶段：制品从模腔中顶出。

2. 气体辅助装置

气辅装置由气体压力生成装置、气体控制单元、注气元件及气体回收装置等组成。

（1）气体压力生成装置：提供氮气，并保证充气时所需的气体压力及保压时所需的气体压力。

（2）气体控制单元：该单元包括气体压力控制阀及电子控制系统。

（3）注气元件：注气元件有两类，一类是主流道式喷嘴，即塑料熔体与气体共用一个喷嘴，在塑料熔体注射结束后，喷嘴切换到气体通路上，进行注气；另一类是安装在模具上的气体专用喷嘴或气针。

（4）气体回收装置：该装置用于回收气体注射通路中的氮气。必须注意的是，对于制品气道中的氮气，一般不能回收，因为其中会混入其他气体，如空气、挥发的添加剂、塑料分解产生的气体等，以免影响以后成型制品的质量。

3. 气辅注射的特点

与常规注射成型相比，气辅注射的优点：所需的注射压力及锁模力低，可大大降低对注射成型机的锁模力及模具刚性的要求；减少了制品的收缩及翘曲变形，改善了制品表面质量；可成型壁厚不均匀的制品，提高了制品设计的自由度；在不增加制品重量的情况下，通过设置附有气道的加强筋，提高制品的刚性和强度；通过气体穿透，减轻制品的重量，缩短成型周期；可在较小的注射成型机上，生产较大的、形状更复杂的制品。

气辅注射的不足之处：需要合理设计制品，以免气孔的存在而影响外观，如果外观要求严格，则需进行后处理；注入气体和不注气体部分的制品表面会产生不同光泽；对于一模多腔制品的成型，控制难度较大；对壁厚、精度要求高的制品，需严格控制模具温度；由于增加了供气装置，提高了设备投资；模具改造也有一定的难度。

4. 适用原料及加工应用

绝大多数用于普通注射成型的热塑性塑料，如聚乙烯、聚丙烯、聚苯乙烯、ABS、尼龙、聚碳酸酯、聚甲醛、聚对苯二甲酸丁二醇酯等，都适用于气辅注射。一般熔体黏度低的，所需的气体压力低，易控制；对于玻璃纤维增强材料，在采用气辅注射时，要考虑到材料对设备的磨损；对于阻燃材料，则要考虑到产生的腐蚀性气体对气体回收的影响等。

气辅注射的典型应用如下：板形及柜形制品，如塑料家具、电器壳体等，采用气辅注射成型，可在保证制品强度的情况下，减小制品重量，防止收缩变形，提高制品表面质量；大型结构部件，如汽车仪表盘、底座等，在保证刚性、强度及表面质量前提下，减少制品翘曲变形及对注射成型机注射量和锁模力的要求；棒形、管形制品，如手柄、把手、方向盘、操纵杆、球拍等，可在保证强度的前提下，减少制品重量，缩短成型周期。

5. 注射制品和模具设计

制品设计时必须提供明确的气体通道。气体通道的几何形状相对于浇口应该是对称的或单方向的；气体通道必须连续，但不能构成回路；沿气体通道的制品壁厚应较大，以防气体穿透；最有效的气体通道，其截面近似圆形。

由气体推动的塑料熔体必须有地方可去，并足以充满模腔。为获得理想的空心通道，模中应设置能调节流动平衡的溢流空间。

气体通道应设置在熔体高度聚集的区域，如加强筋处等，以减少收缩变形。加强筋的设计尺寸：宽度应小于3倍壁厚，高度应大于3倍壁厚，并避免筋的连接与交叉。

三、排气注射成型

排气注射成型是指借助于排气式注射成型机，对一些含低分子挥发物及水分的塑料，如聚碳酸酯、尼龙、ABS、有机玻璃、聚苯醚、聚砜等，不经预干燥处理而直接加工的一种注射成型方法。其优点为：减少工序，节约时间（因无须将吸湿性塑料进行预干燥）；可以去除挥发分到最低限度，提高制品的力学性能，改善外观质量，使材料容易加工，并得到表面光滑的制品；可加工回收的塑料废料以及在不良条件下存放的塑料原料。

1. 排气注射成型原理

排气式注射成型机与普通注射成型机的区别主要在于预塑过程及其塑化部件的不同。排气式注射成型装置组成及工作原理如图4-65所示。

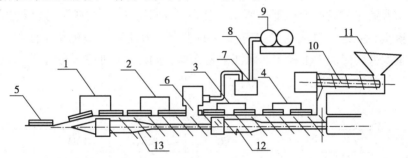

图4-65 排气原理示意图

1、2、3、4—加热段；5—喷嘴加热；6—出气孔；7—净滤器；8—排气道
9—真空泵；10—送料螺杆；11—料斗；12—第一级螺杆；13—第二级螺杆

图4-65中，排气螺杆分成前后两级，共六个功能段。螺杆的第一级有加料段、压缩段和计量段；第二级有减压段、压缩段和计量段。物料在排气式注射成型机的料筒内所经历的基本过程是：塑料熔融、压缩增压→熔料减压→熔料内气体膨胀→气泡破裂并与熔体分离→排气→排气后熔体再度剪切均化。

排气式注射成型机具体的预塑过程为：物料从加料口进入第一级螺杆后，经过第一级加料段的输送、第一级压缩段的混合和熔融及第一级计量段的均化后，已基本塑化成熔体，然后通过在第一级末端设置的过渡剪切元件使熔体变薄，这时气体便附在熔料层的表面上。熔料进入第二级螺杆的减压段后，由于减压段的螺槽突然变深，容积增大，加上在减压段的料筒上设有排气孔（该孔常接入大气或接入真空泵贮罐），这样，在减压段螺槽中的熔体压力骤然降低至零或负压，塑料熔体中受到压缩的水汽和各种气化的挥发物，在减压段搅拌和剪切作用下，气泡破裂气体脱出熔体由排气口排出，因此，减压段又称排气段。脱除气体的熔体，再经第二级的压缩段混合塑化和第二级计量段的均化，存储在螺杆头部的注射室中。

2. 排气式注射成型机的螺杆

对排气式注射成型机所用螺杆的要求如下：螺杆在预塑时，必须保证减压段有足够的排气效率；螺杆在预塑和注射时，不允许有熔料从排气口溢出；经过螺杆第一级末端的熔料必须基本塑化和熔融；位于第二级减压段的熔料易进入第二级压缩段，并能迅速地减压；在螺杆中要保证物料的塑化效果，不允许有滞留、降解或堆积物料的现象产生。

一根长径比 L/D 为 20 的排气式注射成型机螺杆，其各段的典型分布为：第一级的加料段长为 7D，压缩段长 2D，计量段长 1D；第二级的减压段长 5.5D，压缩段长 1D，计量段长 3D；第一级与第二级的过渡段长 0.5D。

3. 排气注射成型工艺

排气注射成型工艺中最重要的参数是料筒温度，特别是减压段的温度。一般第一级螺杆加料段的温度要高些，以使物料尽早熔融。为减少负荷，减压段的温度在允许范围内要尽量低些。在操作过程中，应尽量避免生产中断，以防止物料由于长时间停滞而降解。如果生产中断后要重新开始时，需将料筒清洗几次；更换物料时，要清洗排气口；更换色料时，需将螺杆拆下清洗。

除料筒温度外，螺杆背压和转速的调节也与普通注射成型机不同。由于排气式螺杆的物料装填率比普通注射成型螺杆低，所以加注段常采用"饥饿加料"，这样可有效防止熔料从排气口溢出。此外，对注射量也有一定的要求，为注射成型机额定注射量的 10% ~ 75%。注射量太大会使加工不稳定，而注射量太低，同样会使加工不稳定并造成能源浪费。

部分塑料的排气注射成型工艺参数见表 4-29。

表 4-29　常用塑料排气注射成型工艺条件

参数		PA-66	PC	聚砜	PMMA	ABS
材料所含水分/%		3	0.18	0.23	0.5	0.3
锁模力/MPa		78	161	78	161	78
螺杆直径/mm		32	52	38	52	38
背压/MPa		0.2	0.2	0.4	0.2	0.06
螺杆转速/（r/min）		260	43	110	43	45
料筒温度℃	1	320	230	300	190	180
	2	310	235	360	210	200
	3	300	300	380	210	210
	4	300	310	380	210	210
喷嘴温度/℃		290	310	380	195	210
注射行程/mm		37	16	29	25	48.5
注射时间/s		0.4	0.5	5	3	1
保持压力/MPa		28	80	130	49	55
冷却时间/s		10.5	19	20	50	18
成型周期/s		18.5	29	37	83	30
注射量/g		23.5	24	21.2	60.5	45.2
制品最大厚度/mm		3	3	2	16	25
剩余水分含量/%		0.05	0.015	0.01	0.04	0.05

四、共注射成型

共注射成型是指用两个或两个以上注射单元的注射成型机,将不同品种或不同色泽的塑料,同时或先后注入模具内的成型方法。

通过共注射成型方法,可以生产出多种色彩或多种塑料的复合制品。典型的共注射成型有两种,即双色注射成型和双层注射成型。

1. 双色注射成型

双色注射成型是用两个料筒和一个公用的喷嘴所组成的注射成型机,通过液压系统调整两个推料柱塞注射熔料进入模具的先后次序,以取得所要求的、不同混色情况的双色塑料制品的成型方法。双色注射成型还可采用两个注射装置、一个公用合模装置和两副模具,制得明显分色的塑料制品。双色注射成型机的结构如图4-66所示。此外,还有能生产三色、四色或五色制品的多色注射成型机。

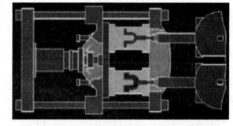

图4-66 双色注射成型机示意图

近来,随着汽车部件和计算机部件对多色花纹制品需求量的增加,出现了新型的双色花纹注射成型机。该注射成型机具有两个沿轴向平行设置的注射单元,喷嘴回路中还装有启闭机构,调整启闭阀的换向时间,就能得到各种花纹的制品。

2. 双层注射成型

双层注射成型是指将两种不同的塑料或新旧不同的同种塑料相互叠加在一起的加工方法。双层注射成型的原理如图4-67所示。

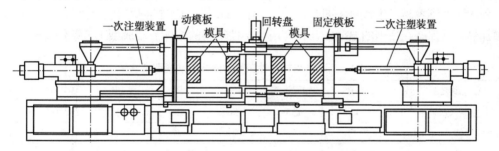

图4-67 双层注射成型原理示意图

由图4-67可知,注射成型开始时,可移动的回转盘处在中间位置,在两侧安装两个凸模——左边是一次成型的定模,右边是二次成型的动模。合模时右边的动模连同回转座一起向右移,使模具锁紧。在机架左边的台面上安装一次注射装置,在机架右边的台面安装二次注射装置。当模具合紧后,两个注射装置的整体分别前进,然后分别将塑料注入模腔;再进行保压冷却。冷却时间到即开模,回转台左移到中间位置,动模板左移到原始位置。右边的二次模已经有了两次注射,得到了完整的双层制品,可由回转盘上的顶出机构顶落,而左边的制品只获得一层,还有待于二次注射,所以,这次只顶出料把。当检测装置确认制品落下，回转盘即可开始回转，每完成一个周期，转盘转动180°。

双层注射成型机与双色注射成型机虽有相似之处，但双层式注射成型机有其特殊之处：具有组合注射成型机的特性，与其他工序可以同时进行；一次模具与二次模具装在同一轴线上，就不会因两个模具厚度存在尺寸偏差；回转盘是以垂直轴为中心旋转的，因此，模具的重量对回转轴没有弯曲作用；回转盘由液压马达驱动，可平稳地绕垂直轴转动，当停止时，由定位销校正型芯，以保证定位精度；直浇口和横浇口设有顶出装置，能随同制品的顶出装置一起顶出，可保证制品的顶出安全可靠；顶出二次材料的流道畅通，脱模时可施加较大的顶出力；由于拉杆内距离较大，模具安装盘的面积也大，可以成型大型制品。

五、流动注射成型

流动注射成型有二种类型，一种是用于加工热塑性塑料的熔体流动成型，另一种是用于加工热固性塑料的液体注射成型。虽然它们都属流动注射成型，但成型机理完全不同，下面分别加以介绍。

1. 熔体流动成型

该法是采用普通的螺杆式注射成型机，在螺杆的快速转动下，将塑料物料不断塑化并挤入模腔，待模腔充满后螺杆停止转动，并用螺杆原有的轴向推力使模内熔料在压力下保持适当时间，经冷却定型后即可取出制品。其特点是塑化的熔料不是贮存在料筒内，而是不断挤入模腔中。因此，熔体流动注射成型是挤出和注射成型相结合的一种成型方法。

熔体流动成型的优点是：制品的重量可超过注射成型机的最大注射量；熔料在料筒内的停留量少、停留时间短，比普通注射成型更适合加工热敏性塑料；制品的内应力小；成型压力低，模腔压力最高只有几个兆帕；物料的黏度低，流动性好。

由于塑料熔体的充模是靠螺杆的挤出，流动速度较慢，这对厚制品影响不大，而对薄壁长流程的制品则容易产生缺料。同时，为避免制品在模腔内过早凝固或产生表面缺陷，模具必须加热，并保持在适当的温度。几种常用热塑性塑料的熔体流动成型工艺条件见表4-30。

表4-30　几种常用热塑性塑料的熔体流动成型工艺条件

参数		ABS	乙丙共聚	PS	PC	PP	RPVC	PE
制品重量/g		465	435	450	450	345	570	460
螺杆转速/（r/min）		72	145	107	73	200	52	200
充模时间/s		60	42	54	42	125	105	30
保压时间/s		90	78	106	137	55	70	165
总周期/s		150	120	160	180	180	175	195
料筒温度/℃	后	162	190	180	230	190	128	176
	中	190	200	204	242	215	160	220
	前	204	208	215	260	232	155	228
背压/MPa		1.9	0.9	2.1	3.1	1.0	3.9	1.4
注射压力/MPa		1.8	1.4	2.1	3.1	1.0	3.9	0.9
模具温度/℃		60	27	72	120	35	50	63

2. 液体注射成型（LIM）

该法是将液体物料从储存器中用泵抽入混合室内进行混合，然后由混合头的喷管注入模腔而固化成型。主要用于加工一些小型精密零件，所用的原料主要为环氧树脂和低黏度的硅橡胶。

（1）成型设备

液体注射成型要用专用设备。典型的成型设备工作原理如图4-68所示。

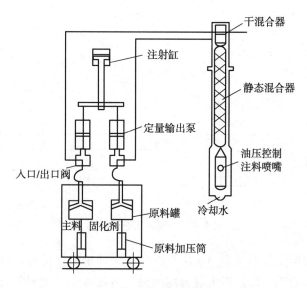

图4-68 液体注射成型设备工作原理

液体注射成型设备主要由供料部分、定量及注射部分、混合及喷嘴部分组成。其中，供料部分由原料罐和原料加压筒等组成。在原料罐内装有加压板，在压缩空气或油泵作用下，向加压筒内的液体施压，使主料和固化剂经过入口阀门输送到定量注射装置。定量注射装置由两个往复式定量输出泵和注射缸组成。当主料和固化剂进入定量泵后，就经过出口阀和单向阀进入预混合器装置内，然后在注射油缸的作用下，推动螺杆或柱塞将混合液加压，并经过预混器、静态混合器和喷嘴注入模腔。混合装置由料筒和静态混合器组成。

（2）常用原料及成型工艺

液体注射成型常用的原料有环氧树脂、硅橡胶、聚氨酯橡胶和聚丁二烯橡胶等，以硅橡胶为主。下面以硅橡胶为例介绍成型工艺。

硅橡胶的黏度为200~1200Pa·s，固化剂（树脂类）黏度为200~1000Pa·s，两者混合比例常用1:1。这两种原料一经混合便开始发生固化反应，其反应速度取决于温度。室温下，混合料可保持24h以上。随着温度的升高，固化时间缩短，当混合料的温度升至110℃以上时，瞬间即可固化。如壁厚为1mm的制品，固化时间仅需10s。由于硅橡胶的固化是加成反应，无副产物生成，故模具也无须排气。

例如，成型最大壁厚为3mm，重量为4.5g的食品器具，其成型工艺条件如下：

每模制品数4个；注射压力20MPa；模具温度上模为150℃，下模为155℃；成型周期30s；模内固化时间15s。

六、反应注射成型

反应注射成型（RIM）是指将两种能起反应的液体材料进行混合注射，并在模具中进行反应固化成型的一种加工成型方法。

适于 RIM 的树脂有聚氨酯、环氧树脂、聚酯、尼龙等。其中，最主要的是聚氨酯。RIM 制品主要用作汽车的内壁材料或地板材料、汽车的仪表板面、电视机及计算机的壳体以及家具、隔热材料等。

1. 成型过程

RIM 的工艺流程见图 4-69。

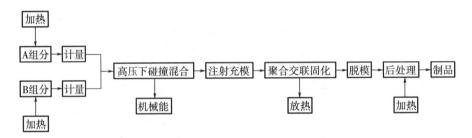

图 4-69 RIM 工艺流程图

将储罐中已配制恒温好的液态 A、B 两组分，经计量泵计量后，以一定的比例，由活塞泵以高压喷射入混合头，激烈撞击混合均匀后，再注入密封模具中，在模腔中进行快速聚合反应并交联固化，脱模后即得制品。

2. 成型设备

RIM 设备主要由蓄料系统、液压系统及混合系统三个系统组成，如图 4-70 所示。

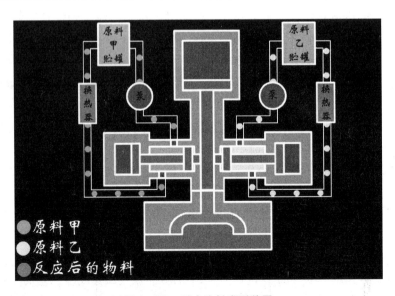

图 4-70 反应注射成型装置

（1）蓄料系统：主要由蓄料槽和接通惰性气体的管路组成。

（2）液压系统：由泵、阀、辅件及控制分配缸工作的油路系统组成。其目的是使 A、B 两组分物料能按准确的比例输送。

（3）混合系统：使 A、B 两组分物料实现高速、均匀的混合，并加速使混合液从喷嘴注射到模具中。混合头必须保证物料在小混合室中得到均匀的混合和加速后，再送入模腔。混合头的设计应符合流体动力学原理，并具有自动清洗作用。混合头的活塞和混合阀芯在油压控制下的动作如图 4 –71 所示。

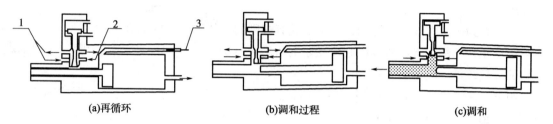

(a)再循环   (b)调和过程   (c)调和

图 4 –71 混合头工作循环示意图
1—异氰酸酯；2—多元醇；3—油

由图 4 –71 可知，混合头的工作由三个阶段组成。

再循环：柱塞和混合阀芯在前端时，喷嘴被封闭，A、B 两种液料互不干扰，各自循环，如图 4 –71（a）所示。

混合过程：柱塞在油压作用下退至终点，喷嘴通道被打开，如图 4 –71（b）所示。

混合：混合阀芯退至最终位置，两种液料被接通，开始按比例混合，混合后的液料从喷嘴高速射出，如图 4 –71（c）所示。

3. 聚氨酯的 RIM

（1）原料组成

原料应配制成 A、B 两种组分，分别放于各自的原料储罐内，并通以氮气保护，控制一定的温度，保持适宜的黏度和反应活性。典型的 RIM 工艺配方见表 4 –31。

表 4 –31 典型的 RIM 工艺配方

原液组分	组分编号	典型配方	质量分数/%
A	1	混合乙二醇、己二酸聚酯（相对分子质量200）	80
	2	1，4 –丁二醇	10 ~ 11
	3	氨基催化剂（三亚乙基二胺或 DABCO）	0.2 ~ 0.5
	4	二月桂酸二丁基锡稳定剂（DBTDL）	0.2 ~ 0.7
	5	硅共聚物表面活性剂	1
	6	颜料糊（分散炭黑占50%）	8
	7	成核剂	0.5 ~ 1.0
	8	水	按需要定
B	9	二苯基甲烷二异氰酸酯（MDI）	60
	10	三氯氟甲烷发泡剂	0 ~ 15

采用上述配方制得的制品性能为：密度 $500kg/m^3$、硬度 63IRHD（国际橡胶硬度）、极限拉伸强度 10MPa、极限断裂伸长率 380%。

配方中各组分的作用如下：

组分 1 通常为聚己二酸乙二醇酯与 5%～15% 的聚己二酸丙二醇酯的混合物，以防止单独使用线性聚乙二醇酯时的冷硬化现象。

组分 2 为扩链剂，主要作用是与大分子中的异氰酸酯基反应，从而将大分子连接起来。

组分 3 和 4 为混合催化体系，对生成聚合物及 $-N=C=O$ 与 H_2O 反应生成 CO_2 均有促进作用。

组分 5 为硅氧烷表面活性剂，对于形成有规则的微孔泡沫结构十分必要。

组分 6 是颜料，干燥的颜料必须经仔细研磨或球磨后，并加以分散后方可使用。固体颜料的分散载体一般用多元醇。

组分 7 是成核剂，有云母粉、立德粉、膨润土等，主要作用是提供气泡形成的泡核，有利于得到均匀的泡沫结构。

组分 8 是活化剂，用水做活化剂以控制泡沫塑料中闭孔泡沫的数目。

组分 9 是二苯基甲烷二异氰酸酯。若要得到高强度、高韧性的制品，必须采用纯度极高的线性异氰酸酯；若使用不纯的异氰酸酯则制品较脆。

组分 10 是发泡剂，三氯氟甲烷是常用的物理发泡剂，它在稍高于室温下就能气化，50～100℃时气化迅速。采用该发泡剂的泡沫结构以开孔为主。

（2）工艺条件

温度：两组分的预热温度为 32℃，模具温度为 60℃。

压力：两组分的注射压力为 15.7MPa。

时间：充模时间为 1～4s，生产周期为 32～120s。

（3）增强聚氨酯的反应注射成型（RRIM）

RRIM 是指在聚氨酯中添加了增强材料后的反应注射成型。增强材料有玻璃纤维、碳纤维等，以玻璃纤维为主。

RRIM 的成型工艺过程及所用的设备与 RIM 类似，但由于多元醇组分中加入了增强材料，使料液的黏度增大。因此，该组分在通过计量泵后，还要经过增设的高压储料缸，以更高的压力进入混合头，而未加增强材料的组分，则与 RIM 一样。另外，混合头的孔径也要相应扩大。

七、热固性塑料注射成型

1. 注射成型原理

热固性塑料的注射成型原理是：将热固性注射成型料加入料筒内，通过对料筒的外加热及螺杆旋转时产生的摩擦热，对物料进行加热，使之熔融而具有流动性，在螺杆的强大压力下，将稠胶状的熔融料，通过喷嘴注入模具的浇口、流道，并充满型腔，在高温（170～180℃）和高压（120～240MPa）下进行化学反应，经一段时间的保压后，即固化成型，打开模具得到固化好的塑料制品。

2. 工艺流程

热固性塑料的注射成型工艺流程如下。

（1）供料

料斗中的热固性注射成型料靠自重落入料筒中的螺槽内。热固性注射成型料一般为粉末状，容易在料斗中产生"架桥"现象，因此，最好使用颗粒状物料。

（2）预塑化

落入螺槽内的注射成型料在螺杆旋转的同时向前推移，在推移过程中，物料在料筒外加热和螺杆旋转产生的摩擦热共同作用下，软化、熔融，达到预塑化目的。

（3）计量

螺杆不断把已熔融的物料向喷嘴推移，同时在熔融物料反作用力的作用下，螺杆向后退缩，当集聚到一次注射量时，螺杆后退触及限位开关而停止旋转，被推到料筒前端的熔融料暂停前进，等待注射。

（4）注射及保压

预塑完成后，螺杆在压力作用下前进，使熔融料从喷嘴射出，经模具集流腔，包括模具的主浇口、主流道、分流道、分浇口，注入模具型腔，直到料筒内的预塑料全部充满模腔为止。

熔融的预塑料在高压下，高速流经截面很小的喷嘴、集流腔，其中部分压力通过阻力摩擦转化为热能，使流经喷嘴、集流腔的预塑料温度从 70～90℃ 迅速升至 130℃ 左右，达到临界固化状态，也是流动性的最佳转化点。此时，注射料的物理变化和化学反应同时进行，以物理变化为主。注射压力可高达 120～240MPa，注射速度为 3～4.5m/s。

为防止模腔中的未及时固化的熔融料瞬间倒流出模腔（即从集流腔倒流入料筒），必须进行保压。

在注射过程中，注射速度应尽量快些，以便能从喷嘴、集流腔处获得更多的摩擦热。注射时间一般设为 3～10s。

（5）固化成型

130℃ 左右的熔融料高速进入模腔后，由于模具温度较高，为 170～180℃，化学反应迅速进行，使热固性树脂的分子间缩合、交联成体型结构。经一段时间（一般为 1～3min，速固化料为 0.5～2min）的保温、保压后即硬化定型。固化时间与制品厚度有关。若从制品的最大壁厚计算固化时间，则一般物料为 8～12s/mm，速固化料为 5～7s/mm。

（6）取出制品

固化定型后，启动动模板，打开模具取出制品。利用固化反应和取制品的时间，螺杆旋转开始预塑，为下一模注射做准备。

3. 热固性塑料注射成型工艺条件分析

（1）温度

料筒温度是最重要的注射成型工艺条件之一，它影响到物料的流动。料筒温度太低，物料流动性差，会增加螺杆旋转负荷。同时，在螺槽表面的塑料层因剧烈摩擦而发生过热固化，而在料筒壁表面的塑料层因温度过低而产生冷态固化，最终将使螺杆转不动而无法注射。此时，必须清理料筒与螺杆，重新调整温度。而料筒温度太高，注射料会产生交联而失去流动性，使固化的物料凝固在料筒中，无法预塑。此时也必须清理料筒重新调整温度。料筒温度的设定为：加料口处 40℃，料筒前端 90℃，喷嘴处 110℃。

模具温度决定熔融料的固化。模温高，固化时间短，但模温太高，制品表面易产生焦斑、缺料、起泡、裂纹等缺陷，并且由于制品中残存的内应力较大，使制品尺寸稳定性差，冲击强度下降；模温太低，制品表面无光泽，力学性能、电性能均下降，脱模时制品易开裂，严重时会因熔料流动阻力大而无法注射。一般情况下，模具温度为 160～170℃。

（2）压力

①塑化压力的设定原则是：在不引起喷嘴流延的前提下，应尽量低些。通常为 0.3～0.5MPa（表压）或仅以螺杆后退时的摩擦阻力作为背压。

②注射压力：由于热固性塑料中所含的填料量较大，约占 40%，黏度较高、摩擦阻力较大，并且在注射过程中，50% 的注射压力消耗在集流腔的摩擦阻力中。因此，当物料黏度高、制品厚薄不匀、精度要求高时，注射压力要提高。但注射压力太高，制品内应力增加、溢边增多、脱模困难，并且对模具寿命有所影响。通常，注射压力控制在 140～180MPa。

（3）成型周期

①注射时间：由于预塑化的注射成型料黏度低、流动性好，可把注射时间尽可能定得短些，即注射速度快些。这样，在注射时，熔融料可从喷嘴、流道、浇口等处获得更多的摩擦热，有利于物料固化。但注射时间过短，即注射速度太快时，则摩擦热过大，易发生制品局部过早固化或烧焦等现象。同时，模腔内的低挥发物来不及排出，会在制品的深凹槽、凸筋、凸台、四角等部位出现缺料、气孔、气痕、熔接痕等缺陷，影响制品质量。而注射时间太长，即注射速度太慢时，厚壁制品的表面会出现流痕，薄壁制品则因熔融料在流动途中发生局部固化而影响制品质量。通常，注射时间为 3～12s。其中，小型注射成型机（注射量在 500g 以下）注射时间为 3～5s，大型注射成型机（注射量为 1000～2000g）则为 8～12s，而注射速度一般为 5～7m/s。

②保压时间：保压时间长则浇口处物料在加压状态下固化封口，制品的密度大、收缩率低。目前，注射固化速度已显著提高，而模具浇口多采用针孔型或沉陷型，因此，保压时间的影响已趋于减小。

③固化时间：一般情况下，模具温度高、制品壁薄、形状简单则固化时间应短一些，反之则要长些。通常，固化时间控制在 10～40s。延长固化时间，制品的冲击强度、弯曲强度提高，收缩率下降，但吸水性提高，电性能下降。

（4）其他工艺条件

①螺杆转速：对于黏度低的热固性注射料，由于螺杆后退时间长，可适当提高螺杆转速，而黏度高的注射料，因预塑时摩擦力大、混炼效果差，此时应适当降低螺杆转速，以保证物料在料筒中充分混炼塑化。螺杆转速通常控制在 40～60r/min。

②预热时间：物料在料筒内的预热时间不宜太长，否则会发生固化而提高熔体黏度，甚至失去流动性；太短则流动性差。

③注射量：正确调节注射量，可在一定程度上减少制品的溢边、缩孔和凹痕等缺陷。

④合模力：选择合理的合模力，可减少或防止模具分型面上产生溢边，但合模力不宜太大，以防模具变形和使能耗增加。

4. 常用热固性塑料注射成型工艺条件

常用热固性塑料的注射成型工艺条件见表4－32。

表4－32　常用热固性塑料注射成型工艺条件

塑料名称	温度/℃			压力/MPa		时间/s			螺杆转速/(r/min)
	料筒	喷嘴	模具	塑化	注射	注射	保压	固化	
酚醛塑料	40～100	90～100	160～170	0～0.5	95～150	2～10	3～15	15～50	40～80
玻纤增强酚醛塑料	60～90		165～180	0.6	80～120			120～180	30～140
三聚氰胺模塑料	45～105	75～95	150～190	0.5	60～80	3～12	5～10	20～70	40～50
玻纤增强三聚氰胺	70～95		160～175	0.6	80～120			240	45～50
环氧树脂	30～90	80～90	150～170	0.7	50～120			60～80	30～60
不饱和聚酯树脂	30～80		170～190		50～150			15～30	30～80
聚邻苯二甲酸二烯丙酯	30～90		160～175		50～150			30～60	30～80
聚酰亚胺	30～130	120	170～200		50～150	20		60～80	30～80

练习与思考

1. 气体辅助注射成型的特点是（　　）。

　A. 锁模力小；　　　　　　　　B. 制件收缩翘曲小；

　C. 注射压力小；　　　　　　　D. 制件表面留有气针孔

2. 气体辅助注射中，通常采用的气体是（　　）。

　A. 氧气；　　　　　　　　　　B. 压缩空气；

　C. 氮气；　　　　　　　　　　D. 过热蒸气

3. 热固性塑料的注射螺杆一般为（　　）。

　A. 渐变形螺杆；　　　　　　　B. 突变形螺杆；

　C. 通用型螺杆；　　　　　　　D. 无压缩比螺杆

4. 热固性塑料的注射机与热塑性塑料注射机锁模结构不同的是（　　）。

　A. 自锁作用好；　　　　　　　B. 要满足排气操作；

　C. 满足高的锁模力要求；　　　D. 锁模速度快

5. 热固性塑料注射成型时，模具温度越高（　　）。

　A. 成型周期越长；　　　　　　B. 固化速度越慢；

　C. 固化速度越快；　　　　　　D. 不能确定

6. 在注射成型工艺中，制品重量可以超过注射机最大注射量的是（　　）。

A. 气体辅助注射；   B. 共注射成型；

C. 流动注射成型；   D. 热流道注射成型

7. 什么是精密注射成型？如何评价精密注塑制品的质量？

8. 何谓反应注射成型？反应注射成型有何特点？

9. 热固性塑料的注射成型与热塑性塑料的注射成型有何区别？

模块五

综合实训

实 训 任 务 一

注射成型设备的选型及工艺的确定

实训目标

1. 掌握注射成型设备的选型与校核方法。
2. 能根据产品及物料设计注射工艺流程及工艺参数。

项目背景

一、项目来源

现受某公司委托生产10万个台式电脑电风扇扇叶，加工形式为来料加工，模具由公司提供，一模两腔。

二、制品要求

制品结构如图5-1所示，风叶为7片结构，制品规格8cm，叶片平均厚度2.5mm，材料为增强PP，生产中要求扇叶的重量、扭转角度、硬度、材料厚度要均匀一致，风叶旋转时要达到动平衡，噪声小，送风均匀，扇头稳。

图5-1　电风扇扇叶

实训任务

项目名称	项目二　PP电风扇扇叶的注射成型
实训任务	实训任务一　PP电风扇扇叶的注射成型设备及工艺的确定
单元实训任务	任务1. 生产工艺流程设计； 任务2. 制件总重量的测量估算； 任务3. 确定注射机的规格型号； 任务4. 注射机与模具尺寸的校核； 任务5. 确定注射成型的各工艺控制参数
任务实施	1. 分小组对制品及浇注系统重量进行测量，选择注射机的规格型号； 2. 根据材料及模具、设备进行注射温度、压力、注射量、注射时间、保压时间、冷却时间等的设定
实训步骤	1. 生产工艺流程设计； 2. 测量估算制品及浇注系统总重量； 3. 根据制品及浇注系统总重量确定注射机规格型号； 4. 测量扇叶模具与注射机相关尺寸； 5. 成型工艺参数的设定

相关知识

一、瓶装啤酒运输用塑料周转箱

啤酒从灌装车间到消费者手中往往有一个比较长的物流过程。在这个过程中，对于玻璃瓶装的啤酒来说，由于啤酒是在一定的压力下灌装的，所以防止相互的碰撞非常重要。一些高档的啤酒往往采用纸箱配合发泡塑料缓冲网套的形式，但对于大多数销量比较大的普通啤酒来说，往往采用有格的塑料周转箱来进行运输流通。

1. 制品要求

如图5-2所示是以HDPE共聚物为专用树脂的红色24瓶装啤酒运输用塑料周转箱。箱子的尺寸为525mm×350mm×290mm，重1500g。主要的技术要求如下。

外观：完整无裂损、光滑平整，不许有明显白印，边沿及端手部位无毛刺；无明显色差，同批产品色差基本一致；浇口不影响箱子平整。

变形：侧壁变形率每边应小于1.0%；内格变形不影响装瓶使用。

配合：同规格的啤酒箱，相互堆码配合适宜，不允许滑垛。

图5-2　红色24瓶装啤酒运输用塑料周转箱

物理性能：箱体内对角线变化率不大于 1.0%，内格变形不影响装瓶使用；在规定高度跌落时，不允许产生裂纹；在规定堆码高度时，箱体高度变化率不大于 2.0%；盛装规定重量后悬挂时，不允许产生裂纹。

2. 原料

瓶装啤酒运输用塑料周转箱所用塑料材料的种类很多，几乎所有的热塑性塑料都可以使用。目前国内使用最多的是用 HDPE 和 PP 两种树脂。这两种树脂价格较为便宜，各大树脂生产企业都提供专用于周转箱生产的树脂牌号。通常用于周转箱的专用树脂分子量分布较窄，且熔体流动速率波动小，熔体密度变化范围小。

生产时，根据实际需要选用具有上述特征的树脂后，需要进行一些简单的调配。如加入少许无机填料以降低成本和提高硬度，加入少量发泡剂以减轻周转箱的自重，添加少量紫外线吸收剂以提高户外使用时间，添加少许色母粒调节颜色等。如红色 24 瓶装啤酒运输用塑料周转箱的配方为：

HDPE	100kg	紫外线吸收剂 UV - 9	0.5kg
活化碳酸钙	20kg	立索尔红	0.05kg
硬脂酸锌	0.2~0.4kg	耐晒黄	0.03kg
硬脂酸钡	0.2~0.4kg	钛白粉	0.06kg
硬脂酸	0.3~0.5kg		

在上述配方中除 HDPE 和活化碳酸钙外，其余的助剂可以先制成红色周转箱专用母粒。

3. 主要设备

可选用 GPT - 1300 型注射成型机和专用模具。

4. 成型工艺条件

PE 成型前通常不需要进行干燥，可以直接用于注射成型。注射机的注塑工艺参数如表 5 - 1 所示。

表 5 - 1 红色 24 瓶装啤酒运输用塑料周转箱注塑工艺参数

工艺条件		工艺参数	工艺条件	工艺参数	
温度/℃	喷嘴	225	注射速率/%	注射一	36
	前段	225		注射二	80
	中段	230		塑化	70
	后段	200			
	模具	40			
压力/MPa	注射一	70	注射位置/mm	注射一	80
	注射二	40		注射二	15
	保压	50		塑化	136
	塑化	5			
时间/s	注射	17			
	冷却	23			

5. 周转箱成型过程中常见缺陷及处理方法

（1）欠注

在试模开始阶段出现这种现象可能是由于螺杆位置调节不准确，若非这种情况，可能是由于熔料温度低、模具温度不够或二级注射压力与速率不高等引起。对这两种情况做相应调整即可。当然，对于封闭的真空上料机，要确认原料是否充足。

（2）脱模变形

脱模时制品变形可分多种情况，若在试模阶段发生变形，应该考虑是否是模具顶杆太细、分布不匀或脱模斜度设置不当等原因。若是生产过程中出现变形应是工艺参数设置不当，如冷却时间过短、模具温度过高，导致制品冷却不够等，此时要做相应调整。

（3）颜色不均匀或有杂色

产生这类现象的主要原因是原料在料筒停留时间过长、模具有死角、塑化不均匀等，在实际生产中要逐项排除。

（4）浇口远端有皱纹

这主要是由于模具较大、料流前端过早冷却造成的，通常提高模具温度和提高熔体温度可以解决。

6. 生产中的注意事项

（1）在塑料周转箱的生产中，要注意不用或尽量少用回料。

（2）HDPE 和 PP 塑料周转箱在最后的印刷前应进行表面处理。通常用火焰处理法。处理时间通常在 6s 左右。现在一般有专门的火焰表面处理设备，这些设备都提供了不同材料的处理方法和时间，可依据执行。

二、塑料托盘

塑料托盘主要用于各类仓库、生产现场、连锁超市、医药、邮政等物流中的运输、储存、流通加工等环节。可与多种物流容器和工位器具配合，可实现机械化搬运，是现代物流通用化、一体化管理的必备品。

如图 5-3 是采用 HDPE 为主要原料成型加工的浅蓝塑料托盘，产品规格：330mm × 230mm × 90mm，重为 6900g。

1. 原材料

如图 5-3 所示的四向进叉九脚蓝色托盘所用的原料为纯 HDPE 添加颜料组成，其配方为：HDPE100kg；孔雀蓝 0.2kg；活化碳酸钙 25kg；钛白粉 0.02kg；酞菁蓝 0.2kg。

图 5-3 四向进叉九脚托盘

2. 成型设备

除了相关的辅助成型设备外，主要有 SL-350 型注射成型机，注射量 10000g。另外，就是模具，这类模具因为体积大，一般都是一模一出。

但在实际加工中，为节约成本，根据废料的不同特性、不同比例混合，达到托盘的性能要求。如某公司生产时采用废料混合的比例为：HDPE（Ⅰ级回料）不少于85%；PET或PVC不大于10%，PS或ABS不大于10%，PA不大于5%，无塑性塑料不大于5%。需要注意的是废塑料流动指数必须达到注射成型要求。

3. 成型工艺

注射成型工艺参数如表5-2所示。

表5-2　四向进叉九脚托盘注塑工艺参数

工艺条件	工艺参数		工艺条件	工艺参数	
温度/℃	喷嘴	225	注射速率/%	注射一	35
	前段	225		注射二	90
	中段	230		塑化	60
	后段	200			
	模具	40			
压力/MPa	注射一	35	注射位置/mm	注射一	90
	注射二	90		注射二	15
	保压	45		塑化	150
	塑化	4			
时间/s	注射	17			
	冷却	23			

4. 常见缺陷与处理方法

（1）托盘变形。由于托盘较大，往往会由于冷却不均匀，局部熔体取向不一致而发生后收缩变形。可以通过增加冷却时间，调节注射压力和速率来改善。对于一般的注塑工艺员，在调节注射压力和速率时，往往只设其中一两级或全部默认，这对于保证注射制品的质量不利。

（2）浇不满或表面不平滑。这主要是由于注射压力不高或前级注射速率过低造成的。当然，熔料塑化和注射的位置调节首先要保证正确。由于注射位置不正确产生缺陷主要在试模阶段。

5. 生产过程中应注意的事项

合模力应尽量降低，以提高模具使用寿命，并尽可能使塑化能力与成型周期协调，提高生产率。

三、PVC-U 给水管件

1. 技术要求

（1）颜色。给水管件的颜色与管材相同，为灰色（电线导管为白色、排水管为浅灰色），如图5-4所示为 PVC-U 的 CTS90°弯头。

（2）外观。给水管件的表面应光滑，不允许有裂纹、气泡、脱皮、严重冷斑、明显的杂质、色泽不匀及分解变色等缺陷。

图5-4　CTS90°弯头

（3）性能。给水管件的物理性能、力学性能及卫生性能如表5－3所示。

表5－3　PVC－U给水管件的物理、力学及卫生性能指标

性能	指标
密度/（kg/m³）	1350～1460
维卡软化点/℃	≥72
吸水性/（g/cm²）	≤40
烘箱试验	均无任何起泡或拼缝线开裂等现象
坠落试验	全部试样无破裂
液压试验	不渗漏
铅的萃取值/（mg/L）	第一次小于1.0；第三次小于0.3
锡的萃取值/（mg/L）	第三次小于0.02
镉的萃取值/（mg/L）	三次萃取液的每次不大于0.01
汞的萃取值/（mg/L）	三次萃取液的每次不大于0.001
氯乙烯单体含量/（mg/kg）	≤1.0

2. 制品设计

（1）给水管件种类。PVC－U给水管件的种类很多，主要有：90°弯头（包括等径和变径）、45°弯头、90°三通（包括等径和变径）、45°三通套管异径管（包括长型和短型）、内螺纹变接头、外螺纹变接头、管堵、活接头和法兰等，采用注射成型法生产，供管路配套使用。

（2）给水管件设计。包括以下6方面的内容。

①尺寸精度。由于PVC－U的熔体流动性差，在成型过程中受材料本身的收缩波动、注射成型工艺参数的变化及模具制造精度等的影响，因此，要提高给水管件的尺寸精度是比较困难的。

②壁厚。PVC－U制品的壁厚一般为1.5～5mm。壁厚太小，不仅不能保证足够的强度和刚性，而且会使成型时熔体的流动阻力增大，特别是大型或形状复杂的制品，很容易产生欠注现象；壁厚太大，不仅造成原料浪费，而且也会增加冷却时间，降低生产效率，并容易产生凹陷、缩孔及气泡等缺陷。另外，制品壁厚应尽可能均匀，以免收缩不匀而产生翘曲、起泡、开裂等缺陷。

③脱模斜度。虽然PVC－U的成型收缩率较小（0.6%～1.5%），但为方便脱模，制品应有一定的脱模斜度。一般沿脱模方向的斜度为1°～1.5°，而对于脱模阻力较大的制品，脱模斜度应适当加大。

④螺纹。管件上的螺纹通常是在注射时直接成型的。成型方法有两种：采用成型杆或成型环，成型后再从制品中卸下来；外螺纹可采用瓣合模成型，这样工效高，但精度较差。

由于PVC－U制品的切口处冲击强度很差，因此，要尽量避免设计尖螺纹形状。一

般，应设计成圆螺纹或在强度要求较高时设计成梯形螺纹。为防止螺孔最外圈螺纹崩裂或变形，内螺纹的始端应有一段距离（0.2～0.8mm）不带螺纹，末端也应留约0.2mm的不带螺纹段。同样，外螺纹的始端也应下降0.2mm以上，末端不宜延长到与垂直底面接触处，否则易使制品断裂。另外，螺纹的始端和末端均不应突然开始和结束，应留有过渡部分。

⑤圆角。由于PVC-U塑料的流动性差，如果在制品表面弯折处出现尖角时，会因应力集中而产生裂纹。同时，在注射成型过程中，由于料流的突然过渡，会产生泛黄、烧焦以及明显的接缝线，使制品的强度下降。因此，制品上的尖角处都要倒圆角，这样不仅外观好，而且强度也可大大提高。

⑥嵌件。在管件的螺纹部分，常使用金属（一般为铜）嵌件。为使嵌件能牢固地固定在制品中，嵌件表面需滚花或开纵向沟槽。同时，嵌件不应带尖角，以免应力集中。必要时，应先将嵌件预热至接近物料的温度，保证注射成型顺利进行。

3. 原材料选择及典型配方

PVC-U给水管件的生产所用原料包括：PVC树脂、热稳定剂、润滑剂、抗冲改性剂、加工助剂、填充剂及着色剂等，具体选择如下。

（1）PVC树脂。PVC树脂的选择主要考虑两个方面，即卫生性和加工性。

卫生性：生产给水管件必须采用食品卫生级的PVC树脂，该树脂中的氯乙烯单体（VCM）残留量小于5mg/kg。

加工性：由于给水管件属无增塑的硬质PVC制品，因此，注射成型时必须选择平均聚合度较小的树脂，即国产SG-6及SG-7型树脂，或与其相对应的其他牌号树脂。

（2）热稳定剂。由于PVC树脂的分解温度低于加工温度，加工时易发生降解作用而使树脂变色、制品性能变坏。因此，配方中必须加入热稳定剂，最大限度地减轻PVC在加工过程中的热降解，从而提高其热稳定性。

热稳定剂的种类很多，常用的有三盐、二盐、有机锡类及金属皂等，考虑到制品的卫生性能指标，热稳定剂必须有选择地使用。目前，用于给水管件的热稳定剂主要有低铅复合稳定剂、有机锡和液体钙锌复合稳定剂等。

（3）润滑剂。加入润滑剂可使PVC塑料易于加工并提高加工效率。根据润滑剂与PVC的相溶性好坏，可把润滑剂分为两类，即：内润滑剂和外润滑剂。内润滑剂与PVC有一定的相溶性，加入后可以降低物料的熔体黏度，减小塑料中各组分在加工过程中的内摩擦；而外润滑剂与PVC的相溶性差，加入后可减少物料与料筒、螺杆及模具表面的摩擦与黏附，防止物料停滞分解，增加脱模性。

润滑剂的种类很多，并且大多数既具内润滑性又具外润滑性。以内润滑为主的有硬脂酸、硬脂酸单甘油酯等，以外润滑为主的有石蜡、聚乙烯蜡等。硬脂酸金属（如钙、锌、铅等）皂类，既有润滑作用，又有稳定作用。在管件的生产中，以内润滑为主，适当加入外润滑剂，以达到内外润滑性平衡。

（4）加工助剂。为改善树脂的加工流动性，提高制品的表面质量，常加入加工助剂。目前以ACR最常用。由于ACR与PVC的相溶性好，加入后加快树脂凝胶化速度，提高了加工性能和生产能力。

（5）抗冲改性剂。由于 PVC – U 属脆性材料，制品在外力作用下易破坏，因此，为提高 PVC – U 给水管件的冲击强度，必须在配方中加入抗冲改性剂。

常用的抗冲改性剂有 MBS、ABS、EVA、PEC 等，其中，PEC 是给水管件较理想的抗冲改性剂。因为 PEC 是不含双键的弹性体，耐候性好，而且 PEC 树脂是粉状，易与 PVC 混合。

（6）其他助剂。在配方中可加入少量填充剂，以便于制品定型。此外，还需加入适量的着色剂。

PVC – U 给水管件的典型配方如表 5 – 4 所示。

表 5 – 4　PVC – U 给水管件典型配方

原料名称	配方 1（phr）	配方 2（phr）	配方 3（phr）
PVC（SG6、7）	100	100	100
有机锡稳定剂	1.2 ~ 2.0		
钙锌复合稳定剂		3	
低铅复合稳定剂			4
环氧大豆油		1	
ACR	1.5 ~ 3.0	3	2.5
氯化聚乙烯（PEC）	6 ~ 10	6 ~ 10	6 ~ 10
硬脂酸钙（CaSt）	0.5 ~ 2.0	1.5	1
硬脂酸			1
石蜡	0.5 ~ 1.5		
氧化聚乙烯蜡		0.8	
钛白粉（TiO$_2$）	1 ~ 2	1	1
着色剂	适量	适量	适量

4. 成型物料制备

PVC – U 给水管件的生产工艺流程可分为两部分，即成型物料的制备和注射成型。下面主要介绍成型物料的制备。

将树脂及添加剂按配方准确计量后，加入高速捏合机中进行混合。加料顺序为：首先加入树脂，启动高速捏合机后，加入热稳定剂，待温度升至 95℃ 时加入抗冲改性剂和加工助剂，105℃ 时加入钛白粉和填充剂，到 115℃ 加入润滑剂，至 125℃ 终点时，物料自动放入低速冷混机中，搅拌冷却至 40℃ 以下出料。

PVC 干粉料可直接用于注射成型，但对注射成型机、模具及成型工艺的要求较高；也可先经挤出造粒后，再进行注射成型，这样，虽然制品的性能及表面质量较好，但由于增加了一道造粒工序，不仅增加设备投资和能耗，而且也消耗了部分添加剂，如热稳定剂、润滑剂等，因此，生产成本较高。

5. 注射成型机

PVC-U 给水管件的生产宜选用螺杆式注射成型机。因为螺杆式注射成型机比柱塞式注射成型机的塑化效率高，塑化快速、均匀，控制精确，而且物料在料筒内的停留时间短，注射压力损失小。

在注射成型机中，凡与 PVC 物料接触的部分，都要设计成流线型（无死角、无黏附），防止物料滞流分解，并要用耐腐蚀、耐磨的材质制成，或在其表面进行镀铬、氮化处理。

螺杆应选用渐变型螺杆，螺杆头呈圆锥形，不能有止逆环，螺杆锥头与料筒和喷嘴的间隙宜小，以防 PVC 滞留分解；螺杆的三段分布为：加料段占 40%，压缩段占 40%，计量段占 20%；螺杆转速应配有低速调速装置和无级调速装置。

由于 PVC-U 的熔体黏度大、流动性差，为减少流动阻力，在成型中一般要选用孔径较大（直径为 4~10mm）的敞开式喷嘴或延伸式喷嘴，喷嘴上应配有加热控温装置。

6. 成型模具

（1）主流道。在设计主流道时，应注意：主流道的进口直径应比喷嘴直径大 0.5~1mm，以免造成死角，积存物料；为便于清除冷料，主流道应带有 2.5°~5°的圆锥角；由于主流道要与高温塑料和喷嘴反复接触和碰撞，所以模具的主流道部分常设计成可拆卸更换的主流道衬套，以便选用优质钢材单独进行热处理加工。主流道与喷嘴接触处凹弧半径应稍大于喷嘴头半径，这样可保证两者紧密配合，也有利于主流道凝料的脱出；为便于排出冷空气和冷料，在主流道末端应开设足够的冷料穴，冷料穴直径等于或大于主流道出口直径；主流道尺寸不宜过长，以防止冷料从浇注套中拉出时断裂，使冷料留在定模中不宜取出。

（2）分流道。分流道一般设置在多腔模中，以便将塑料熔体均衡地分配到各个型腔。设计时应注意：在保证有足够的注射压力将塑料注入型腔的情况下，分流道的断面及长度应尽量小；当分流道较长时，末端也应设置冷料穴；分流道尽量采用半椭圆形。

（3）浇口。在设计浇口时，应注意：PVC-U 常采用边缘浇口，浇口断面为矩形或半圆形，浇口厚度约为制品厚度的 1/3~2/3，宽度由制品的重量和材料流动性而定。有时也采用直接浇口。这样，熔体的流动阻力小、进料速度快，适合大型长流程及厚度大的制品，但采用直接浇口时，主流道的根部不宜设计得太粗，否则易产生缩孔，浇口切除后，缩孔就留在了制品的表面。同时，制品上也易留下冷料斑；制品厚度不匀时，浇口应放在壁厚较厚部分；浇口不能太小，否则会因摩擦热而导致物料分解，产生烧焦、泛黄、表面皱皮等缺陷。

（4）模具的防腐蚀。由于 PVC 分解放出的 HCl 气体，对模具有很强的腐蚀作用。因此，模具中凡与熔体接触的部分，都应做好防腐处理，如镀铬、氮化等，或采用防腐、耐磨材料制成。

（5）模温控制。模具一般是通水冷却，模温控制在 30~60℃，并保证动模、定模的模温尽量相同。

7. 成型工艺参数

（1）物料准备。由于 PVC 的吸水性较小，物料可直接用于注射成型。若物料贮存时间长、保管不善或环境湿度高时，则需进行干燥处理。处理时，温度不宜高，时间不宜长，以免物料分解变色。通常可在 90~100℃下，处理 1~1.5h。

（2）成型温度。

①料筒温度。加工时，料筒温度一般控制在 120~190℃，最高不应超过 200℃。即使在加工温度范围内，温度也不能偏高，以免物料在进入模腔前发生分解。料筒温度采用三段控制，即从加料口到喷嘴前，按低温、中温、高温顺序升高，以减少物料在高温区的停留时间。加料段的温度不宜超过 120℃，以免物料在料斗口处软化，影响正常加料。

②喷嘴温度。喷嘴温度一般比料筒最高温度低 10~20℃。因为熔体快速通过喷嘴时会产生摩擦热，若喷嘴温度太高，易使物料分解变色。但喷嘴温度也不能太低，否则冷料会堵塞喷嘴孔、流道或浇口。另外，冷料也会进入模腔，造成制品外观与内在质量下降。

③模具温度。由于 PVC–U 的热变形温度低，为防止制品脱模变形及有利缩短成型周期，成型时，模具要通水冷却，使模温控制在 40℃以下。成型某些超厚或超薄制品时，模具要适当加温，但最高不宜超过 60℃。

（3）压力和速度。

①注射压力。受成型温度低及 PVC–U 熔体黏度大的影响，在给水管件的成型过程中，注射压力应选择偏高些（90MPa 以上）。这样有利于克服熔体流动阻力，增加制品密实度，减少收缩。但注射压力也不能太大，否则易出现溢料、膨胀、起泡等缺陷。

②保压压力。在保压阶段，保压压力应适中。保压压力高，有利于流入模腔的料流更好地熔合，得到的制品密度高、收缩小、外观质量好。但保压压力过高，制品内残留的内应力大，并且会发生轻微膨胀而卡在模内，造成脱模困难。一般保压压力为 60~80MPa。

③塑化压力。塑化压力不宜大，否则会因摩擦热而使 PVC 分解。一般采用粒料可不设塑化压力（背压），而采用粉料时，为排除空气，可设极低的塑化压力（表压为 0.5~1MPa）。

④注射速度。注射速度快，物料充模时间短，有利提高制品的表面光泽度，减少缩痕和熔接痕。但如果注射速度太快，往往会带入空气，特别当模具排气不良时，制品中会出现气泡。此外，熔体高速经过喷嘴及浇注系统时，会产生较高的摩擦热，使制品表面烧焦及泛黄。而注射速度慢，会延长充模时间，制品表面熔接痕明显，且易产生欠注现象，同样不利于管件的成型。实际注射成型时，宜采取较高的注射压力和中等的注射速度。

⑤螺杆转速。螺杆转速一般为 20~50r/min，转速过快会使物料因摩擦发热而降解。

（4）成型周期。在注射成型过程中，要尽量缩短制品的成型周期，减少物料在料筒内的停留时间，从而减少物料分解。但成型周期也不能太短，必须保证制品能顺利脱模而不变形。

PVC–U 给水管件注射成型工艺参数条件控制如表 5–5 所示。

表5-5 PVC-U给水管件注射成型工艺参数控制

项目	参数
料筒温度/℃	一段：100~200 二段：140~160 三段：170~190
喷嘴温度/℃	170~180
模具温度/℃	30~50
注射压力/MPa	4~6
预塑压力/MPa	0.3~0.6
注射时间/s	3~6
保压时间/s	10~20
冷却时间/s	15~30
螺杆转速/（r/min）	20~50

8. 注意事项

为保证PVC-U给水管件的顺利成型，必须注意以下事项。

（1）料筒清洗。若料筒中所存的物料为PE、PS和ABS等树脂时，可在PVC的加工温度下，直接用所加工物料清洗料筒，然后进行成型加工；若所存物料的成型温度超过PVC加工温度，或存料为其他热敏性塑料（如聚甲醛等）时，必须先用PS、PE等树脂或回料将料筒清洗干净（也可用料筒清洗剂清洗料筒），然后再用加工物料清洗后方可进行成型。

（2）料筒加热。在料筒加热过程中，应密切注意升温情况，当温度到达设定值后，须及时开机进行对空注射，恒温时间不能过长，以免物料在料筒内分解、炭化。

（3）料温判断。判断料温是否合适，可采用对空注射法。若注射料条光滑明亮，则说明物料塑化良好，料温合适；若注射料条毛糙、暗淡无光，则表明物料塑化不良；若料条上有棕色条纹，则表明料温太高，必须采取措施。另外，在注射过程中，若发现浇口料或制品表面上出现棕色条纹时，则表明物料可能已过热分解，此时，应立即停止操作，待清洗料筒、调整成型工艺参数后再进行生产。

（4）脱模剂的使用。管件生产一般不使用脱模剂。因为PVC-U制品的脱模性良好，使用脱模剂反而对其表观性能不利。若必须使用，则用量也应很小。

（5）停机操作。停机前，应将料筒内的物料全部排出，并用PS或PE树脂及时清洗料筒后方可停机。

（6）环境保护。在成型给水管件时，应保持室内通风情况良好，特别是当物料出现分解时，则必须及时将门窗打开。另外，室内所有机器设备及模具都要做好防腐工作。

四、接线座

1. 产品要求

接线座属电工产品，必须具备优异的电绝缘性能、较高的冲击强度、良好的外观、阻燃。生产接线座常用的方法有压塑模塑、传递模塑、注射成型等，适用的塑料材料品种较多，可以是热固性塑料，也可以是热塑性塑料，如图 5-5 所示为 ABS 接线座。

图 5-5 ABS 接线座

（1）原料。考虑到易加工性与经济性，选用阻燃 ABS 作为生产原料。

（2）工艺流程。生产接线座工艺流程为：

阻燃ABS+色母料 → 干燥 → 注射成型 → 修饰 → 检验 → 装配 → 包装入库

2. 生产工艺条件

（1）物料配制。在捏合机中，按配方要求加入阻燃 ABS 及色母料，混合均匀后备用（若产品为本色时，可不需配料）。

（2）物料干燥。阻燃 ABS 原料在加工前要进行干燥处理，除去其中的水分。干燥工艺参数为：干燥温度 80~90℃、干燥时间 2~4h、料层厚度 <5cm，干燥后的物料要避免再吸湿。

（3）注射成型工艺参数。接线座的注射成型要严格按工艺参数进行，开、停车时要对注射成型机料筒进行换料清洗，清洗料为通用级 ABS。接线座的注射成型工艺参数如表 5-6所示。

表 5-6 接线座注射成型工艺参数

温度/℃			压力/MPa		时间/s		
料筒	喷嘴	模具	注射	保压	注射	保压	冷却
170~200	190	<60	70~90	70	8~12	3~5	15~20

3. 注射成型机及模具

（1）注射成型机。采用螺杆式注射成型机。螺杆头部带止逆环，使用通用喷嘴（避免用自锁式喷嘴，以防阻燃料分解）。

（2）模具。采用多针点潜伏式浇口，保证制品有良好外观。

五、透明调味瓶

1. 概述

调味瓶属食品类包装容器，如图 5 – 6 所示。所用材料必须无毒、无臭、无味，制品要无色透明、表面有光泽，不能出现缩瘪、擦伤、水泡、银丝和污点等缺陷。

图 5 – 6　透明调味瓶

2. 原料

透明调味瓶生产原料常用 PS 树脂，由于 PS 材料性脆，易破碎，因此加工时，不能过多掺用回料。另外，PS 的吸水率低，加工前一般不进行干燥，必要时可在 70 ~ 80℃下干燥 1 ~ 2h。

3. 生产工艺流程

透明调味瓶生产的工艺流程如图 5 – 7 所示。

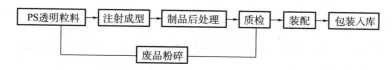

图 5 – 7　透明调味瓶生产的工艺流程

4. 注射成型工艺参数

透明调味瓶注射成型工艺参数如表 5 – 7 所示。

表 5 – 7　透明调味瓶注射成型工艺参数

温度/℃		注射压力/MPa	时间/s			后处理	
料筒	喷嘴		注射	保压	冷却	温度/℃	时间/h
180 ~ 220	210	70 ~ 100	3 ~ 6	3 ~ 6	10 ~ 20	70	2 ~ 4

5. 注射成型机及模具

（1）注射成型机以螺杆式为宜，这样不仅成型条件易控制，而且生产效率较高。由于制品较小，故使用小型注射机。

（2）模具采用侧浇口、顶板顶出（避免顶坏制品）。

6. 成型时注意事项

（1）为保证制品质量，生产时最好采用新料，必要时可对物料进行干燥。

（2）要控制好注射压力。因为如果压力太低，易产生欠注；压力太高，易出现溢料并使制品脱模时划伤。

（3）要控制好料温。如果温度太低，易产生欠注；温度太高，则易出现溢料、气泡、银纹等缺陷。

（4）保压压力不能太高、时间不能太长，否则制品脱模时易划伤。

实训任务 二

试模调机与生产

实训目标

1. 掌握注射机安全操作规程与操作条例，能安全操作注射机。
2. 掌握注射成型制品生产管理与制品质量管理，能对产品的质量问题进行分析解决。
3. 能进行模具安装与调试。
4. 能对注射机进行日常维护与保养。

实训任务

项目名称	项目二　PP电风扇扇叶的注射成型
实训任务	实训任务二　试模调机与生产
单元实训任务	任务1. 模具安装； 任务2. 模厚调整； 任务3. 料筒加热及参数设定； 任务4. 试模； 任务5. 生产工艺参数的确定； 任务6. 停机，注射机和注射模具的日常保养； 任务7. 撰写实训报告
任务实施	1. 分小组进行试模调机，并做调机记录； 2. 根据产品情况确定成型各工艺参数，进行生产
实训步骤	1. 模具安装； 2. 模厚调整； 3. 料筒加热及参数设定； 4. 试模； 5. 生产工艺参数的确定； 6. 停机，对注射机和注射模具进行日常保养； 7. 撰写实训报告

相关知识

一、试模

通常产品生产前或模具制造或维修后，由于在最初阶段工艺不稳定，在进行正式生产前要试成型一些制品，来调整工艺参数，使制品能达到设计的要求，这个过程叫作试模。

1. 试模前的注意事项

（1）了解模具的有关资料。最好能取得模具的设计图纸，详细分析，并约得模具技师参加试模工作。

（2）在工作台上检查模具机械配合动作。要注意有否刮伤、缺件及松动等现象，模向滑板动作是否确实，水道及气管接头有无泄漏，模具之开程若有限制的话也应在模上标明。以上动作若能在安装模具前做到的话，就可避免在安装过程中才发现问题，再去拆卸模具所发生的工时浪费。

（3）选择注射机。当确定模具各部件动作得宜后，就要选择适合的试模注射机，在选择时应注意注射容量、导杆之间的宽度，最大的开程，配件是否齐全等。一切都确认没有问题后，再安装模具。安装时应注意拧紧，开模之前吊钩不要取下，以免压板螺丝松动或断裂导致模具掉落。模具装妥后应再仔细检查模具各部分的机械动作，如滑板、顶针及限制开关等的动作是否确实，并注意喷嘴与进料口是否对准。然后将合模压力调低，手动及低速合模，并注意合模过程中是否有任可不顺畅动作及异响等现象。

（4）提高模具温度。依据成品所用原料的性能及模具大小选用适当的模温，将模具温度提高至生产时所需的温度。待模温提高之后须再次检视各部分的动作，因为钢材在热膨胀之后可能会引起卡模现象，因此须注意各部的滑动，以免有拉伤及颤动的产生。

（5）若工厂内没有推行实验计划规定，建议在调整试模条件时一次只调整一个条件，以便区分单一条件变动对成品的影响。

（6）根据原料不同，对所采用的原料做适度的烘干或预热。

（7）试模与将来生产尽可能采用同样的原料，不要完全以次料试模，如有颜色需求，可一并安排试色。

（8）在慢速合模之后，要调好关模压力，并动作几次，查看有无合模压力不均等现象，以免成品产生毛边及模具变形。

以上步骤都检查过后再将合模速度及关模压力调低，且将安全扣杆及顶出行程定好，再调到正常合模及合模速度。如果涉及最大行程的限制开关时，应把开模行程调整稍短，而在此开模最大行程之前关闭高速开模动作。这是由于在装模期间，整个开模行程之中，高速动作行程比低速动作行程较长之故。在注射机上，机械式顶出杆也必须调在全速开模动作之后作用，以免顶针板或剥离板受力而变形。在做第一模注射前请再查对以下各项：①熔胶行程是否过长或不足；②压力是否太高或太低；③充模速度是否太快或太慢；④加工周期是否太长或太短。

这样可以防止成品短射、断裂、变形、毛边甚至伤及模具。若加工周期太短，顶针将顶穿制品。若加工周期太长，则型芯的细弱部位可能因塑料缩紧而断掉。试模过程中事先应考虑可能发生的一切问题，并做好充分的准备，以便能及时采取措施，避免严重的损失。

2. 试模参数的确定

（1）料筒温度

先根据材料初步设定料筒温度，等料筒温度上升，加热物料至注射机达到开机要求后，启动注射机进行物料塑化，并进行对空注射，根据观察的物料塑化状况，适当调整料筒温度。如果射出料条表面粗糙无光泽，说明温度过低，应提高料筒温度；如果射出物料呈粥样，或有变色现象，则温度过高应降低料筒温度。料条表面光亮，断面质地均匀，无气泡则温度较适宜。

（2）保压位置

在无保压位置和保压时间的前提下，做短射填充试验（一级速度），找出保压压力切换点，即产品打满95%的螺杆位置。目的是：①把握熔体流动状态，验证浇口是否平衡（注意：模温不均匀，尤其是热敏性材料及浇口很小的情况下，微小的模温差异都会造成自然平衡流道的不平衡）；②查看熔体最后成型位置排气状况，决定是否需要优化排气系统。

（3）保压时间

根据产品的重量找出保压时间。方法是保压时间从小到大逐步增加，每一个保压时间成型几模产品，取出两模产品（不含流道冷凝料）进行称量。最佳保压时间就是产品重量开始稳定的时间。试模时保压时间的每次增加的幅度为0.5s或更小，并将相应的制品重量记录如表5-8所示。

表5-8　保压时间及制品重量记录表

序号	保压时间/s	一模产品重/g	二模产品重/g
1			
2			
3			
4			
5			
6			

（4）冷却时间

冷却时间采用由大到小不断降低，直至产品不出缺陷时的最短时间。生产中也可先根据理论估算公式来初步确定。

$$t = -\frac{\alpha s^2}{\pi^2}\ln\left(\frac{8}{\pi^2}\times\frac{T_X - T_m}{T_C - T_m}\right) \tag{5-1}$$

式中　t——冷却时间，s；

　　　s——零件壁厚，mm；

　　　a——材料热扩散系数，mm^2/s；

　　　T_x——顶出温度，℃；

T_c——熔融温度,℃;

T_m——模具温度,℃。

如果实际找出的冷却温度与计算值相差太大,则需考虑改进模具冷却系统。

(5)保压压力(一级)

①首先找出最低保压压力 P_{min},即产品刚出现充模不足、凹陷、内应力大、尺寸偏小等问题时的保压压力。

②然后找出最高保压压力 P_{max},即产品刚出现毛刺、内应力小、脱模不良,尺寸偏大等问题时的保压压力。

理想保压压力值 $P = (P_{min} + P_{max})/2$

③分析最大保压和最低保压的范围,并通过可能的模具修改来使它们的范围尽量扩大。

④在最低保压和最高保压之间每隔10MPa或5MPa(取决于最低最高保压之间的范围)取值;然后在取的保压压力下各生产两模;分析保压压力和尺寸之间的关系,以决定可接受的保压压力 P 或修改模具尺寸。

(6)优化的注射速度(一级)

即找出注射压力最低时的注射速度。注射压力与注射速度之间的关系如图5-8所示。

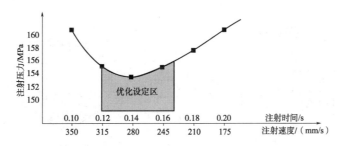

图5-8 注射压力与注射速度之间的关系

3. 试模注意事项

为了避免生产时无谓地浪费时间及困扰,的确有必要付出耐心来调整及控制各种加工条件,并找出最好的温度及压力条件,且制订标准的试模程序,并可在此基础上建立日常工作方法。

(1)查看料筒内的塑料是否正确无误,及是否按规定干燥或预热。试模与生产若用不同的原料很可能得出不同的结果。

(2)料筒的清理务求彻底,以防降解塑料或杂料进入模内,因为降解塑料及杂料可能会将模具卡死。测试料筒及模具的温度是否适合于加工的原料。

(3)调整压力及射出量以求生产出外观令人满意的成品,但是不可跑毛边。尤其是还有某些模腔制品尚未完全凝固时,在调整各种控制条件之前应思考一下,因为充模速率稍微变动,可能会引起很大的充模变化。

(4)要耐心地等到机器及模具的条件稳定下来,即使中型机器可能也要等30min以上。可利用这段时间来查看成品可能发生的问题。

(5)螺杆前进的时间不可短于浇口塑料凝固的时间,否则成品重量会降低而损及成品性能。且当模具被加热时螺杆前进时间也需酌情予以延长,以便压实成品。

（6）合理调整减低总成型周期。

（7）把新调出的条件至少运转 30min 以达到稳定状态，然后至少连续生产一打全模样品，并标明日期、数量，并按模腔分别放置，以便测试其确实运转的稳定性及导出合理的控制公差（对多腔模具尤有价值）。

（8）检测连续的样品并记录其重要尺寸（应等样品冷却至室温时再量）。把每模样品量得的尺寸做个比较，应注意：①尺寸是否稳定；②是否某些尺寸有增加或降低的趋势而显示机器加工条件仍在变化，如不良的温度控制或油压控制；③尺寸的变动是否在公差范围之内。

（9）在开始试模时应选择低压、低温和中速成型，然后按压力、速率、温度这样的先后顺序变动参量。

（10）使加工运转时间长些，以稳定熔胶温度及液压油温度。

二、调机步骤

试模时或生产中由于各方面的原因可能会出现的一系列产品缺陷，通常的处理方法是先考虑进行工艺调试，再考虑模具及设备的问题。注射机调机步骤如图 5-9 所示。

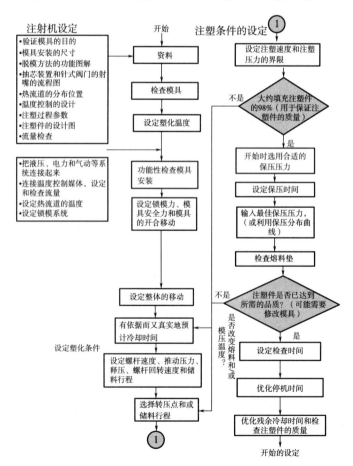

图 5-9　注射机调机步骤

三、汽车操控台面框的注射成型

制品注射成型时其成型工艺方案的拟定是一个比较复杂的过程，某企业成型汽车操控台面框的成型工艺拟定的方法和步骤如下。

1. 产品名称、材料

产品名称：汽车操控台面框。

材料：改性 ABS。

2. 产品用途

汽车操控台的面框。

3. 产品技术要求

要求不变形、表面光洁、无毛刺、无飞边、无缩孔。

4. 成型模具

模具为两板式结构、一模一腔，如图 5 - 10 和图 5 - 11 所示，模具的两侧均设有冷却系统，运行时无水渗漏现象。

图 5 - 10　面框定模　　　　　　　　图 5 - 11　面框动模

5. 拟定成型工艺方案 （一）

（1）确定成型设备

根据塑件的外形尺寸及重量，确定使用现有设备：海天 HT/F200X1/J1 注射机。

（2）成型工艺参数拟定

①料筒温度的设定，如图 5 - 12 所示。

图 5 - 12　温度设定画面

②注射压力、保压压力的设定，如图 5 – 13 所示。

③储料位置、冷却时间的设定，如图 5 – 14 所示。

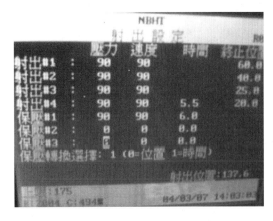

图 5 – 13　射出参数设定画面

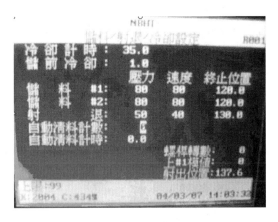

图 5 – 14　储料/冷却参数设定画面

6. 成型工艺方案 （一） 试生产

根据方案 （一） 所成型出的制品状况，如图 5 – 15 所示。

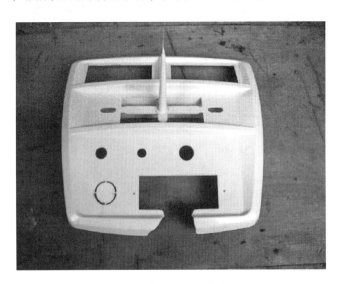

图 5 – 15　方案 （一） 产品情况

7. 方案 （一） 产品成型质量分析

产品质量情况：未充满，缺料。

缺料原因分析：①料筒温度低；②注射压力低；③注射时间过短。

8. 拟定成型工艺方案 （二）

（1） 料筒温度的设定，如图 5 – 16 所示。

（2） 注射压力、保压压力的设定，如图 5 – 17 所示。

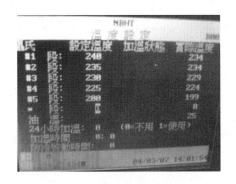

图 5 – 16　方案（二）温度设定

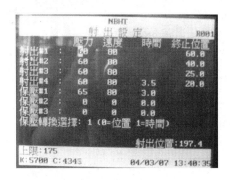

图 5 – 17　方案（二）射出参数设定

（3）储料位置、冷却时间的设定，如图 5 – 18 所示。

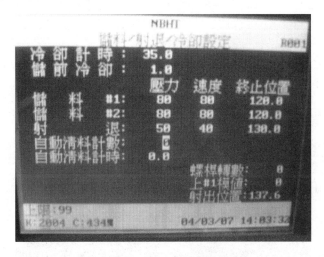

图 5 – 18　储料/冷却参数设定

9. 产品成型质量与分析

产品注满且无缺陷，与客户提供的标准样件比较，无差异，如图 5 – 19 所示为方案（二）制品情况。故定为合格品，确定按照成型工艺方案（二）进行生产。

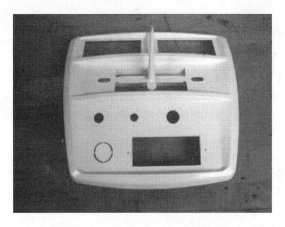

图 5 – 19　方案（二）制品情况

10. 工艺方案调试记录

工艺方案调试记录，如表5-9所示。

表5-9　面框成型工艺方案（一）与方案（二）的对比

工艺参数			方案（一）	方案（二）
压力/MPa	注射压力		60	90
	保压压力		65	90
温度/℃	料筒温度	一段	234	240
		二段	230	235
		三段	225	230
		四段	220	225
		五段	220	200
	模具温度		65	70
时间/s	注射时间		3.5	5.5
	保压时间		3.0	6.0
	冷却时间		35	35
	储前冷却时间		1.0	1.0

11. 调试过程中成型制品逐步成型情况的图片

调试过程中成型制品逐步成型情况的图片，如图5-20所示。

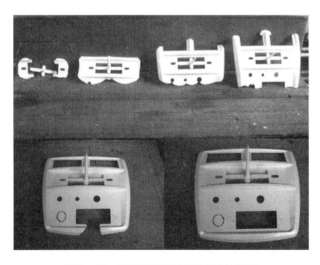

图5-20　调试过程中制品成型的情况

四、机床盖板的注射成型

1. 塑件情况

塑件是机床上的一个盖板，使用材料为ABS，盖板上含有三种不同的金属嵌件，有两种不同结构的盘状嵌件和一种套筒状嵌件，嵌件的中间都是螺纹孔，如图 5-21 所示。套筒状嵌件外部中段加工了浅凹槽，两端滚制花纹，起到防止其转动和被拉出塑件的作用，如图5-22 所示。

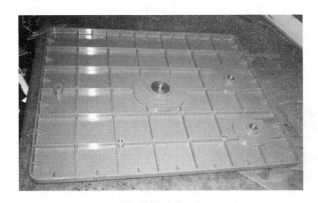

图5-21 机床盖板

图5-22 套筒状嵌件

2. 嵌件定位杆的设计

为了防止嵌件脱落、移动，可采用嵌件定位杆，嵌件定位杆的螺纹长度与金属嵌件螺纹孔的深度相等，下部光杆直径与模具的定位孔相配合，其间隙不得大于物料的溢料间隙，定位杆的尾部专门设计了扳手平面，如图 5-23 所示为嵌件定位杆。

图5-23 嵌件定位杆

3. 成型模具

模具为三板式结构，如图 5-24 和图 5-25 所示分别为盖板动模和定模。

图5-24 盖板动模

图5-25 盖板定模

4. 嵌件的预热与安放

嵌件放入模具之前，先进行预热，再安放在模具内，嵌件定位杆与嵌件旋合好，嵌件定位杆光杆部分插入模具定位孔内定位，如图 5 - 26 为嵌件在模具内的安放，图 5 - 27 为带着螺纹定位杆一起脱出模具的塑件。

图 5 - 26　模具中嵌件的安放

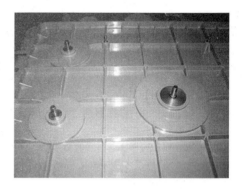

图 5 - 27　带嵌件定位杆的塑件

5. 制品的成型

成型前将物料充分干燥，在 90℃ 下干燥 2 ~ 4h；成型物料温度为 210℃，模具温度为 70℃，采用多级注射。

6. 拆卸嵌件定位件，削去飞边

制品从模具取出后，拆卸嵌件定位件，削去飞边，如图 5 - 28 所示。

图 5 - 28　拆卸嵌件定位件，削去飞边

7. 盖板的热处理

将成型后的盖板放入 75℃ 的热处理室中放置 2 ~ 4h，然后缓慢冷却至室温。

总 项 目 背 景

一、项目名称

PA 汽车门拉手的注射成型

二、项目来源

现受某汽车零部件制造有限公司的委托，为某国产品牌汽车生产一批 PA 汽车门拉手，模具由该汽车零部件制造有限公司提供，模具是一模两腔。PA 汽车门拉手的样品如图样 0－1 所示。

（a）正面 　　　　　　　（b）背面

PA 汽车门拉手样品

三、产品要求

1. 产品批量

本次共生产 20 万个。

2. 产品尺寸要求

产品各部分的尺寸精度符合国家标准 GB/T14486－2008 塑料模塑件尺寸公差的规定，公差等级为一般精度要求。

3. 产品材料要求

PA6 玻璃纤维增强材料，玻璃纤维含量 30% 左右。

4. 产品性能要求

（1）产品外观无斑点、毛疵，表面平整，色泽均匀，无明显凹痕、浮纤、气泡等缺陷，表面无污渍，不影响电镀。

（2）有足够的硬度和强度，拉伸强度在 70MPa 以上。

参 考 文 献

[1] 杨中文. 塑料成型工艺. 北京：化学工业出版社，2009.

[2] 冉新成. 塑料成型模具. 北京：中国轻工业出版社，2009.

[3] 刘青山. 塑料注射成型技术实用教程. 北京：中国轻工业出版社，2010.

[4] 张玉龙，颜祥平. 塑料配方与制备手册. 北京：化学工业出版社，2009.

[5] 刘西文. 塑料注射操作实训教程. 北京：印刷工业出版社，2009.

[6] 李忠文，陈巨. 注塑机操作与调校实用教程. 北京：化学工业出版社，2006.

[7] 申开智. 塑料成型模具. 北京：中国轻工业出版社，2011.

[8] 张增红，熊小平. 塑料注射成型. 北京：化学工业出版社，2005.

[9] 周殿明. 注塑成型与设备维修技术问答. 北京：化学工业出版社，2004.

[10] 杨卫民，高世权. 注塑机使用与维修手册. 北京：机械工业出版社，2006. 10.

[11] 刘廷华. 塑料成型机械使用维修手册. 北京：机械工业出版社，2000.

[12] 黄锐. 塑料工程手册. 北京：机械工业出版社，2000.

[13] 王兴天. 注塑技术与注塑机. 北京：化学工业出版社，2005.

[14] 陈滨楠. 塑料成型设备. 北京：化学工业出版社，2007. 5.

[15] 北京化工大学，天津科技大学合编. 塑料成型机械. 北京：中国轻工业出版社，
2004.

[16] 戴伟民. 塑料注射成型. 北京：化学工业出版社，2006.

[17] 刘廷华. 塑料成型机械使用维修手册. 北京：机械工业出版社，2003.

[18] 北京化工大学，华南理工大学合编. 塑料机械设计（第 2 版）. 北京：中国轻工业出
版社，1995.

[19] 黄锐，曾邦禄. 塑料成型工艺学（第 2 版）. 北京：中国轻工业出版社，1997.

[20] 傅南红，张建国等. 环保式伺服电动注塑机控制技术研究. 塑料工业，2002，30
（2），34 – 36.

[21] 樊新民，车剑飞. 工程塑料及其应用. 北京：机械工业出版社，2009.

[22] 齐贵亮. 塑料模具成型新技术. 北京：机械工业出版社，2011.

[23] 李代叙. Moldflow 模流分析从入门到精通. 北京：清华大学出版社，2012.

[24] 陈艳霞，陈如香等. Moldflow 2010 完全自学与速查手册. 北京：电子工业出版社，
2010.